U0318938

现代氧气底吹炼铜技术

李东波　梁帅表　蒋继穆　著

北　京

冶　金　工　业　出　版　社

2019

内 容 简 介

氧气底吹炼铜技术是具有中国自主知识产权的一种先进的熔池熔炼工艺，目前已广泛应用于铜冶炼行业。本书根据氧气底吹炼铜技术的发展特征，分为第一代和第二代氧气底吹炼铜技术，包括氧气底吹炼铜技术的起源、应用和未来发展，详细介绍了其原理、仿真、装备、工厂设计、生产操作等。此外，本书还重点介绍了底吹炼铜冶炼厂的节能、环保和自动化控制等，以及氧气底吹连续炼铜技术的最新发展——"一担挑"炼铜法。本书内容丰富，数据翔实，技术先进，具有较强的专业理论价值和工程应用价值。

本书可供从事底吹冶炼技术、铜冶金等领域的科研工作者、工程技术人员阅读，也可供大专院校有关师生参考。

图书在版编目（CIP）数据

现代氧气底吹炼铜技术/李东波，梁帅表，蒋继穆著 . ——
北京：冶金工业出版社，2019. 7
ISBN 978-7-5024-8000-4

Ⅰ. ①现…　Ⅱ. ①李…　②梁…　③蒋…　Ⅲ. ①氧气底吹转炉—炼铜　Ⅳ. ①TF811

中国版本图书馆 CIP 数据核字（2019）第 022658 号

出 版 人　谭学余
地　　　址　北京市东城区嵩祝院北巷 39 号　邮编　100009　电话　(010)64027926
网　　　址　www.cnmip.com.cn　电子信箱　yjcbs@cnmip.com.cn
责任编辑　王 双　美术编辑　彭子赫　版式设计　孙跃红
责任校对　李 娜　责任印制　牛晓波
ISBN 978-7-5024-8000-4

冶金工业出版社出版发行；各地新华书店经销；北京博海升彩色印刷有限公司印刷
2019 年 7 月第 1 版，2019 年 7 月第 1 次印刷
787mm×1092mm　1/16；22 印张；531 千字；336 页
238. 00 元

冶金工业出版社　投稿电话　(010)64027932　投稿信箱　tougao@cnmip.com.cn
冶金工业出版社营销中心　电话　(010)64044283　传真　(010)64027893
冶金工业出版社天猫旗舰店　yjgycbs. tmall. com
（本书如有印装质量问题，本社营销中心负责退换）

序

　　《现代氧气底吹炼铜技术》一书是由李东波（教授级高工）、梁帅表（高级工程师）、蒋继穆（教授级高工）所著。三位作者长期从事有色金属冶金的科学研究和工程设计工作，不仅具有扎实的理论基础，也具有十分丰富的大规模工程化的实践经验，他们及其团队为氧气底吹炼铜技术的创新发展作出了重要的贡献。

　　该书重点介绍了中国恩菲工程技术有限公司开发的具有自主知识产权的氧气底吹炼铜技术，该技术先进，具有熔炼强度高、投资省、环保好、易操作、成本低等优势。因此，在短短10年里，底吹炼铜炉的规模从初期的年产2万吨发展到如今的30万吨，从起初的氧气底吹熔炼技术发展到如今的氧气底吹连续吹炼技术，从"两连炉"发展到"三连炉"，已经在国内外十多个企业中工业化应用，为世界铜冶炼增添了一种具有竞争力的先进技术。

　　该书全面地总结了氧气底吹炼铜的发展历程，论述了氧气底吹熔炼的基本原理、反应热力学分析、动力学条件和炉内气液两相流动模拟以及冶金计算；详细描述了底吹熔炼炉及附属设施的设计、安装及开炉投产。书中还详细地介绍了7个典型氧气底吹炼铜厂的生产实例。从第一代氧气底吹炼铜技术的工业化到第二代氧气底吹连续炼铜技术的工业化，经历了大量的科学研究、工程设计、投产试车，这是一个不断技术创新的过程。此外，该书还涉及氧气底吹炼铜厂的自动控制、节能、二次资源的处理，特别强调了底吹炼铜厂的环境保护，不仅介绍了铜冶炼行业的环保政策，也提出了废水、废气、固废和噪声的治理措施。

　　《现代氧气底吹炼铜技术》一书内容十分丰富，相信该书的出版对有色金属行业的科研人员、设计工作者及大专院校师生具有很好的指导作用，也可以供有关部门和企业的管理者参考。

2019 年 5 月

前　言

氧气底吹炼铜技术是具有中国自主知识产权的铜冶金技术，由中国恩菲工程技术有限公司（以下简称"中国恩菲"）和湖南水口山有色金属公司于1991年在湖南水口山发明，经过近30年来的不断创新和持续改进，氧气底吹炼铜技术得到了迅速发展和广泛应用。

本人长期从事有色金属冶金技术的研发与实践，将多年研发和实践成果汇总，与行业同仁分享，是最大的夙愿。本书系统地介绍了氧气底吹炼铜技术整个发展过程的研究和应用成果，包括第一代氧气底吹炼铜技术、第二代氧气底吹炼铜技术以及"一担挑"炼铜法。全书共分16章，第1、2章分别介绍了世界铜火法冶炼技术和氧气底吹炼铜技术的发展概况；第3~7章主要介绍第一代氧气底吹炼铜技术，包括氧气底吹熔炼的理论和工艺、底吹熔炼炉模拟、冶金计算、底吹熔炼炉及附属设施、底吹炼铜技术的工业应用实例等；第8~11章主要介绍第二代氧气底吹炼铜技术，包括氧气底吹连续炼铜技术的理论和工艺、氧气底吹连续吹炼炉装备、底吹连续炼铜技术的工业应用等；第12~14章主要介绍底吹炼铜工厂的自动化控制、节能和环保；第15章主要介绍中国恩菲的最新研究成果——"一担挑"炼铜法；第16章主要介绍采用氧气底吹炉处理二次铜资源。

本书是作者及其技术研究团队多年来在铜冶炼领域集体研究成果的总结，张海鑫、李兵、曹珂菲、吴金财、李晓霞、李海春、刘恺、李鸿飞、张磊、刘占彬、姚心、何新春、任锋、王拥军、赵高峰等专家提供了技术支持，董择上、郭亚光、余跃等博士协助开展了大量的研究工作，颜杰、陆金忠教授级高工为本书审稿。同时，本书在写作过程中得到了中国恩菲董事长陆志方、总经理伍绍辉等领导的亲切关怀，得到了副总经理兼总工程师刘诚的修阅和建议，在此一并表示衷心的感谢！

由于作者水平有限，书中不足之处，敬请广大读者批评指正。

李东波

2019 年 5 月

目　　录

1 铜火法冶炼技术发展

1.1 概述

1.1.1 世界铜资源分布

世界上铜资源比较丰富，陆地铜资源量估计为 31 亿吨，深海结核中铜资源量估计为 7 亿吨。据 2017 年美国地质调查局统计，2016 年世界已探明的铜储量为 7.2 亿吨。

世界上铜资源的分布，从地理上来看，很不平衡，主要集中于南北美洲西海岸、非洲中部、中亚地区及俄罗斯的西伯利亚，其次是阿尔卑斯山脉和中东、美国东南部、西南太平洋沿岸及其岛屿。从国别上讲，世界铜储量最多的国家是智利和澳大利亚，分别占世界铜储量的 29% 和 12%，其他储量较多的国家还有秘鲁、美国、墨西哥、中国、俄罗斯、赞比亚、刚果（金）、加拿大等，中国铜资源储量 3000 万吨，仅占世界铜储量的 4%。图 1-1 所示为世界主要国家的铜资源储量比例分布。

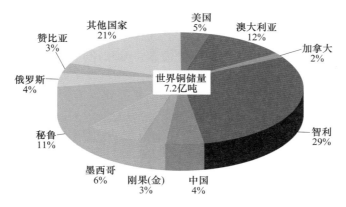

图 1-1　世界主要国家铜资源储量比例分布

（数据来源：USGS 2016）

2013~2014 年间，受铜价高位盘整的驱动，全球大型矿山陆续投产，推动全球矿铜产量快速增长。2015 年，受铜价下跌影响，部分生产商于下半年削减矿铜产量，如中国、秘鲁和美国铜精矿均有不同程度下滑。但削减产量部分多数是湿法铜，受全球产能扩张提振，2015 年产量仍保持增长，年产矿铜 1530 万吨，同比增长 5.2%。2016 年全球矿铜供应增速高达 4%，增至 1950 万吨。

1.1.2 铜原料及生产发展

1.1.2.1 铜精矿

全球的铜精矿产量在逐年稳步增长，铜的消费量也在增长。图 1-2 所示为全球的铜精矿产量和精铜消费量的平衡趋势，从图 1-2 看出，全球的铜产销基本处于平衡状态，部分年份稍有剩余。而且再生铜所占的比例越来越大，2016 年全球精铜产量 2250 万吨，而矿铜不足 1900 万吨。

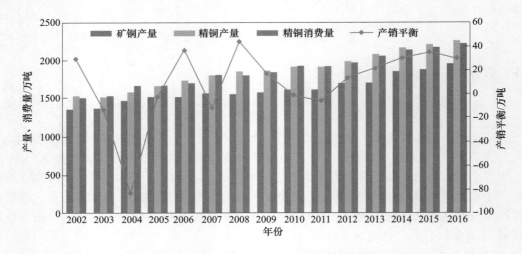

图 1-2　全球矿铜、精铜产量及精铜消费量

中国是一个铜资源匮乏的国家，却是铜的消费大国和冶炼加工大国。国内铜原料自给率近几年整体呈下降趋势，主要由于近几年国内冶炼产能迅速扩张，而国内的铜矿山及废铜产量增速有限，不能满足较快的原料新增需求，导致原料进口依赖度上升、自给率下降，目前国产铜精矿占比不足 30%。图 1-3 所示为中国铜精矿的自给率曲线，2017 年中国进口铜精矿达 1735 万吨，刷新了高位纪录。铜精矿原料过度依赖进口是影响我国铜产业发展的主要瓶颈，由于冶炼产能大，往往在加工费方面受制于国外大型铜矿企业，导致国内铜冶炼企业的利润率较低。

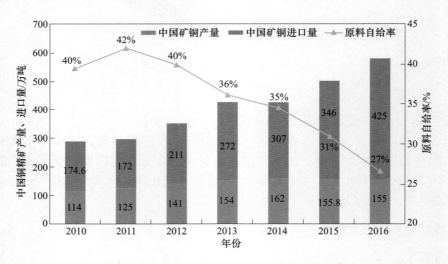

图 1-3　中国矿铜产量、进口量及原料自给率

1.1.2.2 粗铜

2016 年中国粗铜产能产量保持增长势头，粗铜产能增加至 730 万吨，产量增加至 575 万吨，如图 1-4 所示。未来几年铜冶炼新扩建项目多为粗精配套，粗铜产能将保持增长趋势。

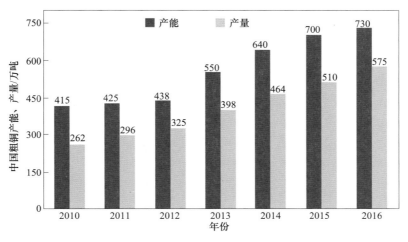

图 1-4　中国粗铜产能、产量

（数据来源：SMM）

1.1.2.3 精炼铜

2017 年，中国精炼铜进口 324.4 万吨，同比下滑 10.62%，一方面中国粗铜冶炼能力在不断增加，另一方面精炼铜进口持续亏损，导致进口量大幅下滑。图 1-5 所示为我国近年的电解铜进出口量。

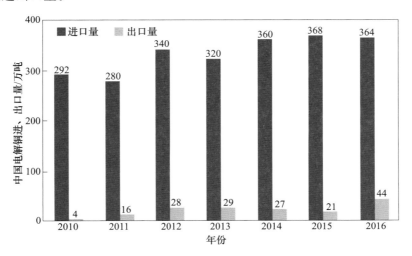

图 1-5　中国电解铜进出口量

（数据来源：中国海关）

2016 年中国电解铜产量 776 万吨，较 2015 年增加 36 万吨，增速持续回落，2010～2016 年年均复合增长率 8.4%。2016 年中国铜冶炼平均开工率同比增长约 2 个百分点至86%，如图 1-6 所示。

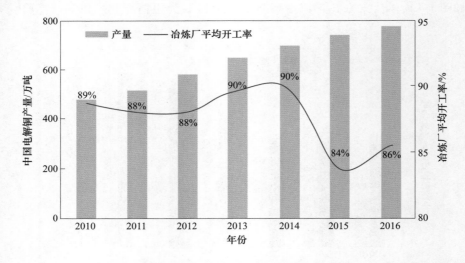

图 1-6　中国电解铜产量及冶炼厂开工率

（数据来源：SMM、国家统计局）

1.1.2.4　再生铜

铜是容易回收的再生金属。国内外利用废杂铜方式很多，主要分为两类：第一类是直接利用，占废杂铜总量的 2/3，即将高品位的杂铜直接熔炼成精铜或铜合金；第二类是间接利用，通过冶炼除去废杂铜中杂质，铸成阳极板并电解精炼成电解铜，占废杂铜总量的1/3。

我国的废杂铜供应来源于国外进口及国内回收。

（1）国外进口方面：中国含铜废料进口实物量 2010～2012 年不断上升，但近几年因铜价下滑、海关监管政策及周边国家竞争等因素影响，进口量下滑明显。图 1-7 所示为近年我国废铜进口量统计。

（2）国内回收方面：预期我国废铜报废周期即将到来，因 2000 年左右是我国家用电器增长高峰期，这些家用电器在 2015 年之后逐渐进入报废期。而其他领域，如交通运输、机械设备等随技术发展，更新换代快于预期，报废期将有一定程度的提前。

另外，由于 2016 年铜精矿供应增加和部分冶炼厂产能缩减，市场粗铜供应充裕，冶炼厂入市采购多以粗铜为主，对废铜青睐有限；中国废铜冶炼量及占精铜产量的比例如图1-8 所示。

1.1.3　中国铜冶炼生产现状

中国的铜冶炼产能位居世界第一。目前，中国铜冶炼企业产能已经相对集中，2015 年我国前十大电解铜企业的年产量共 587 万吨，占当年中国总电解铜总产量（741 万吨）的

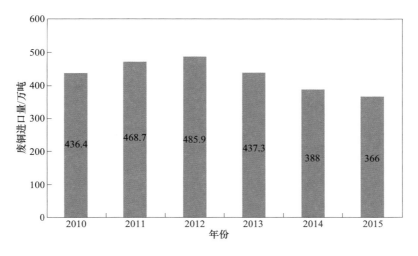

图 1-7 中国废铜进口量

（数据来源：中国铜业）

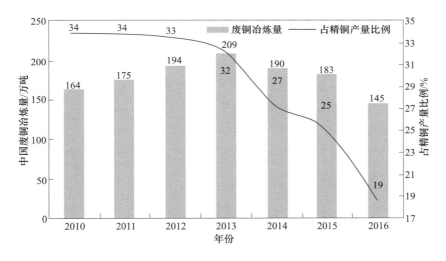

图 1-8 中国废铜冶炼量及占精铜产量的比例

（数据来源：SMM）

79%。这些企业有铜陵有色金属集团股份有限公司、江西铜业集团公司、金川集团股份有限公司、中国铝业股份有限公司、大冶有色金属集团控股有限公司、阳谷祥光铜业有限公司、紫金矿业集团股份有限公司、东营方圆有色金属有限公司、北方铜业股份有限公司等。

图 1-9 所示为国际铜业研究组织 2015 年对全球铜熔炼产能的展望，2018 年前全球拟建设的铜冶炼产能约 200 万吨，其中中国约 150 万吨。中国 2017 年以后计划新增产能公司如表 1-1 所示，在建产能 60 万吨，规划设计产能有 100 万吨，由于部分项目存在搁置风险，预计未来 5 年中国铜冶炼新增产能在 200 万吨左右。

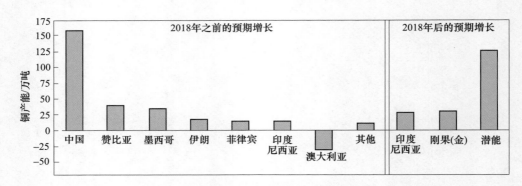

图 1-9　全球铜熔炼产能展望

表 1-1　中国新增产能计划表

序号	公　司　名　称	新增产能/万吨	生产原料	投产时间/年	状态
1	白银有色集团股份有限公司	20	铜精矿	—	在建
2	山东恒邦冶炼股份有限公司	10	铜精矿	2018	投产
3	国投金城冶金有限责任公司（原灵宝金城冶金）	10	铜金精矿	2018	投产
4	中铝东南铜业有限公司	40	铜精矿	2018	投产
5	赤峰云铜有色金属有限公司（搬迁）	40	铜精矿	2018	投产
6	黑龙江紫金铜业有限公司（齐齐哈尔市）	10	铜精矿	2019	在建
7	铜陵有色赤峰金剑铜业有限责任公司（搬迁）	40	铜精矿	2020	在建
8	烟台国兴铜业有限公司	20	铜精矿	2020	设计
9	北方铜业股份有限公司侯马冶炼厂（改造）	30	铜精矿	2020	设计
10	西藏巨龙冶炼有限公司	40	铜精矿	2020	设计

从表 1-1 看出，铜冶炼厂的未来投资主体仍以现有的大型铜冶炼企业为主，且大部分项目自带矿山，这样就拥有更高抗风险能力。中铝东南铜业有限公司（以下简称中铝东南铜业）建于沿海，依托中铝海外矿产资源，西藏巨龙冶炼有限公司（以下简称西藏巨龙）建于格尔木市，依托于西藏大型铜矿山，黑龙江紫金铜业有限公司（以下简称黑龙江紫金铜业）建于齐齐哈尔市，依托于黑龙江多宝山等铜矿资源。其他冶炼厂自有矿山不能自给，依靠外购原料。

图 1-10 所示为 2016 年全球精炼铜产能，从图 1-10 中看出，中国的精炼铜产能远远高于其他国家，而且这个差距仍在拉大。2017 年中国精炼铜产能总计 967 万吨，实际产量 769 万吨，全年总产能利用率 79.5%。若表 1-1 中产能在 2020 年释放出来，中国将新增 200 万吨/年以上的铜冶炼产能，届时中国对原料的竞争将更加激烈。

1.1.4　铜的消费应用动态

在中国所有产业中，超过 90% 的行业使用铜产品，因此铜消费量与国民经济发展密切相关。受中国经济增速放缓影响，中国"十三五"期间 GDP 增速最低在 6.5%，据估计至

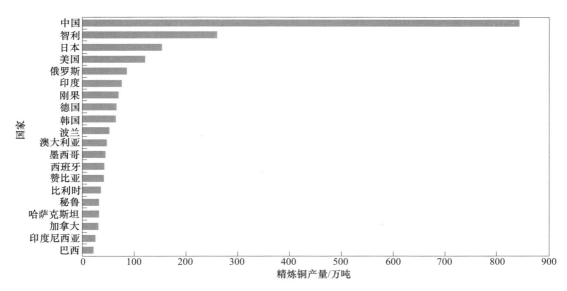

图 1-10　2016 年全球精炼铜生产能力

（数据来源：ICSG）

2018 年，铜消费量将增加至 1243 万吨。

　　铜消费需求主要集中在六大行业：电力、家电、交通运输、建筑、电子和其他，如图 1-11 所示。由图 1-11 可知，2015 年电力行业占比近 50%，是整体耗铜量的决定因素；至 2018 年，依托"互联网+"的大力发展，电子行业耗铜量年均增长率高达 6.5%；家电行业受库存高企影响，将出现负增长；受二胎等政策影响，建筑行业有望出现小幅增长；其余行业铜消费量增长较稳定，年复合增长率维持在 4% 左右。

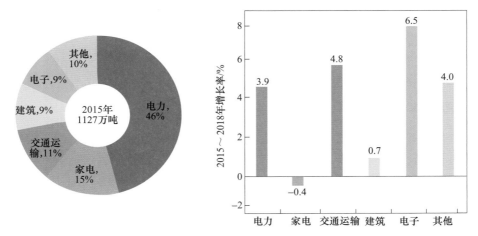

图 1-11　中国各行业铜消费量

（数据来源：SMM）

　　值得关注的是新能源汽车对铜的需求有增加趋势，使用内燃机的汽车每辆需要 23kg 金属铜。而国际铜业协会（ICA）报告指出，每辆混合动力汽车的铜使用量在 40kg，插电式混合动力汽车使用量在 60kg。根据电池大小的不同，一辆电动巴士的铜使用量为 224～369kg。另外，电动汽车的充电设施是另一大需求来源。国际能源署（IEA）预计，电动汽车在全球范围内的使用量很可能在 2020 年达到汽车制造商预测的 900 万～2000 万辆，到 2025 年则有望达到 4000 万～7000 万辆。

预计，电动汽车及巴士领域的铜需求将从 2017 年的 18.5 万吨增至 2027 年的 174 万吨。

未来几年全球电解铜需求和供应增长仍将主要被中国发展拉动。从精铜供需平衡来看，2015 年，随着全球，尤其是中国，冶炼厂新扩建项目的投产，加之原料铜精矿供应也趋向宽松，全球精炼铜有小幅过剩，但处于低位的铜价吸引了中国国家物资储备局买入，逐步改变了 2015 年供应过剩的局面，因为全球电解铜产能投放减少和全球经济将逐步地温和复苏。

1.2　铜的火法冶炼技术

1.2.1　铜的火法冶炼工艺流程

铜冶炼技术种类繁多，总体分为火法冶炼和湿法冶炼两大类。火法冶炼主要以硫化铜精矿和废杂铜等为原料，硫化铜精矿采用造锍熔炼富集有价金属，废杂铜通过熔化除杂后进行火法冶炼，湿法冶炼以氧化铜精矿为主要原料，也有硫化矿焙烧后进行湿法冶炼，采用浸出液经萃取—反萃—电积的方法生产电铜；浸出多采用堆浸方式，高品位氧化矿也可用搅拌浸出和槽浸。在硫酸销售困难的地区，小规模企业采用硫化铜精矿硫酸化焙烧、湿法浸出生产电铜或铜的盐类。

近 20 年来，世界铜冶炼技术有很大的发展，火法炼铜仍然是主要的炼铜方法，世界上 85% 左右的铜是采用火法冶炼技术生产的。传统的火法炼铜工艺如鼓风炉、反射炉和电炉炼铜已经被淘汰，被闪速熔炼、底吹熔池熔炼、侧吹熔池熔炼、艾萨炉熔炼和奥斯麦特熔炼等富氧强化熔炼技术所取代。

铜的火法冶炼生产过程一般由以下几个工序组成：备料、造锍熔炼、吹炼、火法精炼。产出的阳极板再经电解精炼后，最终产品为阴极铜，主要工艺流程如图 1-12 所示。

1.2.2　造锍熔炼

造锍熔炼（熔炼）是从硫化铜精矿提取铜的一个重要步骤。造锍过程的目的是将精矿中的铜及其他有价金属富集于铜锍中，以达到与脉石、部分硫铁分离的目的。传统的火法炼铜工艺如鼓风炉、反射炉和电炉炼铜等已经被淘汰，被闪速熔炼、三菱法、侧吹熔炼、艾萨法（ISA）、奥斯麦特、底吹熔炼等富氧强化熔炼所取代。

现代造锍熔炼过程是在 1150℃ 以上的高温条件下，将含铜物料，与熔剂、返料和燃料等配料后加入熔炼炉，与鼓入的富氧空气，进行物理和化学反应。炉料中的铜、硫与未氧化的铁形成液态铜锍，这种铜锍是以 $FeS\text{-}Cu_2S$ 为主，并含有 Au、Ag 等贵金属及少量其他金属硫化物的共熔体；炉料中的 SiO_2、Al_2O_3、CaO 等成分与 FeO 一起形成液态炉渣。炉渣是以 $2FeO \cdot SiO_2$（铁橄榄石）为主的氧化物熔体；产出的 SO_2 烟气制酸。铜锍与炉渣互不相溶，且密度不同从而分离。

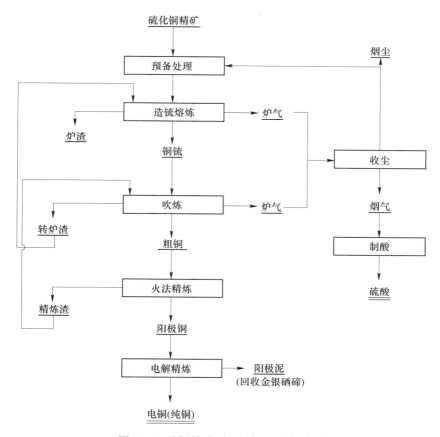

图 1-12 从铜精矿到阴极铜的生产过程

熔炼工序是铜冶炼过程的重要环节，熔炼技术代表着冶炼企业的生产技术水平。熔炼工序也是最易造成环境污染的环节之一。

传统的造锍熔炼工艺包括鼓风炉、反射炉或电炉熔炼，熔炼过程脱硫程度都很低，熔化所需的热量只有少部分利用氧化反应产生的热量，大部分是利用燃料燃烧产生的热量或电热。另外，产出的铜锍品位低，烟气中二氧化硫浓度低。传统的造锍熔炼由于其效率低、能耗高、环境污染严重而逐渐被新的强化熔炼所代替。

新的造锍熔炼利用富氧空气作氧化剂，氧化脱硫程度高，反应速度快，生产能力大。熔化所需的热量主要利用氧化反应产生的热量，能耗低，基本上实现自热熔炼。烟气体积小，SO_2 浓度高，能够实现"两转两吸"和高浓度烟气制酸，减少对环境的污染。

自从 1949 年芬兰奥托昆普公司发明闪速熔炼炼铜工艺以来，相继出现了多种以强化熔池熔炼为特征的新炼铜技术。其熔炼方法和工艺特点分别列于表 1-2 和表 1-3[1,2]。

表 1-2 硫化铜矿熔炼方法

投产年份	国家	公司（简称）	熔炼工艺名称	特　点	应用工厂数
1949	芬兰	奥托昆普	闪速熔炼法	利用了精矿比表面积大的特点，反应迅速	41

投产年份	国家	公司（简称）	熔炼工艺名称	特　点	应用工厂数
1973	加拿大	诺兰达	诺兰达法	卧式单侧吹	2
1977	智利	特尼恩特	特尼恩特法	卧式回转炉	6
1974	日本	三菱	三菱法	固定式圆炉多枪顶吹	5
1992	澳大利亚	艾萨炉	艾萨法	固定式竖炉一支枪顶吹	7
1992	澳大利亚	奥斯麦特	奥斯麦特法	固定式竖炉一支枪顶吹	8
1982	哈萨克斯坦	诺里尔斯克	瓦纽科夫法	固定式竖炉双侧吹	5
1980	中国	白银有色公司	白银法	固定式平炉双侧吹	1
2008	中国	中国恩菲	富氧底吹工艺	卧式回转式底吹炉	12
2010	中国	金峰公司	双侧吹	固定式竖炉双侧吹	8

表 1-3　火法炼铜厂造锍熔炼工艺特点

项　目	闪速熔炼	艾萨熔炼	三菱熔炼	底吹熔炼	侧吹熔炼	奥斯麦特熔炼
单炉最高产能/万吨·年$^{-1}$	40	30	28	30	20	30
原料适应性	一般	强	较强	强	强	强
原料预处理	粒度小于 1mm，深度干燥，$H_2O<0.3\%$	制粒，H_2O 10%~14%	干燥，$H_2O<1\%$	粒度小于 100mm，不需要干燥	粒度小于 100mm，不需要干燥	制粒，H_2O 10%~14%
送风氧浓度/%	约 90	50~90	约 56	约 73	约 80	40~80
铜锍品位/%	60~70	约 62	68	任意~75	任意~70	约 62
烟气 SO_2/%	50	20~27	20~30	15~30	12~30	11~15
炉寿命/年	>8	2~3	2~3	2~3	>8	1~2

现代炼铜工艺中闪速熔炼工艺应用的生产厂家和粗铜产量均在 50% 左右。各种熔池熔炼工艺也约占 50%。由于熔池熔炼送富氧空气的方法不同，派生出了各种冶炼技术，不同冶炼技术在造锍熔炼过程中，各种化学反应的热力学和动力学条件都很充分，所以无论采用哪种冶炼工艺都没有问题。

不同的熔池熔炼技术，其动力学条件也有较大的差异，氧势在铜锍相和渣相中也有较大差别。随着生产运行过程的发展，其主要经济技术指标也有较大差异。相对较差的有可能得到进一步优化或相互借鉴取长补短，完善出一个或多个更合理的熔池熔炼工艺。

富氧底吹熔池炼铜工艺最大的特点是：气流是以许多支微细的小气流从熔体底部吹入，气液两相接触面积大，历程长，气体在熔体内停留时间长，有较好的反应动力学条件，因此有较大的熔炼潜能。投产后就显示出无比的优越性，相信随着工艺的不断完善，它在铜冶炼行业中一定会占据重要地位。

闪速熔炼或悬浮熔炼包括奥托昆普（Outokumpu）型（见图 1-13）和英可（INCO）闪速炉（见图 1-14），还有旋涡熔炼（ConTop）法，由德国 KHD 公司开发，目前采用的工厂不多[3]。

熔池熔炼包括诺兰达法、智利特尼恩特法、三菱法、艾萨法、奥斯麦特法、瓦纽科夫

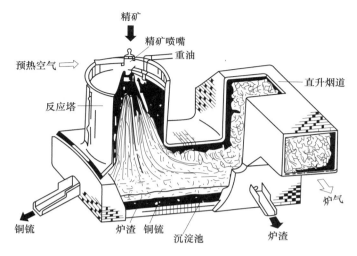

图 1-13 奥托昆普闪速炉

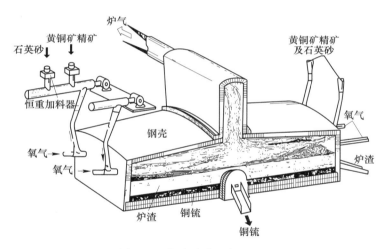

图 1-14 加拿大英可闪速炉

法、白银法、水口山法（氧气底吹炼铜法）和侧吹炉法等，其中艾萨法、奥斯麦特法于 2000 年左右在中国发展较快。随着 2008 年中国自主知识产权的氧气底吹炼铜法的工业化投产，氧气底吹炼铜法在近 10 年内取得了快速发展[4]。

1.2.2.1 闪速熔炼

闪速熔炼的产能占据所有铜熔炼技术的 50% 以上，可见其重要性。闪速熔炼工艺自从 1949 年诞生，至今已有 60 多年的历程，得到了改进和优化，尤其是富氧和中央喷嘴技术的开发。闪速熔炼的炉型主要有奥托昆普闪速炉、英可闪速炉以及金川铜合成炉。

闪速熔炼是精矿经过深度干燥到含水不大于 0.3%，与富氧空气一起喷入反应塔内，在悬浮状态下熔炼，熔炼产品在沉淀池沉淀分离。此法在 20 世纪 40 年代末开始生产，已在 40 多家企业推广应用，在节能环保方面取得了显著成绩。最大的闪速炉内单系列可年产 30 万~40 万吨铜，单台炉的产能超过大多数熔池熔炼炉。

但是闪速炉的投资成本偏高，对于年产约 40 万吨铜的大型冶炼厂，在原料相对稳定的情况下，采用闪速炉相对合适。但对同样一台炉子来说，熔池熔炼比闪速熔炼工艺简单一些，就年产 10 万~30 万吨的铜厂闪速熔炼的投资比熔池熔炼高一些。另外，闪速熔炼烟尘率较高，挥发性杂质元素不易在排烟系统分离出来，对原料要求也严格一些。典型的闪速熔炼工艺流程如图 1-15 所示。

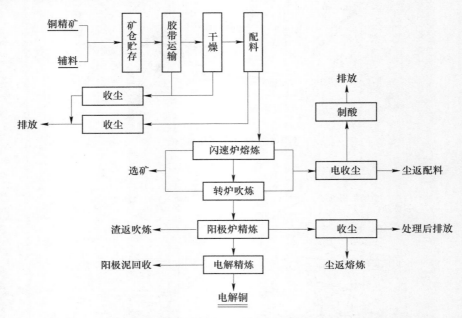

图 1-15　铜闪速炉熔炼—转炉吹炼—阳极炉精炼—电解精炼工艺图

A　闪速熔炼在国外的发展

自 1949 年世界上第一台闪速熔炼炉建成投产，逐步建立了其在铜冶炼行业的统治地位。20 世纪 70 年代，闪速熔炼得到了快速发展，十年间新建了 17 座闪速炉，随着单个富氧精矿喷嘴的应用，其规模也不断扩大。截至 2000 年，世界上的闪速炼铜炉已经有 47 座，而且大部分都在国外，主要代表工厂见表 1-4。

表 1-4　奥托昆普现代炼铜工艺

序号	工厂名称	投产年份	反应塔尺寸 /m×m	最初生产能力 /万吨·年$^{-1}$	目前生产能力 /万吨·年$^{-1}$	备注
1	玉野	1972	φ6×6.5	8.4	26	矿铜
2	温山	1979	φ4.9×6	8	20	矿铜
3	Huelva	1975	φ6.5×6.8	10	30	矿铜
4	NA	1972	φ6×8	40	110	精矿
5	东予	1971	φ6×6.6	850t/d	>4000t/d	精矿
6	Kennecott	1995	φ7×7.75	100	110	精矿
7	佐贺关	1970/1973	φ6.2×5.9	90	120	精矿

B 闪速熔炼在中国的发展

江西铜业公司贵溪冶炼厂（以下简称贵溪冶炼厂）于 1985 年引进日本闪速炉炼铜技术，是中国最早使用闪速熔炼技术的铜冶炼企业，目前已拥有 2 套闪速熔炼生产系统，加上处理的杂铜物料，年产量已达 100 万吨阴极铜，闪速炉作业率 98.6% 以上，生产指标处于国际先进水平。

铜陵有色金隆铜业有限公司（以下简称金隆铜业）于 1997 年建成国内第 2 座闪速炉，原设计规模为 10 万吨/年阴极铜，后经扩建技改，可达到年产 40 万吨阴极铜左右。

紫金铜业有限公司（以下简称紫金铜业）于 2011 年底建成一条规模为 20 万吨/年的阴极铜生产线，后经改造产量可达 30 万吨/年。采用闪速熔炼、PS 转炉吹炼、阳极炉火法精炼、电解精炼工艺，其主体工艺流程与贵溪冶炼厂、金隆铜业类似。

金川铜合成炉是基于熔炼炉渣缓冷选矿技术没有得到广泛应用的背景，为了能够一步生产出含铜较低的弃渣，由中国恩菲和金川集团联合开发的一种炉型。该炉型于 2005 年投产，其特点是将闪速炉与电炉技术融合为一体，铜渣的铜品位控制在 0.7% 以下。

祥光铜业是国内首家、世界上第二家采用闪速熔炼—闪速吹炼（简称"双闪"）工艺的铜冶炼厂，于 2007 年投产。一期设计年产 20 万吨阴极铜，二期设计年处理铜精矿 170 万吨，年产阴极铜 40 万吨，生产硫酸 160 万吨。自此以后，中国引进的铜闪速冶炼技术基本以"双闪"技术为主。

铜陵有色金冠铜业于 2013 年 1 月投产，是中国第二家"双闪"铜冶炼厂，规模为阴极铜 40 万吨/年。

广西金川防城港 40 万吨/年铜项目于 2013 年 11 月投产，是中国第三家"双闪"铜冶炼厂，世界第四家，年产阴极铜 40 万吨。

中原黄金冶炼厂于 2016 年 7 月投产，采用了底吹熔炼工艺和闪速吹炼工艺的流程，规模为年处理混合铜精矿 150 万吨，设计阴极铜规模为 20 万吨/年。

东南铜业 40 万吨/年铜冶炼项目于 2018 年 9 月投产，是中国第四座、世界第五座"双闪"铜冶炼厂，年产阴极铜 40 万吨。

综上所述，闪速冶炼技术在中国近十年间仍然蓬勃发展，尤其是闪速吹炼技术更是发展迅速。自祥光铜业引进闪速吹炼技术后通过消化改进，形成了特色的"旋浮吹炼"技术。

英可闪速熔炼与奥托昆普闪速熔炼的最大区别是反应塔位于中间，并采用纯氧熔炼。英可闪速炉在我国尚无企业应用。

国内部分闪速炉熔炼工艺技术指标见表 1-5。

表 1-5 国内部分闪速炉熔炼工艺技术指标

工 厂	精矿含铜 /%	投料量 /t·h^{-1}	铜锍品位 /%	渣含铜 /%	烟尘率 /%	作业率 /%	风口含氧 /%
贵溪冶炼厂	25~28	135~140	54~58	0.74~1.12	9.0~11.1	96.5~99.3	>70
祥光铜业	26~32	270	68~71	1.8~2.3	8	95~99.2	70~80
紫金铜业	21~23	140~155	58~62	0.9~1.3	6~8	96.64	70~80
金隆铜业	21~24	159	60	0.7~1.0	6~8	96~98.5	70~80

续表 1-5

工　厂	精矿含铜 /%	投料量 /t·h⁻¹	铜锍品位 /%	渣含铜 /%	烟尘率 /%	作业率 /%	风口含氧 /%
金冠铜业	25~27	255	67~70	1.6~2.2	7.5	96~98.5	72
广西金川防城港	25~28	150~260	67~70	1.5	5~8	—	72~80
金川铜合成炉	25~28	90~106	56~65	0.6~0.8	—	95.5~98.5	≥65

1.2.2.2　熔池熔炼

熔池熔炼是 20 世纪 70 年代开始在工业上应用，目前仍在不断的创新优化中，它是向一个高温熔池内，加入配好的物料并鼓入富氧空气，在剧烈搅拌的熔池内进行强化熔炼。炉型有卧式、立式、回转式或固定式，鼓风方式有侧吹、顶吹和底吹。该方法的特点是对炉料的要求不高，各种类型的精矿——干的、湿的、大粒的、粉状的都适用，炉子容积小，热损失小，节能环保都比较好，特别是烟尘率明显低于闪速熔炼。目前一台熔池熔炼炉最大生产能力约为 30 万吨，典型的熔池熔炼流程如图 1-16 所示。

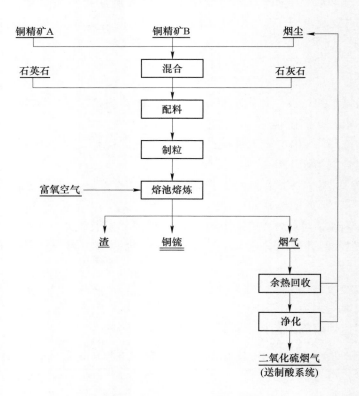

图 1-16　铜熔池熔炼工艺流程简图

目前熔池熔炼按送风方式可分为顶吹、侧吹和底吹三大类，顶吹的代表炉型有艾萨炉和奥斯麦特炉；侧吹的代表炉型有诺兰达炉、特尼恩特炉、白银炉、瓦纽科夫炉和侧吹炉等；底吹的代表炉型主要有中国恩菲等自主研发的氧气底吹炉。

A　顶吹熔炼

顶吹熔炼是将喷枪从炉子顶部插入，通过氧枪鼓入富氧空气，形成对熔体的强烈搅动，从而实现强化冶炼的目的。根据喷枪的插入深度和形式分为自热炉顶吹熔炼、三菱法顶吹熔炼和顶吹浸没熔炼。顶吹熔炼炉为竖式圆筒形炉体，占地面积小，在受场地限制的厂区较易改造。采用圆盘制粒机控制入炉料粒度，烟尘率较低（1%~1.5%）。砷脱除率在90%以上，铅为50%~70%，锌为70%~80%。云南铜业艾萨炉烟尘直接开路处理，减少了杂质元素在熔炼流程中反复循环和积累。但顶吹熔炼喷枪寿命短，需要严格控制喷枪浸没深度，其中以顶吹浸没熔炼技术应用最为广泛，分为奥斯麦特熔炼法和艾萨熔炼法，由于其熔池小，都配套了沉降电炉。

a　奥斯麦特炉

奥斯麦特炉起源于澳大利亚奥斯麦特公司，在炼铜、炼铅、炼锡、炼镍、炼锌渣等方面均有工业应用，目前在全球有 20 多座，中国就有 14 座左右，其中奥斯麦特炼铜工艺的应用情况见表 1-6。

表 1-6　奥斯麦特炼铜工艺的应用情况

投产时间/年	工厂	工厂位置	炉料类型	产品
1999	中条山	中国，侯马	铜精矿	铜锍
1999	中条山	中国，侯马	铜锍	粗铜
2002	Amplats	南非，吕斯滕堡	水淬镍/铜/铂族金属铜锍	镍锍
2003	铜陵有色	中国，铜陵	铜精矿	铜锍
2004	韩国锌业	韩国，温山	铜渣	铜锍
2003	Birla 铜业	印度	铜精矿熔炼	粗铜
2005	Start project	俄罗斯	铜精矿	铜锍
2008	赤峰金剑铜业	中国，赤峰	铜精矿	铜锍
2008	葫芦岛有色集团	中国，葫芦岛	铜精矿	铜锍
2007	同和矿业	日本	铜二次冶炼	粗铜
2012	云锡铜业	中国，云南	铜精矿	铜锍
2012	云锡铜业	中国，云南	铜锍	粗铜

国内使用奥斯麦特法炼铜的代表有中条山有色金属集团侯马冶炼厂、铜陵金昌冶炼厂、葫芦岛冶炼厂、云南锡业和大冶冶炼厂。

中条山有色金属集团侯马冶炼厂于 1999 年 8 月投产，是世界上首家采用奥斯麦特双炉冶炼工艺的铜冶炼厂，每炉处理料量 120t，年处理精矿能力 24 万吨，控制炉温 1200℃左右。

铜陵金昌冶炼厂于 2003 年建成投产，经过工艺升级和技术优化，现铜精矿处理能力约 70 万吨/年，配有贫化电炉实现铜锍与炉渣的分离。原铜锍生产品位在 48% 左右，后进行过高品位铜锍生产试验，奥斯麦特炉可以稳定生产品位 65% 的铜锍，金昌冶炼厂搬迁改造仍采用该工艺。

云南锡业 10 万吨/年奥斯麦特炉铜熔炼项目为双顶吹铜冶炼，采用了冷铜锍顶吹吹炼，于 2012 年成功投产。主体工艺采用顶吹熔炼—顶吹吹炼—不锈钢阴极电解技术，配套 "两转两吸" 制酸及炉渣选矿工艺。近年来，云锡从稳定进料率、优化耐火材料、严格控制熔炼温度与渣型等方面进行技术攻关，耐火材料使用寿命由原来的 5~7 个月增加到现在的 12~18 个月，大幅地提高了炉寿。

大冶冶炼厂于 2010 年进行了铜冶炼生产系统的第二次升级改造。新大冶奥斯麦特熔炼炉炉体由传统炉体 $\phi 4.4m \times 11m$ 扩大至 $\phi 5m \times 16.5m$，最大炉料处理量提高至 180t/h 以上，进行了改进配矿结构，优化配氧方式，喷枪挂渣保护等技术改造，扩大了奥斯麦特炉生产能力。但目前奥斯麦特炉依然存在喷枪寿命较短（约 7 天），电炉渣含铜过高（设计值为 0.76%，实际值为 0.85% 以上）等问题。

b　艾萨炉熔炼

艾萨炉工艺起源于澳大利亚芒特艾萨公司，先后在澳大利亚、美国、印度、秘鲁等地应用，基本用于炼铜。目前据不完全统计全球有 16 座艾萨炉，艾萨炼铜工艺应用情况见表 1-7。

表 1-7　艾萨炼铜工艺应用情况

投产时间/年	工厂	位置	工厂类型	铜处理能力
1987	芒特艾萨矿业有限公司	澳大利亚，芒特艾萨	铜冶炼厂	15~20t/h 的铜精矿
1992	塞浦路斯迈阿密矿业	美国，亚利桑那	铜冶炼厂	70 万吨/年铜精矿
1992	芒特艾萨矿业有限公司	澳大利亚，芒特艾萨	铜冶炼厂	100 万吨/年铜精矿
1996	Sterlite 工业有限公司	印度，Tuticorin	铜冶炼厂	6 万~10 万吨/年铜
1997	联合矿业	比利时，霍博肯	铜/铅冶炼厂	装料量 30 万吨/年
2002	云南铜业	中国，昆明	铜冶炼厂	80 万吨/年铜精矿
2002	Huttenwerke Kayser AG	德国，Lunen	再生铜冶炼厂	处理 15 万吨/年二次物料
2005	Sterlite 工业有限公司	印度，Tuticorin	铜冶炼厂	130 万吨/年铜精矿
2006	Mopani 铜矿	赞比亚，Mufulira	铜冶炼厂	85 万吨/年铜精矿
2007	南秘鲁铜业	秘鲁，Ilo	铜冶炼厂	120 万吨/年铜精矿
2009	Kazzinc JSC	哈萨克斯坦	铜冶炼厂	25 万吨/年铜精矿
2009	秘鲁 Doe Run	秘鲁，La Oroya	铜冶炼厂	28 万吨/年铜精矿

云南铜业从 2002 年开始，将原有的电炉工艺改成艾萨炉工艺，大幅降低了电能消耗，提高了生产能力，提高了烟气中 SO_2 浓度。艾萨炉喷枪插入熔体 300~400mm 深处，通过喷入富氧空气对渣层进行强烈搅动，实现强化冶炼的目的。

除云南铜业外，采用艾萨工艺的还有会理昆鹏铜业、楚雄滇中铜业以及赞比亚谦比希铜冶炼公司。

谦比希铜冶炼有限公司由中国矿业集团和云南铜业集团合资组建，位于赞比亚境内，并于 2009 年正式投产，2010 年改建后，年产粗铜 18 万吨。当地铜精矿品位较高，精矿含铜 34%~35%，在富氧浓度 65%~70% 的条件下，控制炉渣铁硅比 0.85~0.9，Fe_3O_4 含量 <8%，产出铜锍品位较高，达到 65%~67%。

奥斯麦特熔炼法和艾萨熔炼法的主要区别在于：

（1）喷枪结构不同。奥斯麦特炉喷枪有 4 层，艾萨法喷枪只有 2 层，且艾萨炉是竖式炉，炉体比较高，所以喷枪比较长，一般为 13~16m。

（2）排料方式不同。奥斯麦特炉采用溢流方式连续排放熔体，而艾萨法采用间断的方式排放熔体。

（3）炉体冷却方式不同。奥斯麦特炉是用挂渣的方法对炉衬进行保护，外壳用喷淋水、夹套冷却或铜水套冷却水进行冷却。而艾萨炉炉壳部分冶炼厂未采用水套，部分冶炼厂采用水套。

（4）炉底结构不同。奥斯麦特炉采用平炉底，炉底与混凝土基础用螺栓相连，制造与筑炉方便，炉体易产生晃动，也有部分炉体没有螺栓与基础固定。而艾萨炉炉底则采用封头形及裙式支座结构，用螺栓和混凝土基础连接在一起，施工方便。

两种方法均已应用于多家企业并稳定生产，各有其优势。

c　三菱法

三菱法由熔炼炉、贫化电炉和吹炼炉组成，是一个连续的熔炼和吹炼过程，三台炉子之间通过封闭流槽连接。熔炼炉为卧式圆鼓形，含水小于 0.5% 的干精矿、返料、熔剂及燃煤与 25%~60% 的富氧空气从炉顶通过喷枪喷入熔池表面，在熔池表面与熔体形成旋流，迅速熔化，生成的熔体到贫化电炉中沉淀分离。三菱法的作业率高，可达 94% 以上；生产规模大，可达 28 万吨/年；劳动定员少。韩国翁山冶炼厂既有闪速熔炼系统，又有三菱法生产系统。但三菱法的渣含铜高，喷枪辅助系统庞大，熔炼炉需要配置在较高的楼层位置，建筑成本相对较高。目前，三菱法在我国没有应用。

B　侧吹熔炼

侧吹熔池熔炼技术是将物料通过加料系统从炉顶加料口连续加入至炉内，富氧空气从炉身侧部风口鼓入炉内熔体中，从炉顶加入的物料在强烈搅动的熔体中快速熔化完成化学反应。侧吹熔炼技术主要可分为诺兰达熔炼法、特尼恩特熔炼法、瓦纽科夫熔炼法、白银炼铜法和双侧吹熔炼法等。

a　诺兰达熔炼法

诺兰达炉是典型的回转式侧吹炉，外形类似于常规的 PS 转炉，物料从炉体一端通过抛料机投入熔池，富氧空气则通过炉体侧面的风口鼓入，炉料在熔池中迅速反应，并在沉淀区分离，铜锍从炉底放出，炉渣则由炉体相对于抛料机的另一端放出。

大冶冶炼厂于 20 世纪 90 年代从加拿大引进诺兰达熔炼工艺以来，不断进行工艺与管理水平改进，加强熔池液面高度、炉温、铜锍品位、渣型等的控制，使诺兰达炉的处理能力由当初的 72t/h 提高至 80t/h，风口氧浓度由投产初期的 36% 提高到 45%，对炉料适应性也大大增强。但与闪速熔炼、顶吹浸没熔池熔炼等方法相比，其炉寿短导致操作富氧浓度低、生产效率低、扩产能力差、作业环境差等，现在国内已被淘汰。

b　特尼恩特熔炼法

特尼恩特炼铜法是智利国家铜业公司（Codelco）开发，主要应用于南美洲、北美洲、泰国和赞比亚等地区或国家，推广度不高。炉体结构形式与诺兰达炉类似，不同点主要是采用干精矿喷吹技术，干精矿从炉体侧部直接喷入熔体，而诺兰达炉是湿精矿直接入炉，用抛料机端头加料方式；烟尘率低（0.8%）；富氧浓度低（40%），但实现了自热。缺点是流程复杂、作业环境差、渣含铜偏高。目前，在中国没有引进应用该技术。

　　c　瓦纽科夫熔炼法

　　瓦纽科夫熔炼法起源于苏联，其特点是瓦纽科夫炉的炉膛高，加料口及炉口喷溅小，烟尘率低，富氧浓度高（60%～90%），熔池深（2500～2800mm）、熔体温度高（1250～1300℃），有隔墙，单一炉体产熔炼渣含铜低（0.4%～0.8%），金属直收率高等。而后俄罗斯在瓦纽科夫炉的基础上，提出了一种带炉料预热的改型炉，又称巴古特炉或称联合鼓泡炉。这种联合鼓泡炉的特点之一就是以竖井式逆流交换器代替余热锅炉，用于节能。主要应用于俄罗斯乌拉尔和诺里尔斯克等地区的3家炼铜厂。

　　d　白银炼铜法

　　白银炼铜法由中国白银有色集团股份有限公司铜业公司（以下简称白银公司）于20世纪80年代改造焙烧炉和反射炉而研制的固定式侧吹熔炼工艺。白银炉是从反射炉发展起来的一种侧吹式固定床熔炼炉，与瓦纽科夫炉有一定类似性，不同点在于白银炉鼓风吹到铜锍层，炉体高度远低于瓦纽科夫炉。

　　由于传统的"白银炼铜法"存在着熔炼强度偏低、热利用率低、自动化程度低、劳动强度大、作业环境差等问题。因此，分别于2009年与2011年白银公司改造建成了两座新型白银炉，改造后的新型白银炉熔炼能力有了很大的提高，投料量高达2100t/d，白银炉具备10万吨/年阴极铜的生产能力。但是，白银炉没有在中国得到广泛的推广应用。

　　e　双侧吹熔炼法[5,6]

　　金峰铜业有限公司（以下简称金峰铜业）于2008年采用双侧吹熔池熔炼工艺，是在原有密闭鼓风炉工艺的基础上，结合瓦纽科夫炉的操作原理，开发出来的双侧吹熔池熔炼技术。金峰铜业的熔炼炉主要特点在于炉体上部两侧共设置了30余个内径40mm的风口，采取双侧吹技术；炉体为多块单独的水套组合而成，检修时可单独更换；风嘴采用不锈钢与紫铜复合制备，风嘴富氧空气吹在渣层，正常生产时，需配入1%～5%的煤，用于补充热量和还原渣中磁性铁。

　　风口在熔体下100mm，一旦停电，需要人工用钎子堵风眼，再开炉时需人工打风眼，炉体铜水套多，带走热量大，没有实现完全意义上的自热熔炼。

　　金峰铜业的双侧吹熔炼炉在投产后一直十分重视技术的改进优化和推广，作为我国自主研发的炼铜技术，发展迅速，在5万～20万吨/年的铜冶炼企业使用较多，如我国广西南国铜业、富春江冶炼厂、四川康西铜业、吉林珲春紫金等多家企业采用了金峰式富氧侧吹炼铜。

　　除了金峰铜业侧吹炉外，还有两种形式与其极为相近的两种侧吹炉为烟台鹏辉铜业（目前更名为烟台国润铜业）和赤峰富邦铜业的侧吹炉；烟台鹏辉铜业侧吹炉采用了宽炉缸风眼区的设计，供风压力也略有升高。

　　赤峰富邦铜业侧吹炉于2011年6月投料试生产，规模为10万吨/年阴极铜。侧吹熔炼炉主体为竖式熔池熔炼炉，加料口与水冷上升烟道设在炉顶。侧吹熔炼室在炉体下部，其前端设有渣室，渣室与熔炼室通过炉底涵道相通，出渣口设在渣室的中上部。铜锍虹吸口设在渣室正对炉缸的炉底处，铜锍虹吸口穿过炉墙同铜锍溜槽相通。

　　金峰铜业、赤峰富邦铜业、烟台鹏辉铜业等公司的侧吹炉结构简图如图1-17所示。部分侧吹炼铜企业的主要技术指标见表1-8。

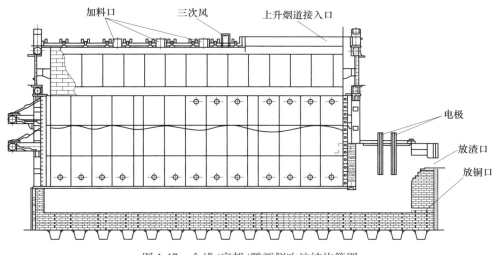

图 1-17 金峰/富邦/鹏辉侧吹炉结构简图

表 1-8 部分侧吹炼铜企业的主要技术指标

项　目	投料量 /t·h⁻¹	铜锍品位 /%	渣含铜（贫化前)/%	烟气 SO₂ /%	富氧浓度 /%	烟尘率 /%
大冶冶炼厂（诺兰达法，已淘汰）	80	65	4	12~20	40	—
赤峰富邦铜业	40	55~57	0.8	30~33	80~85	0.98
烟台鹏辉铜业	32	50~60	0.4~0.6（电炉贫化）	10~14	32.79	1~2
金峰铜业	86~90	50~57	0.7~1.0	18~32	70~90	1~1.8
白银公司	80~88	48~55	0.5~1.2（电炉贫化）	16.58	46.5	3

C 底吹熔炼——氧气底吹炼铜

氧气底吹炼铜工艺最早也称水口山炼铜法（SKS 法）。1991~1992 年，由中国恩菲与水口山有色金属集团公司共同在湖南水口山冶炼厂日处理 50t 炉料的装置上，进行了半工业试验并取得了满意的技术经济指标，1994 年获中国专利授权，被命名为水口山炼铜法。

氧气底吹炼铜工艺的工业化应用最早在 2001 年越南老街冶炼厂，炼铜规模为 1 万吨/年电铜。2008 年底吹炼铜技术在中国山东东营鲁方有色金属公司投产，设计规模为 5 万吨/年阳极铜，后经改造产能达到 10 万吨/年阳极铜。2010 年，山东恒邦冶炼厂投产第三台氧气底吹炉，用于处理复杂金精矿，同时回收贵金属。2011 年，内蒙古华鼎冶炼厂采用底吹工艺改造原有鼓风炉工艺并投产成功。目前，北方铜业垣曲冶炼厂、豫光金铅玉川冶炼厂、中原黄金冶炼厂、五矿铜业和青海铜业等多家冶炼厂采用了该技术。

从投产后运营的情况来看，氧气底吹炼铜法在工艺上有着突出的特点：原料适应性强、备料简单、精矿不用干燥和制粒、富氧浓度高、炉体热损失少（炉体无铜水套）、氧枪寿命长、易操作、烟尘率低、环保条件好、投资省和杂质脱除高等；特别是富氧空气直接送到铜锍层反应，不宜形成泡沫渣，安全性高；单炉完成铜锍和渣的分离，不需设沉降电炉，铁硅比（Fe/SiO_2）高（1.6~2.0），渣量少。但是炉渣含铜较高（3%），需要进一步贫化或选矿。

底吹熔炼技术作为"造锍捕金"代表性技术，以处理含铜金精矿、含砷复杂矿为独特优势，进一步拓宽了铜冶炼行业的界限，将铜金行业跨界整合变成了现实，为铜冶炼企业提高了竞争力，快速得到了广泛应用和推广。

1.2.3　铜锍吹炼

自从 1905 年 Peirce Smith 将 PS 卧式转炉成功用于铜的吹炼以来，PS 转炉吹炼技术一直处于主导地位。PS 转炉吹炼虽然简单、成熟、易操作、易掌握，但是吹炼效率低下，环保效果差，送风率为 60%~80%，需配包子、吊车，频繁多次进出铜锍、吹炼炉渣、粗铜，频繁倾炉、转动、停风，出炉烟气间断、不稳定、时有时无，烟气含 SO_2 低且不连续、不利于烟气处理，炉口无法严密密封，车间劳动条件差，不适应日益严格的环境保护要求。

鉴于 PS 卧式转炉吹炼与环境保护突出的矛盾，人们一直寻求连续吹炼等工艺来替代 PS 转炉。近 30 年来，出现了一些连续吹炼技术，从根本上解决了 PS 转炉周期性作业造成的许多问题。这些连续吹炼技术包括：三菱法吹炼（Mitsubishi）、奥托昆普闪速吹炼（Flash convert）、奥斯麦特炉吹炼（Ausmelt）、诺兰达连续吹炼（Noranda）、底吹连续吹炼和多枪顶吹连续吹炼。

（1）三菱法吹炼：需铜锍连续地进入吹炼炉，连续排放出粗铜和炉渣，因此需要与三菱熔炼炉、沉降电炉连在一起使用，目前有 2 条生产线在运行。

（2）奥托昆普闪速吹炼：由美国犹他州肯尼科特冶炼厂与奥托昆普共同开发并应用，近年来在中国得到了快速发展，目前已经有 4 条生产线在运行。英可闪速吹炼是加拿大铜崖（Copper Cliff）冶炼厂为处理镍铜锍中分离出来的复杂铜精矿而开发的。

（3）奥斯麦特炉吹炼：奥斯麦特炉吹炼类似转炉周期性作业，1999 年在中条山侯马冶炼厂首次引进并投入生产，设计年产粗铜 3 万吨，目前能够达到 7 万吨；2012 年云锡铜业引进建成投产 10 万吨规模。由于周期性作业，送风时率低、投资大、效率低、粗铜含硫高特点。

（4）诺兰达炉连续吹炼：1997 年 11 月在加拿大诺兰达公司投产，目前存在炉寿命短、粗铜含硫高等问题。诺兰达吹炼炉到目前仍然只在霍恩冶炼厂应用，到目前为止，诺兰达炉的能力和可靠性比过去有了提高，从 2005 年开始诺兰达吹炼炉处理工厂的处理铜锍量达到 887t/d。

（5）底吹连续吹炼：中国自主知识产权的技术，于 2014 年在河南豫光金铅铜冶炼厂首次投入生产，在东营方圆、包头华鼎、青海铜业等冶炼厂中应用。

（6）多枪顶吹连续吹炼：中国自主研发的技术，是三菱吹炼工艺的升级。目前有两种形式，一种是赤峰云铜公司于 2015 年试验的两段炉多枪顶吹工艺，后改为 1 台；另一种是中国恩菲和烟台国润铜业合作开发的多枪顶吹技术于 2017 年在烟台国润铜业 10 万吨/年阴极铜项目中成功工业化应用。

1.2.3.1 转炉吹炼

转炉吹炼过程是通过风口向炉内鼓入空气或富氧空气来实现的。整个过程分为造渣和造铜两个周期，是间歇式的周期作业。其优点是作业灵活、能够大量处理高品位铜锍、除杂能力强和粗铜品质好等，多台转炉之间可以采用期交换作业模式保证制酸烟气连续稳定。但是，由于吹炼过程铜锍需要吊车吊运进料，使烟气逸散到车间，作业环境差。尽管近些年来一些冶炼厂采取了措施对这部分烟气收集处理，但是厂房内烟气聚集的问题并没有效改善，并且烟气处理投资较大。

目前，中国的贵溪冶炼厂、金隆冶炼厂、云南铜业、大冶冶炼厂和金川冶炼厂等都仍然采用转炉吹炼工艺。转炉吹炼也一直在向着大型化、自动化、环保化方向发展，并不断改进。

国内的铜冶炼厂普遍采用期交换作业，尽可能地增加了送风时率，降低烟气波动对制酸的影响。

国外的日本东予冶炼厂、德国汉堡铜冶炼厂的转炉在环保烟罩方面均做了大量的工作，使得硫的捕集率达到99%以上，低空污染大大改善，一直是PS转炉吹炼清洁生产的示范工厂。

除此之外，还有一种改进的转炉，名称为霍博肯转炉。该转炉的特点和PS转炉相比，有两个突出优点：第一，采用了高富氧浓度的氧枪，可以将富氧浓度提高到30%以上；第二，采用的虹吸烟道，密封性比PS转炉高。但该转炉由于种种原因并未得到广泛推广应用，仅在波兰、巴西和泰国等几个少数国家有应用的报道。

世界上主要铜冶炼厂的转炉规格及操作数据见表1-9。

表 1-9 世界上主要铜冶炼厂的转炉规格及操作数据

工厂/地址		德国	日本	墨西哥	巴西	智利	日本东京
转炉炉型		PS	PS	PS	虹吸	PS	PS
转炉数量	总计	3	5	3	3	4	3
	热态	2	4	2	2	3	2
	鼓风	2	3	1或2	—	—	1
转炉参数（直径×长度）/m×m		4.6×12.2	4个：3.96×9.15 1个：3.96×11.0	4.57×10.67	4.16×11.4	3个：4.5×10.6 1个：4.0×10.6	4.2×11.9
风口	总计/个	62	48	56	42	48	58
	使用/个	60	44	56	36	46	44
	直径/cm	6	5	5	5.08	6.35	5
转炉常规鼓风速率	造渣/m³·min⁻¹	700	520	700	350~558	仅吹炼铜	730
	造铜/m³·min⁻¹	700~800	500	750	350~558	600	770
鼓风氧浓度/%		23	21~29	23~26	25	21	21~26
生产参数	加入料/吨·炉⁻¹	270	140	211	180	200	230
	铜锍品位/%	64	43	66.5	62	74.3	63

续表 1-9

工厂/地址		德国	日本	墨西哥	巴西	智利	日本东京
供料来源		奥托昆普闪速炉	反射炉	奥托昆普闪速炉+特尼恩特炉	奥托昆普闪速炉	特尼恩特炉和除渣炉	奥托昆普闪速炉
吹炼铜		75t 废铜	50t 废铜	30t 废铜	60t 阳极、阴极、锭模、返回料等	35t 返回料	40t 废铜等
产品	粗铜/吨·炉$^{-1}$		120	210	180	145	195
	铜渣/t·d^{-1}			66	56	30	63
	平均渣含铜/%			5	8	3	25	6.5
渣的 SiO$_2$/Fe 比			0.63	—	0.51		0.48
冶炼周期	常规冶炼周期/h		9	13	6.61	8.6	7~7.5	9.6
	造渣/h		2	5	2.66	1.75	无	1.5
	造铜/h		4.5	3	3.0	3.91	5	3.3
炉龄参数	风口炉衬维护间隔/d		60	100	120	125 风口和炉体	30 风口炉衬（180 风口和炉体）	95
	每一个炉役期的产铜量/t		50000	21600	40000	54000	11200	45400
	转炉完全大修的时间/a		1	—	1	2.5	2.0	2~3
耐火材料消耗/kg·t^{-1}		1.93		2.5	2.25	4.5	1.5

1.2.3.2　三菱法吹炼

三菱法是由日本三菱公司发明的连续炼铜工艺，它成功地把熔炼、吹炼和炉渣贫化三台炉子连接在一起，代替了分批作业、吊车来回倒运包子，实现了连续操作。世界上第一座三菱法炼铜厂位于日本直岛，始建于 1974 年，单台三菱吹炼炉每天能生产 400~900t 铜，相当于转炉的 2~3 倍。三菱吹炼炉的生产主要参数见表 1-10。

表 1-10　三菱吹炼炉生产主要参数

参数及指标	三菱原料公司，PT 熔炼公司 Naoshima，日本	Gresik，印尼	LG Nikko Onsan，韩国
炉子开始使用时间/年	1991	1998	1998
铜产量/t·d^{-1}	900~1000	约 750	800
外形	圆形	圆形	圆形
直径×高/m×m	8.0×3.6	9.0×3.7	8.1×3.6
喷枪的数量/个	10	10	10
渣层厚度/m	0.12	0.15	0.13
铜层厚度/m	0.97	1.1	0.96
铜、渣、烟气温度/℃	1220，1235，1235	1220，1235，1230	1220，1240，1250
来自电炉的铜锍/t·d^{-1}	1400	1270	1018
石灰石造渣剂/t·d^{-1}	50	130	69
粒化吹炼炉渣（冷却剂）/t·d^{-1}	360	160~180	246

参数及指标	三菱原料公司, PT 熔炼公司 Naoshima, 日本	Gresik, 印尼	LG Nikko Onsan, 韩国
电极碎铜/t·d^{-1}	120	95~100	78
外购的碎铜/t·d^{-1}	34	0	44
鼓风量/m^3·min^{-1}	490	460~470	430
富氧浓度/%	35	25~28	32~35
铜/t·d^{-1}	900~1000	850~900	820
粗铜品位/%	98.4	98.5	98.5
粗铜中含氧/%	0.3	0.3	—
粗铜中含硫/%	0.7	0.7	0.9

熔锍从炉子侧墙上的开口连续进入吹炼炉,在铜的熔池中分散开并把渣推向溢流孔。

富氧空气、石灰石以及返回细料则通过吹炼炉顶部的 5~10 个垂直的氧枪吹入铜锍中,每个氧枪由两个同心管组成:中心管用于喷吹固体粉料,同心套管用于喷吹富氧空气。中心管接近吹炼炉的顶部,距离熔池面 0.5~0.8m,外层管可以旋转,用于防止与炉的顶部(金属和渣的喷溅物)相撞。当氧枪头部烧损后,也可以缓慢降低枪身,在枪的上部再焊接上新的外层管。

造渣熔剂和返回料在内层管的顶部与氧化性气体混合。这些混合物喷到熔池面上,在整个熔锍加入料区域形成一个气体、渣、铜锍和粗铜的乳浊液,并在其内部发生气体、液体和固体反应形成新的铜和新的渣。

粗铜连续通过虹吸口流出,通过流槽进入到阳极炉中。

吹炼炉渣(含铜 14%)从溢渣口可以连续流到水冲渣槽,水渣颗粒被返回到熔炼炉或到吹炼炉调节热平衡,从氧枪位置到溢渣口有 4~5m 的距离,使炉渣中金属铜和硫化物充分沉降以降低渣含铜。

含 SO$_2$ 浓度 25%~35% 的烟气通过上升烟道、余热锅炉、电除尘器和湿法烟气净化系统进行降温和净化处理后送烟气制酸。烟尘收集起来后返回熔炼炉。

1.2.3.3　闪速吹炼

世界上第一台闪速吹炼炉在美国犹他州马格纳的肯尼科特冶炼厂,闪速吹炼炉的规格为 6.5m×18.75m×3m,每天处理 70%Cu 的铜锍 1300t,产出约 900t 粗铜。这相当于 2~3 台转炉的产量,特别适合于大型铜冶炼厂;典型的闪速熔炼+闪速吹连工艺流程示意图如图 1-18 所示。

闪速吹炼炉与闪速熔炼炉相似,用一台比熔炼炉小的奥托昆普闪速炉。熔炼产出的 70% 左右的铜锍,经过粒化、磨矿和干燥后,粒度小于 50μm 的铜锍粉与石灰石粉、烟尘等配料后,与富氧空气通过铜锍喷嘴喷入到反应塔内,必要时可以从反应塔补充燃料来满足热平衡。鼓风富氧浓度 80% 左右,反应塔操作温度 1400~1450℃,铜锍等物料在反应塔内迅速完成氧化、熔化、部分造铜、部分造渣和颗粒碰撞长大等过程,熔体颗粒沉降到沉淀池,进一步通过交互反应完成造渣、造铜,炉渣和粗铜由于密度不同而分层[10]。

粗铜定期通过排放口放出,经流槽加入到阳极炉中;炉渣定期排出粒化后返回熔炼炉;烟气经上升烟道、余热锅炉降温、电除尘器收尘后送烟气制酸。闪速吹炼工艺具有以下

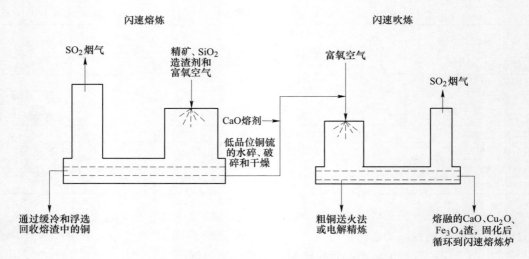

图 1-18　闪速熔炼+闪速吹炼工艺流程示意图

特点：

（1）铜锍必须经磨碎和干燥，粒度小于 $50\mu m$ 占 90% 以上，含水小于 1%。

（2）充分利用磨碎后铜锍比表面积，在反应塔内与氧充分、快速反应。

（3）生产过程连续、稳定、可控性好，粗铜含硫低，一般为 0.05%～0.2%。

（4）采用铁酸钙渣，解决了吹炼过程渣中含 Fe_3O_4 高而带来操作困难的问题。

（5）由于采用冷态铜锍进料，熔炼和吹炼在时间和空间上相对独立，熔炼和吹炼作业相互制约少，系统作业率比较高。

但是，由于采用了铁酸钙渣，熔体在反应塔下部区域交互反应剧烈，加上钙基渣对铬镁质耐火材料的强侵蚀性，该区域耐火材料寿命 3～4 个月，主要是靠水套挂渣来维持生产。因此，为了防止粗铜与铜水套直接接触熔化引起水套损坏带来的隐患，铜水套表面采用特殊方式覆盖一层不锈钢钢板，炉底砌筑方式采用了"体育场"的结构形式。

随着中国铜冶炼行业发展的大型化以及中国环保标准的提高，近年来新建的大型铜冶炼厂均选择了闪速吹炼工艺，目前中国已经建设了 5 台闪速吹炼炉。闪速吹炼炉的主要操作指标见表 1-11。

表 1-11　闪速吹炼炉的主要操作指标

指　标	数值	指　标	数值
生产天数/d·a^{-1}	310.5	烟尘返回率/%	53.30
铜锍日处理量/t·d^{-1}	2084	反应塔烟气温度/℃	1430
鼓风富氧浓度/%	85	沉淀池烟气温度/℃	1420
粗铜品位/%	98.50	上升烟道烟气温度/℃	1295
粗铜含硫/%	0.10	粗铜温度/℃	1250
渣含铜/%	22.00	炉渣温度/℃	1280
烟尘率/%	7.00		

1.2.3.4 顶吹吹炼

顶吹吹炼分为两种，一种是奥斯麦特顶吹浸没吹炼，一种是中国自主开发的多枪顶吹吹炼。

奥斯麦特顶吹浸没吹炼是在顶吹熔炼基础上发展而成，两者的炉型一样。中条山有色金属集团侯马冶炼厂于 1995 年引进顶吹浸没熔炼和吹炼技术，设计规模年产粗铜 3.5 万吨，是全世界首条"双顶吹"的工业生产线，目前产能达到 6 万吨/年阴极铜。云锡铜业于 2010 年引进奥斯麦特"双顶吹"工业生产线，2012 年建成投产，设计规模为年产 10 万吨阴极铜，目前也面临生产成本压力。从两家企业的应用情况看，由于熔炼铜锍品位较低，吹炼没有实现连续作业，竞争性不强，仍有改进的空间。

中国自主开发的多枪顶吹吹炼是在三菱吹炼炉的基础上，对炉体结构、工艺操作进行优化升级发展而来的，提高了炉寿命，将粗铜含硫降低到了与闪速吹炼相当的水平，甚至更低。该技术的发展又分为两种，一种是赤峰云铜开发的两炉多枪顶吹技术，一种是中国恩菲和烟台国润开发的多枪顶吹技术，两者在炉体结构和喷枪结构上均有明显的不同。两种技术均处于发展初期，其使用效果不错，预计后期会有较好的发展和推广应用[11~13]。

1.2.3.5 诺兰达吹炼

诺兰达连续吹炼工艺是从诺兰达熔炼发展起来，于 1997 年 11 月在加拿大魁北克的霍恩冶炼厂试车投产，很快达到了设计能力。1998 年该厂处理了 83 万吨精矿并采购了再生返回原料，生产了 19.3 万吨阳极铜和 51.7 万吨硫酸（100%）。诺兰达炉的外形示意图如图 1-19 所示。

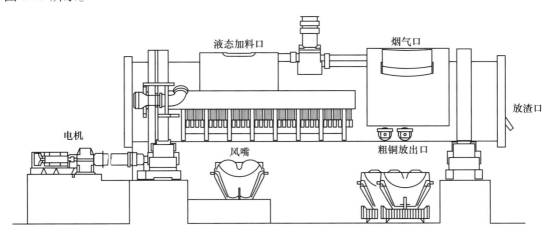

图 1-19 诺兰达炉的外形示意图

诺兰达炉连续吹炼炉主要特点如下：

（1）尺寸 $\phi_内$ 4.5m×19.8m，类似转炉的炉子，顶部设大型加料口，用于加入熔融铜锍和废铜片。

（2）端墙设一个抛料孔，用于加入造渣剂、返回料和焦炭。

（3）顶部一端设排烟口，将烟气抽入排气罩并送到硫酸厂。

（4）向熔融铜锍喷射富氧空气的风口。

（5）炉体分别设粗铜和渣的出口。

诺兰达炉正常操作模式为四相热力学平衡共存：烟气相、渣、白铜锍、含硫较高的粗铜。粗铜在底部，含铜约为 98%、含硫约为 1%；中间层是白铜锍，含铜约 80%、含硫约 20%；最上面是渣层，含铜 12%。

所有的固体料（固体铜锍、石英、返料、杂铜、焦炭或煤）用一个传统的皮带加料机/抛料系统从端墙加料口加入炉内，液态铜锍通过一个单独的加料口用包子加入。渣放出口在炉子端头打眼，放铜口开在筒体上。诺兰达吹炼炉正常运行时操作参数见表 1-12。

表 1-12　诺兰达吹炼炉正常运行时操作参数

指　　标	数　　值	指　　标	数　　值
液态铜锍加入量/t·d⁻¹	887	富氧浓度/%	41.6
固体焦炭加入量/t·d⁻¹	20	粗铜产量/t·d⁻¹	850
熔剂/t·d⁻¹	78	渣量/t·d⁻¹	252
冷料/t·d⁻¹	551	操作温度/℃	1218
风量/m³·h⁻¹	18600	送风风眼数量/个	13

诺兰达吹炼炉在霍恩冶炼厂运行了相当长的时间，它在处理物料适应性和操作模式上都展示了很大的灵活性。这些年来，它一直在不断提高。其吹炼能力甚至高于工厂其他工序的生产能力。但是由于诺兰达吹炼炉所产粗铜含硫偏高，只在霍恩冶炼厂应用，目前尚未在其他冶炼厂中推广应用。

1.2.3.6　底吹吹炼

底吹连续吹炼是具有中国自主知识产权的连续吹炼技术，是在底吹熔炼技术的基础上，由中国恩菲牵头，联合豫光金铅、东营方圆在河南豫光进行了半工业化试验，在东营方圆进行了工业化试验，并取得了圆满成功，随后就开展了工业应用。

该技术特点是铜锍可以采用热态进料、部分热态部分冷态或全冷态等多种形式，运行指标上明显优于顶吹连续吹炼、诺兰达连续吹炼和三菱连续吹炼。与闪速吹炼相比，其工艺流程简短、操作灵活有较强的竞争优势[14]。其应用情况如下：

（1）2014 年 3 月，世界首条氧气底吹连续炼铜工业化示范生产线在豫光金铅玉川冶炼厂建成投产，稳定运行至今，各项指标不断改善，完全超出预期效果，炉寿命也达到了一年半以上。

（2）2015 年 10 月 1 日，东营方圆底吹连续吹炼技术升级 2 期项目示范工程正式投入运行。

（3）2015 年 10 月 9 日，中国恩菲与包头华鼎铜业正式签订底吹连续吹炼技术升级改造项目的设计及主要设备供货合同，于 2016 年 11 月建成投产。

（4）2018 年 8 月，青海铜业有限公司冷态连续炼铜生产线投入运行。

（5）2018 年 9 月，灵宝金城冶金有限责任公司连续炼铜生产线投入运行。

1.2.4 粗铜火法精炼

铜火法精炼的主要原料为吹炼炉产出的液态粗铜，其中除了含有少量 S 外，还含有一些杂质元素如 As、Sn、Pb、Sb、Zn、Fe、Bi、Ni 等，此外还含有 Se、Te、Ag、Au 等稀有元素和贵金属，总量可达 0.5%~2%，某厂粗铜化学成分见表 1-13。

表 1-13 某厂粗铜化学成分

元素	Cu	S	As	Fe	Zn	Pb	Bi
含量/%	98.5	0.25	0.31	0.07	0.003	0.337	0.042

火法精炼的目的就是脱除粗铜中的硫和部分杂质元素。粗铜火法精炼为周期作业，当阳极炉装入规定数量的粗铜后，根据粗铜含硫和杂质成分及电解精炼对阳极板成分的要求，火法精炼的操作基本上分为四个阶段：第一阶段为保温待料、加料和预氧化期，第二阶段为集中氧化和造渣期，第三阶段为还原期，第四阶段为浇铸期。

各个阶段产生的烟气经二次燃烧室、兑风稀释、冷却降温及烟气收尘后，进入脱硫系统处理，预氧化期和氧化期烟气也可送烟气制酸。氧化期扒出的精炼渣冷却破碎后返熔炉处理，合格阳极铜液经圆盘浇铸机浇铸成阳极板送电解精炼。阳极精炼烟尘较少，定期收集后返回熔炼炉处理。

氧化结束后阳极铜化学成分见表 1-14。

表 1-14 氧化结束后阳极铜化学成分

元素	Cu	S	O	Pb	Zn	As	Bi
含量/%	99.3	0.005	≥0.5	0.37	0.008	0.137	0.042

目前我国粗铜火法精炼基本采用阳极炉，阳极炉有固定式反射炉和回转式阳极炉。固定式反射炉精炼存在依靠人工操作、劳动强度大、环保效果差、易跑铜、难控制等缺点，已被机械化程度高、炉体密闭、易操作的回转式阳极炉所替代。目前阳极炉的规格最大已达到 680 吨/炉，炉寿命最长达到 6 年以上。

近些年来，回转式阳极炉的技术进步主要是透气砖技术、氧化还原技术、纯氧燃烧技术和滑板出铜技术的应用。

1.2.4.1 透气砖技术

透气砖技术在钢铁行业和铝行业已经成熟应用，能够提高钢水的传质传热效果。早期铜回转阳极炉没有透气砖，炉内传热效果不好，升温、氧化和还原周期长，炉体两端容易黏结造成能力降低，随着炉子规格的加大问题更加突出；冶炼强度的增加，对阳极炉的作业效率也提出了更高的要求。增加透气砖后加速了传质传热过程，大大缩短了回转式阳极炉的精炼周期，炉内热量分布均匀，脱杂效果显著提升。目前国内铜冶炼阳极炉使用的透气砖，主要是采用奥地利奥镁公司（RHI）透气砖成套技术，极少一部分采用德国 Maerz 公司生产的透气砖和国内自产的透气砖。

回转式阳极炉一般安装 5~8 块透气砖，透气砖原始长度为 380mm，圆锥状，内部为密实多孔材料，氮气或紧急气体通过内部多孔孔道进入炉内，尾端接有氮气接口，另有嵌入式测温点。透气砖的结构如图 1-20 所示。

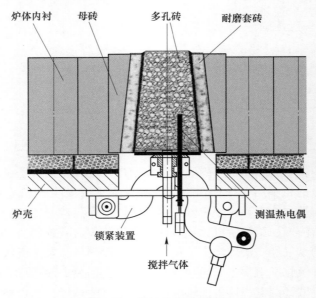

图 1-20　透气砖系统安装图

搅拌介质为氮气，氮气压力约 0.6MPa，氮气量可以根据不同操作阶段的需要进行调节。透气砖使用前后主要操作变化见表 1-15。

表 1-15　透气砖应用情况对比

指标参数		未使用透气砖	使用透气砖	备　注
作业时间/min	氧化时间	70	45	每炉减少作业时间 55min
	排渣	20	10	
	还原时间	120	100	
重油消耗/kg · h^{-1}		平均 460	平均 400	节约 3.4t/d
还原液化石油气消耗/m^3 · h^{-1}		270	240	节约 0.6t/d
炉寿命/炉		250	400	

从表 1-15 中看出，使用透气砖后，突出效果为：（1）改善了炉内动力学条件，氧化时间节约近一半；（2）解决了炉内两端墙黏结严重的问题，阳极炉容积利用率大幅度提升；（3）阳极铜品质升高，阳极炉作业率明显提高。

1.2.4.2　氧化还原技术

粗铜火法精炼还原可用煤基还原剂，如固体（木炭粉、煤基粒状还原剂等）、液体（柴油、重油等）和气体（天然气、液化石油气等）。重油和柴油还原易产生黑烟且成本高，国内企业已基本不再使用。天然气和液化石油气为洁净燃料，尽管与固体还原剂相比成本不占优势，利用率只有 25% 左右，但国内新建企业普遍采用该类介质做还原剂，有条件的老企业也逐步采用此类介质。操作时配入氮气提高燃料利用率，同时比固体还原剂操作温度略高，可减少氧化还原枪堵塞。

昆明理工大学最早进行煤基固体还原剂的开发和应用，采用一套自动喷吹系统将固体还原剂通过氧化还原枪喷入阳极炉内。克莱德公司开发的圆顶阀等也应用于阳极炉的喷吹系统，使得喷吹系统的自动化、精确控制技术更为成熟。云南铜业、金川集团、金川防城港、昆鹏冶炼厂、云南锡业等铜冶炼厂的阳极炉还原均采用煤基固体还原剂。

1.2.4.3 纯氧燃烧技术

近十年来，纯氧燃烧技术在阳极炉上迅速推广。在此之前，阳极炉燃烧主要以空气或富氧空气助燃，燃料热效率低、烟气量大。普莱克斯公司开发了一种利用炉内烟气循环降低火焰峰值温度，从而降低 NO_x 排放的卷吸式"JL"烧嘴，它通过高动量氧气—燃料射流带来强劲的炉气卷吸烟气，使燃料被稀释充满炉膛燃烧，炉内温度分布更均匀。这种"JL"型烧嘴是双燃料烧嘴，既可以燃烧天然气，也可以燃烧重油，只需要更换烧嘴燃烧组件即可，其结构示意图如图 1-21 所示。

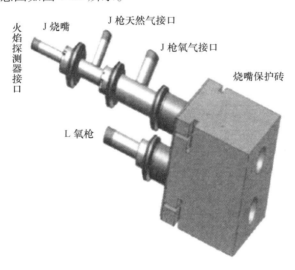

图 1-21 纯氧燃烧烧嘴结构示意图

国内铜冶炼阳极炉首次使用"JL"烧嘴是在铜陵有色和金川集团。结果表明，使用纯氧燃烧的天然气燃料消耗 6.5m³/t，传统烧嘴的燃料消耗为 19m³/t，经计算综合能耗降低 40%以上，效果非常显著，同时减少了 50%的 CO_2 排放，减少了 NO_x 的排放[15]。该技术迅速在国内多家铜冶炼厂推广应用。

纯氧燃烧使得阳极炉的保温期间的烟气量大幅降低，和传统相比烟气量减少 40%以上，但是在还原期的烟气量仍然很大，导致烟气系统的烟气波动很大，而且纯氧燃烧的烟气含水分很高，需要兑风稀释降低露点温度，收尘设备和风机选型要适应烟气大幅波动。

1.2.4.4 滑板出铜技术

滑板技术主要应用于钢铁行业的钢水出口，类似于插板阀。由奥地利奥镁（RHI）公司改进后应用于铜冶炼回转式阳极炉，其主要作用是在浇铸铜阳极板时能够根据浇铸需要，控制阳极炉铜液排出量，同时在浇铸初期可以将出铜口位置转到较低的位置，减少浇铸前期铜液落差太大造成的喷溅，提高直收率和减少浇铸冷料。但是，由于其寿命等因素，暂时没有得到广泛应用。

1.3　铜冶炼发展趋势

1.3.1　世界铜冶炼发展趋势

世界铜冶炼的发展趋势归纳起来有以下几点：

（1）冶炼工艺的创新提升。高能耗、高污染工艺如鼓风炉、反射炉和电炉熔炼工艺已全部淘汰，向着高产能、高富氧熔炼、高铜锍品位方向发展。闪速熔炼和富氧熔池熔炼成为了主流工艺；连续吹炼技术的应用与发展将是替代 PS 转炉的趋势；绿色和短流程炼铜工艺是未来的主要发展方向。

（2）单系列生产规模不断增大。二十年前世界上铜冶炼厂单系列最大规模为年产精铜20 万吨，现在单系列最大规模为年产精铜40 万吨，单系列规模的增大对铜冶炼厂的整体配套系统和设备提出了更高的要求。

（3）原料的多样化和复杂化，资源综合回收利用是趋势。一方面，随着高质量高品位精矿的减少，复杂多金属精矿的增加，未来的冶炼工艺要满足处理复杂精矿的能力。另一方面，多种废旧金属铜的循环利用逐渐增加，尤其是废旧电器和废旧电子元件大，这些废料被称为"城市矿山"，它已占铜冶炼厂原料的35%；未来铜冶炼技术需要考虑协同处理废杂铜的能力。在环保的压力下，要求冶炼工艺在传统冶炼的基础上，综合回收原料中的有价金属及有害元素，使有害元素得到有效控制和治理。

（4）绿色环保。随着环保意识的加强和环保制度的完善，减少甚至消除污染是世界各国铜冶炼厂的环保目标。铜冶炼企业在环保方面的压力和成本占比越来越大，废气的减排、废水的零排放和固废的妥善处理或资源化关系着企业的生存和盈利能力。

（5）数字化和智能控制。世界铜冶炼企业的自动化控制水平相差较大，这不仅与技术相关，也和各国国情有较大关联。但总体的趋势是提高自动化控制水平，世界上先进的三菱冶炼厂人员只有数百人，但同规模的中国铜冶炼企业却有1000 多人。伴随着工业 4.0的发展和智能控制的进步，铜冶炼企业的数字化和智能控制将是未来重要的发展趋势，也是我国铜冶炼企业需要快速追赶的方向。

1.3.2　中国铜冶炼技术发展趋势

目前我国铜冶炼产能占据全世界的40% 左右，达到了800 多万吨。另外，铜冶炼技术种类最多，既有引进提高的，也有自主创新的。

（1）引进的铜冶炼技术：熔炼技术主要是闪速熔炼、艾萨熔炼、奥斯麦特熔炼、诺兰达熔炼等；吹炼技术主要是闪速吹炼。

（2）自主创新的铜冶炼技术：熔炼工艺主要有白银法熔炼、金川合成炉熔炼、旋浮熔炼、底吹熔炼、双侧吹熔炼等，并已达到了世界先进水平；吹炼工艺主要有旋浮吹炼、底吹吹炼、多枪顶吹技术等。

随着国家实施"两型"社会战略的纵深推进，我国对节能减排、环境保护提出了新的、更高的目标和要求。我国就将节约资源、降低能耗、减少污染物排放作为转变发展思路、创新发展模式、提高发展质量，加快经济结构调整、彻底转变经济增长方式的重要途径。

1.4　国家产业政策及导向

国家相关产业政策如下：

（1）2009 年，国家出台《有色金属产业调整和振兴规划》，将富氧底吹冶炼技术作为"促进有色金属产业升级和振兴的重点关键技术"进行重点推广。《有色金属产业调整和振兴规划》中明确指出，要采用先进适用的冶炼技术改造和淘汰落后产能，提高工艺装备水平，使富氧底吹等先进技术占全国铜铅冶炼总产能的 70% 以上。

（2）2011 年 3 月，国家发展改革委员会在《产业结构调整指导目录》中进一步提出，要大力推进富氧底吹等高效、低耗、低污染、新型冶炼技术。

（3）2012 年 1 月，工业和信息化部正式发布《有色金属工业"十二五"发展规划》，要求有色金属工业加快转变发展方式，加速实现转型升级。在"技术改造重点"专栏中，明确提出要推广富氧底吹冶炼技术。

（4）2014 年，在修订的《铜冶炼行业规范条件》中，相关指标也更加严格：原料中硫的回收率大于 97.5%，硫捕集率大于 99%，每吨粗铜综合能耗小于 180kg 标煤，这些指标都是世界领先水平。

（5）为了控制大气环境质量，2013 年 12 月，环境保护部颁布了《铜、镍、钴行业污染物排放标准》，对包括京津冀、长三角、珠三角在内的"三区十群"中的 47 个城市新建铜冶炼厂提出了特别排放限值：SO_2 浓度小于 $100mg/m^3$，颗粒物浓度小于 $10mg/m^3$，这对铜冶炼厂的环保提出了更高的要求。

1.5　中国未来铜冶炼厂的发展建议

近年来，世界新建的大型铜冶炼企业均在中国，因此中国的铜冶炼技术也代表着世界铜冶炼技术的最新发展方向。虽然中国铜冶炼近些年发展迅速，拥有不可比拟的优势，但也需要注意行业未来的健康发展，提出以下发展建议。

（1）中国缺乏铜精矿资源，进口铜精矿比例达到 70% 以上，尤其随着单套铜冶炼规模的扩大，新建的项目规模基本以 20 万 ~40 万吨/年阴极铜为主。铜冶炼的产能增速快，加剧了铜精矿进口的依赖程度。大部分铜冶炼厂虽然规模庞大，但利润单薄，未来中国铜冶炼企业需适时介入上游铜矿资源，保证一定的原料自给率。

（2）随着中国人口红利的消失，铜冶炼厂的一线操作工人人员减少，费用成本增加，因此铜冶炼厂必须着眼未来，提高工厂的自动化和智能化水平，提高生产的安全性和效益。

参 考 文 献

[1] 周松林, 葛哲令. 中国铜冶炼技术进步与发展趋势 [J]. 中国有色冶金, 2014, 43 (5): 8~12.

[2] 姚素平. 近几年我国铜冶炼技术的进步和展望 [J]. 有色冶金设计与研究, 2002, 23 (3): 1~5.

[3] 周松林. 铜闪速熔炼和闪速吹炼工艺及应用 [C]// 全国铜镍钴生产工艺、技术及装备研讨会, 2009.

[4] 齐平, 曾金华. 东营方圆自主创新助推行业升级 [N]. 中国有色金属报, 2009-09-05 (008).

[5] 张蜀恒, 端木. 赤峰铜产业悄然崛起 [N]. 赤峰日报, 2007-03-27 (002).

[6] 徐永升. 金峰炉熔炼法达到国际先进水平 [N]. 内蒙古日报 (汉), 2009-07-03 (002).

[7] 黄辉荣. 铜锍吹炼工艺的选择及发展方向 [J]. 矿冶, 2004, 13 (4): 72~75.

[8] 唐尊球. 论我国铜吹炼技术发展方向 [J]. 中国有色冶金, 2002, 31 (6): 6~7.

[9] 唐尊球. 铜 PS 转炉与闪速吹炼技术比较 [J]. 有色金属 (冶炼部分), 2003 (1): 9~11.

[10] 马奇, 刘庆国, 葛哲令, 等. 闪速吹炼技术的实践与改进 [J]. 中国有色冶金, 2010, 39 (4): 9~12.

[11] 李卫民. 奥斯麦特技术——铜吹炼的发展 [J]. 中国有色冶金, 2009 (1): 1~5.

[12] 张敬国, 苗安业. 奥斯麦特吹炼工艺实践及作业方式的探讨 [J]. 世界有色金属, 2002 (6): 46~48.

[13] 车驾才. 奥斯麦特吹炼炉富氧吹炼的工业试验及生产实践 [C]. 2009: 1~6.

[14] 蒋继穆. 氧气底吹炉连续炼铜新工艺及其装置 [J]. 中国金属通报, 2008, (17): 20~22.

[15] 黄永峰, 陈延进, 王彤, 等. 稀氧燃烧技术的开发与应用 [J]. 有色金属 (冶炼部分), 2011, (2): 9~11.

2 氧气底吹炼铜技术的发展

中国氧气底吹炼铜技术快速发展的十几年，伴随着中国铜冶炼行业的扩张和壮大。在底吹炼铜技术工业化应用之前，中国作为一个铜的生产和消费大国，却依靠国外铜冶炼技术生产。从大型的闪速熔炼，到中小型的顶吹熔炼，中国铜冶炼技术市场基本被国外占领。自从 2008 年中国第一台底吹炼铜炉投产并取得巨大成功，底吹炼铜技术就撑起了中国铜冶炼自主开发技术的一片蓝天。底吹炼铜技术的成功应用，使其取代大型闪速炼铜技术和顶吹炼铜技术，促进了中国自主炼铜技术的更新。

氧气底吹炼铜技术自工业化应用以来，经历了三个发展历程：

（1）以"底吹熔炼"为核心的第一代底吹炼铜技术。底吹炼铜技术率先实现无碳熔炼，先后应用于处理含砷复杂物料和黄金冶炼等领域，底吹炼铜技术在生产规模上实现了大幅度的提高。

（2）以"底吹熔炼—底吹连续吹炼"为核心的第二代底吹炼铜技术。底吹连续炼铜工艺成功应用于工业生产，取代了传统的 PS 转炉吹炼工艺，跨入了"双底吹""三连炉"的连续炼铜时代。

（3）提出了高效环保短流程的新一代底吹炼铜技术——"一担挑"炼铜法。在实现前两代技术的工业化应用之后，目前底吹炼铜技术已经在短流程、绿色环保和综合回收方面有了突破性的成果。采用 CR 炉替代冗长的渣选矿工艺流程，解决传统渣尾矿的无害化问题；采用造铜炉将吹炼和精炼作业合并，大大缩短工艺流程；通过一体化的智能控制系统实现底吹炼铜过程的精准、智能化控制。

2.1 第一代氧气底吹炼铜技术

氧气底吹炼铜技术起源于 1991 年水口山半工业试验，并于 1994 年取得了"水口山炼铜法"专利，2008 年实现工业化生产应用，2015 年底吹熔炼单系列达到 160 万吨/年精矿处理能力。到目前为止，底吹熔炼技术仍然在不断地发展和完善，其发展历程如图 2-1 所示。

2.1.1 第一代底吹炼铜技术的起源

作为驰名中外的铅锌产地，水口山铅锌矿最早开采于宋朝，于 1896 年正式建矿，享有"世界铅都""中国铅锌工业的摇篮"之美誉。

2.1.1.1 用于铅冶炼

水口山第八冶炼厂建成投产之前，与同行业一样，一直采用烧结—鼓风炉工艺炼铅，存在着烧结工序流程长、物料循环量大、扬尘点分散、烟尘大、作业环境差、职工劳动强度大等问题。特别是烧结烟气中 SO_2 浓度低，很难用常规的制酸工艺加以利用。在鼓风炉

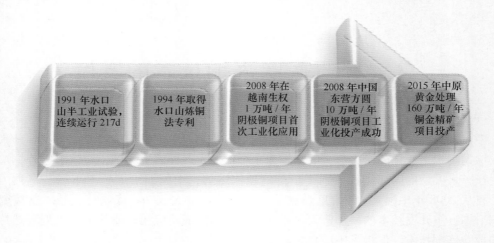

图 2-1　底吹熔炼技术的发展历程

工序，采用焦炭作还原剂将铅氧化物还原为粗铅，热量不能充分利用，能耗大，铅回收率低，鼓风炉尾气从烟囱中排出，环境污染严重。与此同时，随着国民经济的快速发展，铅的需求量越来越大。而当时我国大部分铅冶炼企业仍采用传统工艺，行业发展矛盾愈发突出。若不及时研发新工艺，走低碳、绿色发展之路，企业将面临关停的危险，其后续发展将难以为继。从 1982 年 3 月开始，水口山矿务局成立了技术攻关组。技术人员历经十余次专题研讨会，直至次年 9 月理论论证完成。1983 年 9 月，经国家科学技术委员会（现科学技术部）批准，氧气底吹炼铅课题被列入国家"六五"计划。由北京有色冶金设计研究总院（现中国恩菲）、水口山矿务局（现湖南水口山有色金属集团有限公司）牵头，北京钢铁研究总院、北京矿冶研究总院、西北矿冶研究院、中南工业大学（现中南大学）、东北工学院（现东北大学）、中国科学院化工冶金研究所、白银有色金属公司参与，共同组成攻关组，对氧枪结构、炉体模型、冶炼渣型及热力学等进行了大量试验研究。

项目攻关组决定根据企业各单位的技术力量确定主攻方向。水口山迅速成立工艺仪表组、自动化控制组、机械设备组、电气组等系列专业技术攻关组。经过商讨，各专业技术组决定分头论证，形成汇总意见后报局总部，初步方案最终在反复论证中逐渐完善。

北京有色冶金设计研究总院（现中国恩菲）主要负责工程设计，设计了年产 3000t 粗铅的半工业试验成套装置，并于 1985 年 12 月建成进行工业试验。方案成型后，攻关组立即实施，共进行了 10 批次试验，至 1987 年 11 月底，熔炼 895t 铅精矿，产出粗铅 342t。

第一阶段试验中出现了如下问题：（1）当时设计的工艺是将底吹炉产出的高铅渣用电炉喷吹粉煤进行还原，但实践中受经费所限，粉煤制备与喷吹系统过于简陋，电炉还原高铅渣的试验没有取得成功；（2）底吹炉产出的高铅渣经铸块、冷却、破碎后加入炼铅鼓风炉进行还原熔炼试验，由于高铅渣数量太少，鼓风炉能力过大，熔炼试验仅能进行 2 天；（3）试验初始，与烧结矿共同熔炼时，鼓风炉渣含铅尚可控制在 3% 以内，但全部熔炼高铅渣铸块时，由于化料速度过快，渣含铅高达 7%。因此，尽管底吹熔池熔炼铅精矿试验取得重大进展，体现出熔炼强度高、能耗低、硫利用率高、环保好等许多优点，但受制于高铅渣的还原问题，氧气底吹炼铅技术被迫搁置。熔炼过程虽说顺利，但产出的高铅渣无法处理，致使金、银分散。

2.1.1.2 用于铜冶炼

当时水口山康家湾矿年产高砷硫精矿 8 万余吨，其中含金 500kg、银 3t。由于硫精矿中的金元素是"包裹金"，当时国内许多科研院所尝试用火法、湿法提金，但效果均不理想，存在环保问题难以解决、金银回收率低等问题，硫精矿提金一直无法取得突破。水口山不得不将硫精矿贱卖，不仅造成资源浪费，而且还带来严重环保隐患。

1990 年 7 月，北京有色冶金设计研究总院（现中国恩菲）牵头组织专家团队，在原有 $\phi2234mm\times7980mm$ 的底吹炉内进行了铜精矿与含金黄铁矿 1∶1 的混矿熔炼试验，称为"造锍捕金"，开启了底吹炼铜试验的新时代。

2.1.2 第一代底吹炼铜试验研究

2.1.2.1 造锍捕金试验概况

整个试验包括的内容有：
(1) 铜精矿、含金硫精矿混合熔炼—电热贫化高硅渣的试验。
(2) 铜精矿、含金硫精矿混合熔炼—选矿贫化高铁渣的试验。
(3) 铜精矿单独造锍熔炼—选矿贫化高铁渣的试验。
(4) 铜精矿、金精矿混合熔炼工业生产试验。
(5) 合砷烟气净化工艺及含砷烟尘有价金属的综合回收。

整个试验期间，共投入精矿 5104.96t，其中铜精矿 3609.058t，金精矿 718.102t，硫精矿 777.8t，投入矿含金属量：铜 821.992t，金 54.6kg，银 1332kg，产出铜锍 1968.622t，炉渣 2447.116t，入炉工业氧 1213000m³，空气 742000m³，总氧量 1368800m³。

试验最终获得了较好的技术指标，新工艺研发取得阶段性成果。技术人员攻克了一系列难题，如提高金银回收率、砷脱除率，探索出合理的富氧浓度、最佳冶炼渣型等。试验初期，自制的氧枪仅能使用 1~2 天，从韩国进口的氧枪使用寿命也不超过一星期。采用新型材料，调整氧枪角度与富氧浓度，生成保护结构"蘑菇头"。改进后氧枪使用寿命大大提高，最长可达 218 天，创造同类设备最好纪录。

试验表明，用高硅铜精矿混合处理含金黄铁矿，熔剂配入量少，贵金属可以很好地被铜锍捕集，尤其发现氧枪周围可形成以四氧化三铁为主要成分的"蘑菇头"，对氧枪与炉衬形成保护。这些发现为日后底吹炼铜和造锍捕金技术的产业化开发应用打下了坚实的基础。

2.1.2.2 试验工艺流程及主要设备

试验工艺流程如图 2-2 所示。混合精矿配入熔剂、焦炭后进行制粒，经胶带输送及计量皮带机加入到底吹炉内。底吹炉产出的铜锍送转炉吹炼，底吹炉产出的渣通过电热前床或渣选矿两种方法处理，烟气经过热电收尘器、骤冷塔和冷电收尘器收尘后进行制酸。

试验用的核心设备是水口山熔炼炉（$\phi2234mm \times 7980mm$），如图 2-3 所示；渣贫化采用一台 $5m^2$、容量 400kW 的电炉；熔炼炉配置两台制氧机，产氧量总计为 $400m^3/h$；热电收尘器规格为 $5m^2$；骤冷塔规格为 $\phi1.2m \times 5m$。

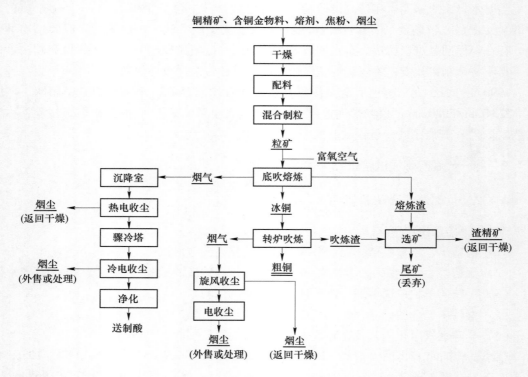

图 2-2　试验工艺流程图

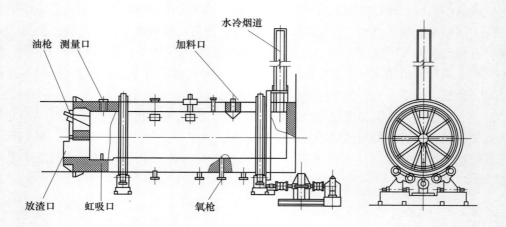

图 2-3　水口山熔炼炉结构示意图

2.1.2.3 试验技术参数

试验采用的主要技术参数如下：（1）平均加料速度为 1.4t/h；（2）铜锍品位为 Cu 35%~50%；（3）炉渣 Fe/SiO$_2$ 为 1.0~1.7；（4）氧料比为 220~248m^3/t；（5）底部供氧压力为 0.4MPa，底部供空气压力为 0.6~0.8MPa，富氧浓度为 60%~73%；（6）熔池温度为 1190~1220℃，出口烟气温度为 1180~1200℃。

2.1.2.4 铜精矿熔炼—渣选矿试验

以下就试验最为成功、持续试验时间最长、与工业化工艺流程最相近的单一铜精矿造锍熔炼—选矿贫化高铁渣试验进行详细的介绍。

试验历时 65 天，共处理精矿量 1544t，平均加料量 1.33t/h，单位容积生产率 3.2t/(m^3·d)。

A 熔炼物料平衡及元素分布

水口山试验过程中物料平衡见表 2-1。水口山试验过程各元素分布见表 2-2。

表 2-1 水口山试验过程中物料平衡

物料名称	单位	数量	Cu	Au[①]	Ag[①]	Fe	S	SiO$_2$	CaO
铜精矿	t	1544.392	345.944	3691	523549	422.854	564.012	56.216	4.015
	%		22.40	2.4	339	27.38	36.52	3.64	0.26
河砂	t	128.788				3.593		110.841	0.841
	%					2.79		86.04	0.64
焦粉	t	57.562				2.258		5.158	0.822
	%					14.53		33.18	5.29
投入合计	t	1730.742	345.944	3691	523549	428.704	564.012	172.215	5.678
	%		19.99	2.1	302	24.77	32.59	9.95	0.33
铜锍	t	655.387	319.097	3499	504182	142.159	152.784		
	%		48.67	5.34	769.3	21.69	23.31		
炉渣	t	709.125	25.006	305	46085	312.322	22.192	177.068	5.421
	%		3.53	0.43	65	44.04	3.13	24.97	0.76
热电尘	t	38.863	1.802	38	559	0.008	2.061		
	%		4.64	0.9	14.4	0.02	5.30		
冷电尘	t	19.719	0.039	8	126	0.043	0.214		
	%		0.20	0.4	6.4	0.22	1.09		
烟气	t						386.761		
产出合计	t		345.944	3850	550932	454.524	564.012	177.062	5.421
误差	t		0	+159	+27.383	+25.82	0	+4.853	-0.257
	%		0	+4.31	+5.23	+6.02	0	+2.82	-4.53

① 单位为 g/t。

表 2-2　水口山试验过程各元素分布　　　　　　　　　　　　（%）

元素	铜锍	炉渣	热电尘	冷电尘	烟气	合计
Cu	94.49	5.23	0.24	0.04	0	100
Au	90.98	8.63	0.23	0.15	0	99.99
Ag	89.44	10.11	0.33	0.11	0	99.99
As	2.26	5.06	2.69	89.98	0	99.99
Pb	64.06	22.23	10.5	3.24	0	100.03
Zn	27.23	70.94	1.12	0.64	0	99.93
S	21.79	2.4	0.06	0.06	75.69	100

冶炼过程中各指标特征如下：

（1）铜的回收率达到 95%，金、银等贵金属的回收率分别达到 96% 和 94% 以上。

（2）脱硫率约 76%。

（3）90% 以上的 As 进入烟气，近 90% 骤冷后以 As_2O_3 形式收集，其余含砷物料均返回熔炼炉。

B　熔炼渣缓冷磨选

试验排出的炉渣放入 160kg 的渣包，缓冷后送磨选试验室进行磨选试验。试验平均处理量 30~35kg/h，平均磨矿细度低于 48μm（300 目）。选出的渣精矿含铜 18%，渣尾矿含铜 0.34%。选冶全过程的元素分布见表 2-3。

表 2-3　水口山试验选冶全过程的元素分布　　　　　　　　　（%）

元素	铜锍	炉渣	热电尘	冷电尘	烟气	选矿渣	合计
Cu	92.19	6.21	0.52	0.03	0.5	0.55	100
Au	93.9	1.55	0.94	0.61		3	100
Ag	95.19	3.03	0.1	0		1.6	99.92
As	2.83	0.72	15.53	77.37	1.97	1.58	100
Pb	61.21	7.01	24.48	1.77		5.42	99.89
Zn	31.64	8.27	5.95	1.29		49.22	96.37
Sb	22.1	0	15.48	1.38	0	62.28	101.24
Bi	37.5	0	50.5	1.38	0	10.62	100

C　主要技术经济指标

主要技术经济指标见表 2-4。

表 2-4　主要技术经济指标

序号	指标名称	水口山富氧底吹法
1	处理能力/t·d^{-1}	50
2	床能力/t·(m³·d)$^{-1}$	4~6
3	原料含 Cu/%	约 20
4	Fe/%	约 26

序号	指标名称	水口山富氧底吹法
5	S/%	25~30
6	铜锍含 Cu/%	约 50
7	熔炼渣含 Cu/%	1~3
8	渣处理方式	选矿
9	弃渣含 Cu/%	0.34
10	渣 Fe/SiO_2 比	1.5~1.7
11	富氧浓度/%	60~70
12	氧压强度/MPa	0.4
13	氧利用率/%	100
14	氧枪寿命/h	5200
15	鼓风时率/%	81.4
16	烟气出口 SO_2 浓度/%	>20
17	熔炼直收率/%	93
18	熔炼回收率/%	98
19	燃料发热值比/%	22.1
20	每期炉龄/d	>330

从表 2-4 看，主要有以下指标特征：

（1）铜熔炼直收率 93%，铜熔炼回收率 98.95%，金熔炼直收率 93%，金熔炼回收率 97%；

（2）设备处理能力 4~6t/$(m^3 \cdot d)$；

（3）弃渣含铜 0.34%；

（4）烟尘率 2%（不包括挥发尘），烟气 SO_2 大于 20%（炉出口）；

（5）氧利用率 100%，氧枪寿命大于 5000h；

（6）总硫利用率大于 97%；

（7）吨粗铜总能耗小于 700kg 标准煤；

（8）粗铜加工费 72%（相对密闭鼓风炉工艺，规模 10000t/a）。

2.1.2.5　试验结论

水口山底吹炼铜试验结论如下：

（1）水口山底吹炼铜试验取得了很大的成功，氧枪的寿命是炼铅试验的 10 倍以上，试验炉的寿命也具备了工业化的条件。

（2）底吹炼铜工艺流程是完全可行的，其指标显示了未来工业化将体现出的巨大优势，如对复杂矿的除杂能力、脱砷能力和造锍捕金优势等。

（3）通过熔炼渣贫化和熔炼渣缓冷磨选试验的对比，证实了渣缓冷和选矿的工艺流程中铜的回收率高于电炉渣贫化，渣尾矿含铜 0.34%。为后续底吹炉渣工业化处理方案指明了方向。

（4）底吹炼铜的核心装备使用寿命已经证实具备工业化条件。如氧枪的寿命为 6 个月左右，炉衬的寿命推算为 1 年以上。

2.1.3 第一代底吹炼铜技术的应用

在水口山造锍捕金试验的基础上，国内曾有 3 家企业委托中国恩菲开展可行性研究，设计 3 万吨/年规模的小型铜冶炼厂，但由于当时中国不再审批新建 5 万吨/年小型铜冶炼项目，导致项目没法进行。曾于 1996 年尝试在北方铜业侯马冶炼厂采用底吹炼铜技术，但由于种种因素，业主最后选用了奥斯麦特熔炼工艺，这也使得底吹炼铜技术错失了良好的工业化契机，1995 年到 2008 年期间，中国引入了多个顶吹熔炼技术。

直到 2007 年，首个氧气底吹炼铜项目始建于越南生权大龙冶炼厂，年产阴极铜 1 万吨，于 2008 年初正式投产。同年底，国内的首个氧气底吹炼铜项目——山东东营方圆氧气底吹年处理 50 万吨精矿的造锍捕金示范工程项目顺利投产，标志着中国氧气底吹炼铜技术实现了大规模工业化应用，继国外广为人知的闪速、顶吹熔炼之后，改变了我国铜冶炼技术的格局。

随后，氧气底吹熔炼技术在多个新建或改造项目中得到推广与提升，以其优越的经济效益和社会效益受到多国青睐，在铜金冶炼行业产生很大影响，目前已投产项目 12 个，单系列规模已达年处理精矿量 160 万吨。

2.2 第二代氧气底吹炼铜技术

氧气底吹连续吹炼技术发展过程如图 2-4 所示。

图 2-4 氧气底吹连续吹炼技术的发展

2.2.1 第二代底吹炼铜技术的起源

目前，世界上火法炼铜熔炼产生的铜锍 70% 以上采用已有 100 多年历史的 PS 转炉进行吹炼，PS 转炉吹炼为周期性间断作业，存在二氧化硫低空污染严重、炉寿短、耐火材料单耗高、生产自动化水平低等缺点，已难以满足当今冶炼行业对环保和生产操作自动化水平等条件的要求。

连续吹炼技术一直是铜冶炼发展的方向之一。日本三菱连续吹炼技术最早投产；1995年美国的犹他州肯尼科特（Kennecott）冶炼厂1台连续闪速吹炼炉投产，年产铜28万吨；1999年澳大利亚奥林匹克坝（Olympic Dam）年产粗铜20万吨的闪速炉投产；加拿大诺兰达公司回转式连续吹炼炉、奥斯麦特公司的连续吹炼炉以及三菱连续吹炼炉技术在20世纪90年代后期已被多个工厂采用来替代PS转炉吹炼。

面对PS转炉的环保压力，国外引进的闪速连续吹炼技术产铜规模基本在30万吨/年以上，顶吹连续吹炼技术还有很多不足而没有被广泛应用，中国还没有具有竞争力的连续吹炼工艺。

中国恩菲一直在研究拥有自主知识产权的连续吹炼工艺来改变这种现状。中国恩菲于2006年申请了底吹连续炼铜专利技术，2010年获得专利授权，并承担了国家863计划课题"氧气底吹连续炼铜清洁生产工艺关键技术及装备研究"，展开了一系列的理论研究、模拟研究、基础试验和半工业试验。底吹连续炼铜技术取得成功后，不仅能解决PS转炉吹炼过程中的环保问题，也将大大提高生产自动化水平，降低生产成本。

2012年，中国恩菲联合豫光金铅和东营方圆进行了底吹连续吹炼的半工业试验。半工业试验取得的成果为后续的工业化开发创造了重要的基础条件。铜锍底吹连续吹炼技术是近年来成功产业化的中国自主知识产权的连续吹炼技术，打破了闪速连续吹炼和顶吹连续吹炼的引进格局，成为中国恩菲又一核心专长优势技术，为拓宽炼铜技术市场打下坚实的基础，为推动我国有色行业技术进步助力。

2.2.2 冷态铜锍底吹连吹试验

2012年5月2日至6月1日，中国恩菲联合河南豫光金铅和山东东营方圆组成了铜锍底吹连续吹炼联合开发团队，并在豫光金铅熔炼一分厂进行了冷态铜锍底吹连续吹炼半工业试验，试验取得圆满成功。

冷态试验是在一台 $\phi 2.6m \times 4.6m$ 的小型底吹炉上进行。冷态试验的主要目的是验证铜锍底吹连续吹炼工艺的可行性，主要包括富氧作业氧枪形成"蘑菇头"的可能性，氧枪寿命及炉内耐火材料的腐蚀情况，不同工艺条件对粗铜含硫、渣含铜及杂质元素分配的影响。

冷态试验的优点在于可以对入炉铜锍、辅料等进行准确计量，以及对温度等工艺参数方便调节。试验初始阶段，维持炉内四相，即气-渣-铜锍-粗铜四相。由于铜锍相的阻隔作用，炉渣含铜比较低，平均在10%左右，但是产出的粗铜质量仅能达到96%～98%，粗铜含硫量0.05%～0.98%，难以满足精炼要求。为了产出合格的粗铜，对入炉氧料比进行了调整，使炉内稳定在三相，即气-渣-粗铜三相。炉况调整逐步稳定之后，粗铜质量逐渐变好，含铜量可以达到98.5%以上，含硫量也能保持在0.35%以下，这已经完全能够满足精炼的要求。但是渣的流动性变差，渣含铜也有了明显升高，基本维持在10%～15%之间。

冷态试验操作较为简单，对于炉料配比及炉况的调整较为准确，对于炉内反应终点的判断也比较容易把握，所以试验很快就达到了很好的效果。但是此次试验也存在许多问题，例如由于炉体较小，对于操作的要求比较高，外界条件稍加变化或者操作失误都会对炉况造成较大的波动，放渣放铜的操作对炉内热量平衡状态的影响也比较大，这些都是限制指标进一步提升的客观因素。如果采用较大的炉体，粗铜质量及渣含铜的效果可以更好。

2.2.2.1 试验装置

底吹试验炉外径为 2.6m，长度为 4.6m，内尺寸为 $\phi1.96m \times 3.94m$。物料从出烟口上升烟道加入，底吹试验炉两端分别设有放渣口和放铜口。底吹试验炉如图 2-5 所示。

图 2-5 底吹试验炉

本次试验采用套管氧枪，外层通氮气（或压缩空气），内层通氧气，内层氧气通道面积为 $40mm^2$，外层保护气体通道面积为 $33mm^2$，氧枪外径为 $\phi32mm$，氧枪如图 2-6 所示。

图 2-6 底吹试验炉氧枪照片

2.2.2.2 试验原料

试验用原料主要有铜锍、石英石、石灰石和煤等，铜锍的主要成分见表 2-5，石英石成分见表 2-6，石灰石成分见表 2-7，煤成分见表 2-8。

表 2-5 铜锍成分 （%）

组分	Cu	Fe	S	Pb	Zn	SiO$_2$	Sb	As	Bi	Cd
含量	70.4~71.6	3.49	21.22	1.71	0.7	0.46	0.05	0.11	0.06	<0.05

表 2-6 石英石成分 （%）

组分	Fe	SiO$_2$	MgO	Al$_2$O$_3$
含量	0.5	90	1.5	1.0

表 2-7 石灰石成分 （%）

组分	Fe	SiO$_2$	CaO
含量	1.0	1.0	50

表 2-8 煤成分 （%）

组分	C	H$_2$	S	H$_2$O	O$_2$	CO	CO$_2$	CH$_2$	C$_2$H$_4$	H$_2$S	N$_2$	灰分
含量	60	3.5	0.5	1.5	4	0	0	0	0	0	1	26

2.2.2.3 试验条件

试验的主要技术参数如下：（1）平均加料速度为 1t/h；（2）粗铜含 Cu 97%~98.5%，含 S 0.1%~0.8%；（3）炉渣 Fe/SiO$_2$ 为 0.9~1.0；（4）底部供氧压力约 0.7MPa，底部供氮气压力约 0.8MPa，富氧浓度约 60%；（5）熔池温度 1150~1280℃。

2.2.2.4 试验结果

试验进行了 26 天，共投入铜锍 278t，石英 8.62t（平均 3.1%），焦粒 6.3t（平均 2.27%），产出粗铜 175t，直收率 90%，渣 50.01t。

试验获得了成功，主要得出以下结论：

（1）验证了氧枪在粗铜层吹炼的可行性，氧枪的寿命比预期的要长；（2）安全稳定地产出了粗铜，并且渣含铜较低；（3）炉衬腐蚀程度比预期要好。

试验整体分为两个阶段：熔池保持三相（粗铜、吹炼渣、白铜锍），粗铜含硫 0.7%~1.0%阶段（称为第一阶段）；熔池为两相（粗铜、吹炼渣），粗铜含硫 0.2%（称为第二阶段）。

A 第一阶段试验

第一阶段熔池保持三相，参考诺兰达的操作经验，使粗铜层和渣层之间有铜锍层，避免泡沫渣的产生，保证试验过程的安全性。

氧气直接吹炼粗铜层并未明显降低粗铜中的硫含量，该阶段粗铜含硫依然偏高，在 0.7%~1.0%之间。渣含铜也较低，第一阶段试验吹炼渣成分见表 2-9，吹炼渣 XRD 分析如图 2-7 所示。

表 2-9　第一阶段试验吹炼渣成分　　　　　　（%）

组分	Cu	FeO	SiO$_2$	CaO	S
含量	12.56	36.09	36.8	0.55	0.66

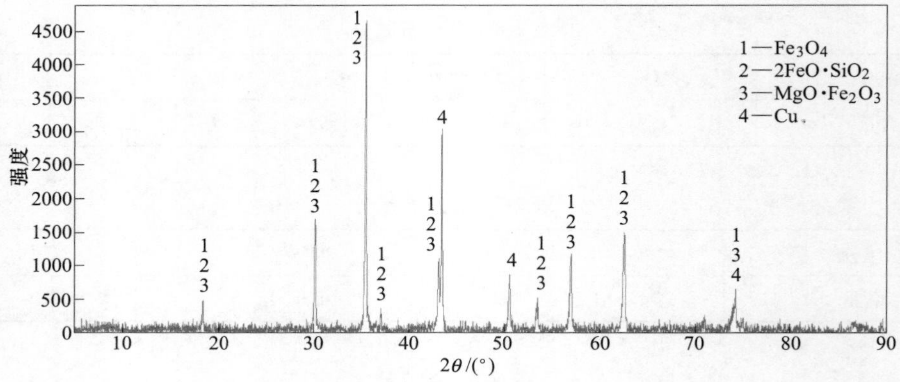

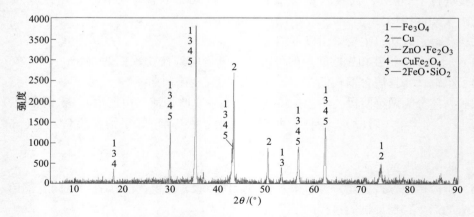

图 2-7　第一阶段试验吹炼渣 XRD 分析

通过吹炼渣 XRD 分析可知，吹炼渣主要成分为 Fe_3O_4、金属 Cu、铁橄榄石。

B　第二阶段试验

为解决粗铜含硫过高的问题，需消除或减少铜锍层，增加供氧量。增加供氧量后的实验结果显示，粗铜质量明显好转，粗铜含硫降为 0.2% 左右，渣含铜增高到 16% 左右。

但试验过程中，氧气量控制不当，或者温度控制不当，容易导致过吹，导致渣含铜大于 30%，此时粗铜含硫小于 0.1%。

熔池存在两相时，渣的成分和三相区别不大，仍然是以铁橄榄石、Fe_3O_4 和金属 Cu 为主。但当粗铜过吹时，渣中产生了 $CuFe_2O_4$ 和 Cu_2O 物相。XRD 分析如图 2-8 和图 2-9 所示。

图 2-8　第二阶段试验吹炼渣 XRD 分析

图 2-10 所示为试验后炉内耐火内衬情况。从图 2-10 可以看出，经过近一个月的吹炼试验，试验炉内耐火材料内衬较为完整，未见有明显的侵蚀，初步推断底吹吹炼炉寿命在

一年以上。

　　试验过程一共更换氧枪 5 支。试验阶段将吹炼炉氧枪转出液面，可见到氧枪出口有"蘑菇头"生成，试验结束后，炉内也可看见氧枪出口生成的"蘑菇头"（见图 2-11），氧枪在出口"蘑菇头"的保护下，烧损较小。

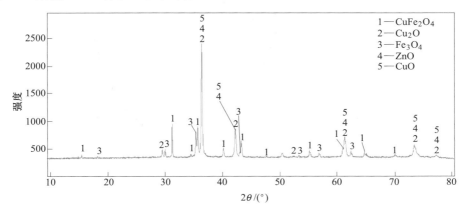

图 2-9　过吹时吹炼渣 XRD 分析

图 2-10　试验后炉内耐火材料内衬

2.2.3　热态铜锍连续吹炼试验

2.2.3.1　试验装置

　　2012 年 7 月，热态铜锍吹炼试验在东营方圆 $\phi3.6m \times 8.1m$ 的试验炉中进行，该试验炉由生产的 PS 转炉改造而成。

　　炉内使用直接结合镁铬砖砌筑，炉体底部设有 5 支氧枪，氧枪采用特殊结构的套管形式，设计内层通氧气，外层通氮气和压缩空气。外层氮气和压缩空气作为保护气体保护氧枪，气体压力维持在 0.45~0.6MPa。烟道口位于炉体中部，热态铜锍通过流槽连续的加

图 2-11　试验炉氧枪处形成的"蘑菇头"

入吹炼炉内，熔剂等辅料通过计量装置计量后连续从炉口加入。放渣口、放铜口位于炉体同侧端墙，远离氧枪区域，采用溢流放渣，虹吸放铜。炉内预埋热电偶进行熔体温度的测量。

2.2.3.2　试验目的

处理冷态铜锍热熔损失较大，能耗增高。为进一步突出底吹连续吹炼技术的优势，后续进行了热态铜锍试验，希望通过试验探索和优化铜锍底吹连续吹炼工艺技术参数，以便为工业化设计与生产提供技术和主体装备参数的支持。

热态铜锍试验分两个阶段进行：第一个阶段进行硅渣试验，摸索合理工艺参数；第二个阶段进行钙渣试验，从渣型、渣含铜、炉渣流动性以及炉内耐火材料的腐蚀情况等与硅渣试验进行综合比较。

2.2.3.3　试验过程

此次试验使用底吹炉生产的高品位热态铜锍，为了不影响企业的正常生产，底吹炉放出的部分铜锍加入到一个保温炉内，然后通过溜槽连续加入到连吹炉。多余的铜锍继续在生产系统中用 PS 转炉进行处理。保温炉的设置，不仅达到了连吹炉连续进料的作用，而且还起到了准确计量物料的作用。

试验入炉物料加入配比为：铜锍∶石英石 = 1000∶22.5，每小时处理 8t 铜锍。底吹炉生产的高品位铜锍平均成分见表 2-10。

表 2-10　热态铜锍试验入炉铜锍成分　　　　　　　　　（%）

成分	Cu	Fe	S
平均含量	73.59	3.31	19.15

试验仍然采用富氧进行操作，氧枪内层通纯氧，外层通空气，空气量为 $1119m^3/h$，氧气量为 $1116m^3/h$，氧气压力和压缩空气压力控制在 0.6MPa。试验开始后，炉内熔体热量明显过剩，熔体温度达到 1350℃ 时，需要加入冷料进行温度调节。随后将富氧浓度降

低，此时炉内热电偶测温显示温度为1250℃左右，基本稳定正常。此富氧浓度范围较诺兰达连续炼铜的富氧浓度要高。参考肯布拉港铜冶炼厂的诺兰达连续吹炼生产经验，当诺兰达试验中富氧浓度达到40%左右时，风口区温度已经达到1280℃；富氧浓度达到48%时，风口区温度达到1350℃，对风口及炉衬的损耗已经非常快。因为诺兰达反应高温区位于风口，而底吹工艺的高温反应区位于熔体内部。

试验中炉内熔体液位的测量采用简单的插钎子的方法，钢钎从炉体顶部插入熔体沉淀区，约5s抽出，钎子上有明显的渣层及粗铜层，分层现象明显可辨。熔池液面控制在1180mm左右，即液面离炉子中心线为200mm，控制液面波动范围为200~250mm，尽量保持炉况稳定，避免一次性放渣、放铜量过大造成炉内热失衡。计算炉内物料平衡及热平衡见表2-11和表2-12。

表2-11 热态铜锍试验物料平衡

名 称		数量/kg	Cu		Fe		S		SiO$_2$	
			比例/%	质量/kg	比例/%	质量/kg	比例/%	质量/kg	比例/%	质量/kg
加入	铜锍	8000	73.59	5887.2	3.31	264.8	19.15	1532		
	石英石	180							90	162
	合计	8180	71.97	5887.2	3.23	264.8	18.73	1532	1.98	162
产出	粗铜	5924	98.5							
	炉渣	520.5	10	52	50.88	264.8			31.13	162
	其他	1735.5								
	合计	8180								

表2-12 热态铜锍试验热平衡

热 收 入			热 支 出		
热收入	热值/kJ·h^{-1}	比例/%	热支出	热值/kJ·h^{-1}	比例/%
铜锍带入	8342400	40.4	粗铜带走热量	3198960	17.15
硫化亚铜氧化	9890495	47.9	炉渣带走热量	774504	3.75
富氧空气	76775	0.37	烟气带走热量	6446736	31.22
FeS氧化	2228291	10.8	炉体散热	5780990	28.0
造渣放热	108435	0.52	其他损失	4445206	21.53
合 计	20646396	100	合 计	20646396	100

从热平衡表中可以看出，炉体散热及其他热损失所占比例较大，主要原因是由于配套设施及气体量的限制，此次试验铜锍处理量较少，炉子尺寸过大，散热占比重大。这也说明，底吹连续炼铜炉的床能力还有很大的提升空间。

由于现场工人对粗铜吹炼及硅渣的把握已经非常熟练，加之铜锍冷态试验的生产操作经验，直接控制炉内熔体呈粗铜-渣两相存在，很快就产出了合格的粗铜。由于所使用的铜锍品位较高，产生的渣量很少，炉渣含铜较之前要低，粗铜的合格率也比较高。粗铜及炉渣成分化验结果如表2-13、图2-12及表2-14、图2-13所示。

表 2-13　热态铜锍试验粗铜成分化验结果　　（%）

编号	1	2	3	4	5	6	7	8	9	10
Cu	98.21	97.69	98.40	98.64	98.73	98.78	98.67	99.04	98.75	98.88
S	0.06	0.073	0.12	0.09	0.23	0.21	0.35	0.09	0.15	0.12

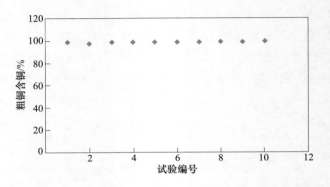

图 2-12　粗铜含铜成分分布图

表 2-14　热态铜锍试验中炉渣成分化验　　（%）

编　号	Cu	Fe	SiO$_2$	CaO
1	9.33	35.84	28.98	0.15
2	10.40	37.23	27.00	0.14
3	8.86	38.38	28.63	0.21
4	9.11	33.90	26.07	0.19
5	9.43	33.07	28.37	0.18
6	9.66	38.34	29.14	0.21
7	10.52	37.92	27.21	0.12
8	8.75	38.24	27.11	0.15
9	11.85	37.23	28.00	0.15
10	9.25	39.25	29.58	0.15

　　从生产统计可以看出，所产粗铜品位平均 98.5% 左右，含 S 基本在 0.15% 左右，炉渣含铜较冷态试验的渣含铜要低，平均 9%~10%，主要原因是由于炉内熔体粗铜层较厚，新加入的物料也间接起到了隔断作用，进入渣层的氧势较低，而且有一定的沉淀区有利于渣铜的分离。热态铜锍试验较冷态温度高，有利于炉渣的流动。

　　随后又进行了钙渣试验，入炉物料按照石灰石比例为铜锍的 3% 配料，计算 Fe/CaO 质量比为 3，入炉铜锍仍然按照 8t/h 加入，各种操作参数如氧气浓度、氧气含量等依然按照原来进行。钙渣渣型稳定之后，炉渣的流动性有所改善，这是因为炉渣中形成的磁性氧化铁可以被氧化钙渣系溶解，改善了炉渣的流动性，降低了渣含铜，避免了泡沫渣的形成，试验粗铜成分见表 2-15，炉渣成分见表 2-16。

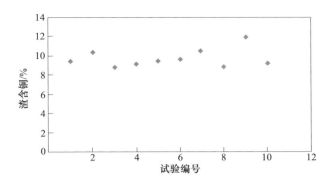

图 2-13　热态铜锍试验炉渣含铜分布图

表 2-15　钙渣试验粗铜成分　　　　　（%）

编　号	平均成分	
	Cu	S
1	98.85	0.17
2	98.61	0.89
3	98.78	0.008
4	98.78	0.018
5	98.70	0.025

表 2-16　钙渣渣成分　　　　　（%）

编　号	Cu	Fe	CaO
1	6.04	45.85	17.3
2	7.14	40.25	17.182
3	6.87	46.25	17.25
4	7.01	42.85	14.47

　　从表 2-14 和表 2-16 可以看出，钙系渣型的渣含铜较硅系渣型要低，平均 6% ~ 7%。这与炉渣的性质有一定关系。

　　虽然钙渣含铜很少，但是，钙渣对炉内耐火材料的腐蚀较重，特别是渣线、氧枪区及氧枪所对的炉腔区域腐蚀严重。除了化学腐蚀外，钙渣对炉内 Fe_3O_4 的溶解也在一定程度上加速了耐火材料的腐蚀，没有了 Fe_3O_4 挂渣对耐火砖的保护作用，加之熔体流动性更好，对炉砖的冲刷作用更加明显。

2.2.3.4　试验结论

　　通过以上几个阶段的富氧底吹连续炼铜半工业试验研究，初步掌握了高品位铜锍连续吹炼的主要操作参数和方法，获得了良好的试验效果与技术数据，为该技术的工业化设计及实际生产与推广应用提供了依据。

　　（1）通过冷、热态铜锍的半工业试验，验证了底吹连续炼铜的可行性。铜锍品位

70%~73%，氧料比 160 左右，产出粗铜质量平均 98.5%以上，含 S 在 0.15%以下，可以达到精炼要求，炉渣含铜平均 9%~15%，渣量较少，较为理想。

（2）冷、热态铜锍试验均能成功地生产出粗铜，冷态吹炼的炉况更为稳定，计量准确，富氧浓度高，但是冷态吹炼流程相对复杂，需要将铜锍冷却（水碎）后加入吹炼炉。热态吹炼流程短，省去了铜锍冷却（水碎）等工序，但是计量难以及时、准确，而且热量会出现过剩。冷态吹炼由于富氧浓度高，对炉衬寿命更为有利。

（3）从铁酸钙渣的试验可以看出，虽然钙渣改善了炉渣的流动性，避免了泡沫渣的形成，降低了炉渣含铜，但是对耐火材料的腐蚀较为明显，对炉衬寿命影响较大。

2.2.4　第二代底吹炼铜技术的应用

试验取得成功后，短短 4 年时间已经有 6 个铜冶炼厂应用底吹连续吹炼技术，其中一个工厂是用底吹连续吹炼技术改造替代 PS 转炉，这充分说明底吹连续吹炼技术开发成功的及时性和必要性。

2014 年 3 月，世界首条氧气底吹连续炼铜工业化示范生产线在河南豫光金铅玉川冶炼厂全线贯通，稳定运行至今，吹炼炉第一炉期达到 16 个月，各项指标不断改善，超出预期效果，在国内外引起重大反响。

2015 年 10 月，东营方圆底吹连续吹炼技术升级二期项目示范工程正式投入运行，又一次掀起了热态铜锍底吹吹炼和精炼的飞跃。

2015 年 10 月，中国恩菲与包头华鼎铜业正式签订 PS 转炉改造底吹连续吹炼技术升级改造项目的设计及主要设备供货合同，2016 年 12 月，华鼎铜业连吹炉成功投产。

2015 年 12 月，中国恩菲与青海铜业签订 10 万吨/年双底吹连续吹炼生产线总承包合同，2018 年 8 月该项目成功投产。

2016 年 3 月，灵宝金城复杂精矿冶炼项目“三连炉”主工艺生产线 EPC 合同签订，2018 年 9 月投产。

2016 年 12 月，紫金齐齐哈尔铜业冶炼项目采用底吹连续吹炼工艺，项目已开始建设，预计 2019 年投产。

2.3　技术进步及成果

氧气底吹炼铜技术为我国铜冶炼的发展作出重大贡献，多年来，中国恩菲与相关企业共同将该技术在国内外铜冶炼行业大力推广应用，由此开启了铜冶炼的新时代[12]。底吹技术的不断进步也取得了众多的知识产权和成果奖励，得到了业界的首肯，英国《金属导报》在 2013 年 3 月的“前瞻”栏目中评价：“该技术指明了金属冶炼行业乃至多个领域未来十年、数十年乃至上百年的发展方向。”

（1）“富氧底吹炼铜法”于 1993 年获部级科技进步一等奖，1994 年获国家专利权，1997 年获我国专利优秀奖，2003 年获得我国有色金属工业科技进步一等奖，2009 年获国家优秀专利奖。

（2）2014 年，中国恩菲“富氧底吹炼铜炉和富氧底吹炼铜工艺”荣获北京市第三届发明专利二等奖。富氧底吹炼铜技术是具有国内自主知识产权的新一代强化熔池熔炼技术，中国恩菲是该技术开发和工程化应用的组织者和领头人。在该技术工程化应用中，中国恩菲作为富氧底吹炼铜的技术提供方，承担了采用该技术的工程及全部配套项目的工程咨询、设计、施工及投产试车服务，并在底吹熔炼系统的总承包工作中彰显优势。

（3）"富氧底吹高效铜冶炼工艺产业化开发"项目获 2010 年中国有色金属工业科学技术一等奖。

（4）豫光金铅"底吹连续炼铜"工业化示范项目获得 2016 年部级科技进步一等奖。

（5）恒邦冶炼厂"底吹收砷技术"工业化项目获得 2016 年部级科技进步一等奖。

（6）恒邦冶炼厂"底吹处理复杂金精矿技术"获得 2017 年部级科技进步一等奖。

（7）2018 年成功申报了"一担挑炼铜法"的新底吹炼铜专利。

参 考 文 献

[1] 蒋继穆. 顶吹浸没熔炼技术在我国的进展 [J]. 中国有色冶金，2001，30（5）：1~4.

[2] 陈知若. 在炼铜过程中次要元素的分布 [C]//中国首届熔池熔炼技术及装备专题研讨会论文集. 2007.

[3] 蒋继穆. 氧气底吹炉连续炼铜新工艺及装置简介 [C]//中国首届熔池熔炼技术及装备专题研讨会论文集. 2007.

[4] 贺善持，李冬元. 水口山炼铜法 [J]. 中国有色冶金，2006（6）：6~9.

[5] 黄辉荣. 铜锍吹炼工艺的选择及发展方向 [J]. 矿冶，2004，13（4）：72~75.

[6] 胡立琼. 氧气底吹炼铅与炼铜新工艺产业化应用 [J]. 有色冶金节能，2011，27（3）：6~8.

[7] 周松林，葛哲令. 中国铜冶炼技术进步与发展趋势 [J]. 中国有色冶金，2014，43（5）：8~12.

[8] 黄金堤. 铜闪速吹炼过程仿真研究 [D]. 赣州：江西理工大学，2011.

[9] 唐尊球. 铜 PS 转炉与闪速吹炼技术比较 [J]. 有色金属（冶炼部分），2003（1）：9~11.

[10] 崔志祥，申殿邦，王智，等. 氧气底吹炼铜过程熔体的流动特性 [J]. 世界有色金属，2013（9）：36~39.

[11] 崔志祥，申殿邦，王智，等. 低碳经济与氧气底吹工艺的无碳自热熔炼 [J]. 中国有色冶金，2010，39（4）：27~29.

[12] 颜杰. 恩菲将翻开氧气底吹连续吹炼的新篇章 [N]. 中国有色金属报，2014-04-22（006）.

3 氧气底吹熔炼的理论和工艺

3.1 氧气底吹熔炼的理论基础

3.1.1 概述

铜精矿火法冶炼经过造锍熔炼得到铜锍，将铜锍送入吹炼炉吹炼产出粗铜。该工艺原料适应性强、反应速度快、金属回收率高、能耗低。因此造锍熔炼—铜锍吹炼工艺是世界上广泛采用的生产工艺[1]。

造锍过程是在 1150℃ 以上的高温下，硫化铜精矿和熔剂在熔炼炉内熔炼，炉料中的铜、部分硫与未氧化的硫化亚铁形成以 FeS-Cu$_2$S 为主，并熔有 Au、Ag 等贵金属及少量其他金属硫化物和微量铁氧化物的共熔体——铜锍。炉料中的 SiO$_2$、Al$_2$O$_3$ 和 CaO 等成分与 FeO 一起形成液态炉渣，炉渣是以 2FeO·SiO$_2$（铁橄榄石）为主的氧化物熔体。铜锍与炉渣互不相熔，且密度各异（铜锍密度大于炉渣的密度），从而实现铜的富集。

氧气底吹熔炼技术是一种高效的铜冶金造锍熔炼方法。该方法通过一座可以转动的卧式圆筒炉来实现熔炼目的，生产过程中炉膛下部是熔体，其中间段为反应区，两端为沉淀区。反应区下部有氧气喷枪将富氧空气吹入熔池，使熔池处于强烈的搅拌状态。充分利用富氧空气的喷吹作用，实现炉内化学反应、传热、传质和动量传递的顺利进行。

3.1.2 造锍熔炼基本原理

造锍熔炼时，入炉物料有硫化铜精矿、各种返料及熔剂等，经过物理化学反应，最终形成铜锍、炉渣和含 SO$_2$ 较高的烟气。造锍熔炼过程的主要物理化学反应有：水分蒸发、高价硫化物分解、硫化物直接氧化、造锍反应、造渣反应。

（1）水分蒸发。除处理干精矿的闪速熔炼、三菱法、特尼恩特法外，其他方法处理入炉的铜精矿，其水分含量均较高（6%~14%）。炉料入炉后，水分迅速挥发，进入烟气。

（2）高价硫化物的分解。铜精矿中高价硫化物主要有黄铁矿（FeS$_2$）和黄铜矿（CuFeS$_2$），在炉内分解：

$$2FeS_2(s) = 2FeS(s) + S_2(g) \qquad (3-1)$$

$$2CuFeS_2(s) = Cu_2S(s) + 2FeS(s) + 1/2S_2(g) \qquad (3-2)$$

FeS$_2$ 是立方晶系，着火温度为 402℃，在熔炼温度下易分解。在中性或还原性气氛中，FeS$_2$ 在 300℃ 以上即开始分解；在空气中通常在 565℃ 时开始分解，在 680℃ 时离解压高达 69.061kPa。

黄铜矿（CuFeS$_2$）是硫化铜矿中最主要的含铜矿物，其着火温度为 375℃，在中性或还原性气氛中加热到 550℃ 时开始分解，在 800~1000℃ 时完成分解。

铜蓝（CuS）最易分解，400℃ 即开始分解，600℃ 时激烈进行。

上述硫化物分解产生的 FeS 和 Cu₂S 将继续氧化或形成铜锍。分解产生的 S₂(g) 将继续氧化形成 SO₂ 进入烟气。

$$S_2(g) + 2O_2(g) === 2SO_2(g) \tag{3-3}$$

（3）硫化物直接氧化。在现代强化熔炼过程中，炉料很快进入高温强氧化气氛中，高价硫化物除发生分解反应外，还会被直接氧化：

$$2FeS_2(s) + 11/2O_2(g) === Fe_2O_3(l) + 4SO_2(g) \tag{3-4}$$

$$3FeS_2(s) + 8O_2(g) === Fe_3O_4(s) + 6SO_2(g) \tag{3-5}$$

$$2CuFeS_2(s) + 5/2O_2(g) === Cu_2S \cdot FeS(l) + FeO(l) + 2SO_2(g) \tag{3-6}$$

$$2CuS(s) + O_2(g) === Cu_2S(l) + SO_2(g) \tag{3-7}$$

高价硫化物分解产生的 FeS 也被氧化：

$$2FeS(l) + 3O_2(g) === 2FeO(l) + 2SO_2(g) \tag{3-8}$$

在 FeS 存在下，Fe₂O₃ 也会转变成 Fe₃O₄：

$$10Fe_2O_3(s) + FeS(l) === 7Fe_3O_4(s) + SO_2(g) \tag{3-9}$$

Cu₂S 也会进一步氧化：

$$2Cu_2S(l) + 3O_2(g) === 2Cu_2O(l) + 2SO_2(g) \tag{3-10}$$

强氧化气氛下，还会发生反应：

$$3FeO(l) + 1/2O_2(g) === Fe_3O_4(s) \tag{3-11}$$

同时，在 SiO₂ 存在的条件下，Fe₃O₄ 还可进一步与 FeS 反应：

$$FeS(l) + 3Fe_3O_4(s) === 10FeO(l) + SO_2(g) \tag{3-12}$$

（4）造锍反应。反应产生的 FeS 和 Cu₂O 在高温下将发生反应：

$$FeS(l) + Cu_2O(l) === FeO(l) + Cu_2S(l) \tag{3-13}$$

该反应的平衡常数 K 值很大（在 1250℃时，lg$K$ 为 9.86），表明反应显著向右进行。一般来说，体系中只要有 FeS 存在，Cu₂O 就将变成 Cu₂S，进而与 FeS 形成铜锍（FeS₁.₀₈-Cu₂S）。

（5）造渣反应。炉子中产生的 FeO 在 SiO₂ 存在时，将形成铁橄榄石炉渣：

$$2FeO(l) + SiO_2(s) === 2FeO \cdot SiO_2(l) \tag{3-14}$$

此外，炉内的 Fe₃O₄ 在高温下也能够与石英作用生成铁橄榄石炉渣，即

$$FeS(l) + 3Fe_3O_4(s) + 5SiO_2(s) === 5(2FeO \cdot SiO_2)(l) + SO_2(g) \tag{3-15}$$

3.1.3 造锍熔炼的热力学分析

造锍熔炼是一个氧化过程，其目的是将炉料中的铜富集到由 FeS 和 Cu₂S 组成的铜锍中，使部分铁氧化并造渣除去。通常可运用热力学计算方法讨论造锍熔炼的反应方向和程度以及各相间的平衡。但是，由于采用热力学有关方程分析造锍熔炼的热力学问题表述不够直观，因此，大多根据热力学计算的结果用各种图形来阐述造锍熔炼的平衡关系[2]。

3.1.3.1 铜熔炼有关反应的 $\Delta G^{\ominus}$-T 图

热力学中反应的吉布斯标准自由能变化是等温等压下反应能否自发进行的判据，而通过反应的 $\Delta G^{\ominus}$-T 图可以判断在一定条件下，哪些反应可以进行，哪些反应不能进行，反

应能进行到什么程度，反应在进行过程中有无热量的变化，改变条件对化学反应有什么影响。

图 3-1 所示为铜熔炼过程中有关反应的 $\Delta G^{\ominus}$-T 关系图。由图 3-1 可以看出，有关造锍熔炼反应，例如，FeS 氧化成 FeO、Fe_3O_4，Cu_2S 氧化成 Cu_2O，以及铜熔炼反应向右进行趋势大小。要使化学反应向右进行，一般可以采取以下措施：减小产物分压或增大反应物分压；改变温度，平衡常数增大。这就为优化反应条件提供了理论依据。

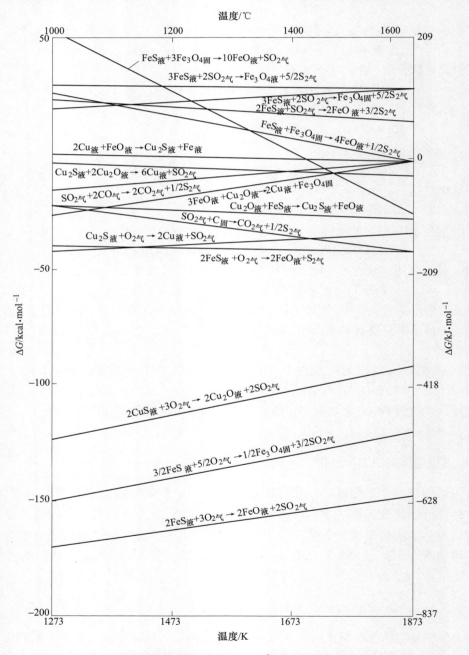

图 3-1　铜熔炼条件下有关反应的 $\Delta G^{\ominus}$-T 图（1kcal = 4.186kJ）

3.1.3.2 $\lg p_{O_2}$-$1/T$ 图

图 3-2 所示为造锍熔炼的 $\lg p_{O_2}$-$1/T$ 关系图。

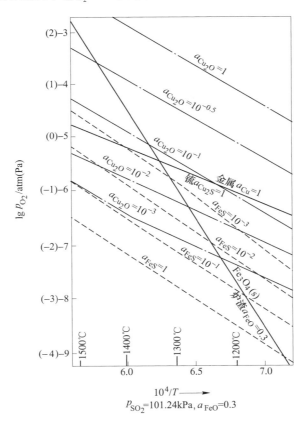

图 3-2 造锍熔炼的氧势-温度关系图（1atm = 101325Pa）

图 3-2 中的两条黑粗线分别代表了 Fe_3O_4-FeS-FeO-SO_2 和 Cu_2S-O-SO_2 体系的平衡关系。从图 3-2 中可知，在熔炼温度范围内，低氧势条件 FeS 的活度 a_{FeS} 在 0.1～1 之间时，FeS-Cu_2S 铜锍将和铁橄榄石炉渣共存，随着氧势的升高，FeS 因为按式（3-16）反应氧化和造渣，导致 a_{FeS} 下降。

$$2[FeS] + 3O_2 \Longrightarrow 2(FeO) + 2SO_2 \tag{3-16}$$

在一定温度下（如 1300℃），随着氧势的升高，固体 Fe_3O_4 将按下列反应生成：

$$3[FeS] + 5O_2 \Longrightarrow Fe_3O_4 + 3SO_2 \tag{3-17}$$

炉渣与 $Fe_3O_4(s)$ 的共存关系由下列平衡关系控制：

$$3Fe_3O_4(s) + [FeS] \Longrightarrow 10(FeO) + SO_2(g) \tag{3-18}$$

随着体系氧势的继续升高，a_{FeS} 将继续下降，当 $a_{FeS} = 10^{-3}$ 时，铜锍中的铁将全部被氧化脱除，从而变成纯 Cu_2S（白锍），这时体系相当于铜锍吹炼第一周期结束；当继续升高氧势时，体系相当于进入铜锍吹炼造铜期，Cu_2S 将转变成金属铜，即：

$$Cu_2S(l) + O_2 \Longrightarrow 2Cu(l) + SO_2 \tag{3-19}$$

从图 3-2 中可以看出，当体系温度在 1300℃ 以上时，Fe_3O_4 尚未形成，已生成金属铜。反之，当炉温低于 1300℃ 时，金属铜还未生成，Fe_3O_4 即已形成。在白铳与金属铜相共存时，铜液中 S 含量大约为 1%，随着氧势的继续升高，铜含硫将继续降低，这时体系中 Cu_2O 的活度 a_{Cu_2O} 将升高，其平衡关系为

$$2Cu(l) + 1/2O_2 \Longrightarrow Cu_2O \qquad\qquad (3-20)$$

$$2Cu_2S(l) + 3O_2 \Longrightarrow 2Cu_2O + 2SO_2 \qquad\qquad (3-21)$$

由图 3-2 中还可以看出，在铜铳中 a_{FeS} 为 0.1 或更大时，a_{Cu_2O} 将低于 10^{-3}。粗铜和白铳共存时，a_{Cu_2O} 约为 0.1，这意味着此时无纯 Cu_2O 相生成；但是随着体系氧势的升高，渣中铜损失急剧增高。

图 3-2 是在体系 $p_{SO_2} = 101.235kPa$ 及 $a_{FeO} = 0.3$ 的条件下作出的。当体系的 p_{SO_2} 和 a_{FeO} 变化时，图中各曲线将按方程（3-17）~方程（3-20）的值向左或向右移动。随着渣中 a_{FeO} 的增大，则表示液态渣和 Fe_3O_4 平衡共存（与方程（3-17）对应）的线将向左移动，即向温度升高方向移动。而随着 a_{FeO} 和 p_{SO_2} 下降，与方程（3-17）对应的炉渣-Fe_3O_4 平衡共存线将向右边温度降低的方向移动。因此在 a_{FeO} 和 p_{SO_2} 较低时，Fe_3O_4 更容易造渣。

3.1.3.3　矢泽彬的铜熔炼 $\lg p_{O_2}$-$\lg p_{S_2}$ 图

用 $\lg p_{O_2}$-$10^4/T$ 图来分析造铳熔炼的热力学，比较简明。但是因在进行造铳熔炼时，温度的变化往往不大，而体系的氧势（$\lg p_{O_2}$）和硫势（$\lg p_{S_2}$）却处于互变之中，用同时表现金属对氧和硫的亲和力的方法更适用。因此，在 20 世纪 60 年代，矢泽彬（Yazawa）提出的铜熔炼 $\lg p_{O_2}$-$\lg p_{S_2}$ 图（常称 Cu-Fe-S-O-SiO_2 系氧势-硫势图）来分析造铳熔炼的热力学，如图 3-3 所示。

图 3-3 中 fsrqv 线以左的区域为低硫势区，即在此区域内体系的硫势很低（$\lg p_{S_2} < -1$ ~ 0Pa），硫化物不能稳定存在。在此区域内，随着氧势的升高，其稳定的凝聚相变化是 γ-Fe→FeO，$Cu(l)$→$Cu_2O(l)$。rh 线是 γ-Fe 固溶体和 $Cu(l)$ 相及铁橄榄石（$2FeO \cdot SiO_2$）相的共存线，在 rh 线以下，γ-Fe 相稳定存在，rh 线以上是 FeO、$Cu(l)$ 相和 $2FeO \cdot SiO_2$ 相稳定存在。当 a_{FeO} 升高时，rh 线将向上移动。升高硫势时（当 $\lg p_{S_2} > -1Pa$ 时），铁和铜将分别转变成 $FeS(l)$ 和 $Cu_2S(l)$。

图 3-3 中 pqrstp 区为铜铳、炉渣和炉气平衡共存区，斜线 pt 线是 $p_{SO_2} = 101.325kPa$ 的等压线，反应 $1/2S_2(l) + O_2(g) = SO_2(g)$ 的平衡线，该线是在 $p_{SO_2} = 101.325kPa$ 时，渣相与铜铳相平衡共存的上限，pt 线以上因大于体系的总压（对敞开熔炼体系而言，体系总压为大气压力），所以 SO_2 能迅速自熔体中析出。体系 p_{SO_2} 下降时，pt 线向下平移，导致炉渣-铜铳平衡共存区减小。用普通空气进行造铳熔炼时，体系中 p_{SO_2} 实际仅为 10kPa 左右，所以在此条件下炉渣-铜铳平衡共存区均在 pt 线以下。

A 点是造铳熔炼的起点，理论上讲，A 点处铜铳品位为 0，随着炉中氧势升高，硫势降低，铳的品位升高，当过程进行到 B 点时，铳的品位升高到 70%，显然 AB 段即为造铳阶段。从图 3-3 中可以看出，在 AB 段，炉中氧势升高幅度虽然不太大，但铳的品位升高幅度大，从 B 点开始，随着氧势的继续升高，铳的品位虽然也升高，但升高幅度不大，可以认为从 B 点开始过程转入铳吹炼的第二周期（造铜期），当氧势升到 C 点时炉中开始产

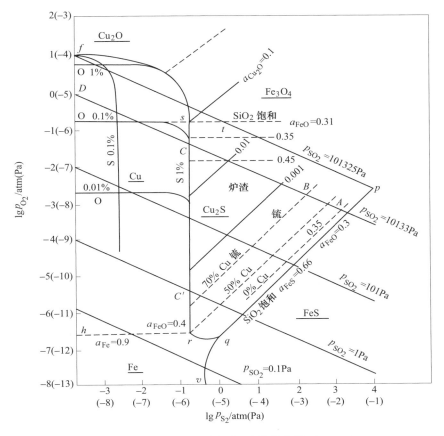

图 3-3 矢泽彬的铜熔炼氧势-硫势状态图 (1573K)

出金属铜。这时粗铜、铳、炉渣和烟气四相共存，直到铳全部转化为金属铜，即造铜期结束。当氧势进一步升高时，超过 C 点，过程进入粗铜火法精炼的氧化期。由此可见，$ABCD$ 这条直线能表示从铜精矿到精铜的全过程。

st 线相当于 $p_{SO_2} = 101.32$ kPa 时铜铳、硅饱和铁橄榄石炉渣与炉气共存的极限，相应的反应为 $2Fe_3O_4(s) + 3SiO_2 = 3(2FeO \cdot SiO_2)(l) + O_2(g)$，此时铁橄榄石炉渣同时为 SiO_2 和 Fe_3O_4 所饱和，即 $a_{SO_2} = 1$，$a_{Fe_3O_4} = 1$。

pq 线是无 SiO_2 存在时反应 $FeS(l) + 1/2O_2(g) = FeO(l) + 1/2S_2(g)$，或有 SiO_2 存在时反应 $2FeS(l) + O_2 + SiO_2(l) = 2FeO \cdot SiO_2(l)$ 的平衡关系线。实际上此线是由 FeS 和 Cu_2S 组成的铜铳与饱和了 SiO_2 的铁橄榄石炉渣平衡共存的线，只不过这时铜铳的品位为 0。pq 线的热力学参数可从 Cu_2S-FeS-FeO 系的活度组成关系估算出。

sr 线表示铜液、Cu_2S 液与铁橄榄石炉渣平衡共存。此线对应的氧势范围很宽，从 $10^{-0.8}$Pa（s 点）到 $10^{-6.6}$Pa（r 点），在 r 点时炉渣为 γ-Fe 所饱和。sr 线对应的硫势为 $10^{-0.7}$Pa 左右。当硫势低于 $10^{-0.7}$Pa 时，Cu_2S 将离解成 Cu 和 S。因此 sr 线对于分析由白铜铳（Cu_2S）吹炼成粗铜的热力学时非常重要。

rq 线是 hr 线向右的延续，但是 rq 线上 a_{FeO} 是变值，其值与铜铳的品位有关。rq 线表示铜铳-铁橄榄石炉渣-γ-Fe 三个凝聚相平衡共存。

温度升高可使 $pqrstp$ 区域扩大，特别是使 st 线上移，从而可避免 Fe_3O_4 饱和析出，有利于熔炼过程的进行。

a_{FeO} 的变化也导致 $pqrstp$ 区域发生变化。升高 a_{FeO} 导致 st 线下移，pq 线向左移，qr 线向上移，从而导致 $pqrstp$ 区缩小，导致铜锍-炉渣-烟气平衡共存区减小。

从热力学角度看，在造锍熔炼时，产出的锍品位越高，渣中铜的溶解损失就越大，特别是当锍品位超过 75% 时，渣中铜溶解量急剧升高，如果再加上机械夹带损失，渣中损失的铜量很大，所以现代强化熔炼法产出的炉渣须进行贫化处理。从上述热力学分析可看出，倘若在一个设备内进行铜的连续冶炼，在冶炼过程中炉渣-白锍-铜-炉气四相共存，相当于体系处于图 3-3 中的 C 点位置，这时 Fe_3O_4 和渣含铜的问题将不可避免。计算表明，如果在 $p_{SO_2} = 10133Pa$ 下进行连续冶炼，为避免 Fe_3O_4 独立析出，炉温应保持在 1300℃ 以上，并且 FeO 的活度应低于 0.37。

3.2 第一代氧气底吹炼铜工艺

3.2.1 第一代氧气底吹炼铜工艺流程

第一代氧气底吹炼铜工艺主流程类似于其他造锍熔炼工艺，是以"底吹熔炼—PS 转炉吹炼—火法精炼"为主要特征，具有代表的工艺流程图如图 3-4 所示。

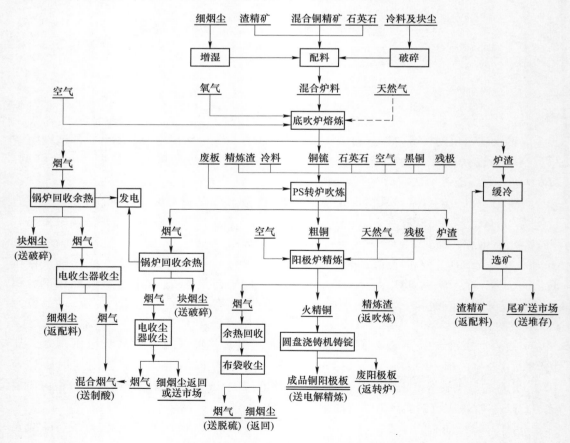

图 3-4 第一代氧气底吹炼铜工艺流程图

　　铜精矿不需要干燥，铜精矿和渣精矿、石英、返料以及返回的烟尘经过配料后由皮带运输到底吹熔炼炉顶。混合炉料连续从炉顶加料口加入底吹熔炼炉内的高温熔体中。氧气和空气通过底部氧枪连续鼓入炉内的铜锍层，物料在熔池中完成加热、熔化、氧化、造渣、造锍、分层等一系列过程，产出的铜锍、炉渣和烟气分别从放锍口、放渣口和排烟口排出。

　　底吹熔炼炉产出的烟气先经过余热锅炉回收余热，再进入电收尘器收尘，初步净化后的烟气送往制酸系统。底吹熔炼炉产出的铜锍放入包子，通过吊车运往 PS 转炉吹炼，PS 转炉吹炼过程中加入大量的残极等冷料，PS 转炉吹炼的烟气和底吹炉烟气类似，经过余热锅炉回收余热和电收尘器除尘后与底吹熔炼炉产生的烟气混合送往制酸系统。PS 转炉产出的粗铜经包子运往回转式阳极炉进行火法精炼。

　　粗铜经过阳极炉氧化和还原，产出含铜 99.3% 以上的阳极铜，并通过阳极浇铸机浇铸成阳极板，运往电解车间进行电解精炼。

　　底吹熔炼炉产出的渣和 PS 转炉产出的渣都运往渣缓冷场，经缓冷、破碎后进行渣选矿，渣精矿返回到底吹熔炼系统处理，渣尾矿外售或堆存。

　　图 3-5 所示为某底吹炼铜工厂的一个设备连接示意图。

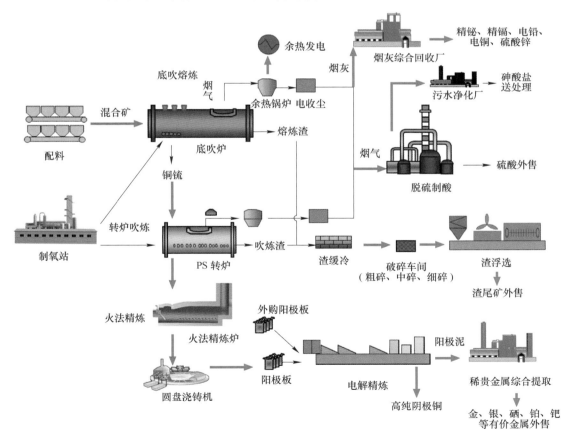

图 3-5　氧气底吹炼铜工艺设备连接示意图

3.2.2   氧气底吹熔炼工艺特点

3.2.2.1   工艺参数特点

底吹炼铜和其他炼铜工艺参数比较见表 3-1。

表 3-1   底吹炼铜和其他主要炼铜工艺参数比较[3]

项 目	氧气底吹	闪速熔炼	顶吹熔炼	诺兰达
处理能力/t·h^{-1}	30~210	150~300	80~230	80~150
精矿处理方式	不干燥、不制粒	干燥、磨矿	一般制粒	不干燥、不制粒
富氧浓度/%	65~75	65~90	65~80	38~40
氧气压力/MPa	0.4~0.7	0.04~0.05	0.08~0.15	0.1~0.12
氧枪寿命/d	120~150	中央喷嘴	6~15	传统风口
出炉烟气 SO$_2$ 浓度/%	25~30	30~38	20~25	17~20
烟尘率/%	约 2	6~8	3~4	2.5~4.0
熔炼渣含铜/%	2~4	1~2	0.7~1.0	4~6
渣型（Fe/SiO$_2$）	1.6~2.0	约 1.2	1.1~1.4	1.5~1.8
渣率/%	55~60	65~70	65~70	55~60
渣处理方式	选矿	沉降电炉（+选矿）	沉降电炉（+选矿）	选矿
弃渣含铜/%	约 0.3	约 0.3	（选矿后约 0.3%）	约 0.3
燃料率/%	0~1	1~2	2~3	2~3
粗铜综合能耗/kg·t^{-1}	120~150	160~200	180~200	约 200

由表 3-1 可以看出，底吹熔炼对原料的适应性较广泛，工艺流程简单、能耗低、投资省，尤其在中等规模的铜冶炼厂中具有突出的竞争优势。

3.2.2.2   原料及产物特点

A   原料

底吹熔炼炉能处理的含铜原料种类是所有铜熔炼工艺中最广泛的。因此，被称作"杂矿处理的傻瓜炉"。

（1）精矿。底吹炉除铜精矿、金精矿、硫精矿外，还能处理二次铜资源、铜阳极泥、渣精矿、系统返料（铜锍、烟尘等）。

底吹熔炼炉对原料的粒度和水分均没有严格的要求，精矿不需要干燥、制粒。

对原料的含水要求，也以满足精矿的配料、输送为基本条件，只要能够安全配料、输送至底吹炉炉顶即可。原料设计含水一般为 7%~10%，实际生产中为 5%~15%。进口原料一般含水较少，国产铜精矿和金精矿一般含水较高。

处理的精矿、块料等粒度一般小于 100mm。

（2）熔剂。底吹熔炼炉处理物料一般含铁较高，需要配入熔剂进行造渣，熔剂主要为石英石，粒度不大于 20mm。由于底吹熔炼炉造锍捕金的能力强，若加入含金的河砂，能够有效地提高企业的经济效益。

（3）燃料。正常生产情况下，底吹熔炼炉不需要加入燃料，仅在开炉和保温时需要燃料。

底吹熔炼炉的燃料选择范围很广。燃料由底吹熔炼炉的燃烧器鼓入，燃烧器有 2 种：一种是以"百德"为代表的自带风机型烧嘴，一种是不带风机的简易型烧嘴。可采用液态燃料和气态燃料，柴油、重油和天然气均可，多数冶炼厂以天然气和柴油作为燃料。

B 产物

底吹熔炼炉主要产物包括铜锍、铜渣、烟气和烟尘等。

（1）铜锍。底吹熔炼炉可以产出不同品位的铜锍，铜锍品位可低至 40%，也可高达 75%。根据各个厂的生产工艺情况，铜锍品位有较大的区别。

铜锍品位的控制受多方面因素的影响，与原料成分、后续吹炼工艺、渣含铜和综合经济指标等均有关系，典型的铜锍成分列于表 3-2。

表 3-2 底吹炉典型的铜锍成分 （%）

项 目	Cu	Fe	S	SiO$_2$	Pb
工厂一	70	4.6	21.2	0.45	1.2
工厂二	60.2	11.3	19.2	0.3	1.8
工厂三	45	23.4	22.7	0.43	—

从表 3-2 看出，底吹熔炼炉产出的铜锍品位范围很大，这主要是底吹熔炼炉处理物料复杂，工艺适应性广的体现。底吹熔炼炉处理低品位金精矿时，产出的铜锍品位在 45% 左右；处理常规铜精矿时，一般铜锍品位在 55%~60%；采用连续吹炼工艺时，铜锍品位在 68%~73% 之间。

（2）炉渣。底吹熔炼炉的炉渣采用高铁硅渣型，铁硅比在 1.6%~2.0% 之间。如此高的铁硅比也会使得渣中的磁性氧化铁含量偏高，即以 Fe$_3$O$_4$ 形态的铁占总铁的 20%~30% 左右。由于底吹炉搅拌强烈，并没有出现炉结的情况。但如果操作控制不好或者渣中高熔点物质过多，温度偏低，会出现放渣困难的情况。

底吹熔炼炉渣的含铜量偏高，这与炉渣低温操作关系较大，炉渣含铜一般在 2.5%~5% 之间。由于底吹熔炼炉炉渣经渣选矿后尾渣含铜低于 0.3%，平均在 0.25% 以下，对总的回收率没有太大影响。由于熔剂用量少，造渣率低，使得铜的综合回收率高。

典型的炉渣成分见表 3-3。

表 3-3 几个工厂典型的炉渣成分 （%）

项 目	Cu	Fe	SiO$_2$	S	Pb	Zn
工厂一	2.45	43.5	24.6	0.7	0.5	1.8
工厂二	3.23	41.63	25.2	0.95	0.41	2.46
工厂三	4.5	42.11	22.66	2.1	0.89	3.44

从表 3-3 看出，不同冶炼厂之间渣含铜的差距较大，这与操作方式和处理原料不同密切相关。底吹熔炼炉渣通过薄渣层操作方式的探索，通过增加沉降区的设计长度等

措施实现渣含铜的有效降低。如何将底吹熔炼炉的渣含铜降低并且回收其中的铅锌等有价金属，是一个非常有价值的研究课题。目前中国恩菲正在进行的 CR 炉技术研究正在解决这方面的难题，CR 炉是一种炉渣中有价金属综合回收炉，详细介绍见第15 章。

　　（3）烟气和烟尘。底吹熔炼炉烟气的主要特点是含水量偏高、SO_2 浓度高，这是由于底吹熔炼炉处理未经干燥的精矿，且富氧浓度在 70% 以上。底吹熔炼炉出口烟气温度在1200℃左右，低于闪速熔炼和侧吹熔炼等工艺，这是底吹熔炼炉低温操作模式和反应机理所致。

　　底吹熔炼炉的出烟口与锅炉接口之间留有一定的缝隙以保证膨胀后不影响炉体的转动，炉口和锅炉上升烟道之间需要用耐高温的柔性材料密封，防止漏入大量冷风和微正压时烟气外逸。但如果控制不好，容易导致烟气中 SO_3 含量偏高。某冶炼厂底吹熔炼炉的烟气量和成分见表 3-4。

表 3-4　某冶炼厂底吹熔炼炉的烟气量和成分

名　称		烟　气　成　分					烟气量
		SO_2	SO_3	H_2O	O_2	N_2	
底吹熔炼炉出口	m^3/h	19943.2	0	15451.4	0	14469.7	50893.3
	%	39.19	0	30.36	0	28.43	100.00
余热锅炉入口	m^3/h	20735.6	0	15804.0	1863.5	24461.1	63893.3
	%	32.45	0	24.74	2.92	38.28	100.00

　　底吹熔炼炉的烟尘率一般为精矿量的 1.5% ~ 2.5% 之间，会随着精矿成分、炉膛负压而波动。底吹熔炼炉的烟尘为余热锅炉尘和电收尘器尘两部分，一般经仓式泵输送至精矿仓配料返回熔炼炉。表 3-5 所示为某冶炼厂的底吹熔炼炉的电收尘器的烟尘成分。

表 3-5　底吹熔炼炉的电收尘器的烟尘成分　　　　　（%）

项　目	Cu	Fe	Zn	Pb	As	S	SiO_2
湖南某厂	17.91	4.22	1.61	6.96	9.51	7.78	0.87
河南某厂	14.55	5.2	0.41	10.24	13.34	10.24	0.7

3.2.3　底吹熔炼余热回收和收尘系统

　　底吹熔炼炉的烟气出口上方设置了余热锅炉，用于回收烟气中的热量，降低烟气温度，同时收集部分烟尘。余热锅炉的运行压力一般为 4.4 ~ 5.6MPa，由于底吹熔炼炉的烟气含水量高，烟气露点高，对余热锅炉的设计有更高的要求。底吹熔炼炉的锅炉采用的是强制循环的两通道式的结构，包括烟罩、上升烟道、辐射室、对流区等部分[4]。

　　烟气首先进入余热锅炉的上升烟道，然后通过辐射换热被冷却至 650 ~ 700℃进入对流区，强制循环。余热锅炉采用半露天布置。

　　上升烟道、辐射室均为膜式水冷壁结构，采用 ϕ38mm×5mm 锅炉钢管与 5mm 厚的扁钢焊接制成；对流区炉墙采用同样的结构。各组膜式水冷壁焊接成一个完全气密的结构。在水冷壁的外侧焊有刚性梁，刚性梁受热面与水冷壁同步膨胀。

对流区内布置数组对流受热面，其中第1组为屏式结构，并采用较大的节距，这有利于及时有效地清除受热面的积灰，防止烟道堵塞。

余热锅炉设有清灰装置，在上升烟道、辐射室及对流区均采用弹簧振打清灰装置，在对流区管束上采用高能脉冲爆破清灰装置，它们能够及时有效地清理黏结在受热面上的金属氧化物烟尘，保证锅炉的安全运行。

某冶炼厂底吹炉烟气量为 $39557m^3/h$，底吹炉的烟气含水高达 25.58%，根据烟气露点该余热锅炉的压力设计为 5.6MPa，蒸汽的温度为 272℃，产蒸汽量为 $20\sim25t/h$。

进入电收尘器的烟气温度为 $300\sim350℃$，如果温度稍低极易造成烟尘发黏，烟尘输送系统堵塞，由于底吹炉烟气含水量高，因此更应预防低温堵塞。从表 3-5 看出，底吹炉的烟尘含铜、铅、砷均偏高，这是一种高比电阻粉尘，电收尘器需要做特殊设计。

3.2.4 低温熔炼

底吹炉熔炼与其他熔炼工艺相比，其突出的特点是低温操作。底吹炉产出的铜锍温度为 $1150\sim1180℃$，熔炼渣温度为 $1170\sim1200℃$，相比其他铜熔炼工艺低 $50\sim100℃$。表 3-6 列出了各种熔炼工艺的产物温度。

表 3-6 不同熔炼工艺的产物温度 （℃）

炉 型	铜锍温度	炉渣温度
底吹炉	1150~1200	1170~1200
侧吹炉	1200~1250	1250~1300
闪速炉	1220~1280	1270~1320
顶吹炉	1180~1200	1180~1220
诺兰达炉	1180~1200	1170~1230

从表 3-6 看出，在不同的熔炼工艺中，熔体的温度存在差别，底吹熔炼比侧吹和闪速熔炼的熔体温度平均低近100℃，这是底吹熔炼的一大特点，也是底吹熔炼能耗低的重要原因之一，低的熔体温度对炉衬寿命、燃料消耗均有积极的作用，熔炼渣的缓冷时间也缩短。当然，较低的温度使得渣的流动性变差，铜锍包结壳等。

3.2.5 无碳熔炼

"氧气底吹熔炼"工艺是一个实现完全自热熔炼的工艺。投料量达到 30t/h 时，底吹炉内就可维持自热熔炼，这是铜熔炼工艺中可不加燃料实现自热的最小投料量，入炉的铜精矿中 Fe+S 的含量大于 47% 即可。

底吹炉能实现自热熔炼的主要原因如下：

（1）低温熔炼。底吹炉的冶炼理念是低温熔炼，与其他工艺相比，底吹炉的炉渣通常采用表面排渣，这也是低温熔炼的基础，因此熔体温度和烟气温度均较低。

（2）底吹炉炉体散热少。底吹炉的炉体没有水冷件，散热量和其他工艺相比最少。

（3）底吹炉的渣量相对少。底吹炉采用高铁硅比渣型，渣率低，使得渣带走的热量较少。

（4）底吹炉从底吹鼓入高富氧空气，相对烟气量少，且传质和传热效果好，热效率高。

由表 3-7 可见,底吹炉烟气带走的热量是常见熔炼工艺中所占比例是最小的。

表 3-7　常见熔炼炉烟气带走热的比例

序号	炉　型	烟气带走热所占比例/%
1	ISA 炉	35.07
2	三菱熔炼炉	32.24
3	诺兰达炉(大冶)	45.38
4	奥斯麦特炉(金昌)	37.98
5	瓦纽科夫炉	31.71
6	底吹炉	29.06

在现有熔炼工艺中,除闪速熔炼规模大炉料深度干燥,无需喷入燃料外,其他熔池熔炼工艺大部分都需要配入一定量的碳质燃料,配煤率约为 1%~5%,燃料燃烧热在热收入中约占 10%~40%。

根据相关报道资料表明,由铜精矿生产出 1t 阳极铜需要消耗的石化燃料(除去电能)为 1518~4175MJ,折合标煤 51.9~142kg。若扣除阳极炉精炼,渣贫化消耗的燃料,余下的可认为是熔炼过程配入的燃料,其数据见表 3-8[5]。

表 3-8　从精矿到阳极铜石化燃料消耗构成

工艺名称	总能耗/MJ	精炼/MJ	渣贫化/MJ	熔炼配入石化燃料(标煤)/kg	
肯尼科特双闪	1518	1112	39	367	12.5
秘鲁艾萨	4175	1112	2047.3	1015.7	34.7
日本三菱	2498	1112	316	1070	36.5
特尼恩特	2657	1112	81	1464	50

我国富氧侧吹熔池熔炼的配煤率为 1%~3%,澳大利亚芒特艾萨公司的艾萨熔炼炉燃料率为 1%~3%,山西侯马冶炼厂奥斯麦特炉的配煤率为 3%~5%。

2008 年 6 月 1 日开始实施的国家标准规定,从铜精矿到阴极铜的综合能耗(铜耗煤)为 550kg/t。富氧底吹熔池熔炼工艺的实际能源消耗为 255kg/t,能耗仅为国家标准的 46%;仅有 2009 年全国电铜实际能源消耗平均值 366kg/t 的 70%。现在,为了实现国家 CO_2 减排的总目标,不排放 CO_2。

以处理每吨矿料计,可减排二氧化碳 110~220kg,或以生产每吨粗铜计,约减排二氧化碳 800kg。若年产 20 万吨粗铜,则可年减排二氧化碳约 16 万吨。

氧气底吹熔炼配煤率为零,不排放 CO_2,氧气从底部送入,在上升过程中与炉料中的 FeS、Cu_2S 反应,放出热量,热量是从内部加热熔体的,加之氧枪喷出的高速射流均匀地搅拌,具有良好的对流传热过程,热效率极高;能量得到充分的利用,消耗最低,从精矿粉到电解铜的实际吨铜能源消耗折合标准煤为 255kg。

3.2.6　底吹炉操作的安全性和灵活性

底吹炉氧枪的富氧空气从铜锍层鼓入,氧气直接和铜锍发生氧化反应而不接触渣层,不会出现因为炉渣过氧化而生成大量 Fe_3O_4 造成的喷炉事故，这种反应机理十分安全。这是底吹炉可以产出高品位铜锍和采用高铁硅比渣型，仍不需要配煤作还原剂的原因。厚厚的铜锍层是一个良好的缓冲，使氧气量短期过剩时不会造成渣过氧化而产生泡沫渣。顶吹和侧吹的喷枪均喷吹在渣层，在料量不足、氧气过剩的情况下大量生成 Fe_3O_4 容易造成泡沫渣喷溅。因此，由于安全、工艺操作简单，有时底吹炉被行业内称为"傻瓜炉"。

底吹炉在生产规模上有很大的灵活性优势。在目前的生产规模中，大、中、小型冶炼厂均有，从年产 1 万吨到 30 万吨阴极铜。由于底吹炉结构简单，投资低，规模灵活，这是从国外引进的工艺技术所无法比拟的优势。当炉子规格一定时，实际处理料量的能力可在设计值基础上有 30% 左右的波动范围。

底吹炉的结构特点决定了其操作的灵活性。在生产初期，各种设备与设备、人与设备处于磨合期时，事故较多，由于底吹炉可以灵活地转炉，在辅助系统或设备检修完成后，可以第一时间将底吹炉转入，保证了在最短的时间内恢复生产。其他熔炼工艺基本以固定式炉子为主，这类炉子在停产时间较短的情况下，可以堵住风口进行保温。但是如果停炉时间过长，由于炉体均为水套散热件，比如侧吹炉就需要将熔池放空，在恢复生产时则需要重新造熔池，开停炉不如底吹炉方便。

3.3　氧气底吹熔炼杂质元素分布或走向

氧气底吹熔炼的杂质元素分布或走向与其他冶炼工艺相比也有区别。

铜锍品位的变化对杂质元素的分配影响也很大，早期的水口山试验和工业化生产时铜锍品位就相差很大，元素分配也有区别。

3.3.1　水口山工业试验元素分布

水口山工业试验时铜锍的品位较低，为 31%～49%，其中原料混合精矿含 Cu 较低，其成分见表 3-9。

表 3-9　精矿成分　　　　（%）

元素	Cu	As	Pb	Zn	Au/g·t^{-1}	Ag/g·t^{-1}
含量	9.5～20	3.45～2.0	0.72～1.36	0.83～3.65	2.1～17.8	139～302

底吹熔炼过程中各元素分布见表 3-10。从表 3-10 看出，在低品位铜锍的情况下，铜进入烟尘中的量最少，94% 进入铜锍，直收率高。90% 的砷进入冷电收尘器，富集度高，有利于砷的回收。铅大部分进入铜锍，锌大部分进入渣中。

表 3-10　底吹熔炼各元素分布　　　　（%）

元素	铜锍	炉渣	烟气
Cu	94.49	5.23	0.28
As	2.26	5.06	92.67
Pb	64.06	22.23	13.74
Zn	27.23	70.94	1.76
Au	90.98	8.63	0.38
Ag	89.44	10.11	0.44

在熔炼渣选矿过程中铜、金、银等一部分元素以渣精矿形式回收并返回熔炼炉,一部分元素如锌、铅等则无法回收。

3.3.2　工业生产中的元素分配

工业生产时杂质元素在底吹熔炼过程中的分布见表 3-11[6]。从表 3-11 看出,砷的分配不如工业试验集中,工业试验砷进入烟气分配达到 94.87%,而工业生产为 88.35%。铋、铅等区别不大,其原因主要有:

（1）工业试验炉小,反应动力学条件优于工业生产。

（2）工业试验的铜锍品位比工业生产的低,铜锍品位和含氧量越高,砷进入炉渣的比例越大。

（3）各元素在精矿中的含量不同。

表 3-11　工业生产底吹熔炼杂质元素的分布　　　　　　　　（%）

元素	铜锍	炉渣	烟气
As	4.14	7.51	88.35
Bi	20.78	10.17	69.05
Pb	40	16.5	43.5
Sb	22.5	58.1	19.4
Zn	14	80	6

3.3.3　对比其他工艺

以下就底吹熔炼与其他几种主要铜熔炼工艺杂质分布进行对比。主要列举了诺兰达、闪速熔炼和奥斯麦特顶吹熔炼三种具有代表性的熔炼工艺,针对铅、砷、锑和铋的分配进行了比较[7]。

3.3.3.1　铅

铜精矿混合炉料中含 Pb 矿物主要为方铅矿,当熔体中存在 FeS 时,铅氧化物容易发生硫化反应:

$$PbO(s) + FeS \Longrightarrow PbS(l) + FeO(l) \tag{3-22}$$

因此,在造锍过程中,PbS 很难被氧化造渣除去,大部分溶解于铜锍中,少量溶解于熔渣中,由于 PbS 的沸点较低,在熔炼过程中会有部分直接挥发进入气相中。PbS 在气相中氧化为 PbO 进入烟尘,因此铅的分配以进入烟尘为主。

从图 3-6 看出,铅在铜锍中分配较少的是底吹熔炼和诺兰达熔炼,而闪速熔炼和奥斯麦特顶吹相对较多。这是由于底吹熔炼和诺兰达熔炼反应机理相似,即氧气鼓入铜锍层,使底吹炉能处理高铅物料,而闪速炉工艺的铅则大部分由 PS 转炉吹炼脱除。

3.3.3.2　砷

砷在铜精矿中以硫化砷形式存在,在精矿中易氧化,氧化为气态的 As_2O_3 挥发进入烟

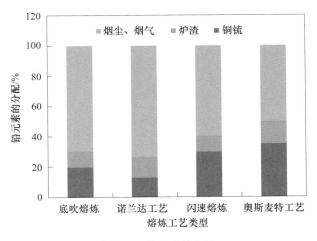

图 3-6　铅元素的分配

气。从图 3-7 看出，在各种工艺条件下砷均容易脱除，80% 左右的砷进入烟气。底吹熔炼脱砷有显著优势，在后续章节中会详细介绍底吹在收砷方面的应用。

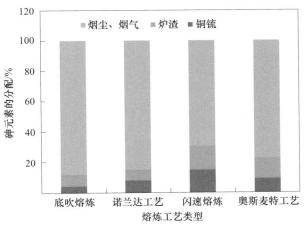

图 3-7　砷元素的分配

3.3.3.3　锑

锑是一种很难脱除的元素。在反射炉—转炉的传统工艺流程中，精矿中锑大约 28% 进入阳极铜。在采用三菱法时，此值下降至 15%~18%。在采用艾萨熔炼炉—转炉流程时，物料中锑进入阳极铜的数量小于 10%。

从图 3-8 看出，锑大部分进入渣中，锑主要以辉锑矿和复杂的含锑硫化矿等形式存在。在熔炼温度下，Sb_2O_3 与 Sb_2S_3 均有一定的蒸气压，部分挥发进入烟气，随着富氧浓度的升高，进入烟气的锑降低，而进入熔炼渣的 Sb_2O_3 会急剧增加。部分未被氧化的 Sb_2S_3 进入铜锍中。

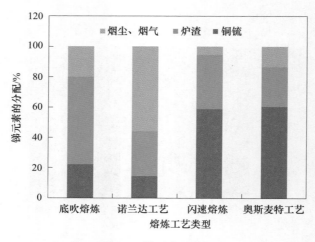

图 3-8 锑元素的分配

3.3.3.4 铋

单质铋及其硫化物、氧化物在熔炼温度下较锑有更大的蒸气压，易挥发进入烟气中，同时可能发生硫化物与氧化物的交互反应：

$$Bi_2S_3 + 2Bi_2O_3 = 6Bi + 3SO_2 \qquad (3-23)$$

反应产生金属铋及未氧化的 Bi_2S_3 溶解于热态铜锍中，少部分被氧化的铋以铋酸盐形式进入熔炼渣，随着富氧浓度的升高，进入铜锍中的铋会大幅增加。铋元素的分配如图 3-9 所示。

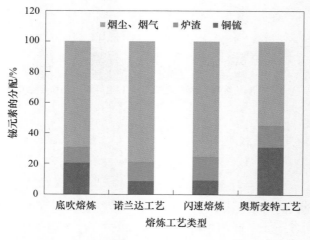

图 3-9 铋元素的分配

3.3.4 结论

底吹熔炼工艺以处理复杂物料为主要特征，因此研究杂质在熔炼过程中的分配十分重要。促进杂质富集到某一中间产物中就更容易回收利用，若平均分配到各个中间物料中则难以利用。铅、砷、锑、铋、锌等有价金属其分配也各不相同，铅、砷和铋85%以上进入烟尘，可以考虑在烟尘中回收这些元素。锌80%以上进入渣中，但在渣选矿流程中进行回收的难度较大，锑的分布比较分散，难以进行回收。

底吹熔炼过程中，杂质元素镍、钴、铅、金和银主要分布于铜锍中，少部分镍进入熔炼渣；这些金属价格比铜高，除铅外需在熔炼过程中捕集。

不同的熔炼方法、富氧浓度、铜锍品位对杂质的走向有一定的影响，但总体趋势变化不大。

受原料供求关系影响，目前各个铜冶炼厂处理的原料不但种类繁多，而且成分复杂。冶炼主原料铜精矿和冷铜料除含有铜、金、银等有价元素外，还伴生有砷、锑、铋、铅等有害杂质元素。这些杂质元素在冶炼、制酸过程中分别进入各种中间物料、副产品或产品，特别在烟尘、白烟尘、电炉渣、铅滤饼、砷滤饼、阳极泥、黑铜泥等物料中富集。随着冶炼规模扩大，中间物料和冶炼"三废"中杂质元素总量会不断增加。如何变废为宝、控制中间产品杂质含量、防止环境污染、提高企业综合回收能力、挖掘二次资源潜力，是冶炼企业永恒的研究课题。

参 考 文 献

[1] 朱祖泽，贺家齐. 现代铜冶金学 [M]. 北京：科学出版社，2003.
[2] 彭容秋. 铜冶金 [M]. 长沙：中南大学出版社，2004.
[3] 梁帅表，陈知若. 氧气底吹炼铜技术的应用与发展 [J]. 有色冶金节能，2013，29（2）：16~19.
[4] 郝玉刚. 铜冶炼底吹熔炼炉余热锅炉设计及应用 [C] //中国石油和化工勘察设计协会热工设计专业委员会、全国化工热工设计技术中心站2013年年会. 2013.
[5] 崔志祥，申殿邦，王智，等. 低碳经济与氧气底吹工艺的无碳自热熔炼 [C] //低碳经济条件下重有色金属冶金技术发展研讨会——暨重冶学委会委员会成立大会. 2010.
[6] 陈知若. 在炼铜过程中次要元素的分布 [C] //中国首届熔池熔炼技术及装备专题研讨会论文集. 2007.
[7] 曲胜利，董准勤，陈涛. 富氧底吹熔炼处理复杂铜精矿过程中杂质元素的分布与走向 [J]. 中国有色冶金，2016，45（3）：22~24.

4 氧气底吹炉内气液两相流动模拟

4.1 概述

氧气底吹熔炼是将气体通过炉膛底部氧枪喷射到熔体区，形成气液两相体系，该体系根据主要成分及流型特点可分为纯气流区、气体连续相区、液体连续相区[1]。在熔炼的过程中，原料颗粒始终会受到气-液流动及两种流体间动量交换作用等因素的影响，因此底吹熔池内的流体动力学非常复杂。而且通过氧枪喷入熔池内的氧气不仅是熔体的搅拌动力来源，更是熔炼过程的主要反应物，氧气与铜锍中的 Fe_2S、Cu_2S 反应放出大量的热量满足熔炼过程所需。氧气喷射进入熔池后，气体射流与周围熔体间形成相界面，由于射流流动较为复杂导致相界面一直处于不稳定的状态，射流卷吸周围熔体致使熔池内流动区域不断扩大，其中炉膛底部氧枪气体喷吹特性，对射流流动、熔体流动、枪口侵蚀、熔池稳定及气-液间的反应都有着较为重要的影响。底吹气体能够在熔池内部形成局部的搅拌区，实现熔池搅拌的作用，通过动量交换作用使熔池内的熔体流动，而其自身动能逐渐降低，因此能够不损害炉衬及炉体上部烟道。

底吹熔池内部是典型的多相流流动过程，多相间相互耦合，相互影响，很难通过测试或者实验的方法对其内部各种参数进行研究，有不少学者主要借助于水模型实验对熔池熔炼炉进行相关的研究。但是现场实验研究方法存在耗时耗力、实验结果误差大、结果提取连续性差等局限性，而理论研究在工程应用方面尚存在一定的难度，随着计算机技术及数值计算方法的迅速发展，计算流体力学（computational fluid dynamics，CFD）是一种能够真实揭示熔炼炉内流场、温度场和浓度场分布情况的有效方法。

以底吹炉为研究对象，对底吹熔池熔炼过程中的气液两相流动特性进行数值模拟研究，获得炉内速度场、浓度场分布及气体射流各方向扰动力大小变化规律，了解炉内气体喷吹后的分布情况及气体射流摆动对熔池稳定的影响，可以针对氧枪结构参数及其排布方式提出优化建议，为底吹炉的设计提供理论依据，有利于加强对底吹熔池熔炼炉内流动、传热、传质过程的认识，提升炉体及氧枪等关键部件寿命，对提高氧气底吹熔池熔炼技术的应用水平有重要的理论和现实意义。

4.2 熔炼炉内热工作状态分析

氧气底吹炼铜法是一种铜锍熔炼的熔池熔炼方法，其结构简单、原料适应性强、富氧浓度高、冶炼强度大、自热熔炼程度高、烟尘发生率低、烟气 SO_2 浓度高、工艺流程短等特点，炉内具备良好的冶金反应动力学条件[2,3]。

炉料从熔炼炉顶部的加料口加入，借助底部氧枪将富氧空气鼓入炉内，搅动熔池内熔体流动。物料在熔池中与氧气反应完成加热、熔化、氧化、造渣、造锍等熔炼过程，产出的铜锍、炉渣和烟气分别从放锍口、放渣口、排烟口排出。底部富氧气体的喷入既提供了氧化剂与矿料中的硫化物反应放出热量，维持炉温，又能够搅拌熔体加快流动，为熔炼炉提供良好的动力学条件，促使氧气与矿料接触，放出更多的热量，同时有利于渣和金属的分离，降低渣含铜量。在熔炼过程中实现多种贵重元素的综合回收利用[4]。

根据生产实践可知[5,6]，传统的炼铜方法中，由于没有充分利用铜精矿的自身热能，在造锍熔炼阶段，都需要配入一定量的燃料，借助燃料燃烧发热保证熔炼过程的热平衡。但对于底吹熔炼炉，工业实践表明，在不配煤的情况下，也可以实现自热熔炼。

4.3 气液两相流动的数值模拟

在冶炼过程中，气体射流与熔体间的相互作用对冶炼过程起着很重要的作用，特别是在高温熔池熔炼过程，其喷吹气体不仅用于熔体搅拌，而且是熔炼反应的氧化剂。目前气体喷吹技术已广泛应用于各种冶金化工工艺[7,8]。

底吹熔池熔炼过程属于典型的多相流过程，其理论研究一直存在很多困难，随着计算模拟技术迅速发展，成为当今国际研究的前沿和热点课题。近年来，许多学者致力于气液两相流的研究而且发表许多相关的论文，并逐渐认识到研究气泡驱动液体流动采用三维瞬态模型计算才能获得准确的结果[9~11]。在建立合理的底吹熔炼炉模型的基础上，应用 CFD 软件中多相流模型对氧气底吹铜熔炼炉内的气液两相流动过程进行仿真，可以很直观地再现熔体在气体射流作用下的震荡作用，并且能够对过程中产生的扰力、力矩进行监测、分析，满足工程设计的需要，并为新设备的开发提供理论依据。以某厂的富氧底吹熔池熔炼炉为原型，运用数值模拟的方法对炉内氧气-铜锍两相流动进行三维瞬态模拟，研究炉内熔体、气体、氧气体积分数、炉内各方向扰力变化等主要参数及液面波动情况。总结炉内运行和气体喷吹的规律及特点，对于掌握底吹熔池炉况顺行和高效冶炼具有很重要的作用。

4.3.1 物理模型

以卧式可回转底吹铜熔炼炉为研究对象，炉膛纵截面外部直径为 4.8m，长 23m，炉壳厚度为 0.1m，耐火砖厚度为 0.445m，模型比例为 1：1，其具体结构参数见表 4-1。炉膛底部布置 14 支氧枪。氧枪布置的三维模型如图 4-1 所示。

表 4-1 底吹炉结构参数

序号	项目	数值
1	炉体直径/m	3.86（内）/4.80（外）
2	炉体长度/m	21.66（内）/23.0（外）
3	炉壳厚度/m	0.10
4	耐火砖厚度/m	0.445
5	耐火砖密度/kg·m⁻³	3200
6	运行压力/MPa	常压
7	喷枪喷嘴数量	14

图 4-1 底吹熔炼炉氧枪布置模型

4.3.2 网格划分

根据底吹熔炼炉模型特点，采用 ICEM CFD 网格划分软件划分网格，采用六面体网格，氧枪与炉体结合部位进行加密，总体网格数量约为 70 万，网格质量（行列式）大于 0.3。网格划分及网格质量如图 4-2 所示。

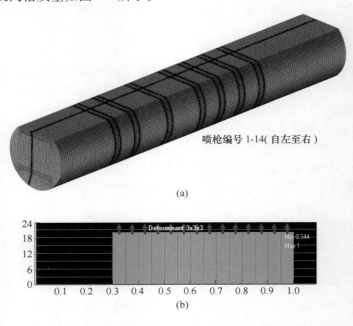

喷枪编号 1-14（自左至右）

(a)

(b)

图 4-2   底吹熔炼炉网格划分结果（a）及网格质量分布（b）

4.3.3 数学模型及边界条件

4.3.3.1   模型假设

在不影响结果的基础上加快计算过程，需要对实际的底吹炉熔池模型做出以下假设：

（1）气液交界面作自由液面处理；

（2）不考虑化学反应，初始状态熔池内熔体温度视为等温体，忽略温度对气相的影响；

（3）静止熔体初始高度为 2.5m，忽略渣的影响，假设熔池内熔体为铜锍；

（4）不考虑氧枪结构对气体射流的影响，氧枪为圆筒，气体为可压缩氧气；

（5）固体壁面看作无滑移边界，靠近壁面处的边界层内采用标准的壁函数进行处理；

（6）不考虑烟道对炉内烟气流动的影响。

4.3.3.2   数学模型

Fluent 软件配有各种层次的湍流模型，包括代数模型、一方程模型、二方程模型、湍流应力模型、大涡模拟等。应用最广泛的二方程模型是 $k\text{-}\varepsilon$ 模型。

计算流体力学的进展为深入了解多相流动提供了基础。目前有两种数值计算的方法处理多相流：欧拉-拉格朗日方法和欧拉-欧拉方法。欧拉-欧拉多相流模型主要包括流体体积模型（VOF）、混合模型（Mixture）和欧拉模型（Eularian）。本次计算主要应用了 VOF 多相流模型及 $k\text{-}\varepsilon$ 模型，描述熔池内气体喷吹及气泡流动过程。

A VOF 模型

VOF 模型适用于模拟多种不能混合的流体，包括分层流动和自由表面流。VOF 模型假设多相流体之间不存在相互贯穿，模型内每增加一相，就需要多引进一个相的体积分数，在每个控制容积内，所有相的体积分数之和为 1，在控制容积内，如果第 q 相流体的体积分数为 α，那么会出现以下三种可能：

（1）$\alpha = 0$：第 q 相流体在控制容积内是空的。

（2）$\alpha = 1$：第 q 相流体在控制容积内是充满的。

（3）$0 < \alpha < 1$：单元中包含了第 q 相流体和其他流体的相界面。

对于多相之间的相界面是通过求解多相体积分数的连续性方程来进行跟踪的，对于第 q 相，这个方程有如下形式：

$$\frac{\partial \alpha_q}{\partial t} + \boldsymbol{u} \cdot \nabla \alpha_q = \frac{S_{\alpha_q}}{\rho_q} \tag{4-1}$$

式中，α_q 为第 q 相的体积分数；ρ_q 为第 q 相的密度；$\boldsymbol{u}$ 为流体的速度；S_{α_q} 为源相。

在 VOF 模型中，通过求解整个区域内单一的动量方程来获得速度场，同时速度场作为计算结果是由各相共享的，动量方程取决于通过控制容积内所有相的体积分数所得到的 ρ 和 μ。

$$\frac{\partial}{\partial t}(\rho \boldsymbol{u}) + \nabla \cdot (\rho \boldsymbol{uu}) = -\nabla p + \nabla \cdot \left[\mu \left(\nabla \boldsymbol{u} + (\nabla \boldsymbol{u})^T \right) \right] + \rho \boldsymbol{g} + \boldsymbol{F} \tag{4-2}$$

式中，ρ 为流体的密度；$\boldsymbol{u}$ 为流体的速度；μ 为流体的黏度；$\boldsymbol{F}$ 为体积力。

在 VOF 模型中，能量方程的表达式如下：

$$\frac{\partial}{\partial t}(\rho E) + \nabla \cdot \left[\boldsymbol{u}(\rho E) + p \right] = \nabla \cdot (k_{eff} \nabla T) + S_h \tag{4-3}$$

$$E = \frac{\sum \alpha_q \rho_q E_q}{\sum \alpha_q \rho_q} \tag{4-4}$$

式中，E_q 为通过第 q 相的比热容和共享的温度 T 计算所得到的；k_{eff} 为有效热传导；源项 S_h 包含辐射和其他容积热源。

对于多相系统，所有的属性都是基于体积分数的平均值计算所得到的，密度和黏度的表达式为：

$$\rho = \sum \alpha_q \rho_q \tag{4-5}$$

$$\mu = \sum \alpha_q \mu_q \tag{4-6}$$

B　湍流模型

标准 k-ε 模型是由 Launder 和 Spalding 所提出的，该模型引入两个未知量：湍动能 k 和湍动耗散率 ε，涡黏系数 μ_t 由这两个未知量进行表示：

$$k = \frac{1}{2}(\overline{u'^2} + \overline{v'^2} + \overline{w'^2}) = \frac{1}{2}(\overline{u_i'^2}) \tag{4-7}$$

$$\varepsilon = \frac{\mu}{\rho} \overline{\left(\frac{\partial u_i'}{\partial x_k}\right)\left(\frac{\partial u_i'}{\partial x_k}\right)} \tag{4-8}$$

$$\mu_t = \rho C_\mu \frac{k^2}{\varepsilon} \tag{4-9}$$

式中，k 等于速度方差之和除以 2；C_μ 为经验常数。两个未知量所对应的运输方程分别为：

湍动能 k 方程：

$$\rho\left[\frac{\partial k}{\partial t} + \frac{\partial}{\partial x_i}(ku_i)\right] = \frac{\partial}{\partial x_j}\left[\left(\mu + \frac{\mu_t}{\sigma_k}\right)\frac{\partial k}{\partial x_j}\right] + G_k + G_b - \rho\varepsilon - Y_M + S_k \tag{4-10}$$

湍动耗散率 ε 方程：

$$\rho\left[\frac{\partial \varepsilon}{\partial t} + \frac{\partial}{\partial x_i}(\varepsilon u_i)\right] = \frac{\partial}{\partial x_j}\left[\left(\mu + \frac{\mu_t}{\sigma_\varepsilon}\right)\frac{\partial \varepsilon}{\partial x_j}\right] + C_{1\varepsilon}\varepsilon\frac{G_k + C_{3\varepsilon}G_b}{k} - C_{2\varepsilon}\rho\frac{\varepsilon^2}{k} + S_\varepsilon \tag{4-11}$$

$$G_k = \mu_t\left(\frac{\partial u_i}{\partial x_j} + \frac{\partial u_j}{\partial x_i}\right)\frac{\partial u_i}{\partial x_j}, \ G_b = \beta g_i\frac{\mu_t}{Pr_t}\frac{\partial T}{\partial x_i}, \ \beta = -\frac{1}{\rho}\frac{\partial \rho}{\partial T}, \ Y_M = 2\rho\varepsilon M_t^2 \tag{4-12}$$

式中，G_k 为由平均速度梯度引起的湍动能所产生；G_b 为由于浮力影响引起的湍动能产生；Y_M 为可压缩湍流脉动膨胀对总耗散率的影响；$C_{1\varepsilon}$、$C_{2\varepsilon}$、$C_{3\varepsilon}$ 为经验常数，取值为 1.44、1.92 和 0.09；σ_k、σ_ε 分别为湍动能和湍动耗散率对应的普朗特数，取值为 1.0 和 1.3；Pr_t 为普朗特数；g_i 为重力加速度在 i 方向上的分量；β 为热膨胀系数；M_t 为湍动马赫数。

在 Fluent 软件中，共有三种不同的欧拉-欧拉的多相流模型可供选用，分别是 VOF 模型、混合模型和欧拉模型，对于泡状流区制下的模拟采用是的 VOF 模型，而射流区制下的模拟采用的是混合模型。炉内流体的运动过程中受守恒方程的支配，其中包括质量守恒方程、动量守恒方程以及能量守恒方程。此外，由于炉内流体流动属于湍流还需要增加标准 k-ε 湍流模型。

实际上在进行 VOF 多相流瞬态计算的过程中，每一个时间步长 Fluent 都会报告库朗数（global courant number），库朗数代表了在一个时间步长里一个流体质点能够穿过多少个网格，可以通过以下公式进行计算：

$$\text{Courant} = \frac{u\Delta t}{\Delta x} \tag{4-13}$$

式中，u 为流体速度；Δt 时间步长；Δx 网格尺寸。

库朗数是一个很重要的参考值，可以协助选择合适的时间步长，根据经验库朗数具有以下特点：当 Courant<1 时，计算过程十分稳定，但时间步长较小，需要耗费很长的计算

时间；当 1<Courant<5 时，计算稳定性仍然很好，不经常出现计算发散；当 Courant>10时，计算过程很容易因为出现发散而中断。本书在模拟过程中所设定的时间步长为0.0001s，此时库朗数为 1.0~1.5，可以兼顾稳定性和计算时间。

4.3.3.3 边界条件与物性参数

入口共 14 支氧枪，入口设置为速度入口边界条件。由于速度较大（$Ma>0.5$），故入口气体为可压缩气体。整个富氧空气量为 24724m³/h，湍流强度为 5%，入口压力为0.7MPa，采用无滑移边界条件，壁面处速度为零。主要物性参数见表 4-2。

表 4-2　主要物料物性的参数

物　相	参　　数	数　　值
铜锍（液）	密度（1200℃）/kg·m⁻³	5075
	动力黏度/kg·(m·s)⁻¹	2.5×10⁻³
	表面张力/N·m⁻¹	0.33
熔炼渣（液）	密度/kg·m⁻³	3200
	动力黏度/kg·(m·s)⁻¹	0.2
	表面张力/N·m⁻¹	3.17×10⁻⁴
富氧空气（气）	密度（混合）/kg·m⁻³	1.27
	动力黏度/kg·(m·s)⁻¹	1.982×10⁻⁵

本书主要模拟底吹炉内熔体在喷吹作用下的流动过程。根据实际生产情况，熔池高度为 1.53m，其中铜锍层高度为 1m，渣层高度为 0.53m。在熔炼过程中，开启的风口数量一般为 14 个，喷吹气体通过底部氧枪鼓入到熔池内，带动炉内熔体流动，为熔体提供强大的搅拌动能，有效地促进了流体间的传热传质及反应过程。

4.4　氧气底吹熔炼过程气体喷吹行为理论分析

利用前面所介绍的数学模型及数值模拟的方法，对水模型试验装置中水-氮气两相流动过程进行数学建模与数值计算，并将计算结果与实验结果进行比较分析，以此来对所用模型进行验证。

水模型试验模型以图 4-1 所示的氧气底吹熔炼炉三维模型为原型，比例为 1∶10，设计尺寸及实验参数见表 4-3。

表 4-3　模型尺寸及实验参数

炉子直径/m	长度/m	氧枪直径/m	液面高度/m	黏度/kg·(m·s)⁻¹
0.4	2	0.04	0.25	1.01×10⁻³

在流动相对稳定的情况下，对水模型实验中的气泡形成及其上浮过程采用高速摄像仪观察，实验结果与模拟结果的比较如图 4-3 所示。气泡形成过程分为两个阶段：第一阶段为膨胀阶段，气泡附着于锐孔上，直径不断增大；第二阶段，随着气泡直径的增大，气泡受浮力的影响开始上浮，形成缩颈，气泡向远离锐孔的方向运动，仅有缩颈保

持其和锐孔的接触。由于气体的连续进入，气泡不断长大，缩颈也不断伸长，直至气泡完全脱离。

　　由图 4-3 可看出，在气泡的上升过程中，椭圆形气泡上升一小段距离之后开始变形成底部凹进的帽子形状，并逐步变形成蘑菇状，在此段距离内气泡的上升速度很小，接近于"0"，气泡上浮过程中的变形及合并必然伴随着破碎。椭圆形气泡上浮变成蘑菇状气泡的过程中，两球帽状气泡两侧破碎并分离出小气泡向四周扩散，并出现气泡群左右摆动的现象。通过对底吹熔炼炉水模型实验的数值模拟结果与实验结果进行定性比较分析可以看出，实验与数值模拟所得到的气泡运动过程的结果是一致的。

　　底吹熔炼是通过底部氧枪将富氧空气以喷射状态鼓入熔池内，形成气-液两相体系，该气-液两相体系大致可分为纯气流区、气体连续相区（该区存在液滴）和液体连续相区（该区存在大量气泡）[12]。气体喷入熔池后，首先在氧枪喷口处形成球体纯气相区，随着鼓入气体越多气相区体积也随之增大，当气相区的体积增加到一定程度，在熔池浮力的作用下气体开始上浮。在气泡上升的过程中，由于分裂液滴的作用及不稳定气-液剪切作用，液滴不断地被卷吸入气相区，形成气体连续相区，在该区域，气体与液体进行剧烈的动量交换，气体带动熔体向上流动，从而实现对炉内熔池的搅拌，该区域主要存在于熔池的中下部。当气体到达熔池的中上部后，将在液体介质中分散成

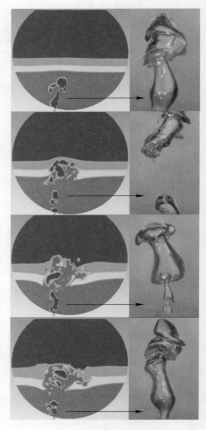

图 4-3　模拟结果与实验结果的比较

无数大大小小的气泡并与液体混合，在熔池上部及液面处形成强烈的喷涌状态，即液体连续相区[13]。

　　为了观测富氧底吹过程的气体流动行为，采用高速摄影仪拍摄了水模型实验中的气体底吹过程。气体从氧枪喷出后，在熔池内形成了 3 个特征不同的气-液两相体系：熔池底部喷口处有一个明显的气团，为纯气流区；中部气团中夹杂着液滴，为气体连续相区；上部液体和气泡的混合区域，为液体连续相区。这一结果验证了理论分析结果的正确性。

4.5　底吹炉运行过程整体模拟可视结果

4.5.1　炉内流体流动分析

　　炉内利用 ANSYS Fluent 软件，模拟从炉膛底部通入氧气开始（0s），运行至 10s 期间的炉内气体流动情况，通过炉内流场流动情况可以得出熔池内熔体的流动情况，得到气体在熔池内的流动过程模拟结果，如图 4-4 所示。

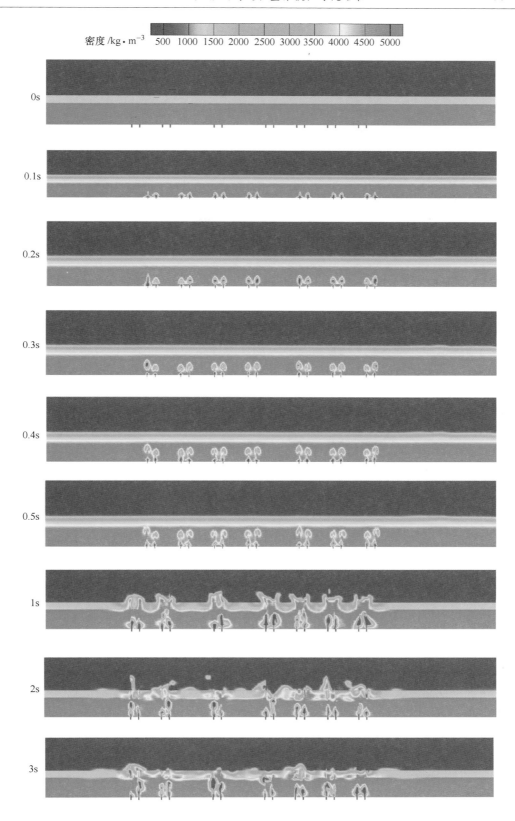

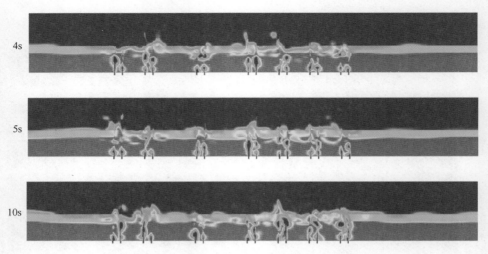

图 4-4　熔体在熔池内不同时刻分布云图

由图 4-4 可以看出，在气体鼓入 0~0.5s 内熔池液面无明显变化，熔体在气泡的带动下在熔池内流动。从 0.5s 时刻可以看出，气泡开始进入渣层，在 1.0s 内气体就能穿越熔池，到达熔池液面并进入炉腔内形成烟气，因此气体在熔池内的停留时间在 1s 左右，在该时段内，氧气需要与矿料接触反应，放出热量，维持底吹冶炼热量平衡。因此气体在熔池内的停留时间越长，氧气消耗越多，氧化反应进行的越彻底。

在 0.6s 后气泡会带动一定量的金属相进入液面渣层，搅动渣层流动，并在穿越渣层后离开熔池并进入炉腔烟气中。在 1~10s 时间内，越来越多的气泡陆续地穿过熔池，并不断地带动底层的熔体向上流动，气体与熔体在熔池液面处与熔渣充分混合。从图 4-4 可以明显看出，氧枪垂直上方熔池液面渣层得到了充分的搅动，甚至会出现一定程度的液面喷溅，高温熔体溅射到炉壁，造成金属损失同时损害炉体寿命。在氧枪喷吹区两侧熔池的液面波动较轻，利于混合的渣锍通过重力作用分离，降低渣中含金属量。因此底吹熔池熔炼的关键是需要控制合理的氧枪出口速度及氧枪排布方式，使熔池得到充分搅动的同时减轻熔池喷溅，并且渣中含金属量较低。

4.5.2　炉内熔体速度场分析

底吹熔池内熔体的流动及渣层搅拌主要依靠底吹气体喷吹实现，因此熔池内的气体流动及速度大小分布对于炉况是否顺行具有决定性作用，同时合理的氧枪排布及速度分布对于液面喷溅、渣锍分离效果都具有较大的影响。图 4-5 所示为底吹熔池内速度场分布。

由图 4-5 可以看出，气体从底部枪口喷射进入熔池内，因此枪口的速度较大，遇到熔池的压力和熔体的黏滞力后，气体速度不断减小，气体到达熔池液面时，搅动渣层流动，因此底吹熔池高速区分布在氧枪出口及液面渣层。同时可以看出，高速区集中存在于氧枪出口垂直上方位置，在氧枪排布的两侧熔体流动速度较小，即在非氧枪喷吹区域存在熔体沉降区，因此该区域的速度较小，熔体扰动较少，有利于相互混合的渣锍分离，密度较大的金属相沉降于炉底，而密度较小的熔渣浮于熔池液面，实现底部喷吹、液面混合、两侧沉降的特点。

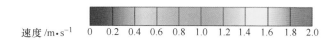

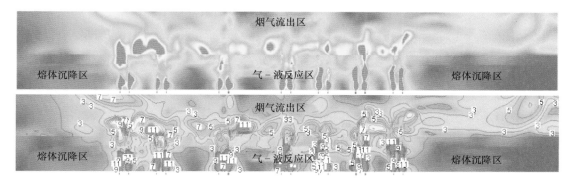

图 4-5 底吹熔池内速度场分布

较为理想的熔池速度分布是底部出口速度较大，充分带动熔体及渣层流动，同时要尽量控制液面处的速度大小，防止产生剧烈的熔体喷溅，同时要有足够的熔体沉降区，在喷吹的过程中同时实现渣铳分离，降低渣含铜量，缩短冶炼完成后的沉降时间过长，防止熔体结渣。而实现上述的关键就是氧枪在炉底的合理排布。

4.5.3 熔池中氧气体积分数分析

氧气在熔池内体积分数变化对于分析熔池氧气利用率、氧化反应产物及设备氧化烧损的情况都具有指导性作用。而氧气含量的多少对于分析矿料颗粒是否反应完全，放出的热量是否能够维持冶炼继续进行均有不小的作用。为得出氧气在熔池内体积分数的变化情况，得出 10s 内的氧气体积分数变化曲线图，结果如图 4-6 所示。

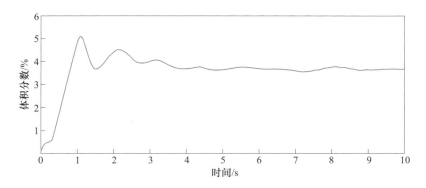

图 4-6 氧气在熔体中的体积分数曲线

从图 4-6 分析的结果可知，从气体开始喷吹到 1s 的时间内，氧气在熔池内的体积分数不断增加。但是氧气在熔池所占体积分数存在一定的限制，在 1s 以后氧气在熔池中的体积分数开始下降，在 2s 左右有一个较小的提升后开始不断跌宕下降，最后稳定在 4% 左右的数值，可以认为在该熔池内熔体内部将有 4% 的氧气存在熔体中参与矿料颗粒间的反应。

结合图 4-4 气体在熔池不同时刻反而分布图发现在熔池下部，由于气体主要还处于射流流动状态，气体形态较为凝聚，形成的气泡也处于变形阶段，上升速度大，各气泡间融合及破碎的概率性小，气泡基本以单独形式存在，所以在熔池中下部氧气含量较小。随着气体从枪口流动到在熔池上部，气泡受到的压力逐渐减小，但熔池阻力将气泡的流动速度不断降低，因此气泡上浮速度逐渐减小，气泡间相互融合和破碎的概率较大，其过程中产生的小气泡分散在周围熔体中，停留时间较长，因此极大地增加了熔池中上部氧气含量。从熔池物料分布分析，熔池中的锍由于密度大，处于熔池的中下部，而熔渣及矿料颗粒密度小，处于熔池的中上部，因此底吹熔池能够将氧气主要集中于熔池中的熔渣和矿料颗粒中参与反应，有利于高效反应，放出热量保证冶炼顺利进行。

4.5.4　熔池内扰力分析

通过上述分析可以得出，底吹熔池在运行一段时间后熔体及气体射流会出现左右摇摆，进而会引起熔池震荡的现象，而熔池震荡对于炉况顺行，炉体寿命都具有不利的影响，因此，进一步分析炉体不同方向扰动力大小对于调整氧枪喷口位置和气体喷吹大小保证熔池稳定具有一定的作用。熔池内扰力分析结果如图 4-7~图 4-9 所示。

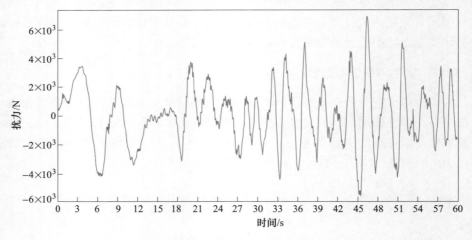

图 4-7　熔池轴向扰力分析

由图 4-7 可以发现，炉体轴向即 X 向扰动力的方向和大小变化都较剧烈，在 X 正方向达到最大值后立即向 X 负方向到达最大值，且时间间隔逐渐减小，因此可以解释气体射流在炉体轴向方向呈现左右摇摆的现象，而且这种摇摆的幅度和频率逐渐变大。从图 4-8（a）和（b）可以看出炉体径向即 Y 向扰力的方向和大小变化曲线。随着时间变化，在 Y 向上气体喷吹前期扰动力的方向和大小变化不稳定，在 10s 以后，扰力的大小逐渐增大，峰值大小沿对称轴 $N=0$ 对称，特别是到后期，扰动方向变化频率逐渐变小。因此，沿炉体径向的气体射流会呈现前后摆动，摆动的幅度会越来越大，但摆动的频率会逐渐变小。而从图 4-9 可以看出，炉体高度方向即 Z 向扰力的大小在气体刚开始喷吹时，因为要突破熔池压力，所以到达最高值，且变化较多，受到熔池的压力也最大，因此方向变化频率相对于其他两个方向较大，但是 Z 向扰力的值较小，且较为稳定，这对于熔池表面喷溅的控

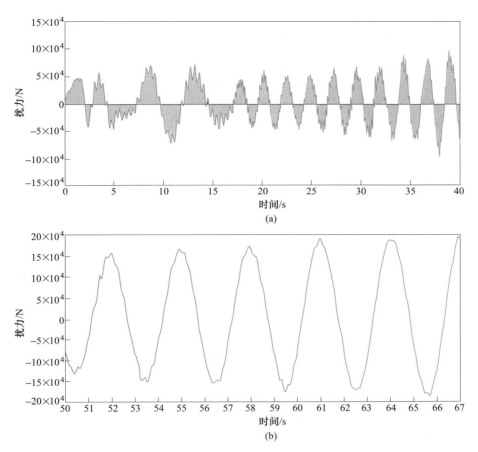

图 4-8　熔池径向扰力分析
（a）前期；（b）后期

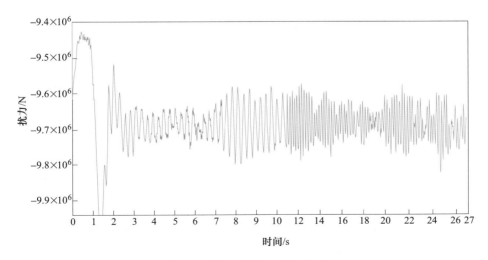

图 4-9　熔池高度方向扰力分析

制较为有利。但是 Z 方向的扰力值方向基本都是在朝向底部,因此会引起气泡后座现象,该现象是喷吹冶金中普遍存在的一种现象,在底吹熔池熔炼炉内,氧枪出口处的气泡后座现象是破坏氧枪及其周围炉衬的重要原因,而氧枪出口附近的压力波动是其一种表现形式。

当气泡后座现象发生时,富氧底吹熔炼炉的高温氧化反应将靠着或者贴近炉底进行,使得氧枪周围的炉衬受到三种破坏:高温热冲击、化学腐蚀及后座力场的机械冲刷。这三种破坏的强度和范围随着气泡后座强度和范围的增大而增大。对于富氧底吹熔炼炉而言,气泡后座对炉底的破坏主要是通过以上三种破坏方式造成。其中后座力场的密度较低,所以气泡后座对底吹炉底的破坏主要是通过将高温氧化区氧化性气体引向炉底的结果,后座力只是起着将其引向炉底的辅助作用。气泡在氧枪出口处形成和上浮时对炉底以及后墙的反冲以及在上一个气泡上浮,下一个气泡未形成前金属熔体向氧枪倒灌和渗透都会引起出口压力的急剧变化,这都会影响氧枪和炉墙的寿命。

通过上述分析可以得出,熔池震荡与气体射流在炉体轴向和径向的扰力有直接的关系,气体射流会在熔池内沿着轴向和径向摆动,且大小变化较为规律,沿轴向的摆动频率越来越快,沿径向的摆动频率会越来越慢。所以适当调整氧枪在轴向的排布密度和数量对于减轻熔池震荡有直观的作用。

4.6 后续模拟工作及优化

4.6.1 温度场计算

经查询 ASPEN 数据库数据计算可得知,富氧气体在 0 ~ 1100℃下,气体体积膨胀约 5 倍,如图 4-10 所示。在底吹炉气体喷吹的过程中,进入炉内气体因为温度的急剧变化,气体体积会迅速膨胀,会大大扩大气体的带动作用,因此也会加剧炉体的震荡作用,而这一关键因素在冷态计算中不能得到有效反馈,可能造成计算结果比实际值偏小,计算准确性会降低。

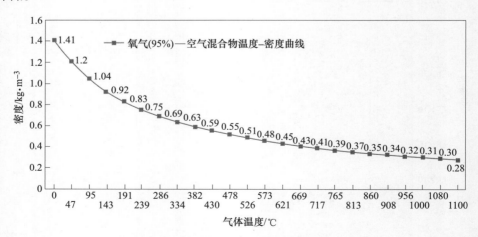

图 4-10 富氧气体温度-密度曲线

4.6.2　物质传输计算

在底吹炉熔池中含有多种不同形态物料的，设置烟道出口等进出口位置、液态熔体、固态颗粒等对炉内熔体流动、气体分布、传热过程都具有一定的影响。因此在后续的工作中需要考虑进出口位置及气-液-固三相流动的模拟对于底吹炉整个运行情况更为准确可靠。

4.6.3　辐射场计算

在底吹炉熔炼的过程中，始终处于高温的环境中，这就无法避免炉内熔体与气体及炉体内外存在一定的辐射传热。因此，在完成物质传输计算时还需要考虑炉内辐射场的计算，才能较为真实地反映底吹炉内实际流态、传热、物质传输过程。

4.6.4　化学反应

底吹熔炼的过程中涉及复杂的冶金化学反应过程，因为气体的带动熔体流动，多种物质相互混合，各种化学反应同时进行，因此需要结合简化的理论反应模型[14]，将复杂的化学反应建立起较为理想的反应模型，根据模型在熔池的相应位置加入化学反应的计算，得到实际生成的产物及热量，对于进一步了解底吹炉的运行工况，同时在新炉型的研发和设计上可以节省大量实验成本和计算时间。

4.6.5　多种氧枪排布方案对比

通过上述的描述可以发现，底吹冶炼氧枪排布方式对于熔池内速度场分布、气体流动、渣锍分离效果及炉体寿命都有很大的影响，因此利用数值模拟对比不同氧枪排布方案对于底吹炉设计及喷吹操作都具有较大的指导作用。

4.6.6　现场工程数据对比和模型修正

底吹炉三维仿真模型计算中采用的计算模型、模型参数、介质间作用力参数、颗粒分子参数等，均来自文献和部分高校实验数据，亟待现场实验和数据进行比对、调整，从而完成对三维计算模型的修正，才能将其应用于工程建设和新炉子的设计开发，是当前模拟仿真不可缺少的部分。

4.7　结论

（1）底吹炉模拟得出了熔体及气体的分布情况，可以看出熔体主要集中在搅拌区流动，气体射流会带动熔体向上流动，在熔池液面产生"喷涌"现象，容易将高温熔体溅射到炉体上壁面及烟道部位，因为要控制熔池液面高度、气体速度大小及炉体直径，对于保护炉体寿命有重要作用。

（2）气液两相流动模拟结果表明，在气体熔池内的流动时间约为1s，通过调整氧枪喷吹角度和位置可以适当延长气体在熔池内的停留时间，氧化反应将更彻底，冶炼将更顺利。

（3）熔池内的高速区主要分布于氧枪出口及气液反应区渣层，合理的速度分布对于炉况顺行及液面喷溅具有重要的作用。

（4）因为熔池对气体的压力作用，在炉体高度方向上的扰力基本是朝向炉底方向，会造成气体回击现象，因此需要防止喷吹速度过大，喷吹速度大虽然有利于熔池搅拌，但对于炉衬保护具有不利的影响。

参 考 文 献

[1] 蔡志鹏，梁云，钱占民，等. 底吹氧气连续炼铅模型实验研究（一）底吹枪距与隔墙的合理布置 [J]. 过程工程学报，1985（4）：113~122.

[2] 陈知若. 底吹炼铜技术的应用 [J]. 中国有色冶金，2009（5）：16~22.

[3] 朱祖泽，贺家齐. 现代铜冶金学 [M]. 北京：科学出版社，2003.

[4] 曲胜利，董准勤，陈涛. 富氧底吹造锍捕金工艺研究 [J]. 有色金属（冶炼部分），2013（6）：40~42.

[5] 李春堂. 氧气底吹三连炉是世界顶级炼铜法 [N]. 中国有色金属报，2009-07-11.

[6] 崔志祥，申殿邦，王智，等. 低碳经济与氧气底吹熔池炼铜新工艺 [J]. 工艺节能，2011（1）：17~20.

[7] PAR G J，LAGE T I J. The use of fundamantal process models in studying ladle refining operations [J]. ISIJ Int，2001，41（11）：1289~1302.

[8] 詹树华，赖朝斌，萧泽强. 侧吹金属熔池内搅动现象 [J]. 中南工业大学学报（自然科学版），2003，34（2）：148~151.

[9] 张振扬，陈卓，闫红杰，等. 富氧底吹熔炼炉内气液两相流动的数值模拟 [J]. 中国有色金属学报，2012，22（6）：1826~1834.

[10] 张振扬，闫红杰，刘方侃，等. 富氧底吹熔炼炉内氧枪结构参数的优化分析 [J]. 中国有色金属学报，2013，23（5）：1471~1477.

[11] 刘柳，闫红杰，周子民，等. 氧气底吹铜熔池熔炼过程的机理及产物的微观分析 [J]. 中国有色金属学报，2012，22（7）：2116~2124.

[12] 萧泽强. 冶金中单元过程和现象的研究 [M]. 北京：冶金工业出版社，2006：72~77.

[13] 朱祖泽，贺家齐. 现代铜冶金学 [M]. 北京：科学出版社，2003：320~322.

[14] 郭学益，王亲猛，廖立乐，等. 铜富氧底吹熔池熔炼过程机理及多相界面行为 [J]. 有色金属科学与工程，2014（5）：28~34.

5 底吹熔炼冶金计算

5.1 概述

物料平衡和热平衡对于底吹熔炼的工艺设计和生产实践具有重要的理论指导和现实意义，其作用主要在于：

（1）对于给定规模和成分的原料、辅料和燃料，根据底吹熔炼工艺的设计标准，通过物料平衡和热平衡计算确定相关的工艺参数，作为底吹熔炼工艺设计和生产操作的理论基础。

（2）在一定的工艺条件及边界约束范围内，通过物料平衡和热平衡对底吹熔炼过程中多种不同的工艺条件进行模拟和计算，确定最优的工艺条件，指导设计和生产。

5.2 物料平衡和热平衡计算原理

5.2.1 底吹熔炼物料平衡计算原理

底吹熔炼物料平衡计算是底吹熔炼冶金过程计算的基础，其目的是保证元素在多个不同维度的平衡，这些维度分别受以下元素平衡条件的约束：

（1）对于单个元素，其投入总量与产出总量相等；

（2）对于单个投入物或产出物，其元素质量分数之和为100%；

（3）对于所有的投入物和产出物，投入物总量与产出物总量相等；

（4）对于某种投入物或产出物来说，其化合物组成形式一旦确定，相关元素之间即建立了元素约束；

（5）其他约束，如渣中 Fe/SiO_2 比，产出物中元素或组分成分等约束。

$$\sum_m \sum_{c=Var} E_{c,e} \cdot X_{m,c}^{in} + \sum_{m=Var} \sum_{c=Con} E_{c,e} \cdot C_{m,c}^{in} \cdot X_m^{in} + \sum_{m=Con} \sum_{c=Con} E_{c,e} \cdot C_{m,c}^{in} \cdot M_m^{in} -$$

$$\sum_m \sum_{c=Var} E_{c,e} \cdot X_{m,c}^{out} - \sum_{m=Var} \sum_{c=Con} E_{c,e} \cdot C_{m,c} \cdot X_m^{out} - \sum_{m=Con} \sum_{c=Con} E_{c,e} \cdot C_{m,c} \cdot M_m^{out} = 0$$

5.2.2 底吹熔炼热平衡计算原理

底吹熔炼热平衡计算根据工艺设计标准，从冶金热力学角度计算底吹熔炼热平衡工艺条件。在满足工艺设计标准的前提下进行热平衡计算，是保证底吹熔炼过程热力学可行的重要手段和必要步骤。

底吹熔炼热平衡计算的总则是保证热收入与热支出的相等。

底吹熔炼热平衡收入项包括：

（1）投入物料显热。投入物料包括加入底吹熔炼炉内的铜精矿、渣精矿、熔剂、燃料、返渣、返尘、冷料等，其显热计算主要根据物料中化合物的数量以及温度，即加和计算物料中所有化合物的显热。给定温度 $T(\mathrm{K})$ 下每摩尔化合物的显热根据化合物的热容系数从 298K 至 $T(\mathrm{K})$ 进行积分求出，若化合物在温度区间范围内有相变热产生，须对温度区间进行分段积分并加上物质的相变热。

（2）化学反应热。计算化学反应热时，分别计算投入物和产物中的所有化合物生成焓 H_{298} 并求和，并用产物中的求和数值减去投入物中的求和数值，即是化学反应热的数值。较早的热平衡计算习惯中，把燃料燃烧热也作为热收入的一种，实际上燃烧热也是化学反应热的一种。

底吹熔炼热平衡支出项包括铜锍显热、炉渣显热、烟气和烟尘显热以及热损失四项，较早的热平衡计算习惯中会把分解热、蒸发热等作为热支出项，这些化学反应热中的一种，可以合并移入到热收入中的化学反应热一项（添加负号）。

总的底吹熔炼热平衡计算原理可以简明表示为：

$$\sum_i \Delta H_{298,\,Ai} + \sum_i \int_{298}^{T_i} Cp_{Ai}\mathrm{d}T = \sum_j \Delta H_{298,\,Ej} + \sum_j \int_{298}^{T} Cp_{Bj}\mathrm{d}T + Q_{\mathrm{Loss}}$$

通过热平衡计算出的工艺条件包括：

（1）燃料或冷料加入的数量。

（2）适合的工艺控制参数，如铜锍品位、富氧浓度。

（3）合理的温度梯度趋势，烟气、炉渣和铜锍三相间温度分布和趋势。

（4）合理的物流去向，包括烟尘的处理方式、冷料的处理方式等。

5.3　底吹熔炼物料平衡与热平衡计算方法

底吹熔炼物料平衡计算与热平衡计算相互融合，相互影响，两者不可单独割裂进行，其计算方式和方法历经手工计算时代和电子表格计算时代，目前国内底吹熔炼物料平衡与热平衡计算早已步入专业软件计算时代，计算方式不断更新，计算体系更加科学，计量结果更加准确。

在手工计算时代，采用纸张记录演算过程，并大量使用经验公式，数值计算采用计算器完成。受限于当时的软硬件条件，采用该种方式耗时长、易出错，计算效率低，计算结果较粗。

在电子表格计算时代，工业计算机的兴起以及以 Microsoft Excel 为主导的商业电子软件逐渐运用到各行各业，通过电子表格程序对计算过程重新进行编程，国内底吹熔炼物料平衡和热平衡计算效率大幅提高，但是由于缺乏普遍性的冶金热力学数据库的支持以及全流程计算方法的技术应用，在此阶段总体物料平衡和热平衡计算思路仍然没有跳出传统计算方法的条框局限，计算过程中大量经验公式的运用在所难免。基于样本和特定条件获得的经验公式难以反映更加普遍性的规律，并且对于物料平衡来说，很难同时保证满足上述五个维度（见 5.2.1 节）的完全平衡，因此在没有专业软件引进并应用的客观条件下，物料平衡和热平衡计算仍然具有一定的局限性。

近年来，随着国外专业软件的引进和国内专业软件的不断开发，采用专门的冶金流程计算软件进行建模，完成物料平衡和热平衡已成为当前国内外底吹熔炼工艺设计和指导生产实践的普遍现象。这类软件的共同特点是具备完备的化合物冶金热力学数据库，并能够实现全流程计算，冶金工程师只需要专注于工艺过程本身，专业软件能够准确完成物料平衡和热平衡计量。

在这些冶金流程计算和模拟软件中，最具有代表性的是澳大利亚的 METSIM 软件以及国内自主开发的 MetCal 软件。除此之外，芬兰 Outotec HSC Chemistry 以及澳大利亚 SysCAD 等软件也具备对冶金过程进行流程计算和模拟的功能。

5.4 底吹熔炼物料平衡及热平衡计算的步骤

采用专业软件对底吹熔炼物料平衡和热平衡进行计算是目前普遍采用的方法，即通过专业软件建立底吹熔炼冶金流程计算模型。其基本步骤是按照单元建立模型，根据单元的化学反应过程添加必要的化学反应和工艺过程控制参数，并通过物质流线连接各单元，完成全流程计算。

由于各个软件之间的建模操作有差异，本书以 METSIM 软件为例说明底吹熔炼物料平衡和热平衡计算的步骤。METSIM 是国际冶金、化工和矿物处理领域广泛应用的工艺模拟和流程计算软件，专门用于协助工程师完成质量及能量平衡计算，辅助相关工艺设计，包括质量及能量平衡、稳态模拟、动态模拟等多个内置计算模块。

METSIM 底吹炼铜建模过程遵循以下步骤：

（1）建模之前收集整理好所有和建模有关的信息。

（2）构建包括所有单元和物质流的工艺流程草图。

（3）列出建模过程中需要使用到的各个相以及各相中分别包含的化合物。

（4）启动 METSIM 软件，初始化模型，输入项目的基本信息，设定好时间和质量单位。

（5）按照步骤（3）准备的化合物列表，从 METSIM 数据库中添加相应的化合物到模型文件中。

（6）选择合适的 METSIM 单元，并给每个单元按需要添加化学反应方程式，在此基础上根据步骤（2）准备的工艺草图按分区（Section）完成 METSIM 模型流程图构建。

（7）给各个单元添加数据信息，这些信息包括相的分配比例、设备尺寸、热平衡数据等。

（8）给模型中所有的输入物质流填入准确的数量和成分，同时给循环物质流输入初步预估值。

（9）单元试算，通过查看计算结果来验证输入和模拟机制，并调试模型。

（10）添加控制器控制主要工艺指标，执行主运算程序并调试模型。

（11）模型调试正确后，输出所需的计算结果报告或数据信息。

建立完整的 METSIM 氧气底吹炼铜模型，总体上来说需要对上述建模内容进行分区（Section），再按照基于单元（Unit）的逻辑分别实现各个工序的模拟。由于流程较长，循环物质流较多，单元的化学和过程控制点量大，因此合理构建模型非常重要，好的模型不仅能准确反映工艺过程，而且能加速运算时间，提高计算效率。

5.5 底吹熔炼化合物热力学数据

热力学数据是热平衡计算的基础，各个冶金流程计算商业软件热力学数据的引用源可能不同，因此同一种化合物在不同的软件中其热力学数据也可能不同。

表 5-1 为某软件底吹熔炼模型中的化合物热力学数据，主要用于计算物质的显热。

表 5-1　某软件底吹熔炼模型中的化合物热力学数据表

序号	化合物简称	温度范围/K	化合物显热计算系数			
			HTG-A	HTG-B	HTG-C	HTG-D
1	sOthers	298~2327	−386441	−25.8901	−10.0349	−27.6544
2	sCuFeS$_2$	298~1155	−42814	−16.8177	−25.5056	−0.6021
3	sCu$_2$S	298~1400	−6850	−41.0984	−8.3321	−19.5719
4	sCu$_3$As	298~1098	−20053	−35.0701	−14.1729	−10.7823
5	sFeS$_2$	298~1000	−37543	−13.1706	−10.8001	−6.9883
6	sFe$_3$O$_4$	298~1800	−243067	−58.6967	−18.943	−46.8195
7	sPbS	298~1387	−19310	−25.3606	−6.0903	−7.7465
8	sZnS	298~1300	−45078	−16.829	−6.1745	−6.9629
9	sSb$_2$S$_3$	298~823	−28938	−42.0751	−20.9808	−10.5197
10	sBi$_2$S$_3$	298~1036	−35732	−50.6988	−18.9155	−14.2222
11	sSiO$_2$	298~2000	−210342	−16.8483	−6.1496	−14.5464
12	sCaO	298~2000	−146099	−14.8629	−4.7096	−10.7418
13	sMgO	298~2000	−138544	−11.5487	−4.4916	−9.9661
14	sAl$_2$O$_3$	298~2327	−386441	−25.8901	−10.0349	−27.6544
15	gCl	298~3000	33174	−44.2898	−1.3324	−8.0341
16	sHg	298~2000	17277	−44.7247	−1.7495	−4.7563
17	sCd	298~594	619	−10.9552	−5.4243	−1.6754
18	sAu	298~1338	2029	−12.9859	−3.1817	−3.7494
19	sAg	298~1235	1738	−11.2831	−3.4879	−3.2773
20	sCu$_5$FeS$_4$	298~1200	−65685	−105.427	−38.6832	−48.4107
21	sFeS	298~1465	−15384	−24.3293	−5.7317	−14.8853
22	sCu$_2$O	298~1517	−35159	−26.4978	−8.6262	−10.6708
23	sCuO	298~1400	−33457	−13.0102	−6.0452	−7.0849
24	sCu	298~1358	1948	−9.4355	−3.1931	−3.6331
25	sPbO	298~1159	−49836	−16.1929	−7.8424	−5.1452
26	sZnO	298~2000	−78590	−15.548	−4.6868	−9.751
27	sFe$_2$O$_3$	298~1800	−182323	−34.6418	−13.7715	−28.2755
28	sFeO	298~1600	−60048	−19.0598	−5.9536	−9.2221
29	sAs$_2$S$_3$	298~585	−19015	−33.0378	−23.854	−7.5509
30	sAs$_2$O$_3$	298~551	−156252	−15.5735	−25.3004	−4.5601
31	sAs$_2$O$_5$	298~600	−220316	−12.0421	−31.8829	−5.4336
32	sCr$_2$O$_3$	298~2000	−258812	−33.8056	−11.1096	−25.6352

序号	化合物简称	温度范围/K	化合物显热计算系数			
			HTG-A	HTG-B	HTG-C	HTG-D
33	$sCdS$	298~1100	-32607	-18.9357	-6.9154	-5.9058
34	$sCdO$	298~1500	-57528	-16.7016	-5.7063	-7.7701
35	$sHgS$	298~900	-12557	-14.7661	-12.3605	-2.4681
36	sC	298~3000	2405	-3.3866	-1.5836	-5.1587
37	sNa_2CO_3	298~1123	-263315	-31.8205	-22.4925	-14.0741
38	sS	298~388	-17426	27.5308	-9.8249	1.7212
39	sFe	298~1811	2679	-8.2139	-4.0925	-5.4957
40	sSn	298~505	2423	-15.2803	-1.9194	-4.0114
41	$sSnO_2$	298~1800	-132778	-17.2492	-8.1077	-11.8055
42	$sCaCO_3$	298~1200	-283124	-23.3813	-15.1456	-11.0884
43	$sMgCO_3$	298~1000	-262924	-12.6352	-17.0228	-7.374
44	$sAl_6Si_2O_{13}$	298~2023	-1582313	-109.414	-45.3343	-92.1943
45	$sCaFe_2O_4$	298~1500	-349217	-46.9683	-19.484	-26.4745
46	sCa_2SiO_4	298~2403	-531875	-48.6792	-15.9269	-37.7386
47	$sCaSiO_3$	298~1817	-380673	-28.0815	-12.235	-19.0049
48	$sFeSiO_3$	298~1493	-338531	-41.3901	-20.3881	-22.976
49	sFe_2SiO_4	298~1490	-341648	-44.5723	-20.2816	-23.2007
50	$sCuFe_2O_4$	298~1338	-217274	-44.1722	-24.3801	-27.6155
51	$sMgSiO_3$	298~1850	-359501	-25.7162	-11.1681	-20.9164
52	$sPbSiO_3$	298~1037	-269464	-26.1953	-16.9872	-9.8343
53	$sZnSiO_3$	298~1702	-287379	-26.3256	-12.3315	-13.995
54	sCo_3S_4	298~900	-79155	-38.3585	-31.5404	-14.7491
55	$sNiO$	298~2000	-50990	-15.8559	-4.8757	-11.6236
56	$sCoO$	298~1800	-51069	-18.7108	-5.2438	-10.6243
57	sSb_2O_3	298~928	-164029	-30.2384	-16.97	-10.782
58	sBi_2O_3	298~1098	-135425	-29.4791	-22.9055	-5.0221
59	$sCuSO_4$	298~1100	-178999	-25.1941	-19.9552	-11.4131
60	$sFe_2(SO_4)_3$	298~900	-609349	-50.6281	-64.3656	-21.1117
61	$sCu_2As_2O_5$	1517~1800	14	-51.29	-4.94	-101.783
62	$sCu_2Fe_2O_4$	1470~1600	-199735	-80.5226	-19.7282	0
63	$sPbSO_4$	298~1363	-219508	-26.1449	-23.7625	-3.1275
64	sPb_2SO_4	298~1000	-274608	-44.8803	-29.0677	-12.4019
65	sPb_3O_4	298~1000	-163150	-51.4795	-27.7171	-17.6567
66	$sZn_3S_2O_9$	298~1200	-587205	30.1223	-89.8185	88.5421

序号	化合物简称	温度范围/K	化合物显热计算系数			
			HTG-A	HTG-B	HTG-C	HTG-D
67	$sZnSO_4$	298~1200	−235668	−13.4765	−26.1443	−0.2712
68	sPb	298~601	544	−13.908	−5.5553	−1.556
69	sZn	298~693	834	−9.1557	−4.7988	−1.9233
70	sAs	298~876	1214	−8.6835	−3.9801	−2.4318
71	sNi	298~1728	3122	−10.1656	−3.1379	−5.8385
72	sSb	298~904	1165	−10.8837	−4.1584	−2.3695
73	sBi	298~545	1087	−13.3477	−4.3744	−2.2715
74	aH_2O	298~373	−70630	−1.0739	−26.4253	0
75	fSO_2	100~6000	−68441	−63.7491	−3.2343	−2.6802
76	$eOthers$	298~2327	−386441	−25.8901	−10.0349	−27.6544
77	eCu	1358~2839	15177	−19.2287	−1.2741	−50.6392
78	eFe	1811~3000	23276	−21.2611	−1.544	−100.583
79	eSn	505~2000	6788	−21.0108	−2.0153	−11.4001
80	ePb	601~2000	6970	−23.3039	−1.9235	−14.1793
81	eZn	693~1180	5508	−15.7522	−2.9089	−8.9267
82	eNi	1728~2000	−45940	15.0929	−7.8181	329.5551
83	eSb	904~1860	12109	−22.6801	−1.802	−22.3439
84	eBi	545~1837	7996	−24.0536	−1.8797	−12.2306
85	eAu	1338~2000	12382	−21.0527	−1.5988	−35.6781
86	eAg	1235~2000	11429	−19.4855	−1.7165	−31.1871
87	$mOthers$	298~2327	−386441	−25.8901	−10.0349	−27.6544
88	mCu_2S	1400~1600	−4595	−45.82	−6.8	0
89	mCu_2O	1517~1800	14	−51.2934	−4.9411	−101.783
90	$mFeS$	1465~1600	−8414	−30.8867	−4.9672	0
91	$mPbS$	1387~1600	1122	−40.7449	−2.8971	−80.0641
92	$mZnS$	298~1300	−45078	−16.829	−6.1745	−6.9629
93	mFe_3O_4	1870~2000	−203569	−91.42	−13.2308	0
94	mAs_2S_3	298~585	−19015	−33.0378	−23.854	−7.5509
95	mFe_2O_3	298~1800	−182323	−34.6418	−13.7715	−28.2755
96	mCu_3As	298~1098	−20053	−35.0701	−14.1729	−10.7823
97	mCo_3S_4	298~900	−79155	−38.3585	−31.5404	−14.7491
98	mSb_2S_3	298~823	−28938	−42.0751	−20.9808	−10.5197
99	mBi_2S_3	298~1036	−35732	−50.6988	−18.9155	−14.2222
100	mO_2	100~6000	1895	−52.3284	−2.209	−2.1324

序号	化合物简称	温度范围/K	化合物显热计算系数			
			HTG-A	HTG-B	HTG-C	HTG-D
101	mS	298~388	−17426	27.53	−9.825	1.72
102	mSO₂	100~6000	−68441	−63	−3.2	−2.68
103	oOthers	298~2327	−386441	−25.8901	−10.0349	−27.6544
104	oAu	1338~2000	12382	−21.0527	−1.5988	−35.6781
105	oAg	1235~2000	11429	−19.4855	−1.7165	−31.1871
106	oCaO	298~2000	−146099	−14.8629	−4.7096	−10.7418
107	oMgO	298~2000	−138544	−11.5487	−4.4916	−9.9661
108	oSiO₂	1996~3000	−177514	−35.2811	−2.77	−203.711
109	oCu	1358~2839	15177	−19.2287	−1.2741	−50.6392
110	oCu₂O	1517~1800	14	−51.2934	−4.9411	−101.783
111	oCa₂SiO₄	298~2403	−531875	−48.6792	−15.9269	−37.7386
112	oCaFe₂O₄	1489~1800	−253913	−107.427	−10.4368	−277.368
113	oCuFe₂O₄	1358~1500	−212463	−56.4955	−18.9202	0
114	oCu₂S	1400~1600	−4595	−45.82	−6.8	0
115	oNa₂O	298~1300	−95586	−19.3198	−11.2023	−8.1549
116	oFeO	1700~3000	−28942	−36.8962	−2.3586	−138.615
117	oFe₂O₃	298~1800	−182416	−34.525	−13.8053	−28.61
118	oFe₃O₄	1870~2000	−203569	−91.42	−13.2308	0
119	oPbO	1159~1500	−30362	−35.1995	−3.0659	−49.6205
120	oNiO	298~2000	−50990	−15.8559	−4.8757	−11.6236
121	oZnO	298~2000	−78590	−15.548	−4.6868	−9.751
122	oSnO₂	298~1500	−133586	−16.0166	−8.7772	−10.2054
123	oFeSiO₃	1493~1700	−234538	−112.118	−7.2314	−435.28
124	oFe₂SiO₄	1490~2000	−266721	−96.9124	−11.0533	−281.764
125	oPbSiO₃	1037~1800	−236603	−59.6479	−7.4186	−97.4576
126	oZnSiO₃	298~1702	−287379	−26.3256	−12.3315	−13.995
127	oCaSiO₃	1817~2200	−326569	−62.5618	−6.1172	−229.029
128	oMgSiO₃	1850~2000	−306343	−75.6597	0	0
129	oAl₂O₃	2327~2500	−364648	−36.7635	−9.556	0
130	oAlSiO	298~2000	−1571631	−109.158	−46.7706	−92.253
131	oCu₂Fe₂O₄	1470~1600	−199735	−80.5226	−19.7282	0
132	oCu₂As₂O₅	1517~1800	14	−51.29	−4.94	−101.783
133	oAs₂O₅	298~600	−220316	−12.0421	−31.8829	−5.4336
134	oAs₂O₃	298~551	−156252	−15.5735	−25.3004	−4.5601

序号	化合物简称	温度范围/K	化合物显热计算系数			
			HTG-A	HTG-B	HTG-C	HTG-D
135	oCoO	298~1800	−51069	−18.7108	−5.2438	−10.6243
136	oSb$_2$O$_3$	298~928	−164029	−30.2384	−16.97	−10.782
137	oBi$_2$O$_3$	298~1098	−135425	−29.4791	−22.9055	−5.0221
138	oFeS	1465~1600	−8414	−30.8867	−4.9672	0
139	gN$_2$	100~6000	2472	−50.6528	−1.8693	−2.5573
140	gO$_2$	100~6000	1895	−52.3284	−2.209	−2.1324
141	gO$_2$（e）	100~6000	1895	−52.3284	−2.209	−2.1324
142	giO$_2$	100~6000	1895	−52.3284	−2.209	−2.1324
143	gO$_2$（sh）	100~6000	1895	−52.3284	−2.209	−2.1324
144	gPbS	298~2000	35965	−64.9692	−3.1958	−8.2016
145	gZnS	298~2000	53153	−61.8303	−3.1945	−8.3895
146	gAs$_2$O$_3$	551~1500	0	0	0	0
147	gH$_2$	100~6000	1782	−34.3385	−2.0256	−2.0167
148	gS$_2$	298~3000	36779	−61.1987	−2.4876	−11.8193
149	gCO	100~6000	−24452	−50.7641	−2.0284	−2.1884
150	gCO$_2$	100~6000	−91711	−55.2776	−3.1604	−2.4336
151	gSO$_2$	100~6000	−68441	−63.7491	−3.2343	−2.6802
152	gSO$_3$	298~3000	−83474	−72.7135	−5.1012	−22.3776
153	gH$_2$O	298~2000	−54212	−48.4557	−3.8711	−6.7579
154	gCH$_4$	298~2000	−14673	−45.4106	−7.1789	−6.9854
155	gC$_2$H$_6$	298~1000	−19821	−48.2326	−15.8609	−2.9266
156	gC$_3$H$_8$	298~700	−25623	−51.9368	−24.8783	−2.196
157	gC$_4$H$_{10}$	298~1500	−24334	−69.838	−25.6515	−13.3922
158	gH$_2$S	298~2000	−1229	−52.4032	−4.2869	−7.0969
159	gHg	298~2000	17277	−44.7247	−1.7495	−4.7563
160	gHgS	298~2000	36594	−65.8245	−3.221	−8.426
161	gAs$_4$O$_6$	298~1000	−275695	−99.86	−30.46	−20.60

5.6　底吹熔炼物料平衡和热平衡计算案例

以下用一个案例演算底吹熔炼物料平衡和热平衡，采用的软件为 METSIM，软件版本 19.04。

本案例处理混合铜精矿 70 万吨/年，主流程为：底吹熔炼—底吹连续吹炼—阳极炉精炼，熔炼渣送选矿，渣精矿返回配料进底吹熔炼。本节仅展示底吹熔炼相关建模及计算。铜精矿成分见表 5-2。

表 5-2 铜精矿成分

(%)

组分	Cu	Fe	S	As	Zn	Cl	Pb	Sb	Ag	SiO$_2$	MgO	Al$_2$O$_3$	CaO	O	其他	小计
CuFeS$_2$	23.54	20.69	23.75													67.98
Cu$_2$S	3.87		0.98													4.85
Cu$_3$As	0.25			0.10												0.35
FeS$_2$		5.16	5.93													11.09
Fe$_3$O$_4$		0.36												0.14		0.50
PbS			0.05				0.30									0.35
ZnS			0.59		1.20											1.79
Sb$_2$S$_3$			0.01					0.03								0.04
SiO$_2$										7.00						7.00
CaO													0.50			0.50
MgO											0.23					0.23
Al$_2$O$_3$												0.75				0.75
Cl						0.08										0.08
Ag									0.01							0.01
其他															4.49	4.49
总计	27.66	26.21	31.30	0.10	1.20	0.08	0.30	0.03	0.01	7.00	0.23	0.75	0.50	0.14	4.49	100.00

5.6.1　底吹熔炼计算模型流程框图

底吹熔炼工艺流程图在前述章节中已经说明，根据工艺流程图建立 METSIM 底吹熔炼的计算模型流程如图 5-1 和图 5-2 所示。

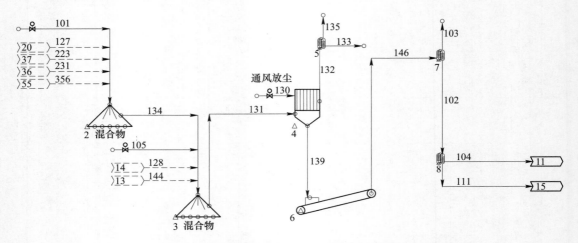

图 5-1　物料存储及配料区 METSIM 单元计算流程图

图 5-1 所示为物料存储及配料区，底吹炉处理的铜精矿和石英熔剂以及其他返料经配料完成后送往底吹熔炼炉。期间考虑了物料转运过程中，布袋收尘器有组织排放烟尘以及损失。

图 5-2 所示为底吹熔炼及烟气处理系统（余热锅炉、电收尘）、熔炼渣选矿和铜锍粒化。入炉混合炉料（编号 s101）分成两支 s104 及 s111，其中 s111 为未反应的炉料以机械尘的形式随烟气带入锅炉，s104 为参与底吹熔炼化学反应过程的全部炉料。

5.6.2　底吹熔炼化学反应模型计算定义

在底吹熔炼炉内发生的主要化学反应有：

$$4CuFeS_2 \longrightarrow 2Cu_2S(l) + 4FeS(l) + S_2(g)$$

$$2FeS_2 \longrightarrow 2FeS(l) + S_2(g)$$

$$4Cu_5FeS_4 \longrightarrow 10Cu_2S(l) + 4FeS(l) + S_2(g)$$

$$S_2(g) + 2O_2(g) \longrightarrow 2SO_2(g)$$

$$2FeS(l) + 3O_2(g) \longrightarrow 2FeO(l) + 2SO_2(g)$$

$$2Cu_2S(l) + 3O_2(g) \longrightarrow 2Cu_2O(l) + 2SO_2(g)$$

$$Cu_2O(l) + FeS(l) \longrightarrow Cu_2S(l) + FeO(l)$$

$$6FeO(l) + O_2(g) \longrightarrow 2Fe_3O_4(l)$$

$$2FeO(l) + SiO_2(s) \longrightarrow 2FeO \cdot SiO_2(l)$$

$$3Fe_3O_4(l) + FeS(l) + 5SiO_2(s) \longrightarrow 5(2FeO \cdot SiO_2)(l) + SO_2(g)$$

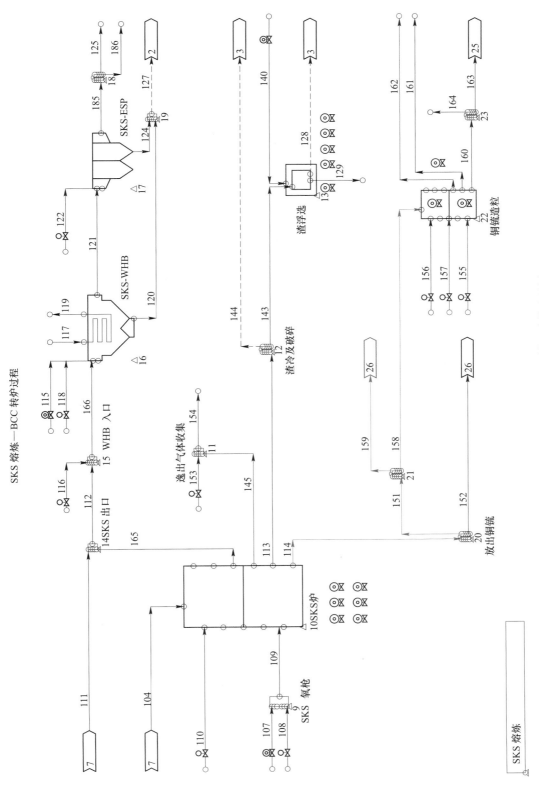

图 5-2 底吹熔炼工段 METSIM 模型计算流程图

除此之外，还有返尘的反应和燃料的燃烧，以及 Pb、Zn、As、Sb、Bi 等杂质元素的行为也需要通过化学反应进行定义，如图 5-3 所示。

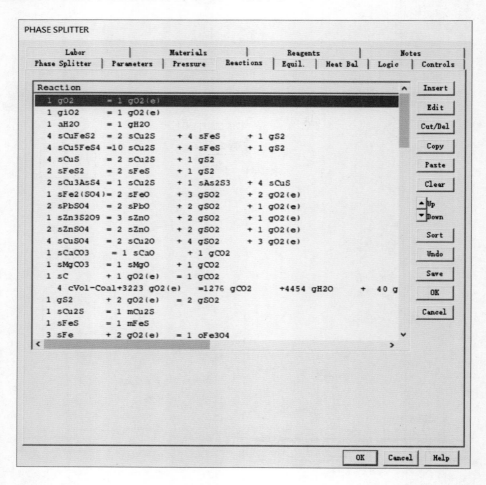

图 5-3　底吹熔炼化学反应定义

需注意的是，底吹熔炼精矿分解出的单体硫不能在炉内完全反应，有部分分解出的单体硫随烟气出炉后通过在锅炉前段设置的风机鼓风进行燃烧。

反应定义完成后，还需定义产物各相的分配（见图 5-4），包括部分铜锍夹杂进渣中使得底吹熔炼炉渣中铜的形式以 Cu_2S 为主。

5.6.3　底吹熔炼工艺参数的确定及输入

底吹熔炼工艺计算参数根据工艺设计标准确定，包括杂质元素在熔炼过程中的行为也需要同步考虑。本案例中的主要参数取值见表 5-3 和表 5-4。

对于模型的计算来说，在 METSIM 中采用 DDE 技术（dynamic data exchange，动态数据交换）与 Excel 中设定的工艺参数值进行数据的输入对于后期模型参数的调整优化非常便利。DDE 设定如图 5-5 所示。

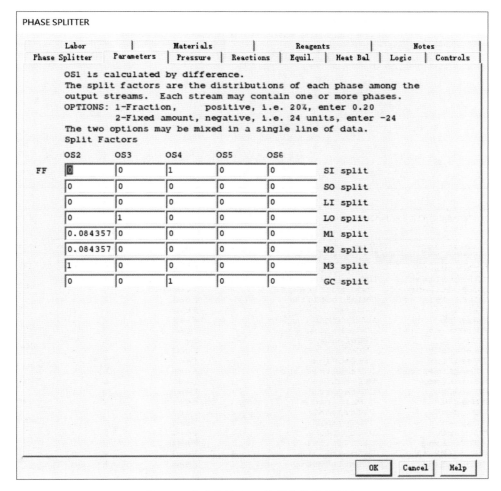

图 5-4 底吹熔炼 SPP 单元产物分相设定

表 5-3 底吹熔炼计算参数的确定

参 数 名 称	范 围	参数值
铜锍品位/%	65~75	72
渣 Fe/SiO₂	1.4~2.0	1.80
富氧浓度/%	68~75	70
铜锍排放温度/℃	1160~1200	1195
炉渣排放温度/℃	1170~1200	1200
单体硫炉内反应比例/%	70~90	80
炉体热损失/GJ·h⁻¹	—	10.57
加料口漏风/m³·h⁻¹	2000~4000	3000
炉渣含铜/%	2.5~4.0	3.50
炉渣中溶解 Cu/%	0.05~0.15	0.10
渣中 Fe₃O₄ 含量/%	15~25	23.00
烟尘率/%	1.5~3.0	2.2

表 5-4　底吹熔炼杂质元素分配设定表（相对铜精矿）　　　　（%）

元素	铜锍	炉渣	烟气
Pb	40	20	40
Zn	12	80	8
As	8	12	80
Sb	25	55	20
Bi	20	10	70

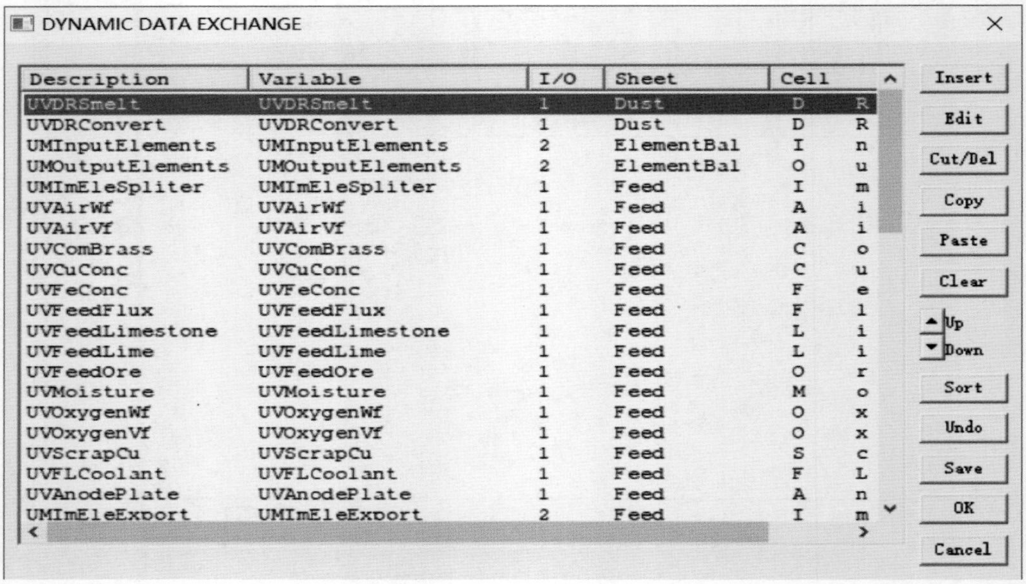

图 5-5　底吹熔炼计算模型 DDE 动态数据交换设定

底吹熔炼工艺参数设定完成后，可通过 FBC、PSC、FRC 等类型的控制器（Controller）对工艺参数进行控制，如图 5-6 所示。

5.6.4　底吹熔炼计算结果参数的输出

底吹熔炼计算模型完成可以采用 METSIM 软件自带输出进行查看，为了自定义输出及满足一定习惯要求，可以运用软件支持的 APL 语言灵活地自定义输出结果，包括物料平衡表、热平衡表、主要操作参数输出表、烟气量及成分表等。

物料平衡表的输出可采用自定义快速表格的形式，按照平衡表中希望的元素顺序及单位、数量等灵活定义，如图 5-7 所示。在 Excel 中建立物料平衡表时，可采用 Excel 内置查找函数在全部输出物质流对应页中根据物质流编号进行自动索引和配对。

采用 APL 自定义输出主要包括热平衡表、主要操作参数输出表、烟气量及成分表、全元素平衡表等，如图 5-8 所示。

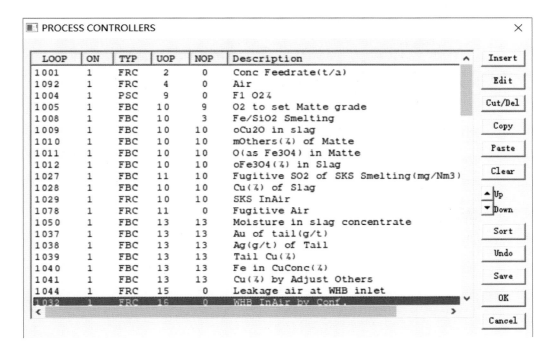

图 5-6 底吹熔炼模型控制器

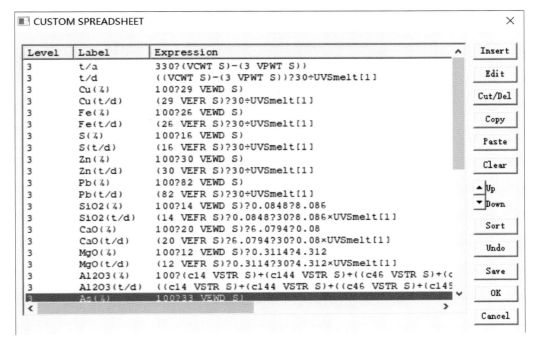

图 5-7 模型输出自定义快速表格

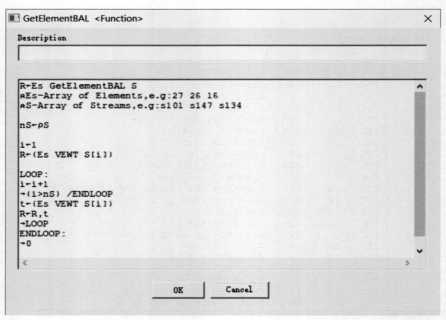

图 5-8　采用 APL 语言自定义函数进行输出

5.7　底吹熔炼计算输出结果

本案例底吹熔炼的计算结果输出分别见表 5-5（热平衡表）、表 5-6（烟气量及成分表）和表 5-7（物料平衡表）。

表 5-5　底吹熔炼热平衡

热 收 入				热 支 出			
序号	项目	热值/MJ·h^{-1}	比例/%	序号	项目	热值/MJ·h^{-1}	比例/%
1	投入物显热	0	0.00	1	铜锍显热	26966	13.33
2	化学反应热	201706	100.00	2	炉渣显热	90231	44.59
				3	烟气及烟尘显热	74592	36.86
				4	炉体热损失	10570	5.22
	总计	201706	100.00		总计	202359	100.00

表 5-6　底吹熔炼烟气量及成分

名　称		烟气成分					烟气量 /m^3·h^{-1}	温度 /℃	烟气含尘 /g·m^{-3}
		SO$_2$	SO$_3$	O$_2$	N$_2$	H$_2$O			
熔炼炉出口	m^3/h	12624		340	9502	11661	34128	1234	6.77
	%	36.99		1.00	27.84	34.17	100		
锅炉出口	m^3/h	13547	276	2683	24794	12155	53455	350	30.60
	%	25.34	0.52	5.02	46.38	22.74	100		
电收尘器出口	m^3/h	13547	276	4013	29798	12259	59893	280	0.55
	%	22.62	0.46	6.70	49.75	20.47	100		

表5-7 底吹熔炼物料平衡

名称	t/a	t/d	Cu %	Cu t/d	Fe %	Fe t/d	S %	S t/d	Zn %	Zn t/d	Pb` %	Pb` t/d	SiO₂ %	SiO₂ t/d	CaO %	CaO t/d	MgO %	MgO t/d	Al₂O₃ %	Al₂O₃ t/d	As` %	As` t/d	Sb` %	Sb` t/d	Bi %	Bi t/d
加入																										
铜精矿	700000.00	2000.00	27.66	553.15	26.21	524.19	31.30	626.07	1.20	24.00	0.30	6.00	7.00	140.00	0.50	10.00	0.23	4.60	0.75	15.00	0.10	2.00	0.03	0.60	0.00	0.03
渣精矿	78789.53	225.11	20.00	45.02	30.00	67.53	5.72	12.88	0.08	0.17	0.07	0.15	15.56	35.02							0.00	0.01	0.00	0.01	0.00	0.00
循环冷料	53894.22	153.98	3.50	5.39	42.53	65.50	0.99	1.53	1.73	2.66	0.41	0.63	23.63	36.39	0.84	1.30	0.45	0.70	1.94	2.98	0.06	0.09	0.04	0.06	0.00	0.00
石英石	46889.05	133.97			0.72	0.97							90.00	120.57	1.00	1.34	1.00	1.34	7.00	9.38						
熔炼返尘	18738.18	53.54	17.71	9.48	19.49	10.44	9.40	5.03	4.37	2.34	4.77	2.55	10.20	5.46	0.36	0.19	0.20	0.10	0.84	0.45	0.92	0.49	0.25	0.13	0.04	0.02
吹炼返尘	3750.08	10.71	51.68	5.54	1.28	0.14	10.99	1.18	6.01	0.64	2.12	0.23	3.06	0.33	0.03	0.00	0.03	0.00	0.24	0.03	0.12	0.01	0.05	0.00	0.01	0.00
吹炼返渣	39629.52	113.23	12.00	13.59	35.18	39.84			1.59	1.80	1.16	1.31	29.32	33.20	0.34	0.38	0.33	0.37	2.26	2.56	0.04	0.04	0.05	0.02	0.02	0.00
精炼渣	1401.09	4.00	35.00	1.40	1.62	0.06			2.80	0.11	7.35	0.29									0.70	0.03	0.61	0.02	0.02	0.00
加入小计				633.57		708.66		646.68		31.73		11.16		370.96		13.22		7.11		30.39		2.67		0.89		0.06
产出																										
底吹炉铜锍	275813.94	788.04	72.00	567.39	5.09	40.14	21.07	166.05	0.33	2.61	0.28	2.22									0.02	0.15	0.02	0.14	0.00	0.01
熔炼渣	538942.23	1539.83	3.50	53.89	42.53	654.95	0.99	15.30	1.73	26.61	0.41	6.31	23.63	363.86	0.84	12.96	0.45	6.98	1.94	29.81	0.06	0.87	0.04	0.62	0.00	0.03
熔炼返尘	18738.18	53.54	17.71	9.48	19.49	10.44	9.40	5.03	4.37	2.34	4.77	2.55	10.20	5.46	0.36	0.19	0.20	0.10	0.84	0.45	0.92	0.49	0.25	0.13	0.04	0.02
制酸烟气	748179.93	2137.66					23.82	455.20													0.06	1.14				
净化尘	279.64	0.80	16.97	0.14	19.49	0.16	9.00	0.07	4.18	0.03	4.54	0.04	12.21	0.10	0.52	0.00	0.28	0.00	1.18	0.01	0.06	0.00	0.23	0.00	0.00	0.00
环保烟气							0.03	2.30																		
有组织排放				0.13		0.15		0.14		0.01		0.00		0.08		0.00		0.00		0.01		0.00		0.00		0.00
损失				2.53		2.83		2.59		0.13		0.04		1.48		0.05		0.03		0.12		0.01		0.00		0.00
产出小计				633.57		708.67		646.68		31.73		11.16		370.98		13.22		7.12		30.40		2.66		0.89		0.06

6 底吹熔炼炉及附属设施

氧气底吹熔炼炉是卧式圆筒形、可转动的熔池熔炼炉。喷枪将氧气从炉子底部吹入熔池，使熔池处于强烈的搅拌状态，形成良好的传热和传质条件，使氧化反应和造渣反应激烈地进行，释放出大量的热能，使炉料快速熔化，生成锍和炉渣，反应产生的烟气由炉子顶部的烟口排出。

氧气底吹炉已广泛应用于铜、铅、锑及多金属捕集冶炼，近年来这种底吹炉型也已成功应用于高铅渣还原和铜锍的连续吹炼。

当底吹炉用于铜精矿或含铜金精矿的熔炼时，被称为底吹铜熔炼炉。

6.1 底吹熔炼炉的设计

底吹熔炼炉可分为炉体和氧枪两部分。

（1）炉体一般包括炉壳、耐火炉衬、固定端托轮装置及齿圈、滑动端托轮装置及滚圈、传动装置、加料口、出烟口、放出口装置、烧嘴等部件组成，典型的氧气底吹炉结构如图 6-1 所示。圆筒形的炉体通过两个滚圈支承在两组托轮装置上，通过传动装置，驱动固定在滚圈上的齿圈使炉体作正反向旋转。在炉顶部的氧枪区域对应的炉顶部设加料孔，同时在两端墙上各安装一支燃烧器，用于开炉烘炉、熔化底料和生产过程中停炉时的保温，渣口和铜锍口布置在炉体端部，烟气出口设在炉尾上部。

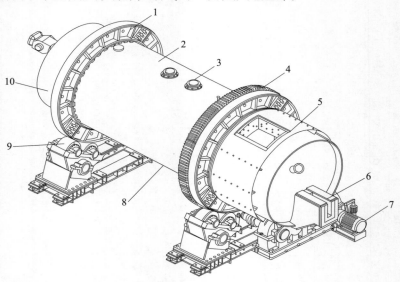

图 6-1 典型的氧气底吹炉结构图

1—托辊；2— 炉体；3—加料口；4—齿圈；5—出烟口；6—铜锍放出口；
7—传动系统；8—氧枪；9—滚圈；10—渣放出口

（2）氧枪布置在底部，停吹时炉体旋转近90°，将喷枪转出渣面以上可进行维护或更换。氧气从喷枪中间孔通过，压缩空气从外层通道通入并冷却氧枪，增加氧枪使用寿命；喷枪头部材料选用耐高温不锈钢材料制造，加强了抗高温抗冲刷能力，且头部可以更换，当头部烧损到一定程度时，可以对枪头进行更换，作为新枪使用[1]。

6.1.1 底吹熔炼炉规格尺寸的确定

6.1.1.1 炉膛容积

炉膛容积，计算式为：

$$V = Q/q \tag{6-1}$$

式中，V 为炉膛容积，m^3；Q 为每天处理的干精矿料量，t/d；q 为熔炼强度，$t/(m^3 \cdot d)$。

炉膛的容积必须满足处理炉料量的要求，同时有足够的热强度保证炉料的熔化率。根据试验和实际生产经验，氧气底吹铜熔炼炉容积熔炼强度取 $8 \sim 12 t/(m^3 \cdot d)$，相应的容积热强度决定于热平衡计算，大致在 $1000 \sim 1400 MJ/(m^3 \cdot h)$ 范围内，以此两个指标可确定炉膛容积。

6.1.1.2 炉膛直径

炉膛直径主要考虑两个方面。一是熔池深度，考虑喷枪送气能力以及气体喷出后的动能转换，既要使熔池内熔体能充分搅动，同时又避免过浅熔池造成严重熔体喷溅。炉内铜锍层厚度一般 $1000 \sim 1500 mm$，渣层厚度一般 $400 \sim 500 mm$。二是考虑炉内烟气流速不要太快，避免造成烟尘率增加，减小对出烟口的冲刷。

6.1.1.3 炉膛长度

炉膛长度既取决于熔炼区长度，又取决于氧枪数量与间距；铜锍放出口及渣放出口之前均要有一段沉淀分离区；此外还需考虑出烟口位置及长度。

氧枪数量取决于熔炼反应所需氧气量。按单支氧枪吹氧能力 $1000 \sim 3000 m^3/h$ 计算氧枪数量，底吹炼铜炉吹氧量大、氧枪数量相对较多。根据单支枪吹氧量和供氧压力，运用气体动力学理论计算确定氧枪喷孔直径，进而考虑氧气喷出对熔体搅拌特性确定氧枪间距。

出烟口的大小取决于烟气速度，后者一般按 $8 \sim 10 m/s$ 计算。

6.1.2 底吹熔炼炉主要部件设计

6.1.2.1 炉壳

底吹炉炉壳为卧式圆筒形，两端采用封头结构，靠两个滚圈支撑在托轮上。炉体开有氧枪孔、加料孔、排放口、烟气出口等多个孔洞，炉内装有数百吨高温熔体。炉壳工作条件恶劣，要求炉壳必须有足够的强度和刚度，保证底吹炉安全正常运行。

A 炉壳材质的选择

炉壳的工作温度正常不超过250℃，最高不得超过300℃，一般选用优质碳素结构钢或低合金结构钢制造。常用的材料为 Q345R、Q370R 等。

B　炉壳的制造

炉壳由厚钢板拼焊而成，要按钢制压力容器的规范进行拼接和焊接，要对焊缝进行 100%探伤检测。超声波检测达到Ⅰ级为合格。制造后要对焊缝进行退火处理，而后进行整体机加工。

C　炉壳厚度的校核

炉壳的载荷包括炉壳自重、炉衬重量、熔体重量以及加料口、放出口、出烟口重量等，另外还包括加料的冲击力、喷枪的扰动力以及炉衬的黏结物等造成附加载荷。炉壳工作温度比较高，不均匀且不稳定，在设计时考虑统计基础上的许用应力，并通过对轴向应力的限制来控制轴向的挠度和径向变形。

目前底吹炉炉壳常用钢板材料为 Q345R 或 Q370R，与一般强度计算不同，强度值的大小并不是衡量壳体壁厚的唯一依据，还应参考已经过实践考验的相似筒体的参数确定。已达到限制轴向应力间接控制筒体变形，满足筒体刚度的要求。

6.1.2.2　滚圈及托轮装置

常用的滚圈及其安装形式如图 6-2 所示，包含滑动端滚圈和固定端滚圈。滑动端滚圈为单独的滚圈，其断面结构形式如图 6-2（a）所示；固定端滚圈是滚圈和齿圈一体制造的，其断面结构形式如图 6-2（b）所示。如果加工制造和运输条件允许，滑动端滚圈和固定端滚圈均可采用合适的材质整体铸造而成。通过膨胀计算确定滚圈与炉壳垫板之间的间隙，保障生产过程中滚圈与垫板之间既没有过大的附加应力也没有明显的间隙。

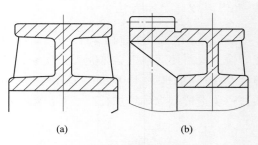

(a)　　　　　　　(b)

图 6-2　滚圈结构图
(a) 滑动端滚圈；(b) 固定端滚圈

托轮装置结构如图 6-3 所示，托轮座中心与炉体中心呈 30°夹角布置，托轮与轴之间采用调心滚子轴承，该轴承承载能力大，摩擦阻力小，可减少传动功率，减少齿轮副的磨损。托轮轴与摇臂架之间设有滑动轴承，当调心滚子轴承损坏时不会被卡死。炉体两端各有一托轮装置，即滑动端托轮装置和固定端托轮装置。滑动端托轮装置的托轮没有凸缘，允许炉体受热膨胀时做轴向移动；固定端托轮装置与传动装置放在一端，不允许有太多的轴向移动，因此托轮有凸缘，对炉体受热膨胀引起的轴向移动有限制作用，其他与滑动端托轮装置结构一样。

整个炉子的重量通过两个滚圈支撑在两端托轮上，滚圈的宽度则需要通过滚圈与托轮接触应力计算来确定。

6.1.2.3　传动装置

传动装置由电动机、减速机、制动器、联轴器等组成，配置力求简洁、高度尽可能

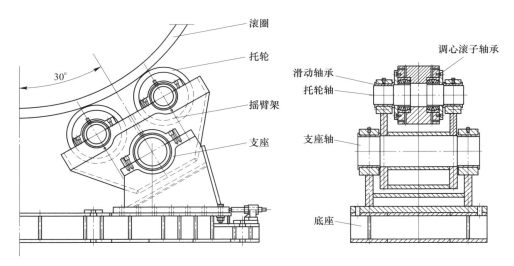

图 6-3 托轮装置结构

低，适合于在底吹炉下方配置。底吹炉典型的传动装置如图 6-4 所示。

在进行电动机选型时，首先计算炉体转动力矩，再根据力矩计算电动机功率。炉体转动力矩计算式为：

$$M = M_A + M_B \qquad (6-2)$$

式中，M_A 为作用在电机轴上的动力矩，N·m；M_B 为作用在电机轴上的最大负载静力矩，N·m。

M_A 可根据各转动部件转动惯量和转速计算获得，M_B 包括托轮与滚圈的摩擦阻力矩和偏心力矩，以及熔体与砖体的黏结阻力和炉结产生的偏心力矩。

所选电动机功率应大于计算功率。对底吹炉而言，还要考虑在某些非正常情况下，熔体黏稠甚至部分冻结时还能够转动炉体，所以实际选用的电动机功率应约为计算功率的 1.5 倍。

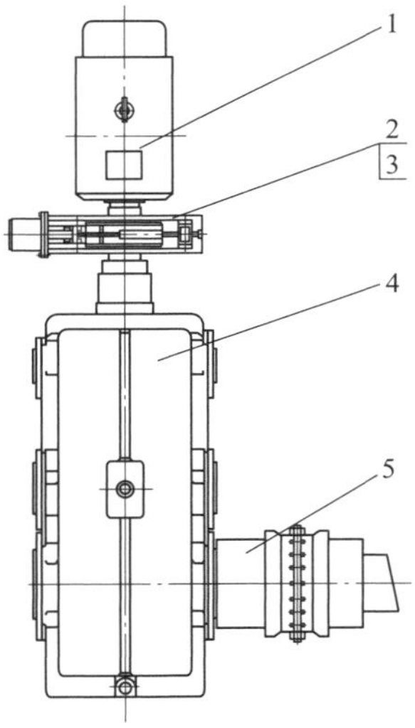

6.1.2.4 加料口

氧气底吹炉的加料口一般设在喷枪区所对应的炉顶部，加入的炉料直接落入搅拌的熔池，加速熔化过程。此处温度较高且时常有高温熔体喷溅黏结在上面，所以底吹炉的加料口均采用水冷结构。

6.1.2.5 烟气出口

底吹炉的烟气出口设在靠近炉子的端部，并偏于换枪平台一侧，当炉子转动时熔体不会从烟气出口流出。烟气出口的大小取决于烟气速度，该速度一般为 8~10m/s。出烟口处烟气温度 1100~1250℃，为保证出烟口寿命，出烟口四周采用铜水套进行冷却，并在出烟

图 6-4 底吹炉典型的传动装置
1—工作电机；2,5—联轴器；
3—制动器；4—减速器

口四周设有护板。

6.1.2.6　炉衬

底吹熔炼炉炉衬要长期承受高温熔体的侵蚀和冲刷，并承受转炉导致的周期性温度应力和机械振动，所以要求砌筑底吹炉炉衬的砖具有耐高温、耐冲刷、热稳定性好等性能，一般选用含 Cr_2O_3 18%~20%的优质镁铬砖砌筑。氧枪周围的炉衬损坏情况更为严重，氧枪的损坏和枪口砖的损坏是同步的，是相互影响的。为延长换枪周期，枪口砖需具有更好的性能，一般采用进口的氧枪口专用套砖砌筑枪口。为保障氧枪寿命，在对氧枪进行更换时，要更换枪口周围的砖。

实践证明，底吹炉在保证砌筑质量、安全操作的情况下，能够获得较长的炉寿。底吹铜熔炼炉炉寿不低于两年，枪口砖周期可达一年以上。

6.1.3　底吹炉主要部件的设计改进

6.1.3.1　加料口

底吹炉加料口的位置、大小和数量在不同应用项目中均有改进。

早期设计的底吹炉加料口均为 3 个，都为水冷式结构，主要考虑多个下料点有利于炉料的快速熔化和反应，在大加料量的情况下不出现堆料的现象，下料口直径一般为 300~350mm。生产实践发现，底吹炉的化料能力很强，但加料口多会导致其喷溅和黏结严重。为了解决加料口的喷溅和黏结问题，在后续设计中便减少了加料口的数量，同时加大直径，使加料口能远离喷枪，既能够满足下料量的要求，也便于清理加料口。

6.1.3.2　铜锍放出口

铜锍放出口有两种基本类型，一种是设置于炉体一侧，另外一种是设置于炉体端墙。设计时，根据工艺配置要求，决定采用何种类型的铜锍放出口。在大型底吹熔炼炉的设计中，为满足工艺要求，通常在端墙和侧墙都设有铜锍放出口。

6.1.3.3　探测口

在实践应用中，测量孔离反应区较近时，测量杆挂渣困难，且铜锍与渣分层不明显，导致无法准确判断液面高度。因此，在设计测量孔时，要求测量孔位于托圈外侧渣口一端，远离反应区，使得挂渣容易，渣和铜分界线清晰。

底吹炉生产过程中，一般为负压操作。但受炉况影响，也会出现炉内正压的情况。为了减少炉内正压所导致的测量孔烟气逸出，在设计时需对测量孔的位置和大小进行仔细论证。

6.1.3.4　氧枪布置

作为底吹炉的核心部件，氧枪在底吹炉的设计过程中一直在探索、改进和优化，如氧枪的数量、布置、角度等，在不同底吹炉中均有变化。

在进行喷枪设计时，首先通过冶金计算确定底吹炉氧气需用量，再根据所选枪型的单枪能力确定氧枪数量，最后根据数值仿真或水模型试验与生产经验相结合，确定氧枪间距。通常情况下，单支氧枪的供氧能力为 $1000m^3/h$，个别可达到 $2000m^3/h$。

喷枪的间距直接影响到炉体的长度，为避免炉体过长，又要布置较多的喷枪，可在底部交错布置双排喷枪，或者是在一个枪位布置两支到三支喷枪，减少喷枪座数量，有效缩短炉体长度。目前的工业实践中有采用单排氧枪的，也有采用双排氧枪的。

根据理论研究和仿真模拟，单排枪的搅拌动能强于双排枪，当单排氧枪倾角在 17°～22°时，熔池各项指标均处于较高的水平；相对于现场工况，双排氧枪倾角分别为 12°和22°时，熔池的搅拌效果显著增强[2]。

6.2　底吹熔炼炉的制造与吊装

6.2.1　底吹熔炼炉的制造

根据底吹熔炼炉尺寸的大小，底吹炉的制造方式不同，直径小的底吹炉可以在工厂内完成整个筒体的制造。直径大、长度长的底吹炉则需要到现场进行二次焊接。

对于 $\phi4.8m×20m$ 及小于此规格的底吹炉一般在工厂内完成筒体的整体焊接。焊接时，要求滚圈和托轮接触面大于 80%，大小齿轮宽度方向接触大于 50%，高度方向接触大于40%，为达到上述指标，筒体两端垫板外圆必须保证很高的同轴度，因此一般要求将筒体、滚圈和托轮在工厂内预组装，测试无误后再发往现场。

对于更大型的底吹炉，受运输和吊装能力限制，筒体需分段制作，现场组焊，筒体分段尽量避开底吹炉工艺开孔，长度控制在 4m 以内。受现场的装备条件影响，其加工难度更大，要求更高[3]。例如，某冶炼厂 $\phi5.8m×30m$ 和 $\phi5.5m×28.8m$ 的炉子，均采用了现场二次焊接、退火的方式完成。

筒体板采用了锅炉及压力容器用钢板，材质为 Q370R，板厚约 100mm，全部按探伤板采购，并按 JB/T 4730.3—2005 标准Ⅱ级进行验收。为了保证焊接质量，提高效率，确定采用埋弧自动焊，焊丝、焊剂分别为 H10Mn2 和 SJ101[4]。

筒体板厚度偏厚，焊前需对焊接区进行预热，否则焊缝易出现开裂及其他焊接缺陷，焊接变形难以控制。根据制造厂内焊接工艺评定要求，预热温度需达到 200℃以上。可采用远红外加热—电炉加热相结合的方式进行预热，现场焊缝的退火采用远红外退火。

6.2.2　底吹熔炼炉的安装

底吹熔炼炉的安装是整个工厂建设过程中重要的节点，由于底吹炉的制造周期长，往往在钢结构厂房施工周期之后，若一直等底吹炉制造并运往现场安装后再行施工钢结构厂房，则项目的工期将受到严重的影响，因此中国恩菲在底吹炉的安装过程中采用了门式起重机的方式，这样可以先行施工钢结构厂房，明显地加快了项目的进度。

图 6-5 所示为项目现场采用门式吊架，通过多条倒链分散重量，通过人工吊装方式吊装的情形。

吊装流程：门式起重机吊点设置→基础验收及基础处理→设备垫板设置→滑动端、固定端支承装置安装→筒体吊装及安装→传动装置安装→冷调试及试运转→空负荷试运转→模拟动作试车。

图 6-5　底吹炉门式起重机吊装

设备安装完成后检查及验收：（1）检查托轮与滚圈接触面积；（2）安装联轴器，要对中同轴；（3）检查齿轮啮合程度[5]。

全部安装完毕，试运行工作必须在试运转前对设备进行严格的检查。符合下列要求后方可进行试运行。

（1）电机试运转检查。拆除联轴器连接螺栓，使两联轴器脱开，将电机手动旋转一周，检查是否有卡死现象。点动式启动电机，检查其旋转传动方向应与筒体的工作方向一致，且无异常情况正式启动电动机运行 2h，检查如下指标满足要求即试运转合格：电机温度不超过 80℃，电流电压正常，无松动、噪声等异常情况。

（2）电机试运转合格后，安装联轴器螺栓，手动盘车一周以上应无异常情况。连接传动装置与小齿轮联轴器，将主令控制器、电磁离合器与减速机脱开。

（3）电机驱动，炉体正、反转各 3 次，分别在进料和换枪位置启动和制动，动作灵敏、可靠。

（4）电机启动电流及运转电流正常。

（5）滚圈与托轮的接触宽度约为滚圈宽度的 95%；小齿轮与齿圈的齿面接触面积沿齿高方向约为 55%，沿齿宽方向约为 70%，齿轮啮合侧隙为 2mm，滚圈端面跳动小于 1.2mm。

（6）驱动装置运转时平稳，减速器油温和轴承温升正常，润滑和密封良好。

（7）各部件紧固螺栓无松动现象。

6.3　底吹熔炼炉的耐火材料

底吹熔炼炉的炉壳没有冷却水套，因此其耐火材料的选取对炉寿显得尤为重要。其耐火材料直接接触炉料，不仅受到熔体和炉渣的侵蚀以及冲刷，还要承受机械磨损和热震损伤，尤其是氧枪砖和渣线砖等位置，工作环境最恶劣。选择合理的耐火材料对保证底吹炉冶金流程和使用寿命有重要意义。

6.3.1　底吹炉用耐火材料的特点

我国 60%～70% 的耐火材料用于钢铁行业，耐火材料的发展也受到钢铁冶金技术发展的影响。炼铜行业消耗的耐火材料虽不到 5%，但在质量要求和品种方面有着与钢铁工业不同的特点。含碳耐火材料在钢铁工业的高炉、铁水预处理罐、氧气转炉、盛钢桶、连铸浸入式水口等广泛使用，效果很好。苏联、日本以及我国都曾试过把含碳耐火材料用于炼铜、炼镍等有色金属冶炼炉，但效果都不理想。钢铁工业所用矿石为氧化铁矿，金属熔体为 Fe-C 熔体，熔渣为 $CaO\text{-}SiO_2\text{-}Al_2O_3$ 或 $CaO\text{-}SiO_2\text{-}FeO$ 渣系，图 6-6 所示为在 1500℃时，Al_2O_3、MgO、CaO、ZrO_2 在 $SiO_2\text{-}FeO$ 渣中的溶解度。钢铁冶炼中产生大量的 CO 气体，而炼铜工艺与其大不相同。由于矿石为硫化物矿，冶炼中的中间产品为硫化物熔体，因此在熔炼与吹炼中会产生大量的 SO_2 气体；冶炼中的熔体不仅有氧化物熔渣、金属熔体，还有硫化物熔体，而且这些熔体的熔化温度比钢铁工业生产中的熔体要低得多，而且流动性很好；由于硫化物矿与锍中含有大量硫化铁，为了除去铁，在熔炼与吹炼中要将 FeS 氧化为 FeO，因此必须加入 SiO_2 造渣，炉渣成分主要是 FeO 和 SiO_2，即为 $FeO\text{-}SiO_2$ 渣系。图 6-7 所示为 $Al_2O_3\text{-}SiO_2\text{-}Fe_3O_4$、$Cr_2O_3\text{-}SiO_2\text{-}Fe_2O_3$、$ZrO_2\text{-}SiO_2\text{-}Fe_2O_3$、$MgO\text{-}SiO_2\text{-}Fe_3O_4$ 与 $CaO\text{-}SiO_2\text{-}Fe_2O_3$ 系在 1500℃时的液相区[6]。

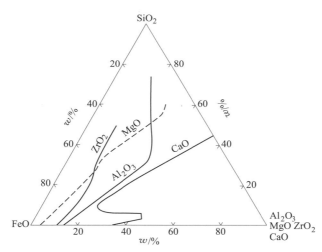

图 6-6　1500℃时，Al_2O_3、MgO、CaO、ZrO_2 在 $FeO\text{-}SiO_2$ 渣中的溶解度

图 6-6 与图 6-7 分别示出了一些耐火氧化物在 $FeO\text{-}SiO_2$ 渣中的溶解度以及与 Fe_3O_4（Fe_2O_3）-SiO_2 形成的液相区大小。可以看出 CaO 与铁硅渣形成的液相区最大，因此钙质耐火材料最不适宜用于炼铜炉。SiO_2 是易与 FeO 形成低熔点的熔剂，因此，硅砖与含 SiO_2 的耐火材料也不能用来做炼铜炉的炉衬。MgO、Cr_2O_3 及 ZrO_2 与铁硅渣构成的液相区相对要小，而且在 $FeO\text{-}SiO_2$ 渣中溶解度小，表明 MgO、Cr_2O_3 及 ZrO_2 耐火氧化物适于铜冶炼炉的炉衬。图 6-8 所示为 SiO_2、MgO、Al_2O_3 与镁铬尖晶石在铁橄榄石渣中的溶解速度（v）与温度（T）的关系（转速为 120r/min）。根据原料来源及成本考虑目前炼铜行业应用最多的为镁铬质耐火材料，底吹连续炼铜工艺中的底吹熔炼炉和底吹吹炼炉同样使用镁铬质耐火材料砌炉，底吹为连续吹炼工艺，炉内温度波动小，能减轻耐火材料热震产生的裂纹。此外，底吹炉根据不同位置、不同工作环境采用不同规格的镁铬耐火材料来保证底吹炉的整体使用寿命[7]。

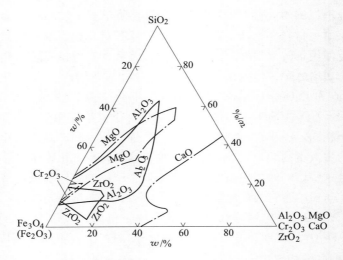

图 6-7 Al_2O_3-SiO_2-Fe_3O_4、Cr_2O_3-SiO_2-Fe_2O_3、ZrO_2-SiO_2-Fe_2O_3、MgO-SiO_2-Fe_3O_4
与 CaO-SiO_2-Fe_2O_3 系在 1500℃时的液相区

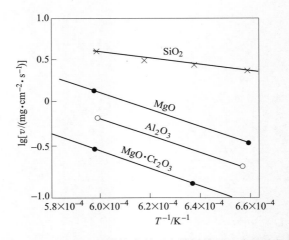

图 6-8 SiO_2、MgO、Al_2O_3 与镁铬尖晶石在铁橄榄石渣中的溶解速度（v）
与温度（T）的关系（转速为 120r/min）

6.3.2 镁铬耐火材料的种类与特征

以方镁石和镁铬尖晶石为主晶相的碱性耐火制品称作镁铬砖，曾在钢铁冶炼工业、有色冶金行业、水泥行业以及玻璃行业被广泛使用。但因为 MgO-Cr_2O_3 系耐火材料在使用的过程很容易产生对人类健康和环境有巨大危害的六价 Cr，自 20 世纪 80 年代以来，钢铁、水泥等行业已用其他材料代替镁铬质耐火材料，世界上的镁铬系材料使用量下降。然而由于炼铜行业的工艺特点，目前还没有材料能彻底取代镁铬耐火材料的地位，同时镁铬耐火材料的性能也在不断地改进。目前所使用的镁铬耐火材料主要包括：硅酸盐结合镁铬砖、直接结合镁铬砖、再结合镁铬砖、半再结合镁铬砖、熔铸镁铬砖、化学结合镁铬砖[8,9]。

6.3.2.1 硅酸盐结合镁铬砖

硅酸盐结合镁铬砖又称普通镁铬砖，这种砖是由杂质（SiO_2 和 CaO）含量较多的铬矿和镁砂制成的，烧成温度为 1550℃ 左右。该砖的显微结构特点是耐火矿物晶粒之间有硅酸盐相结合。复杂的硅酸盐基质主要由 SiO_2 以及与少量镁橄榄石等杂质组成，使得这种结合相熔点低。因此，其烧结温度相应的较低，导致其高温强度低和抗渣性差。表 6-1 所列为青花公司几种普通镁铬砖的理化性能，牌号中带 B 的为不烧镁铬砖。

表 6-1 普通镁铬砖的典型性能

牌号	$w(MgO)$ /%	$w(Cr_2O_3)$ /%	$w(CaO)$ /%	$w(SiO_2)$ /%	显气孔率 /%	体积密度 /g·cm⁻³	耐压强度 /MPa
QMGe₆	80	7	1.2	3.8	17	3	55
QMGe₈	72	10	1.2	4	18	3	55
QMGe₁₂	70	13	1.2	4	18	3.02	55
QMGe₁₆	65	17	1.2	4.2	18	3.05	50
QMGe₂₀	56	22	1.2	3	19	3.07	50
QMGe₂₂	49	24	1.2	4.5	20	3.02	55
QMGe₂₆	45	27	1.2	5	20	3.1	45
QMGeB₈	71	9.6	1.5	3.5	12	3.1	80
QMGeB₁₀	67	12	1.5	3.8	12	3.1	80

6.3.2.2 直接结合镁铬砖

直接结合镁铬砖是指由杂质（SiO_2 和 CaO）含量较低的铬精矿和较纯的镁砂采用高温烧成，烧成温度在 1700℃ 以上的耐火砖。该砖的显微结构特点是耐火矿物晶粒之间多呈直接接触，方镁石和铬矿颗粒边界直接连接，在高温下形成固态，并在铜熔化温度下仍保持固态。因此直接结合镁铬砖有以下几个特点：高温强度和抗渣性能好、气孔率和透气度低、抗剥落性能强。表 6-2 所列为部分直接结合镁铬砖的理化性能。

表 6-2 直接结合镁铬砖的典型性能

牌号	$w(MgO)$ /%	$w(Cr_2O_3)$ /%	$w(CaO)$ /%	$w(SiO_2)$ /%	显气孔率 /%	体积密度 /g·cm⁻³	耐压强度 /MPa
QZHGe₄	85	5.5	1.1	1.3	18	3.02	50
QZHGe₈	77	9.1	1.4	1.2	18	3.04	50
QZHGe₁₀	75.2	11.5	1.2	1.3	18	3.05	55
QZHGe₁₂	74	14	1.2	1.2	18	3.06	55
QZHGe₁₆	69	18	1.2	1.5	18	3.08	55

6.3.2.3 再结合镁铬砖

随着有色金属冶炼技术的不断进步，对耐火材料的抗侵蚀性和高温强度有了更高的要求，需进一步提高烧结合成高纯镁铬料的密度，降低气孔率，使镁砂与铬矿充分均匀地反应，形成结构更理想的方镁石固溶体和尖晶石固溶体。由此产生了电熔合成镁铬料，用此原料制成的砖称为熔粒再结合镁铬砖。再结合镁铬砖由于制砖原料较纯，需要在 1750℃ 以上的高温或更高温下烧成。其显微结构特征是尖晶石等组元分布均匀，耐火矿物晶粒之间为直接接触。因此，其抗侵蚀和抗冲刷能力更加优越。

6.3.2.4　半再结合镁铬砖

由电熔镁铬料作颗粒，以共烧结料为细粉或以铬精矿与镁砂为混合细粉制作的镁铬砖被称为半再结合镁铬砖。为了区分，可以将电熔镁铬料作颗粒，共烧结镁铬料为细粉制成的镁铬砖称为熔粒共烧结镁铬砖。这类砖烧制温度在 1700℃ 以上，砖内耐火矿物晶粒之间以直接结合为主。其优点是既有良好的抗渣性，又有较高的热震稳定性。表 6-3 所列为再结合（半再结合）镁铬砖典型性能，Q 代表为国内某公司产品，其他为国外同类产品。

表 6-3　再结合（半再结合）镁铬砖典型性能

牌号	$w(MgO)$ /%	$w(Cr_2O_3)$ /%	$w(CaO)$ /%	$w(SiO_2)$ /%	显气孔率 /%	体积密度 /g·cm^{-3}	耐压强度 /MPa
QBDMGe$_{12}$	75	15	1.3	1.5	16	3.18	50
QBDMGe$_{18}$	68	19	1.3	1.5	15	3.23	60
QBDMGe$_{20}$	65	20.5	1.3	1.7	15	3.26	60
QDMGe$_{20}$	66	20.5	1.2	1.4	14	3.28	65
QDMGe$_{22}$	63	22.5	1.2	1.4	14	3.23	65
QDMGe$_{28}$	53	28	1.2	1.4	14	3.35	65
Radex-DB$_{60}$	62	21.5	0.5	1	18	3.2	
Radex-BCF-F-11	57	26	0.6	1.2	<16	3.3	
ANKROMS$_{52}$	75.2	11.5	1.2	1.3	17	3.38	
ANKROMS$_{56}$	60	18.5	1.3	0.5	12	3.28	
RS-5	70	20		<1	13.5	3.28	

6.3.2.5　熔铸镁铬砖

用镁砂和铬矿加入一定量的外加剂，经混合、压坯与素烧、破碎成块，进电弧炉熔融，再注入模内、退火、生产成母砖；母砖经切、磨等加工制成所需要的砖型，这种工艺生产的镁铬砖称为熔铸镁铬砖。熔铸镁铬砖在抗炉渣渗透方面，具有独特的优越性。熔铸镁铬砖是经过熔融、浇铸、整体冷却制成的致密熔块，熔渣只会对砖的表面熔蚀，而不会出现渗透现象。其结构特点是成分分布均匀，耐火矿物晶粒之间直接接触，硅酸盐以孤岛状存在。这种砖抗熔体熔蚀、渗透与冲刷特别好。但其自身也有不足：一是熔铸镁铬砖生产难度大，价格昂贵；二是热震稳定性差。由于上述原因，熔铸镁铬目前在铜熔炼炉内的应用较少。

6.3.2.6　化学结合镁铬砖

采用镁砂和铬矿为制砖原料，以聚磷酸钠或六偏磷酸钠或水玻璃为结合剂压制的镁铬砖，不经过高温烧成，只经过低温处理的制品，称为化学结合镁铬砖。化学结合镁铬砖在热工窑炉内使用，逐渐实现烧结，表现出抗渣性和高温性能。由于工作环境下烧结层厚度无法控制，而且部分结合剂含有较多的杂质，不烧镁铬砖的综合性能不如烧成制品。

6.3.3 镁铬耐火材料在底吹熔炼炉的应用

由于底吹熔炼炉没有冷却水套，因此相对于其他炉窑对耐火材料的要求更为严格，正常情况下底吹炉炉壳温度为200℃左右。

底吹熔炼炉和吹炼炉的氧枪区和渣线区是整个炉体工作环境最恶劣的部位，渣线区除了要承受大量的铁硅渣的侵蚀以及铜锍的渗透，还要承受熔体的不断冲刷。氧枪砖区要承受氧枪喷吹过程中液体搅动的冲刷和气泡后座力的影响。氧枪砖肩负着保护氧枪的作用，如果氧枪砖损坏较快，同样氧枪损坏速度也会加快。因此这两个部位要选用性能良好的电熔再结合镁铬砖或者半再结合镁铬砖。

实际生产中一般采用辽宁奥镁有限公司生产的奥镁砖及配套耐火泥浆，其使用寿命相对较长。目前奥镁公司的氧枪砖仍寿命最长。

目前小型底吹熔炼炉衬砖的厚度为380mm，大中型底吹熔炼炉衬砖厚度425~460mm，氧枪区域砖通常会提高耐火砖的等级以延长其使用寿命，达到与整体炉身砖寿命同步的目的。

底吹熔炼炉新炉或重新整体砌筑时，应严格按施工图纸要求，保证砌筑质量。若进行小面积局部挖补，应适当增加膨胀缝以平衡新旧砖膨胀系数不同造成的影响。新旧砖之间的高差不超过40mm，可用切短新砖的方法呈阶梯过渡砌筑，旧砖厚度也不宜小于300mm，否则应扩大挖补面积，确保氧枪区包括渣线以下部分的砖长满足长周期使用要求[10]。

渣放出口、铜锍放出口及出烟口等易损坏部位都设有铜水套冷却，以保证其使用寿命，提高炉子作业率。

图6-9所示为国内某底吹熔炼炉的耐火内衬正在砌筑时的情形，图6-10所示为底吹炉的砖体砌筑图纸。

图6-9 底吹炉耐火内衬砌筑

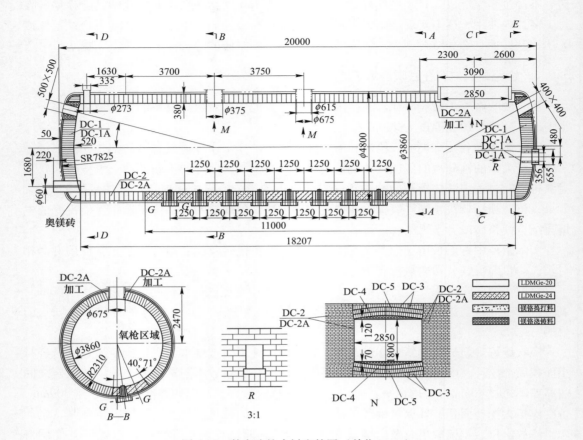

图 6-10　某底吹炉内衬砌筑图（单位：mm）

6.4　底吹炉的开炉

6.4.1　开炉前的检查

开炉前的检查工作包括：

（1）对炉体各部分（包括炉衬、水冷元件、传动装置、炉口、加料口、放铜口、放渣口、氧枪口等）进行检查，确认炉况处于正常状态。

（2）厂区供电、供水、供氧、供风系统及配套的烟气处理系统满足试生产开炉条件。

（3）各系统各工序的设备安装调试全部验收通过，联动试车确认合格。

（4）所有计量设备通过校验。

（5）DCS 控制系统工作正常，氧气、压缩空气 DCS 自动调控准确，仪表处于正常状态，无堵塞和泄漏等现象。

（6）对氧枪进行炉外通氧、通气测试，掌握空吹时的氧枪性能数据。

（7）各类设备设施（塔、器、泵、阀门、管道）已标识，并符合规范要求，炉体水冷原件进出水标示牌悬挂完成。

6.4.2 技术资料准备及其他工作

技术资料准备及其他工作包括：

(1) 各岗位原始记录准备和发放完毕。

(2) 各种突发事故应急预案编制审核发放完毕，对员工进行的培训结束。

(3) 特殊作业岗位取得相关培训证书。

(4) 岗位操作员工培训结束、考试合格。

(5) 设备操作规程编制、审核、培训结束，并挂到相应的位置。

(6) 压力容器、起重设备等操作人员取得相应的资质。

(7) 取得相关部门的试生产文件等。

(8) 安全警示牌悬挂满足安全生产组织的需要，得到安全人员的确认等。

(9) 配套的取样和分析操作人员、器具和操作方法已经准备完毕。

6.4.3 烘炉

烘炉前将粗铜排放口由内向外先堵 150mm 的黄泥，用木棍捣实，从外部插入 ϕ20mm 的圆钢，再从外部用黄泥塞实，便于开炉烧口。

底吹熔炼炉烘炉初期采用木材烘炉，待温度达到 300~400℃ 以上点燃主烧嘴进行升温。也可以采用加入少量劈柴直接引燃烧嘴的方法烘炉，该方法需要有点火装置保证烧嘴正常燃烧，操作、准备相对复杂，很少采用。具体操作如下：

(1) 氧气底吹熔炼炉处于 90°位置（氧枪在水平位置）。

(2) 安装燃烧器，试用燃烧系统，确认系统能正常工作。

(3) 检查确认各水冷元件通水。

(4) 按照投料参数，装好氧枪（该工作也可以在炉温 800℃ 后进行）。

(5) 炉内铺柴，劈柴上浇少量柴油点火，需要从主烧嘴和氧枪口供压缩空气管送风助燃，炉内温度达到 400℃ 时，开始用主烧嘴升温，若有条件可以通过氧枪配富氧空气助燃。烘炉参数见表 6-4。

表 6-4　柴油烘炉控制工艺技术参数

温　度	负压/Pa	空气量/m³·h⁻¹	烧嘴油量/kg·h⁻¹
400℃	+5~-5	500~1100	50~100
400~600℃	+5~-5	1000~5500	100~500
800℃恒温	+5~-5	5000~5500	500
800℃以上	+5~-5	5000~16500	500~1500

(6) 升温必须按耐火材料厂家提供的升温曲线进行，图 6-11 所示为某底吹炉的烘炉曲线。不同耐火材料厂家会稍有区别，但整体类似。

(7) 当炉温达到 800℃ 时，安装氧枪，根据炉内天然气量，适当通入氧气和压缩空气助燃并保护氧枪。

(8) 炉内温度达到 800℃，为了使炉内热量分布均匀，从渣口插入副烧嘴，使炉内温度均匀，并为余热锅炉煮炉创造条件。

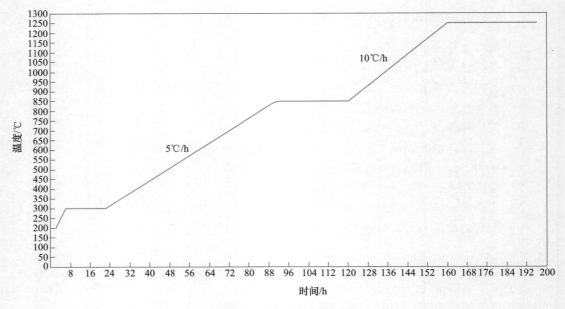

图 6-11　某底吹炉烘炉曲线

（9）该阶段可以安排余热锅炉煮炉，通过调整高温风机负荷和副烟道烟气量分配，配合余热锅炉煮炉。

6.4.4　造启动熔池

造启动熔池步骤及要求如下：

（1）当底吹熔炼炉温度达到1250℃，具备造启动熔池条件，期间在余热锅炉煮炉结束后，将炉体转动到造启动熔池位置，安装加料管。

（2）冷铜锍通过精矿仓石英配料仓、返料仓计量上料。

（3）电收尘器化底料前24h将灰斗加热系统开启。

（4）开启配料系统加冷铜锍造启动熔池，料量10t/h。

（5）当冷铜锍加入到炉内形成合适的料堆后，调整主烧嘴天然气量、供风、氧枪供风进行集中化料。

（6）化料过程通过渣口用氧气管和圆钢探测炉内液面状况。

（7）化料过程熔池深度达到600~800mm左右即结束该阶段作业，具备加料试生产作业条件。

（8）造启动熔池后期控制上料，保证该阶段工作结束时炉顶料仓和上料皮带没有物料。

（9）期间烟气同时走主烟气管路和副烟道，开启人孔门等进行兑风满足脱硫系统要求。

6.4.5　投料试生产及正常作业

投料试生产及正常作业步骤及要求如下：

（1）各作业岗位人员就位，投料相关系统完成联动试车并模拟投料作业试车完成，全面检查各系统并将存留的问题全部处理。

（2）确认熔体排放有关的黄泥、氧气管、堵口工具、应急物资等准备就绪。

（3）确认氧枪供风系统。

（4）确认投料试生产相关的风氧供给、烟气制酸、余热锅炉、炉渣转运等相关系统工作正常。

（5）启动熔池造好后，拆除开炉料加料管、拆除主烧嘴，封堵烧嘴孔。

（6）投料条件全部检查确认后，中央控制室按照投料参数调整负压、风量、氧气量至试生产正常值，通知炉长将底吹熔炼炉从"休风"位，转到"加料位"。

（7）底吹熔炼炉正位后空吹 2~3min，调整负压至正常值，开启加料系统开始向炉内加料。

（8）在炉渣排放前，每 30min 通过熔体检测、渣口取样观察等手段判断炉内温度并及时调整。

（9）当渣面接近渣口时，用黄泥将渣口堵上，上部留 50mm 缝隙便于观察。

（10）通过检测或渣口判断，渣面达到渣口下沿以上 100mm 左右，打开渣口开始排渣。

（11）渣包排放到一半以上时，根据炉渣排放温度，及时调整参数，将炉内温度控制到正常操作温度。

（12）铜锍液面达到 800~900mm 左右时，试排放铜锍。

（13）铜锍排放 5min 后测温，以此温度和炉渣排放状况综合考虑控制底吹炉温度。

（14）投料初期没有渣精矿和烟尘，底吹炉易过热，需要提前准备部分氧化矿或冷渣配料。

（15）电收尘器入口温度达到 220℃试送电。

（16）试运行过程中，若出现空压机停车或压缩空气失压、制氧停车或氧气失压、余热锅炉出现泄漏或重大故障、制酸系统故障、高温风机故障等情况，必须紧急转炉。

6.5 底吹炉的余热锅炉

6.5.1 概况

底吹炉处理的铜精矿成分往往相对复杂，品位低、含砷高、伴生金属多等，导致冶炼过程中高温烟气成分极为复杂，烟气中 SO_2 和烟尘含量高、湿度大、露点高、腐蚀性强、结渣严重。因此，相对其他工艺而言，底吹工艺对余热锅炉要求更苛刻，锅炉受热面工作环境更恶劣，极易形成锅炉内部酸性腐蚀，同时由于烟尘在高温下黏结性很强，使得受热面产生严重结渣和积灰。

底吹冶炼排出的高温复杂烟气，必须经过余热锅炉降温、降尘后，才能满足后续收尘和制酸设备的耐温需要，燃气处理后必须符合国家排放标准。因此，在整个工艺流程中，余热锅炉是不可或缺的烟气冷却、降尘及余热回收的关键设备。如果不能解决上述腐蚀、积灰和磨损等技术问题，并适应冶炼工艺的烟气负荷波动性，将会导致锅炉降温能力下降，收尘器易烧坏，甚至造成余热锅炉爆管等严重事故，导致停炉并影响整个冶炼系统的正常运行，造成严重经济损失。

在以往长期一段时间内，余热锅炉核心技术一直被国外公司（美国及德国的公司等）所垄断，核心设备主要依赖进口。中国恩菲充分利用产学研用的合作优势，在众多有色冶炼工程和生产实践的基础上进行大胆探索，自主开发了在国内更具应用前景的复杂烟气高效安全处置及余热回收关键技术，目前该技术已经获得发明专利 15 项，实用新型 4 项，彻底结束了冶炼余热锅炉对国外技术依赖的现状。

余热锅炉的关键技术有：

（1）从理论上揭示了冶炼复杂烟气腐蚀机理；创立了高 SO_2 条件下露点温度控制（ODT）防腐计算方法；开发出高烟尘含量下烟气流场控制（GVC）技术；创立了高含尘黏结性烟气（HAC）热力计算方法。成功应用自主知识产权的冶炼烟气余热回收技术，提高了冶炼工艺作业率，降低了冶炼生产能耗。

（2）从工艺上针对冶炼烟气负荷频繁变化的特点，首创蒸汽全时恒压（COP）调节技术，开发了混合水循环技术，消除了在烟气负荷急剧变化时余热锅炉蒸汽压力、水循环流量不稳定造成的安全隐患。

（3）从规模上研发出了当前世界容量最大的烟气处置及余热回收成套装备。

1）针对大型烟气流通通道带来的锅炉结构不稳定和受热面热膨胀等问题，尤其在烟气量和炉膛负压剧烈波动的工况下的技术问题，开发刚性梁、锅炉支吊结构、锅炉导向装置等专利技术，确保余热锅炉安全平稳运行。

2）针对底吹炉设计了创新的余热锅炉结构，采用全密封无泄漏炉体，确保锅炉的密封性，防止外部空气进入，产生低温腐蚀。发明全密封耐高温入口膨胀节，成功解决了锅炉和冶炼炉之间的高温密封和热膨胀补偿等难题。

3）自主开发了高效弹性清灰装置，合理布置振打点，防止烟尘堵塞。针对烟尘的黏结性特性，对容易积灰部位配置高效弹性振打清灰装置，有效解决了余热锅炉受热面清灰问题，避免了因堵灰而被迫停炉的现象，提高了余热锅炉传热性能和运行可靠性。

（4）建立了冶炼余热锅炉安全生产技术体系。针对冶炼余热锅炉作为特种设备的特性，建立了独特的余热锅炉设计、制造、安装和使用的安全技术标准和规程，为余热锅炉应用提供科学可靠的技术保障。

中国恩菲自主研发的冶炼余热锅炉，拥有多项发明和实用新型专利技术，整体技术达到世界先进水平。与国外顶尖的余热锅炉公司，如美国福斯特惠勒（Foster Wheeler）和德国欧萨斯（Oschatz）公司相比，余热锅炉应用范围更广、容量更大、负荷适应性更强，彻底解决了冶炼余热锅炉面临的腐蚀、堵塞、磨损、负荷波动等技术难题，满足现代有色企业对余热锅炉可靠性和安全性的要求，且更具经济性。

冶炼余热锅炉采用自主开发的 DCS 控制系统，与国外知名余热锅炉公司的控制系统相比，具有运行安全性高，负荷适应性强的特点，更适合我国硫化矿低品位、高砷、多金属伴生的国情。

6.5.2　余热锅炉的煮炉

余热锅炉为高温、高压设备，在使用前需要认真检查各个部位，并进行煮炉。

6.5.2.1　余热锅炉试运行准备

余热锅炉试运行准备步骤和要求如下：

（1）首先进行运动部件空试车联动。

（2）检查锅炉及辅机安装质量及接口介质位置的准确性，应要求制造商和安装单位全面检查。

（3）在确定上述环节准确无误时，请锅检所主技进行水压试验。

（4）进行水洗锅炉并进行每个回路的超声波流量检测，保障锅炉受热面每根回路畅通及流速基本均匀，请专业厂家检查锅炉受热面回路并进行检测。

（5）在余热锅炉水洗前检测化学水处理站是否正常运行，水质必须在达标后将除盐水送入余热锅炉房除氧器。

（6）检查 DCS 及调试合格后方可进行试运行，使其显示并动作准确。

（7）检查电力系统连锁及动作灵敏、电机保护系统整定值是否合理。

（8）烟气通过余热锅炉给水在除氧水箱中心线，凡烟气温度不小于 50℃ 必须连续启动循环泵。

（9）在试运行时必须保证高温风机的正常运行，底吹炉点火时必须启动高温风机，否则底吹锅炉底部受热面因热质传递不良而导致过热爆管。

（10）锅炉水洗碱洗及安全阀、超压系统（主蒸汽管道）必须灵敏，安全阀由锅检所整定并铅封。

6.5.2.2　烘炉、煮炉

烘炉、煮炉步骤及要求如下：

（1）缓慢加温，烘炉过程 3~5 天。第一天控制烟道出口温度小于 80℃，第二天温升至 105℃，后期温升至 160℃。记录锅炉各点的热膨胀位移，发现异常，找出原因，并消除异常。

（2）煮炉用药和数量。锅水中加入氢氧化钠（NaOH）2~3kg/m³，加入磷酸三钠（$Na_3PO_4 \cdot 12H_2O$）2~3kg/m³。药品溶解成浓度为 20% 的溶液，除去杂质后注入锅筒，煮炉期间汽包保持水位 +130~+160mm。

（3）温度从 160℃ 升至 450℃，锅炉产生蒸汽，由放空阀排出，使锅炉不受压，维持 9h。

（4）逐步升压，当蒸汽压力升至 0.1MPa，冲洗水位表；升至 0.4MPa，维持 12h，打开定期排污阀排污，排污量视污水量大小而定，同时补充给水和加药至所要求的浓度。

（5）升压至 1.9MPa，维持 18h，再打开定期排污阀排污，并补充给水。

（6）升压至 3.0MPa，维持 24h。

（7）取炉水样，对炉水碱度和磷酸根的变化进行分析和监测，取样分析间隔期为两小时一次，炉水碱度控制在 45mmol/L。

（8）氧气底吹熔炼炉降温，锅水温度降至 70℃，全部放出，打开汽包人孔检查，煮炉合格标准是受热面内壁呈黑褐色。

6.5.2.3　开炉运行

开炉运行步骤和要求如下：

（1）检查锅炉所有设备及仪表、阀门都处于正确状态。

（2）锅炉重新注水。注水不宜太快，注水时间夏季不少于 2h，冬季不少于 4h。当汽包水位到达-50mm 处，注水结束。

（3）与底吹炉炉长联系，开始接收烟气，升温速度控制在 50℃/h 以内，开炉时间约 6h。紧急开炉时，锅水升温速率小于 70℃/h，开炉时间约 3h。

（4）升压过程应注意汽包水位变化，调整水位调节阀，使之保持正常水位，此时不得关闭排气阀进行赶火升压。

（5）蒸汽压力升至 0.05~0.1MPa 时，应冲洗水位计、压力表，并与低读仪表进行校对。

（6）蒸汽压力升至 0.2~0.3MPa 时，通知仪表人员冲洗各仪表管路，防止堵塞。通知机修人员调紧螺栓，并抄录膨胀指示器。

（7）蒸汽压力升至 0.5~0.6MPa 时，进行排污，排污量及时间视炉水化验结果而定。

（8）蒸汽压力升至 1.5MPa 左右，通知用户开启蒸汽管路上的疏水阀，随后微开出汽阀对蒸汽管进行暖管，暖管后送气。

（9）蒸汽压力升至 2.5MPa，再吹冲洗并校对水位计，作膨胀记录，全面检查锅炉各部位。

（10）在第一次运行时，要调定好所有安全阀的起跳压力。其操作要求如下：

1）通知中控室投入水位自动控制。

2）当除氧器水位、压力调节正常后，通知中控室投入自动调节。

3）保持 2.8~3.1MPa 蒸汽压力，转入正常运行。水位调整、压力调整、排污、清灰除尘等按操作规程实行。

6.6　底吹熔炼炉的氧枪

6.6.1　氧枪工艺技术参数研究

6.6.1.1　氧枪结构

氧枪为双层套管，内管氧气通道为等截面，内管与外管中间的缝隙形式有两种：环形缝和槽形缝。在两管间的缝隙中通冷却气体保护氧枪。从理论上讲，环缝形式冷却效果好，但实际应用中并非如此，环缝式喷枪易发生偏心，使得冷却不均匀，冷却较差的部位易损坏，导致氧枪非对称烧损。因此，现在所用喷枪通冷却气体的环缝均改为槽缝，最近又出现方孔断面的氧枪，该氧枪可进一步减少阻力系数，保证氧枪的同心度。

氧枪的前段被侵蚀烧损到一定长度时必须更换。正常作业时，炉内熔体会在氧枪出口周围黏结，形成"蘑菇头"，保护氧枪和枪口砖，同时氧枪头部采用特殊材料和工艺制造，可延长氧枪寿命。实际生产中，氧枪受高温化学侵蚀造成氧枪枪头缓慢烧损，需加强监测，定期更换。图 6-12 所示为曾经采用的两种氧枪的断面示意图，图 6-13 所示为目前所采用的氧枪结构示意图。

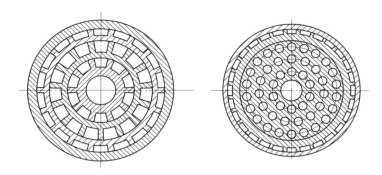

图 6-12　槽缝与环缝氧枪断面示意图

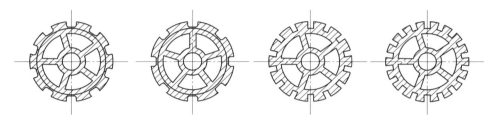

图 6-13　方孔氧枪断面示意图

6.6.1.2　氧枪设计理论

在冶金炉氧枪喷吹过程中，氧枪前端通常直接或间接与高温熔体接触，氧枪管壁受到来自熔体和周围耐火砖的热流加热。因此，氧枪数学模型是一个集传热和流动为一体的复杂模型，如果按照绝热模型对氧枪内流动过程进行计算，往往存在较大误差。魏季和[11]等人在对炼钢转炉氧枪进行研究时，提出热源作用下管式等截面氧枪内气体流动模型。该模型基本假设条件如下：

（1）流动为一维稳态流动；

（2）流动过程中气体属性的变化连续；

（3）气体为理想气体，且在涉及的温度范围内，其比热为常数；

（4）流动过程中不发生化学反应和相变；

（5）传热过程处于稳态，热源强度不随时间而变。

根据上述假设，可以建立如下数学模型：

（1）连续性方程

$$\frac{\mathrm{d}\rho}{\rho} + \frac{1}{2}\left(\frac{\mathrm{d}v^2}{v^2}\right) = 0 \tag{6-3}$$

（2）动量方程

$$- A\mathrm{d}p - \tau_w \mathrm{d}A_w = W\mathrm{d}v \tag{6-4}$$

式中

$$\tau_w = f\rho v^2/2 \tag{6-5}$$

（3）能量方程

$$c_p\mathrm{d}T + d\left(\frac{v^2}{2}\right) = c_p\mathrm{d}T_0 \tag{6-6}$$

（4）理想气体状态方程

$$\frac{\mathrm{d}p}{p} = \frac{\mathrm{d}\rho}{\rho} + \frac{\mathrm{d}T}{T} \tag{6-7}$$

（5）马赫数定义

$$\frac{\mathrm{d}M_2}{M_2} = \frac{\mathrm{d}v_2}{v_2} - \frac{\mathrm{d}T}{T} \tag{6-8}$$

（6）滞止温度

$$T_0 = T + \frac{v^2}{2c_p} = T\left[1 + \frac{M^2(k-1)}{2}\right] \tag{6-9}$$

由式（6-3）~式（6-9）可得：

$$\mathrm{d}M_2/M_2 = \frac{(1 + kM^2)\left(1 + \dfrac{k-1}{2}M^2\right)}{1 - M^2} \cdot \frac{\mathrm{d}T_0}{T_0} + \frac{kM^2\left(1 + \dfrac{k-1}{2}M^2\right)}{1 - M^2} \cdot 4f\frac{\mathrm{d}x}{D} \tag{6-10}$$

$$\frac{\mathrm{d}v}{v} = \frac{1 + \dfrac{k-1}{2}M^2}{1 - M^2} \cdot \frac{\mathrm{d}T_0}{T_0} + \frac{kM^2}{2(1 - M^2)} \cdot 4f\frac{\mathrm{d}x}{D} \tag{6-11}$$

$$\frac{\mathrm{d}T}{T} = \frac{(1 - kM^2)\left(1 + \dfrac{k-1}{2}M^2\right)}{1 - M^2} \cdot \frac{\mathrm{d}T_0}{T_0} - \frac{k(k-1)M^4}{2(1 - M^2)} \cdot 4f\frac{\mathrm{d}x}{D} \tag{6-12}$$

$$\frac{\mathrm{d}\rho}{\rho} = \frac{1 + \dfrac{k-1}{2}M^2}{1 - M^2} \cdot \frac{\mathrm{d}T_0}{T_0} - \frac{kM^2}{2(1 - M^2)} \cdot 4f\frac{\mathrm{d}x}{D} \tag{6-13}$$

$$\frac{\mathrm{d}p}{p} = \frac{kM^2\left(1 + \dfrac{k-1}{2}M^2\right)}{1 - M^2} \cdot \frac{\mathrm{d}T_0}{T_0} - \frac{kM^2\left[1 + (k-1)M^2\right]}{2(1 - M^2)} \cdot 4f\frac{\mathrm{d}x}{D} \tag{6-14}$$

在所作假设条件下同时考虑加热和摩擦效应时表征管式等截面氧枪内气体流动特性的微分方程，其中式（6-10）~式（6-14）右边第一项相应为热源的作用，第二项则为摩擦的影响。

以图 6-14 为例，管式等截面氧枪出口处气流特性计算方法如下：

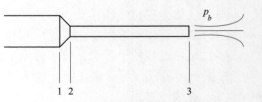

图 6-14　直管式等截面氧枪示意图

$$\frac{T_3}{T_2} = \frac{T_{03}}{T_{02}} \cdot \frac{1 + \dfrac{k-1}{2}M_2^2}{1 + \dfrac{k-1}{2}M_3^2} \tag{6-15}$$

$$\frac{V_3}{V_2} = \frac{M_3}{M_2}\sqrt{\frac{T_3}{T_2}} \tag{6-16}$$

$$V_3 = M_3\sqrt{kRT_3} \tag{6-17}$$

$$\frac{p_3}{p_2} = \frac{M_2}{M_3} \sqrt{\frac{1 + \dfrac{k-1}{2}M_2^2}{1 + \dfrac{k-1}{2}M_3^2}} \sqrt{\frac{T_{03}}{T_{02}}} \tag{6-18}$$

$$\frac{\rho_3}{\rho_2} = \left(\frac{p_3}{p_2}\right) \cdot \left(\frac{T_2}{T_3}\right) \tag{6-19}$$

由式（6-15）~式（6-19）可以计算得到不同气体（如 N_2 和 O_2）在不同的喷吹速度下的温降情况（见图 6-15），从图 6-15 可以看到，当气流速度接近声速的时候，气体流经氧枪的温降大约在 50℃ 左右。而在实际的设计过程中，氧枪射流的喷射速度都不会高于声速，因为过高的流速会导致枪头的磨损加重。

当喷枪喷气速度达到 277m/s 时，喷枪中心管的寿命很短，有时仅 1~2 天就被磨破，而当速度降至 100m/s 时，寿命会大大增加。因此，氧枪的寿命和外层冷却气体的流速有一个折中值，具体值的大小还需要设计者根据实验以及现场经验来确定。

在计算得到氧枪出口流速、压力、温度等值之后，可根据下式计算氧枪流量：

$$Q = 18.6\alpha A p_1 \sqrt{T_1} \tag{6-20}$$

式中，A 为喷枪截面积，cm^2；p_1 为喷枪入口处气体压力，kg/cm^2（$1kg/cm^2 = 0.1MPa$）；T_1 为喷枪入口处气体绝对温度，K；α 为流量系数。

6.6.1.3 底吹熔炼炉氧枪的优化

设计试制了新型氧枪并开展现场工业化试验，考察不同氧枪结构形式及材质对使用寿命及熔池内反应情况的影响，确定最佳氧枪结构，优化氧枪设计参数。

根据所设计的 4 种不同结构的氧枪，2013 年由制造厂根据设计图纸共制造了 10 支氧枪，送到试验现场进行试验，其结构如图 6-16 所示。

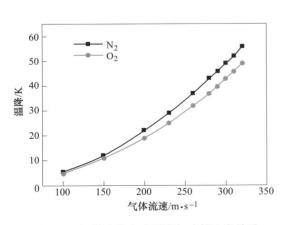

图 6-15　气体绝热流动温降与喷射速度关系

图 6-16　新设计氧枪结构

某冶炼厂同时安装到位 4 种不同结构的氧枪（以下分别简称 A、B、C 和 D），四种氧枪的操作参数详见表 6-5。

表 6-5　四种氧枪的操作参数对比情况

项目 内容 序号	A 枪				B 枪				C 枪				D 枪			
	氧气		空气		氧气		空气		氧气		空气		氧气		空气	
	流量 /m³·h⁻¹	压力 /MPa	流量 /m³·h⁻¹	压力 /MPa	流量 /m³·h⁻¹	压力 /MPa	流量 /m³·h⁻¹	压力 /MPa	流量 /m³·h⁻¹	压力 /MPa	流量 /m³·h⁻¹	压力 /MPa	流量 /m³·h⁻¹	压力 /MPa	流量 /m³·h⁻¹	压力 /MPa
1	980	0.43	498	0.41	1278	0.4	489	0.42	1448	0.41	421	0.4	1589	0.4	423	0.4
2	1421	0.42	456	0.41	1304	0.4	437	0.42	1437	0.41	438	0.41	1587	0.4	422	0.4
3	1400	0.42	473	0.42	1300	0.41	388	0.42	1368	0.41	427	0.42	1579	0.41	418	0.41
4	1330	0.41	389	0.42	1298	0.41	357	0.43	1421	0.42	378	0.42	1568	0.41	416	0.41
5	1420	0.42	360	0.43	1187	0.42	379	0.43	1300	0.42	408	0.43	1515	0.41	410	0.42
6	1327	0.42	452	0.43	1120	0.43	363	0.44	1408	0.43	289	0.43	1553	0.42	408	0.42
7	1221	0.43	463	0.44	1210	0.42	412	0.43	1400	0.43	316	0.44	1542	0.42	412	0.42
8	1228	0.44	317	0.44	1100	0.44	288	0.44	1301	0.43	389	0.44	1538	0.43	403	0.43
9	1291	0.45	298	0.43	1080	0.43	189	0.43	1271	0.44	163	0.45	1525	0.43	299	0.43
10	1180	0.44	157	0.44	1078	0.44	197	0.44	1100	0.45	45	0.45	1521	0.43	397	0.43
11	1176	0.45	138	0.45	1102	0.43	289	0.43	1108	0.44	147	0.45	1516	0.44	387	0.45
12	1001	0.46	54	0.45	1056	0.43	163	0.45	980	0.45	89	0.46	1508	0.44	385	0.44
13	980	0.45	168	0.46	1103	0.45	0	0.44	976	0.44	126	0.47	1501	0.45	268	0.45
14	1031	0.47	96	0.46	989	0.46	89	0.45	991	0.46	157	0.46	1498	0.45	375	0.45
15	1107	0.47	134	0.46	937	0.46	102	0.45	1056	0.46	120	0.47	1489	0.45	364	0.46
16	1192	0.48	235	0.47	1057	0.47	135	0.47	1070	0.46	0	0.48	1478	0.46	366	0.46
17	1010	0.48	187	0.47	1068	0.46	68	0.47	1009	0.47	330	0.49	1476	0.46	372	0.46
18	1008	0.48	289	0.48	1001	0.48	159	0.46	1020	0.47	88	0.48	1458	0.47	375	0.47
19	960	0.48	325	0.49	988	0.47	163	0.58	988	0.47	56	0.5	1455	0.47	371	0.47
20	978	0.49	427	0.49	986	0.48	158	0.48	990	0.48	213	0.48	1444	0.48	365	0.47
21	1001	0.49	98	0.49	979	0.5	0	0.48	987	0.49	137	0.49	1438	0.48	366	0.48

经过了近一个月的生产实验，4 种氧枪的使用情况总结如下：

（1）A 枪：加工精度不够，拆装时不方便，影响维护进度，个别不能二次使用，但寿命较长；

（2）B 枪：材质较差，使用寿命短，出现烧损的现象多；

（3）C 枪：气量稳定性较差，容易堵塞，但制造精度高，拆装方便；

（4）D 枪：加工精度较差，但气量较稳定，使用时间周期较长。

以上 4 种氧枪是在同等的条件下同时进行实验的，包括分两排不同位置进行实验。总体 D 的效果较为理想，气量稳定，压力适中，连续作业时间较长，这正是工艺的期望和发展方向，至于加工精度可以直接和制造方进行沟通，便于提高。总之，D 枪即新设计的氧枪效果较好，冶炼厂推荐使用。

经过近一个月的实验，总结 A 枪和 D 枪的操作参数，现对氧枪设计参数优化如下：氧枪直径为 $\phi48mm$，其氧气量取 $1400m^3/h$，氧气压力约 $0.5kg/cm^2$，空气压力约为 $0.5kg/cm^2$，空气与氧气通道面积比为 $0.3\sim0.35$。

通过上述试验及验证，该新型氧枪具有以下特点：

（1）熔炼用氧枪中心通氧气，外环采用空气冷却保护；

（2）减少换枪次数，换枪主要是清理空气及氧气通道中堵塞物，目前生产中换枪周期由原来的 3~5 天延长到 5~9 天，每支枪取出及安装时间大约为 20min，更换周期延长大幅提高了底吹炉的工作效率；

（3）有利于控制形成合理的"蘑菇头"，保护氧枪并延长氧枪的寿命，氧枪的实际使用寿命可以达到半年左右。

6.6.1.4 氧枪布置

作为底吹炉的核心部件，氧枪在底吹炉的设计过程中一直在探索、改进和优化，氧枪的数量、布置、角度等等，在不同底吹炉中均有变化。

单支氧枪气体力学参数确定后，枪的间距就是影响喷吹效果的另一个重要参数。1984 年北京有色冶金设计研究总院（中国恩菲前身）与中国科学院化工研究所对底吹炉喷枪通过常态水力模型试验，并对试验数据进行多元逐次回归得出了喷射流各参数之间的半经验关系式：

$$\frac{S}{W} = 26.224 \left(\frac{W}{D_0}\right)^{-0.619} (Fr')^{0.122} \left(\frac{H}{D}\right)^{0.523} \tag{6-21}$$

$$Fr' = \frac{u_0^2}{gD_0} \cdot \frac{\rho_g}{\rho_r - \rho_g} \tag{6-22}$$

式中，S 为氧枪对熔体的有效搅拌直径，m；W 为氧枪间距，m；D_0 为氧枪出口内径，m；Fr' 为修正的弗劳德准数；u_0 为气体喷出速度，m/s；ρ_g 为气体的密度，kg/m^3；ρ_r 为熔体的密度，kg/m^3；H 为熔池深度，m；D 为炉子内径，m。

S/W 为有效搅动直径与喷枪间距的比值，它是表示喷枪间距是否合理的一个指数。但实际应用比较困难，因"S"就难以准确计算，只能根据经验和试验确定。

喷枪的间距直接影响到炉体的长度，为避免炉体过长，又要布置较多的喷枪，可在底部交错布置双排喷枪，或者是在一个枪位布置两支到三支喷枪，减少喷枪座数量，有效缩短炉体长度。

6.6.1.5　氧枪吹氧过程数值模拟

氧枪作为底吹炉的关键部件，在底吹炉氧枪吹氧过程中，其热状态参数（温度场、流场、速度场等）的变化非常复杂，需要建立水模型和数学模型对其进行研究。水模型实验台包括如下分系统：实验台主体、供气系统、布光系统、高速摄像系统、电导率测量系统和波高测量系统。

水模型装置如图 6-17 所示，数值模拟所得到的部分结果如图 6-18 所示。

图 6-17　水模型试验台

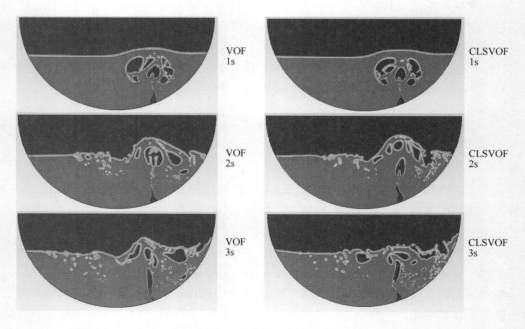

图 6-18　数值模拟部分结果

6.6.2 蘑菇头对底吹炉内流动过程的影响

6.6.2.1 氧枪蘑菇头模型分析

蘑菇头内部结构复杂，包含许多细小气流通道。由于蘑菇头的存在，氧枪出口处的气流速度和阻力特性会发生极大的变化。杨鹏[13]等人采用CFD模拟的方法对蘑菇头附近的流动过程进行了研究。在他们的研究中，对蘑菇头区域采用多孔介质模型进行描述。建模过程中，将蘑菇头简化为球壳模型，空心部分孔隙率为0.6，整体孔隙率为0.8。图6-19所示为氧枪前端蘑菇头模型示意。

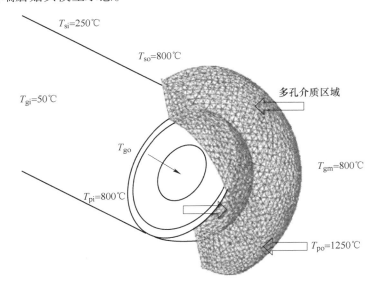

图6-19 蘑菇头形貌示意

通过建立底吹炉切片模型，对其内部流动过程进行模拟，并从气泡形貌、上升时间等方面对比蘑菇头存在对流动过程的影响。

气泡的体积与形状：有蘑菇头存在时，气泡的体积要大于没有蘑菇头存在时气泡的体积。没有蘑菇头的时候气泡没有明显的径向膨胀，因此形状更接近于柱状（见图6-20(a)）；而蘑菇头存在时，由于蘑菇头对喷出气流的速度方向产生影响，速度倾向于向四周发散，气泡在径向方向膨胀明显，甚至接近球形（见图6-20(b)）。在实际生产中，体积大的气泡与流体有更多的接触，反应更加充分，对流体流动的搅拌效果更好。

蘑菇头的存在，不仅对氧枪附近气泡的形貌有影响，还会影响气泡上升的速度和气泡到达液面的时间（气泡在液相中的停留时间）。气泡到达液面的时间决定了气泡在炉内停留的时间。在有蘑菇头的情况下，气泡到达液面的时间是0.4995s，而没有蘑菇头存在时气泡到达液面的时间是0.1796s，即有蘑菇头的情况下，气泡到达液面的时间是没有蘑菇头存在时的2.8倍。因此蘑菇头的存在可以使气体在炉内停留更长的时间，说明蘑菇头有利于炉内反应的充分进行。

综合分析，可以认为蘑菇头的存在有助于炉内熔体与气体进行更充分的反应。

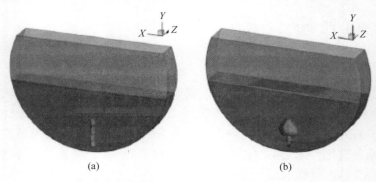

(a)　　　　　　　　　　　　　　　(b)

图 6-20　有无蘑菇头时气泡对比

（a）无蘑菇头；（b）有蘑菇头

6.6.2.2　熔炼氧枪"蘑菇头"微观形貌与物相分析

底吹炉氧枪长期在高温、强冲刷、强侵蚀条件下工作，使用一段时间后，氧枪会发生弯曲、断裂、烧损等故障，严重时需要对氧枪进行更换。在底吹熔炼炉中，由于氧枪前端会形成"蘑菇头"，对氧枪有一定的保护作用，熔炼炉氧枪寿命相对较长。底吹吹炼炉中，无法形成良好的蘑菇头，氧枪前端直接暴露在高温熔体中，氧枪损耗速度明显加快。

刘柳等人[12]对熔炼炉氧枪蘑菇头进行了取样，并对其进行微观形貌分析和物相分析。图 6-21 所示为蘑菇头微观形貌分析结果，从图 6-21 可以看到，蘑菇头中也存在多种形态不同的物相，各物相相互交混存在，且各物相呈现不同的晶体形状，由于图 6-21（a）放大倍数较低，难以判断出各个晶体的具体物相组成，而图 6-21（b）是对图 6-21（a）中同一个晶相进行放大所得到的图像，所以根据这些 SEM 像也无法确定蘑菇头中各物相的具体组成。

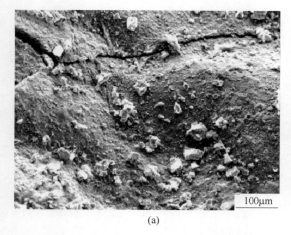

100μm　　　　　　　　　　　　　　10μm

(a)　　　　　　　　　　　　　　　(b)

图 6-21　蘑菇头的 SEM 图像

根据熔池熔炼过程中蘑菇头的形成机理和铜熔池熔炼的化学反应过程，可以判断蘑菇头中应该含有铜锍和 Fe_3O_4。由于铜锍相的颜色是白色的，且铜锍一般呈颗粒状形态，故可判断图 6-21（a）和（b）中的白色颗粒状和片状晶体为铜锍。从图 6-21 还可以看到，蘑菇头中铜锍的粒径不一，且相互层叠排列。蘑菇头中其他相无法从 SEM 谱上确定，而可通过 X 射线衍射对蘑菇头进行物相组成的确定，蘑菇头的 XRD 谱分析如图 6-22 所示。

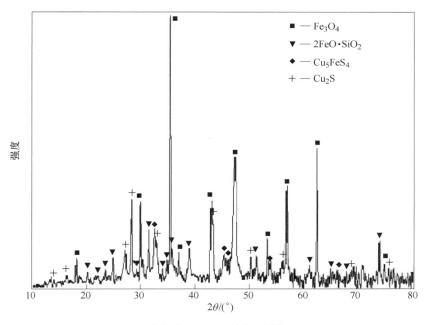

图 6-22 蘑菇头的 XRD 谱

从图 6-22 可以看到，蘑菇头中可分辨的结晶相有磁铁矿相（Fe_3O_4）、铜锍相、铁橄榄石相（$2FeO \cdot SiO_2$）和 Cu_2S。图 6-22 表明，在蘑菇头中，Fe_3O_4 的含量高，除取样时的氧化作用外，由于氧枪出口处氧势高，硫势最低，有利于 Fe_3O_4 的生成，且 Fe_3O_4 的熔点最高，在氧枪内空气的冷却下，氧枪周围熔体中 Fe_3O_4 最先析出，随着冷却的进行，析出的 Fe_3O_4 不断增加，所以在蘑菇头中，其含量最高。蘑菇头中高含量的 Fe_3O_4 可提高其熔点和高温抗氧化性，有利于蘑菇头的稳定，从而更好地保护氧枪，延长氧枪的使用寿命。因此，该工艺下蘑菇头中的成分有利于其更好地保护氧枪。

蘑菇头中铜元素以铜锍和 Cu_2S 的形式存在，这表明，在氧枪周围，一部分 Cu_2S 与 FeS 结合形成了铜锍，而还有一部分 Cu_2S 没有生成铜锍，而是单独存在，这可能是由于在氧枪周围，铜精矿未能分解生成足够多的 FeS 与 Cu_2S 造锍，造成 Cu_2S 遇冷析出，也可能是由于 Cu_2S 与 FeS 还未来得及发生造锍反应即被冷却析出。

在蘑菇头附近的高氧势和低硫势作用下，Cu_2S 参与反应生成 Cu_2O，但是从 XRD 谱中并未发现铜的氧化物，而只有铁的氧化物，再结合渣样和铜锍样的 XRD 谱，同样未发现 Cu_2S，只有 FeS 的存在，由此说明，熔炼的氧化过程中 FeS 优先于 Cu_2S 氧化，硫和铁的氧化是氧化过程的主要反应。

6.7 加料口清理机

在底吹炉正常生产过程中，由于熔炼时熔池反应剧烈造成熔体喷溅，并且加料口为负压操作，温度较低，导致加料口易发生黏结，如不及时清理容易造成加料口堵塞。在生产实践中通过人工手动清理加料口，但强度大、任务繁重，工作条件恶劣。针对加料口的黏结情况，中国恩菲开发了一种模拟人工清理动作的加料口清理机。

早期设计的加料口清理机由刀具、线性驱动装置和旋转驱动装置组成。线性驱动装置与刀具相连，驱动刀具沿加料口的轴向往复移动以清理加料口壁上的黏结物；旋转驱动装置与线性驱动装置相连，驱动线性驱动装置带动刀具沿所述加料口的轴向移动。

由于底吹炉的加料口往往有 2~3 个，这种模式的清理机需要设 2~3 个，占地大，布置不方便，后期的加料口清理机采用了轨道形式，通过清理机在轨道上的移动，可利用一台清理机对多个加料口进行清理，另外加料口清理机的捅钎也改为液压驱动。图 6-23 和图 6-24 所示分别为某冶炼厂底吹炉正在安装中和使用中的加料口清理机。

图 6-23　安装中的加料口清理机

图 6-24　使用中的加料口清理机

图 6-25 所示为某冶炼厂加料口清理机的配置情况。底吹炉设两个加料口,移动轨道设置在移动皮带的上方,并给人工操作预留足够空间。

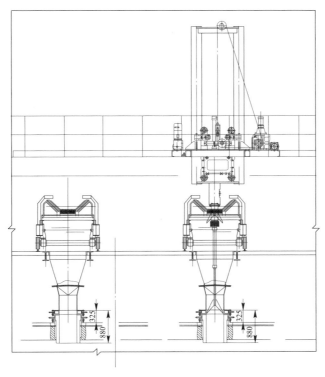

图 6-25 加料口清理机配置示意图

在使用过程中,加料口清理机仍暴露出一些需要改进的问题,比如位于加料口下方的喷溅物无法清理。因此加料口清理机只在个别铜冶炼厂采用,还没有广泛推广。在底吹炉结构方式上优化设计而降低喷溅的措施也在同步进行,比如加大加料口与喷枪的距离、减少漏风量等。

6.8 底吹炉附属设施

6.8.1 配加料设施

6.8.1.1 原料卸车及储存

精矿的输送方式有汽车运输、轮船运输、火车运输等。

(1)汽车运输的原料主要是选矿厂、轮船码头距离冶炼厂相对较近的,也有许多小批量的原料通过汽车运输到冶炼厂。

(2)轮船运输的原料距离工厂近的,采用管式皮带直接转运到冶炼厂精矿储仓;距离较远的采用吨袋、集装箱、火车散料等形式运输到冶炼厂。

(3)火车从选矿厂装运到冶炼厂的原料也有吨袋、散料等几种运输形式。

根据运输方式的不同,精矿库的设计也因项目而异,这中间有企业对卸车、储存、配料等方式的喜好差异，也有国内外差异等。但是，总的来说有 3 种配置形式：

（1）卸矿、储存和配料集中在精矿库。该配置节约用地，但是不便于配料，并且卸车和给炉子上料交叉作业，具体实施过程存在一定的难度。

（2）卸矿单独设卸矿站，精矿倒运到精矿库，精矿库具备精矿储矿和配料的功能。该配置卸车、储存及配料相对独立，实施难度小，便于生产管理。

（3）卸车和储存配置在精矿库，单独设配料站，配料站设多个 200~250t 的配料仓。该配置适合于规模较大的工厂，其优点是卸车和上料起重设备能够共用，配料站具有中间缓冲仓的作用，对生产的影响较小。

6.8.1.2　原料配料

随着铜冶炼产能的不断扩大，原料采购市场的争夺也越来越激烈，冶炼厂利润空间越来越小。因此，冶炼厂为了提高利润，通常会小批量购买低价原料，使得原料的组成也越来越复杂，这对原料的配料提出了更高的要求。

原料的配料形式有堆式配料和定量设备配料。堆式配料适用于生产规模大，原料种类少、单一种类矿量大的情况；定量给料设备适用原料种类多、单一种类矿量小的情况。从国内近年来设计的项目来看，后者更具有优势。

配料设施除了常规的渣精矿、返料、石英石、块煤等的定量配料设施外，精矿的配料需要根据原料的种类、数量、水分、粒度等综合考虑。因此也就产生了座仓定量给料机、双层定量给料机、圆盘给料机+定量给料机的多种形式。

（1）座仓定量给料机适用于原料含水相对较低并且比较稳定的物料，块状物料等，如块状的块煤、返料、石英石、石灰石等，料仓出口配套棒条阀。

（2）双层定量给料机适用于冶炼工艺对配料精度要求高的原料配料，料仓下部出料区域配套有振动料斗以解决下料不畅的问题，闪速熔炼的配料常采用这种配料形式。

（3）圆盘给料机+定量给料机适用于渣精矿、自产精矿、含水较高的精矿，这种配料方式在底吹熔炼炉原料的配料常常采用。

6.8.1.3　加料

底吹熔炼炉炉顶加料目前有三种形式。

（1）物料经配料和胶带输送机转运到炉顶后，通过犁式卸料器分配到多台移动胶带输送机，通过移动胶带输送机将料通过加料口加入炉内。这种形式适用于处理量较小、吹炼工艺对铜锍品位变化范围要求不高的项目。

（2）物料经配料和胶带输送机转运到炉顶后，通过犁式卸料器分配到多个炉顶中间缓冲仓，中间缓冲仓能够储存 20~30min 的混合物料，中间缓冲仓下部设计量设备，将物料通过移动定量给料机或移动胶带输送机加入到底吹炉加料口。这种加料形式加料相对稳定，不受配料系统下料不畅等因素的影响，并具有短时间处理配料系统故障的功能；但导致物料倒运次数增加，投资增加。

（3）加料系统还考虑了开炉加底料时的装置，在开炉期间使用后即可拆除。

三种形式的加料设施分别如图 6-26~图 6-28 所示。

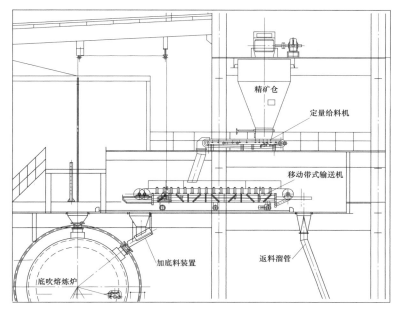

图 6-26 底吹熔炼炉加料方式一

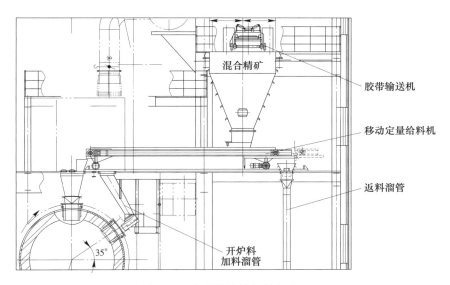

图 6-27 底吹熔炼炉加料方式二

胶带输送机的选型应当按照带负荷启动设计，底吹熔炼炉有 2 个加料口的，应按照单台设备能够满足最大投料量；3 个加料口的应按照 2 台加料设备满足最大投料量设计。

6.8.2 供氧供风

底吹熔炼炉需要的氧气、氮气来自制氧站，压缩空气由空压机站空气压缩机提供。氧气、氮气和压缩空气通过调节阀组调节后，分配到各支氧枪。

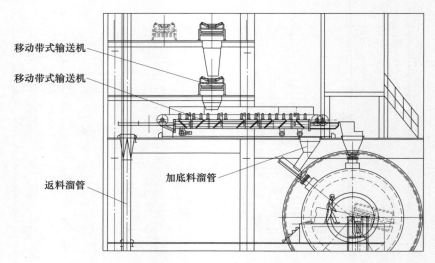

移动带式输送机

移动带式输送机

返料溜管

加底料溜管

图 6-28　底吹熔炼炉加料方式三

一般设计压力为 800kPa，风机选择压力时主要考虑以下因素：

（1）熔体静压力，一般为 80~100kPa；

（2）喷枪动压 200~300kPa；

（3）喷枪阻力 50~100kPa；

（4）管道阻力 20kPa 左右；

（5）控制阀组 100~200kPa。

6.8.2.1　氧枪供氧

底吹熔炼炉供氧阀站包括仪表调节阀和流量计，根据工艺需求通过仪表调节阀控制氧枪供氧量，满足工艺控制要求。另外，底吹熔炼炼炉供氧气阀站设计有"快速切断/送风"仪表阀，底吹熔炼炉氧气管路设计有"快速切断/放空"阀。"快速切断/放空"仪表阀与氧气调节阀站"快速切断/送风"阀设计为自动联锁，出现出烟口喷渣、泡沫渣等紧急情况时，启动紧急放空阀，DCS 自动联锁切断氧气调节阀站"快速切断/送风"阀，同步执行打开"快速切断/放空"仪表阀，防止事故恶化。国内某冶炼厂供风供氧阀站如图 6-29 所示。

底吹熔炼炉供氧阀站设计有稳压放空仪表调节阀，与管路压力形成回路，维持管道内压力稳定（其压力设定值略低于空压机额定压力）。在停料和用气量变化较大时可防止将空压机处在喘振区。为了使各支氧枪进气均匀，氧气阀站与氧枪支管之间设计为环形供风管，将主管供风均匀分配给各支氧枪，并且每支氧枪气量和压力进行检测，把信号送到中央控制室。

底吹熔炼炉供氧气管路设计时管径适当放大，具备储气罐的功能，氧气站故障后，管路可继续供气 1min 左右，使故障状态下能够将炉体安全地从"0"位转到 75°休风位。根据氧气储气罐的安全管理要求和国家对压力容器附件定期校验要求，放大供氧管网管径实现储气罐功能的设计在多个项目应用都比较成功，并且测算后投资也是节省的。当然前提是管网管线具有一定的长度。

图 6-29　国内某冶炼厂供风供氧阀站

6.8.2.2　氧枪供压缩空气

氧枪压缩空气供气形式与供氧类似，不同之处在于稳压放空和"快速切断/放空"配置在空压机房。

6.8.3　熔体排放

底吹熔炼炉熔体主要是铜锍和炉渣的排放。

6.8.3.1　铜锍排放

铜锍排放依据规模不同、铜锍走向不同配置也有差异。铜锍走向一般分为 3 种情况：（1）排放至铜锍包；（2）铜锍进入粒化系统；（3）铜锍通过流槽直接流入连续吹炼炉。由于底吹熔炼炉属于低温熔炼，工艺控制根据炉渣排放流动性进行温度控制，铜锍温度属于被动控制和参照的，一般情况下温度低于 1200℃，易黏结流槽，特别是生产高品位铜锍时，这个问题更加明显。所以，铜锍排放有以下特点：

（1）铜锍排放至铜锍包时，基本上不设流槽或流槽尽可能短。

（2）铜锍排放至粒化装置时，粒化装置尽可能靠近炉体，使流槽尽可能短。

（3）铜锍排放至连续吹炼炉时，吹炼炉和底吹熔炼炉的配置方式以尽可能缩短流槽长度为原则。

（4）在满足堵口条件时，铜锍排放口尽可能大，有利于排放时形成较大流股减少黏结。

（5）处理量较大时，铜锍排放口需要考虑两个以上，实现流槽的交替检修维护。

（6）对于设计产能较大的项目，可以考虑虹吸排放铜锍，这种形式更适用于热态铜锍连续吹炼工艺。

6.8.3.2　炉渣排放

据前所述，底吹熔炼属于低温熔炼，炉渣过热温度为 50~100℃，炉渣流动性比较差。因此，在生产规模为年产 10 万吨铜左右的项目中，渣口为 1500mm 左右的铜水套结构形式，炉渣经流槽流入渣包，流槽角度约 45°。

生产规模较大时（一般年处理矿超过 100 万吨），炉渣排放量较大，需要两个渣口排渣。设计有两种布置形式：一种是在排渣端部设一个渣口，在出烟口区域侧部布置一个渣口，这样可以实现两个渣口流槽均小于 1500mm。另外一种布置是将两个渣口都布置在炉子端部，这样就需要通过流槽将两个渣包位置分开，实现独立排渣。

具体在设计中，由于底吹熔炼炉产出炉渣流动性差，所以流槽的配置角度 40°~50° 为宜，材质可采用铜水套流槽，其优点是流槽清理工作小，工人劳动强度小。

6.8.4　排烟系统

正常生产的熔炼烟气经余热锅炉降温和电收尘器收尘后送烟气制酸系统。熔炼炉事故转炉前期烟气仍进烟气处理系统，后期烟气经事故烟道或喷雾室降温，并入环集烟气管道，送环集烟气脱硫系统，图 6-30 所示为底吹炉烟气处理示意图。

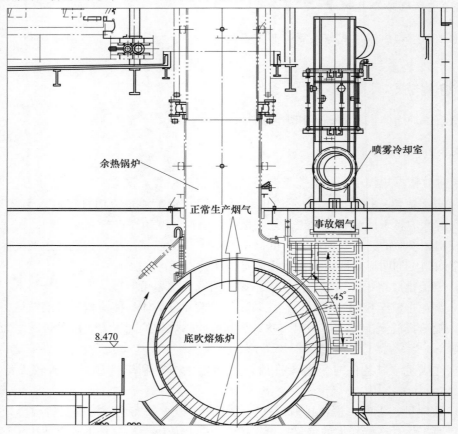

图 6-30　底吹炉排烟系统示意图

参 考 文 献

[1] 胡立琼，李栋. 氧气底吹熔炼炉的研发与应用 [J]. 有色设备，2011 (1)：34~37.

[2] 闫红杰，刘方侃，张振扬，等. 氧枪布置方式对底吹熔池熔炼过程的影响 [J]. 中国有色金属学报，
    2012 (8)：2393~2400.

[3] 陈士超. 特大型底吹炉筒体制造技术 [J]. 中国有色冶金，2017，46 (1)：36~40.

[4] 秦军，刘奉家，赵亮，等. 压力容器钢板 Q370R 生产试制 [J]. 新疆钢铁，2014，(2)：48~50.

[5] 袁力辉. 底吹炉安装施工技术 [J]. 建材与装饰，2016 (12)：213~215.

[6] 陈肇友. 炼铜炼镍炉用耐火材料的选择与发展趋向 [J]. 耐火材料，1992 (2)：108~113.

[7] 陈肇友. 有色金属火法冶炼用耐火材料及其发展动向 [J]. 耐火材料，2008，42 (2)：81~91.

[8] 李红霞. 耐火材料手册 [M]. 北京：冶金工业出版社，2009.

[9] 钱之荣，范广学. 耐火材料实用手册 [M]. 北京：冶金工业出版社，1992.

[10] 张江龙. 延长底吹炉氧枪区使用寿命的生产实践 [J]. 中国有色冶金，2017，46 (2)：11~13.

[11] 魏季和，向顺华，樊养颐，等. 摩擦和传热联合作用下等截面氧枪内气体的流动特性——（Ⅰ）基
     本方程及计算程序 [J]. 上海大学学报（自然科学版），1998 (4)：416~423.

[12] 刘柳，闫红杰，周子民，等. 氧气底吹铜熔池熔炼过程的机理及产物的微观分析 [J]. 中国有色金
     属学报，2012，22 (7)：2116~2124.

[13] 杨鹏，苏福永，刘训良，等. 底吹炉喷枪出口处"蘑菇头"对气体行为影响的模拟研究 [J]. 有色
     金属（冶炼部分），2016 (11)：1~4.

7 第一代底吹炼铜技术的工业应用

7.1 底吹炼铜技术的首次工业化

氧气底吹炼铜技术（水口山炼铜法）的半工业试验取得了成功，但是试验的规模不足3千吨/年粗铜。我国于2006年发布《铜冶炼行业准入条件》，规定单系统铜熔炼能力在10万吨/年以上，这使得水口山炼铜法工业化规模与试验规模相比扩大倍数偏大，推广有技术风险。2005年，越南生权大龙冶炼厂兴建1万吨/年电解铜的冶炼厂，经过考察论证决定采用水口山炼铜法，使其成为世界首个氧气底吹炼铜工业化项目。

越南生权大龙冶炼厂于2007年底顺利完成建设（见图7-1），于2008年1月份点火投料。虽然冶炼厂规模小，但由于是越南国家的第一个铜冶炼厂，属于中国涉外项目，同时又是氧气底吹炼铜技术的第一次工业化生产，得到了中越两国企业的重视。在双方的共同努力下，很快产出合格的阴极板，宣告了氧气底吹炼铜工艺的成功，也为国内后续建设10万吨/年以上规模的氧气底吹炼铜工厂提供了可靠依据。

图 7-1 越南生权大龙冶炼厂铜熔炼主厂房

7.1.1 项目概况

越南生权铜联合企业大龙铜冶炼厂的设计规模为电解铜产量1万吨/年；铜精矿为越南生权铜联合企业选矿厂自产铜精矿，精矿产量为42759.2吨/年，铜精矿含水8.5%，成分稳定，含铜25%。精矿的具体成分见表7-1。

表 7-1　精矿成分　　　　　　　　（%）

元素	Cu	Fe	CaO	MgO	S	SiO$_2$	As
含量	25.0	32	1.15	0.38	32.0	5.08	0.0073
元素	Au/g·t^{-1}	Ag/g·t^{-1}	Co	Al$_2$O$_3$	Ce	Eu	La
含量	8.91	5	0.018	1.15	0.084	0.0002	0.053

设计采用的冶炼工艺流程为氧气底吹炉熔炼、铜锍进转炉吹炼、粗铜在阳极反射炉中进一步精炼，获得阳极板后供电解精炼，炉渣选矿回收铜。

铜精矿和渣精矿、石英石、碎煤、返料和返回的烟尘在备料车间经过配料，混合炉料经上料皮带运往熔炼厂房。

7.1.2　项目主要特点

氧气底吹熔炼炉的规格是 φ3100mm×11000mm，有效容积 41.36m^3，采用空气冷却喷枪。熔炼炉炉顶有两套加料装置，一套使用，一套备用。混合炉料经移动皮带运输机由炉顶加入底吹炉；氧气和保护空气由炉底氧枪吹入，富氧浓度 65%；氧气和炉料进行反应，迅速完成炉料的加热、熔化、氧化，生成铜锍和炉渣。

熔炼生成的铜锍定期从铜锍口放出，流入铜锍包，通过铜锍包小车运出，利用吊钩桥式起重机将铜锍运至转炉吹炼。铜锍出炉温度 1150℃，铜锍品位 45%。

熔炼炉渣从炉子一端的炉渣口放出，流入渣包，通过渣包小车运出，利用吊钩桥式起重机将渣包就地冷却，之后用铲斗车送往渣选矿厂房。炉渣出炉温度 1200℃ 左右，炉渣含铜 3%。

7.1.3　生产指标

越南生权大龙冶炼厂到目前为止已经运行了 10 年多时间，工厂已经完全掌握了底吹炉的生产工艺并达产，大部分生产指标和设计指标吻合。但是由于其规模偏小，部分消耗指标仍然偏高。如不能实现自热，需要配入一定数量块煤补热；由于场地限制未设有渣缓冷场地，导致选矿的尾渣含铜仍然在 0.7% 左右，明显高于国内指标。表 7-3 所列为冶炼厂的生产指标。由于越南矿产公司铜矿扩建，现有铜冶炼厂已经不能满足要求，目前正在建设规模为 2 万吨/年阴极铜。

表 7-2　生产指标

序号	名称	数值	备注
1	水口山熔炼炉/台	1	
	规格/m×m	φ3.1×11	
2	年处理精矿量/t	40000	
	精矿含铜/%	25.0	
	精矿含硫/%	32.0	
3	吨精矿耗氧/m^3	230	
4	富氧浓度/%	65	

序号	名称	数值	备注
5	铜锍量/t·a⁻¹	24264.0	
6	铜锍品位/%	40~45.0	
7	熔炼渣量/t·a⁻¹	20550	
8	熔炼渣含铜/%	2~5	
9	烟尘率/%	1.5	
10	烟气量/m³·h⁻¹	7893	
	烟气中含 SO₂/%	9.84	
11	块煤消耗/t·a⁻¹	3500	

7.1.4　生产评估

越南生权大龙冶炼厂的底吹炉规格偏小，氧气的压力偏高，渣线处和喷枪对面的耐火材料寿命较短，由于底吹炉炉壳没有冷却水套，因此高温和强力搅拌对炉衬的冲刷腐蚀严重。其主要原因应该是加入煤块，炉渣的流动性好，在未来的改造中可尝试在渣线处设冷却措施，并减少加煤比例。

放铜锍的时候由于铜锍的势能高引起铜锍包容易冲坏，这个是生产实践中容易遇到的问题，在后续的工业应用中也出现过，通过轨道的设计、流槽的设计、高差的变化等措施来解决这个问题。

底吹炉炉渣含铜偏高。底吹炉炉渣选矿后尾渣含铜仍然在 0.5%~0.8% 之间，与国内铜冶炼厂相比指标明显落后，分析原因主要是底吹炉渣没有经过缓冷就进行选矿。后续改造拟寻找空地先进行缓冷，再进行选矿。

底吹炉炉口烟罩使用水套，生产中出现了腐蚀现象，后改造为耐热帆布延长了使用寿命，运行稳定。

越南生权大龙冶炼厂作为第一个底吹炼铜技术的工业应用，虽然规模不大，但其成功运行的意义重大，对于底吹技术的发展起到了极为重要的作用，也为国内铜冶炼企业选择底吹技术提供了信心，国内第一家采用底吹炼铜技术的东营方圆在时间上与越南生权大龙冶炼厂仅差一年左右，但由于规模大，其影响力远大于越南生权大龙冶炼厂。

7.2　底吹炼铜技术发展的里程碑

继越南生权大龙冶炼厂投产 2008 年年底，中国东营方圆铜冶炼厂一次投产成功并很快达产（见图 7-2）。东营方圆底吹炼铜设计规模为处理 25 万吨/年铜精矿，投产后通过改造底吹炉余热锅炉、电收尘等配套设施，2010 年处理能力翻番，达到 10 万吨/年的铜冶炼规模。底吹熔炼炉规格没有做出改动，这显示了底吹熔炼炉"吞吐量很大、反应速率快"的特点，投产运行指标优异，很快掀起了底吹炼铜技术在国内应用推广的热潮，因此东营方圆底吹炼铜项目具有里程碑式的意义，是底吹炼铜技术第一次实现了 10 万吨/年阴极铜的工业化生产能力。

图 7-2　东营方圆底吹炼铜厂

7.2.1　项目概况

东营方圆氧气底吹产业应用是一个巨大的成功,在当时条件下要决定采用新工艺需要有决心和魄力。东营方圆拥有胆识,中国恩菲更是展示了充分的信心。

东营方圆虽然决定采用氧气底吹技术进行年处理 50 万吨多金属复杂矿工业生产线建设,但从半工业试验的 3000t/a 到越南生权大龙冶炼厂的 1 万吨/年规模,再到 10 万吨/年规模,面临的风险仍然很大。为解决工程问题,中国恩菲和东营方圆紧密合作,开展了一系列的方案研究工作。

东营方圆项目设计处理混合铜精矿 250993t/a,含水 8.0%,由于东营方圆没有自有矿山,基本以进口精矿为主,精矿的来源较为复杂。混合铜精矿化学成分见表 7-3。

表 7-3　混合铜精矿成分　　　　　　　　　　　　　　　　　　（%）

元素	Cu	Fe	S	SiO_2	CaO	MgO
含量	20.27	29.00	27.00	6.10	3.14	0.67
元素	Al_2O_3	As	Pb	Zn	$Au/g \cdot t^{-1}$	$Ag/g \cdot t^{-1}$
含量	2.50	0.20	1.00	0.50	26.0	175.0

工艺流程为富氧底吹熔池熔炼—PS 转炉吹炼—反射炉精炼—阳极铜浇铸阳极板,熔炼渣和吹炼渣缓冷后选矿。

7.2.2　设计思路

根据水口山底吹炼铜的试验和底吹炼铅的生产情况,结合设备的结构需要,东营方圆项目选用了 $\phi 4.4m \times 16.5m$ 底吹炉 1 台,净容积 $144m^3$,单位容积精矿处理量 $5.28t/(m^3 \cdot d)$。

在传动端的底侧布置有 9 支氧枪，采用双排布置、有 3 个炉顶加料口和端部主燃烧器 1 个。非传动端部设有一个排渣口、底侧设有一个放铜锍口、顶部设有一个排烟气口以及端部辅助燃烧器一个。

底吹熔炼炉日产铜锍 287.2t/d，选用 $\phi 3.6m \times 8.1m$ 转炉 3 台，其中 1 台使用，1 台热，1 台备用，每天处理 3 炉次，每炉次 8h，一周期送风时间 2.494h，二周期送风时间 2.787h，转炉送风时率 66.02%。1 台离心鼓风机工作，切换鼓风，以满足 2 台转炉中的 1 台用和 1 台热的操作制度。每台转炉总风口数 34 个，常用 30 个，风眼直径 48mm，有效风口面积 542.59cm^2，其送风强度为 0.55m^3/(min·cm^2)，鼓风量 17906m^3/h。

火法精炼采用阳极反射炉。阳极反射炉全部采用液体粗铜进料，以节约燃料和操作时间。日处理液态粗铜 157.8t/d，每天处理 2 炉，每炉次的火法精炼周期为 24h（包括保温时间），两炉交错操作，每炉处理粗铜 78.9t/d，选 100t 精炼反射炉 2 台，烧煤焦油补热，烟气经空气预热器后排空，还原采用固体复合还原剂。

东营方圆底吹炉的配置与越南生权大龙冶炼厂有较大的区别。熔炼厂房由主跨和副跨组成。主跨长 195m，宽 21m，设有 2 台 50t/20t 桥式起重机，起重机轨顶▽18.50m。氧气底吹炉布置在底吹炉偏跨，三种冶金炉都布置在主跨的同一侧，这有利于厂房的采光、包子的运输和人员行走。主跨内还有 20 个 6.0m^3 的铜锍及渣包、8 个 4.5m^3 的粗铜包子、炉口清理机、船形加料器、底吹炉工段的冷料堆场、阳极炉工段的▽1.20m 加料平台。底吹炉偏跨内还有其上料系统、配电室及中央控制室；转炉偏跨设有捅风眼机、石英石和冷料的上料及加料系统；阳极炉偏跨内有圆盘浇铸机组。

后续底吹炼铜厂基本采用了类似的配置方式。

7.2.3 项目的试生产

中国恩菲和东营方圆试生产准备充分，并聘请了大冶冶炼厂具有丰富经验的技术人员，东营方圆的氧气底吹熔炼炉投产总体比较顺利，投产第 2 天即达到设计产能。当然期间也出现过几次小事故，如放渣口没有堵住，将渣包车烧坏，停产 1 天检修；加料口钢制冷却水套漏水，停产半天检修；炉体 ESP 传动系统带负荷调试，过转导致熔体从炉口流出，停产 1 周检修。整个生产比较平稳，投产初期，受到氧枪送氧量的限制，每小时处理铜精矿量 30~45t/h。通过改进和完善，氧枪送氧量增大，每小时处理铜精矿量可达到 65t。图 7-3 所示为 2018 年东营方圆底吹炉点火时的珍贵照片，手持火把的两位分别是中国恩菲的蒋继穆大师和东营方圆的申殿邦教授。

第一次大规模的生产运行实践，也反映出了该系统存在的一些问题，这些问题为底吹炼铜技术的改进和发展提供了宝贵的经验。这些问题主要为：

（1）炉内熔池搅动激烈，熔体面探测困难。生产中发现，炉内熔池面涌动明显，用探棒检测被探点渣和铜锍界面不明显，难以准确探测液面，排渣作业时炉内渣熔体存在波浪式外涌现象，给作业带来不利影响。造成此种现象的主要原因可能是氧枪氧压偏高，炉内熔池搅拌动能过强，对降低渣含铜有不利影响。

通过对喷枪布置、喷枪结构、探测位置和工艺作业参数的调整改进，该问题已在后续投产的山东恒邦冶炼厂得到初步解决。

（2）熔炼直收率偏低。底吹熔炼的炉渣量少，但渣含铜偏高，导致熔炼直收率偏低，

图 7-3 方圆铜业底吹炉点火仪式

只有 90% 左右。

直收率低与炉渣性质、渣锍分离条件有关。目前主要影响因素是渣锍分离条件不理想，因为熔炼过程反应区与沉降区没有明显的界区，熔炼过程反应区过强的搅拌波及沉降区的相对平静。

通过实际生产作业中的研究与探索，目前熔炼渣含铜可控制在 2.5%~3% 左右。

（3）加料口黏结。随着底吹熔炼炉处理料量的不断加大，炉体内鼓入的氧气量也不断增加，加料口黏结的现象较为严重，需要相应开发和优化氧枪结构，合理控制氧压，优化炉内氧枪布局，可分散氧枪对熔体的集中搅动，减轻或消除熔体喷溅及加料口的黏结。

（4）氧气管道的合理设计。试生产后期在计划提高加料量的情况下，受到氧枪送氧量的限制。之后就更换了通道面积更大的氧枪，但是氧气量的提高并不明显，经过不断试验，更换了直径更大的金属软管，氧气量得到了明显的提高，氧枪送氧量增大，每小时处理铜精矿量可达到 65t。

（5）合理的蘑菇头控制。生产期间摸索到的重要参数就是通过富氧浓度控制蘑菇头的形状。蘑菇头是影响炉况和炉子氧枪砖寿命的重要因素，在生产中发现，如果富氧浓度控制不合理，会导致蘑菇头的形状变成一个长长的竹笋形状。在试产期间观察到个别氧枪的"竹笋"长度会失去控制达到熔体液面位置，对生产造成安全隐患；个别氧枪的蘑菇头则很小，几乎看不到，这时氧枪周围的耐火材料便会出现烧损和侵蚀现象。不同形状的蘑菇头如图 7-4 所示。

（6）放铜锍的模式。东营方圆底吹炉铜锍口设计在炉子的侧面，侧面放铜锍的好处是铜锍口和渣口同在一个区域，渣和铜锍区域的沉降区设计在一起长度较长，而且侧面放铜锍没有流槽，可以减少流槽的清理工作。但是侧面的缺点是其操作面低于周围平台较多，放出口是斜的，烧口操作难度大，且操作人员若被熔体喷溅到，逃跑不方便等风险。图 7-5 所示为放铜锍时的照片，这种放铜锍口的设计模式正是借鉴了诺兰达炉的铜锍放出口方式，在后续的底吹炉设计中，如山东恒邦冶炼厂的底吹炉采用了端部放铜锍的方式。

(a)

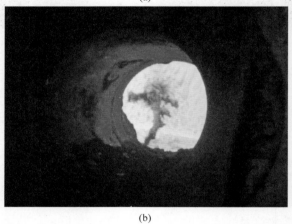

(b)

图 7-4　蘑菇头形状

（a）形状一；（b）形状二

图 7-5　放铜锍操作

7.2.4 技术经济指标

自 2008 年 12 月投产以来，东营方圆的底吹炼铜生产线已经连续、稳定、安全运行近 10 年，经过东营方圆领导、工程技术人员以及现场操作人员的不断摸索和优化改造，各工序之间实现了平衡稳定生产，主要技术经济指标不断优化。氧气底吹炉的主要生产指标见表 7-4。除此之外，东营方圆在原有厂址附近新建了二期工程，项目有了新的升级换代，不仅规模达到 140 万吨/年的精矿处理能力，还采用了第二代底吹炼铜技术。

表 7-4 东营方圆底吹炉设计和运行参数

编号	指标名称	设计值	运行值	备注
1	加料量/$t \cdot h^{-1}$	41.21	$85 \sim 88$	
	精矿铜品位/%	20	$20 \sim 22$	
2	富氧浓度/%	70	73	
	富氧空气量/$m^3 \cdot h^{-1}$	9917	~ 16000	
3	配煤率/%	2.46	0.0	
4	鼓风压力/MPa	0.6	$0.4 \sim 0.6$	
5	铜锍品位/%	55	$68 \sim 72$	
6	渣含铜/%	4.0	$2.0 \sim 3.0$	
	渣 Fe/SiO_2	$1.6 \sim 1.8$	$1.8 \sim 2.0$	
7	渣尾矿含铜/%	0.42	0.3	
8	烟尘率/%	2.5	$2.0 \sim 2.5$	

东营方圆底吹炼铜的成功运行引起了国内其他企业的关注，在宣传底吹炉"造锍捕金"的同时，同在山东省内的黄金冶炼企业——山东恒邦冶炼股份有限公司对该技术有着极大的兴趣，首次将底吹技术引入黄金冶炼企业，将底吹炉用于处理金精矿和复杂的高砷精矿，并取得了极大的成功。

7.3 复杂难处理高砷精矿及黄金领域的应用实践

山东恒邦冶炼股份有限公司始建于 1988 年，是一家历史悠久的黄金冶炼企业。公司现主要从事黄金矿产采选、贵金属及伴生金属冶炼、化工产品生产等，主导产品有黄金、白银、电解铜、硫酸、液体二氧化硫、三氧化二砷、液氧、液氩等。

该公司冶炼技术实力雄厚，综合回收和清洁生产水平位居行业前列，是国内首家全套引进两段焙烧技术处理高砷复杂金精矿的专业工厂，首家成功运用富氧底吹熔炼造锍捕金+熔炼烟气干法骤冷收砷技术处理含铜复杂金精矿的专业工厂。"富氧底吹熔炼造锍捕金+干法收砷技术"在国内外独树一帜，不仅为公司取得了不菲的经济利益，也获得了中国有色金属工业协会科技进步一等奖荣誉称号。

7.3.1 项目概况

山东恒邦冶炼厂处理复杂金精矿技术改造项目于 2008 年初开始设计，2010 年建成投产。设计规模为年处理金铜混合精矿 26 万吨，年产阴极铜 5 万吨、黄金 8t、白银 56t。底

吹炉规格为 ϕ4.4m×16.5m，作为国内第 2 台底吹炉，其设计充分吸收了东营方圆生产中遇到的问题，并进行了改进。如放铜锍口位置改到端头、氧枪系统改为单排氧枪等。

图 7-6 所示为山东恒邦冶炼厂厂区布置的鸟瞰图，冶炼厂的总图配置较有特色，其布置在一个不规则的场地上，并且高差较大，通过台阶式总平面布置，减少了项目的土方量和投资。

图 7-6　山东恒邦冶炼厂厂区鸟瞰图

7.3.2　底吹造锍捕金

山东恒邦冶炼厂原采用两段沸腾焙烧—氰化法综合回收复杂金精矿中的 Au、Ag 等有价元素，该方法和氧气底吹造锍捕新工艺的比较见表 7-5。

表 7-5　焙烧—氰化与氧气底吹造锍捕金工艺比较

名称	品位	处理量	焙烧—氰化法 回收率/%	造锍捕金法 回收率/%
金精矿		261885kg/a		
金	33.63g/t	8807.19kg/a	92.24	98.00
银	230.02g/t	60239kg/a	87.00	97.00
铜	7.38%	19327t/a	83.4	96.07
硫	32.78%	85846t/a	93.50	96.02

由表 7-5 可看出，造锍捕金法与焙烧—氰化浸出法相比，金属的回收率有很大提高，其中金提高 5.70 个百分点，银提高 10 个百分点，铜提高 12.67 个百分点，硫提高 2.52 个百分点，采用造锍捕金新工艺每年可多回收金 507kg、银 6024kg、铜 2448t，硫进入硫酸 2164t（相当于 100% 的硫酸 6620t），按原料金 150 元/g、银 3.0 元/g、铜 40000 元/t、硫酸 150 元/t 计价，增加营业收益近 1.5 亿元。

另外，焙烧—氰化法产生大量的氰化渣，处理起来将消耗大量的硫酸和化学试剂，扩大生产规模相当困难，而要得到符合国家标准的铁红和硫酸铵还要攻克许多技术难关。采用底吹熔炼技术则避免了这些问题，而且回收率高于传统的焙烧法，是大型黄金冶炼企业发展的方向。

铜是金银的良好捕收剂，利用铜的这一特性，对金精矿进行造锍捕金，使其与脉石矿物和其他贱金属分离，再进一步分离单一金属，以提高金等稀贵金属的回收率。底吹熔炼技术在造锍捕金方面之所以具备更大的优势，一方面是因为底吹熔炼的反应机理，富氧空气从铜锍层鼓入，使得铜锍液滴反复地洗涤渣和半熔态的物料，使得贵金属更多地被捕集进入铜锍中；另一方面底吹熔炼工艺中砷的分布和其他工艺相比更为集中，砷在烟气中的分配达到 90% 以上，为脱除和回收砷提供了基本条件。

锍是两种以上贱金属硫化物的共熔体。铁、钴、镍、铜硫化物都具有很高的熔点和分解温度，能形成共熔体，见表 7-6。

表 7-6　几种贱金属硫化物的熔点

硫化物	FeS	Cu_2S	NiS	Ni_2S_3	CoS
熔点/℃	1190	1130	976	790	1180

锍可以捕集贵金属是因为熔锍具有类金属的性质。镍锍在 1200℃ 的熔炼温度下，电导率可高达 4000S/cm，而且电导率随温度的升高而明显降低，属电子导电。贵金属原子进入熔锍中同样可以降低体系的自由能。

由于贵金属的电负性及标准电极电位高，贵金属化合物在还原熔炼中将先于贱金属化合物被还原；在氧化性熔炼中将后于贱金属被氧化。因此在硫化矿的冶炼过程中，贵金属原子先进入锍相，后进入金属相，最后进入阳极泥。

熔渣的黏度越小，流动性越高，越有利于贱金属相或锍相捕集贵金属。

7.3.3　工艺流程

山东恒邦冶炼厂处理的原料分类详细成分见表 7-7。设计的原料平均成分中含 Cu 7.38%，后期生产时考虑到后续设备的产能利用率原料含铜在 12% 左右，投产后表现出了极强的盈利能力，主要依靠贵金属和其他稀散金属，精矿的 Au、Ag、S、As 等含量较高，均有很高的回收价值。

表 7-7　处理原料成分

物料名称	数量/t·a⁻¹	原料成分/%								
		Au/g·t⁻¹	Ag/g·t⁻¹	Cu	Fe	S	Pb	SiO_2	As	CaO	Zn
本地产金精矿	88875	35	60	0.6	35	41	0.13	7.8	0.17	3.2	1.2
华铜金精矿	8510	49	150	4	21.6	16	0.09	15.3	0.09	2.6	0.9
双鸭山金精矿	3500	52	437.7	5.31	23.87	14	2.47	13.25	0.9	2.35	2.9
难处理高砷金精矿	86000	45	400	4.8	21.6	30	2.30	11.6	4.8	2.13	2.68
难处理低砷金精矿	15000	49	320	2.6	22	24.6	1.6	10.68	1.9	3.2	0.89
进口复杂铜精矿	60000	6	230	23	27	30	1	3.50	1	0.8	0.8
混合精矿	261885	33.63	230.02	7.38	27.32	32.78	1.12	8.61	2.20	2.25	1.56

根据物料的成分特征，工艺流程确定为氧气底吹熔池熔炼—PS 转炉吹炼—反射炉精炼—阳极铜浇铸—阳极板—始极片电解，熔炼渣和吹炼渣选矿。

7.3.4　主要设备和生产状况

山东恒邦冶炼厂的底吹炉规格与东营方圆一样，均为 $\phi4.4m×16.5m$，但是有些地方根据东营方圆试生产的情况做了设计修改，底吹炉的主要参数见表 7-8。

表 7-8　底吹炉主要参数

序号	项　目	数　值	备　注
1	排烟口尺寸/mm×mm	2300×1400	
2	主烧嘴/kg·h⁻¹	600	烧油量
3	辅助烧嘴/kg·h⁻¹	180	烧油量
4	送氧量/m³·h⁻¹	6000~10000	
5	氧气压力/MPa	0.5~0.6	
6	氧枪数量/支	6	
7	水套冷却水量/t·h⁻¹	约35	
8	电机功率/kW	132	

山东恒邦冶炼厂与东营方圆的底吹炉主要不同之处如下：

（1）放铜锍口。山东恒邦冶炼厂的铜锍口设置在底吹炉的端头。端头设置的铜锍口其操作空间明显宽敞，安全性高，但是必须要设置流槽，增加了清理流槽的工作量。由于铜锍和渣口分别设置在炉子的两个端头，和东营方圆公司的同在一端相比，沉降区的分布发生了变化，同在一侧的沉降区长度更长，从理论上分析其沉降效果应该更好。但在实际生产中两种情况的渣含铜区别不大，并未出现渣和铜锍分离不彻底的现象。

（2）氧枪。山东恒邦冶炼厂的底吹炉设计为 6 支氧枪，氧枪直径 75mm，其中 5 台使用，1 台备用，氧枪也安装在反应区，呈 0°单排直线排列。东营方圆底吹炉设计为 9 支氧枪，氧枪直径分别为 48mm 和 60mm，9 支氧枪同时工作，氧枪安装在反应区的下部，分两排成 15°夹角布置，下排呈 7°，5 支氧枪；上排呈 22°，4 支氧枪。减少氧枪数量，一是为了增加沉淀区的长度，二是为了探讨两排氧枪好还是单排氧枪好。1 排氧枪便可以设置在正下方，此时气流的流动方向对炉衬是最有利的，估计可以减少喷溅和对炉衬的冲刷，单排布置，势必要减少氧枪数量并增大单支氧枪的流量。氧枪数量减少了，增加了沉淀区的长度有利于渣铜分离。在实践生产中，特别是在采用 4 支氧枪进行生产时，渣含铜持续在2.5%以下，最低时渣含铜曾达到 1.5%。但在其他方面，大流量氧枪的控制和操作目前在山东恒邦冶炼厂并未体现出特别明显的优势，反而在流量变大的时候，蘑菇头的控制比小流量枪困难一些，同时氧枪的寿命也短于小流量枪。

由于精矿含铜品位较低，转炉的尺寸相比偏小。选择 $\phi3.6mm×7.5m$ 转炉 2 台，其中1 台使用，1 台备用，预留一台位置。由于生产时铜精矿品位高于设计值，建设了 2 台转炉。转炉主要由炉体、传动装置、支撑装置、万向接头、润滑系统等组成。转炉参数见表7-9。

表 7-9 转炉主要参数

序号	项 目	数 值	备 注
1	炉子规格/mm×mm	φ3.6×7.5	
2	风口数量/个	28	
3	风口直径/mm	φ48	
4	风口间距/mm	152	

液态粗铜的精炼采用阳极反射炉。日处理液态粗铜74.38t，每炉次的火法精炼周期为24h（包括保温时间），选100t精炼反射炉2台，1台使用，1台备用。精炼炉主要技术性能参数见表7-10。

表 7-10 精炼炉主要技术性能参数

序号	项 目	数 值	备 注
1	熔池面积/m²	约22	
2	熔池深度/m	0.6	
3	冷却水消耗量/t·h⁻¹	约60	
4	风口间距/mm	152	

阳极炉采用煤焦油为燃料，烧嘴和出渣口分别设在炉子的两端上；烟气出口在靠近出渣端的后侧墙上；加料口在炉前侧墙中部位置。烟气经过烟道直接进入空气换热器，利用烟气余热将空气预热到300℃左右，热风用于助燃，可降低燃料率约15%，换热后烟气排空。

传统反射炉多采用重油还原，而重油还原时，重油利用率很低，大部分变成炭黑进入烟气，形成大量黑烟，须采用二次燃烧室，送入空气将炭黑烧掉，尽管如此也避免不了黑烟。本项目采用固体还原剂，还原效果好，利用率高，黑烟很少，这样不仅取消了二次燃烧室，也改善了工作环境。

空气换热器为两段列管旋流式，换热系数高，空气、烟气的阻力小，无下联箱，烟尘不易黏结，是一种成熟的高效空气换热器。

山东恒邦冶炼厂投产以来运行稳定，底吹炉的设计和运行参数见表7-11。

表 7-11 山东恒邦冶炼厂底吹炉设计和运行参数

序号	指标名称	设计值	运行值	备 注
1	加料量/t·h⁻¹	42.59	80~100	
2	精矿铜品位/%	7.8	12~15	
3	富氧浓度/%	65	70~73	
4	富氧空气量/m³·h⁻¹	13902	约23000	
5	配煤率/%	0.0	0.0	
6	鼓风压力/MPa	0.4~0.6	0.4~0.6	

序号	指标名称	设计值	运行值	备注
7	铜锍品位/%	40	55	
8	渣含铜/%	3.5	3.0~3.5	
9	渣 Fe/SiO$_2$	1.7	1.6~1.8	
10	渣尾矿含铜/%	0.33	≤0.30	
11	烟尘率/%	2.5	2.0~2.5	

7.3.5　底吹熔炼收砷实践

7.3.5.1　概述

在底吹炉处理复杂金精矿之前，有两段焙烧、细菌氧化、热压浸出 3 种处理方法。两段焙烧存在氰化物消耗量大，金、银、铜等有价元素回收率不高造成资源浪费现象；细菌氧化存在金、银等有价元素回收率不高，且硫、砷不能综合回收等缺点；热压浸出存在设备要求严格，许多设备价格高，硫、砷不能综合回收等缺点。

底吹炉熔炼则是一个将焙烧脱砷与熔炼造锍捕金工艺有机结合的过程，不仅实现了脉石中难浸出金精矿在高温下的熔炼、分离过程，同时达到了砷元素的挥发、脱除的目的。底吹熔炼的砷 90% 以上进入烟气，高富集比为砷的回收提供了有利条件。

从烟气中提取白砷分为两步：高温段收尘和低温段收砷。高温段收尘是普通的烟气净化，有余热锅炉、旋风收尘、电收尘或其他干法收尘设备，但不能用湿法收尘。为提高 As$_2$O$_3$ 的纯度，应当尽量在高温段把烟尘全部收下来。但无论采用何种净化方式，净化后的烟气温度不能低于 300℃。低温收砷的烟气温度一般在 120~130℃，烟气从 300℃以上的温度骤冷降到 120~130℃。必须骤冷是因为在 175~250℃这一温度段极容易形成玻璃砷，玻璃砷是一种类似水玻璃的物质，黏性很大，容易黏结在管壁上或堵塞设备，使系统不能正常生产。

烟气冷却的方式有直接冷却和间接冷却，冷却介质又分为空气冷却和水冷却。我国现在普遍采用的是骤冷塔喷雾冷却的方法，最早引进自瑞典波立登公司。高温电收尘后边设置一台骤冷装置，烟气从塔顶部进入，从塔的下部侧面排出，在塔的上部烟气入口端安装喷嘴（一般是 3 个喷嘴）。该种喷嘴是一种水和压缩空气同时进入的双通道喷嘴，进入的水喷出后完全雾化，利用这种雾气的蒸发潜热使烟气降温。烟气在极短的时间内从 300℃以上下降到 130℃左右。使用骤冷塔冷却效果好，烟气量增加不多，而且喷进的水汽在酸厂洗涤时都可洗涤下来，不影响 SO$_2$ 浓度，只有少量的压缩空气进入烟气系统。使用骤冷塔要求有很高的技术，因为雾化喷嘴有供水供气两套系统，而且是独立的。为了防止喷嘴堵塞，通入的水最好是软化水，温度控制范围和喷入的水量应当是自动连锁的，当温度高于 130℃时增大喷雾量，温度低于 120℃时减少喷雾量。但无论喷入多少水量，在塔内必须是完全雾化的，塔底部排出的灰必须是干的，否则在塔底部的排灰口形成泥浆，易堵塞管道。

白砷的接收装置，在国外多使用低温电收尘器，在我国普遍使用袋式收尘器。因为在低温下 As_2O_3 的电阻率很高，是一种难回收的物质，虽然有水汽和硫的调节，但也很难收。另外，烟气中含有 SO_3，它和水汽生成稀硫酸，对设备和管路的腐蚀性很大。在这种情况下，使用低温电收尘器是不合适的。布袋收尘器的滤料有防酸的作用，收尘效率也高，被普遍采用。但这种收尘器的滤料除防酸外，还需抗结露，因为烟气中含水高，所以多采用带覆膜的滤料。收下来的白砷就地用自动包装机包装，每袋 25kg，包装之前无法运输，因为剧毒白砷不适合远距离运输。这里必须说明的是，使用喷雾冷却法，从骤冷塔以后的所有设备和管路都必须是防腐的，包括骤冷塔、滤袋收尘器的龙骨、壳体、风机及这些设备的连接管道，通常都使用 316L 不锈钢，因为含有 SO_2 和 SO_3 的有色冶炼烟气的露点温度一般都在 200℃ 左右，当烟气冷却到 120~130℃ 时，已在露点温度以下，烟气中的 SO_3 与水汽生成稀硫酸，具有很强的腐蚀性。

应当提出的是，有的硫化矿含砷不是很高，在没有收砷设备的情况下，砷大部分都进入硫酸系统，在酸厂加入石灰乳，生成砷酸钙沉淀，这种物质一般都采用深埋方法。这不仅浪费了白砷和石灰，又浪费了资金。

7.3.5.2 底吹骤冷收砷工艺流程及指标

山东恒邦冶炼厂于 2002 年引进了瑞典波立登公司先进的两段焙烧脱砷新工艺对高含砷金精矿进行处理，后于 2016 年又在底吹熔炼炉上成功运行了砷回收装置，是我国运行骤冷收砷技术最成功的企业。

底吹炉熔炼烟气回收砷的工艺流程为：熔炼炉烟气—余热锅炉—电收尘器—骤冷塔—布袋除尘器（收集 As_2O_3）—排烟机—制酸厂。

底吹炉的烟气经余热锅炉冷却降温并收集大部分烟尘后进入收尘系统。根据冶炼烟气条件，烟气含尘为 $15g/m^3$，直接进入电收尘器，在余热锅炉和电收尘器之间不设置其他收尘设备，从电收尘器出来的烟气含尘约 $0.2g/m^3$。骤冷的方法一般有两种：加冷空气降温或喷水雾降温。目前以采用喷水雾降温为主，烟气中冷凝析出的氧化亚砷微粒用布袋收尘器捕集。进入滤袋收尘室的烟尘含尘 $5~20g/m^3$，过滤速度小于 $1m/min$。其压头损失在 $1000~2000Pa$，收尘效率可达 99% 以上。如果前面两段收尘器运转很好，滤袋中可以收集到高品位的 As_2O_3，甚至可得到 95% 以上的 As_2O_3，可作为产品直接出售。

底吹熔炼炉收砷和焙烧炉收砷仍有较大的区别，回收起来难度更大。

（1）底吹熔炼炉的氧化性气氛大于焙烧炉，使得部分砷形成高价砷，其回收难度大于焙烧炉。

（2）底吹熔炼炉的烟气往往和 PS 转炉合并后进入制酸，由于 PS 转炉烟气不稳定，导致熔炼炉的烟气负压波动较大，烟气流速变化大，这使得骤冷塔的控制难度加大。

（3）底吹熔炼炉的烟气条件和焙烧炉相比：第一，底吹熔炼炉由于氧化气氛高，烟气 SO_3 含量大于焙烧炉，烟气露点温度高于焙烧炉；第二，底吹熔炼炉的烟气量大于焙烧炉。

因此，底吹熔炼炉收砷工艺曾在某企业尝试过，但由于参数难以控制，出现烟气析出酸液，布袋黏结等现象。

山东恒邦冶炼厂作为两段焙烧骤冷收砷的运行企业，经过多次尝试，终于将底吹炉骤冷收砷系统顺利运行，如图 7-7 所示。底吹炉骤冷收砷系统成功运行意义重大，使得底吹炉处理高砷金精矿的经济指标更具有竞争性，该技术成果世界首创，并于 2017 年获得国家部级技术进步一等奖。目前，铜冶炼行业中的砷 70% 以上进入污酸污水中，年产 10 万吨铜的冶炼厂，采用石灰铁盐法处理，每年产出危废石膏渣的量超过 1 万吨，采用硫化法处理，每年产出危废硫化渣的量 6000t。若采用烟气干法骤冷收砷，每年产出的 As_2O_3 烟尘约为 3000t，As_2O_3 烟尘经过提纯之后还可作为产品出售，不仅使危废减量化，而且还可增加企业的经济效益。按全国年产 500 万吨矿铜计算，铜冶炼烟气采用干法骤冷收砷，危废年减排量可超过 30 万吨。

图 7-7　山东恒邦冶炼厂底吹炉骤冷收砷系统

底吹熔炼的骤冷收砷运行指标与两段焙烧工艺相比见表 7-12。

表 7-12　骤冷收砷技术指标比较　　　　　　　　　　　　　　（%）

序号	指标	氧气底吹	两段焙烧	备注
1	投料砷品位	2~3	3~5	
2	脱砷率	90	90	
3	收砷率	80~90	85~90	
4	布袋收砷率	99	99	

7.3.5.3　关键设备

底吹骤冷收砷的主要设备有骤冷塔、脉冲布袋除尘器、烟尘输送机和包装机等。烟气收砷处理系统主要设备规格见表 7-13。

表 7-13 烟气收砷处理系统主要设备规格

设备名称	数量	规 格
电收尘器	1	$60m^2$、四电场
骤冷塔	1	$\phi4500mm$、$H25000mm$
脉冲布袋收尘器	1	$4000m^2$、双通道
垂直螺旋包装机	1	LBT-50BS
高温风机	1	$12000m^3/h$、$5500Pa$,变频调速
埋刮板输送机	2	$B400mm$,$L21260mm$
螺旋输送机	1	$\phi315mm$,$L6100mm$

骤冷收砷设备配置如图 7-8 所示,电收尘器后紧接骤冷塔,骤冷塔后设布袋收尘器,布袋收尘器下经过埋刮板收集白砷,然后通过螺旋输送机加入到垂直螺旋包装机内,进行袋装。由于白砷为剧毒,因此其转运过程要保证自动化,全过程密闭。考虑到生产的灵活性,在电收尘器和风机之间设有短路的烟管,在收砷系统出现故障或检修时不影响系统的生产。

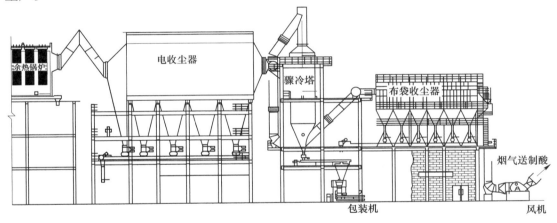

图 7-8 骤冷收砷的设备配置图

骤冷塔的核心部分是喷嘴和自控部分。喷嘴主要是要把冷却水完全充分地雾化,对喷嘴性能的要求列于表 7-14。

表 7-14 喷嘴性能表

序号	项 目	参数	实例值
1	平均雾粒直径/μm	130	70.26
2	最大雾粒直径/μm	190	90.5
3	喷雾扩散范围/m	3.5	3.8
4	喷射角/(°)	55	55
5	喷射距离/m	6	6
6	最大喷水量/$m^3 \cdot h^{-1}$	6	

序号	项　目	参数	实例值
7	最佳喷水量/m³·h⁻¹	4. 5	4. 3
8	水压/kPa	400~600	400
9	气压/kPa	500	400
10	空气用量/m³·min⁻¹	2. 7	1. 83

喷嘴的雾化曲线，即雾粒的平均直径、最大直径与水压、水量、气压、气量之间的关系示于图 7-9。

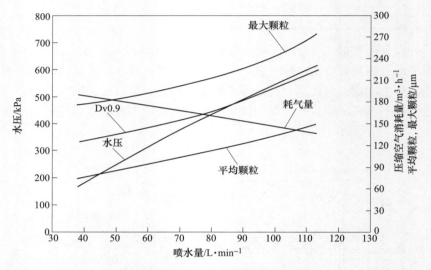

图 7-9　喷嘴雾化曲线（空气压力 480kPa）

7.4　其他实践

底吹熔炼技术除在以上具有代表性的冶炼企业投产外，还在内蒙古包头华鼎、北方铜业股份有限公司垣曲冶炼厂（简称垣曲冶炼厂）、五矿铜业（湖南）有限公司（简称五矿铜业）、飞尚铜业和易门铜业五家企业中运行多年。

7.4.1　垣曲冶炼厂

垣曲冶炼厂隶属于北方铜业股份有限公司（简称北方铜业）。在国家淘汰鼓风炉落后工艺的政策要求下，北方铜业根据公司发展战略、自有矿山生产现状和矿山资源进一步拓展前景以及企业生产格局的具体实际，通过底吹技术对垣曲冶炼厂的冶炼工艺进行彻底改造。

垣曲冶炼厂的火法冶炼系统在现有厂址内进行总体布置，基本为全部新建；新增的电解厂及净液厂房在现有电解车间东侧扩建；渣选矿利用铜矿峪一期设施，并适当进行改造；精矿储存区布置在已有铁路车站西货线东侧；硫酸库位于火法冶炼厂区的东南侧，二者之间相隔一座大山，冶炼厂生产的硫酸通过输酸管线涵洞自流至酸库。

该工程设计规模为处理混合多金属矿 50 万吨/年，氧气底吹熔炼—PS 转炉吹炼—回转式阳极炉精炼—电解精炼。

底吹炉规格 φ4.8m×20m，底侧有 12 支氧枪，采用双排布置，有炉顶加料口 3 个和端部主、辅燃烧器各 1 个。铜锍排放口设在炉子侧面、排渣口设在非传动端头。配置 φ3.6m×8.8m 转炉 3 台，其中 2 台使用，1 台备用，每天处理 6 炉次，每炉次 8h。火法精炼选用 φ3.6m×11.5m 回转式阳极炉 2 台，每炉容量 200t，2 台同时工作，每天共生产 2 炉。熔炼主厂房的配置情况如图 7-10 所示。

图 7-10　熔炼主厂房配置

垣曲冶炼厂于 2014 年建成投产。该项目第一次采用了大规格的底吹熔炼炉，在后续的 10 万吨/年阴极铜工程项目中基本配置为 φ4.8m×20m 的底吹熔炼炉。除此之外，还采用了回转式阳极炉火法精炼技术，燃料和还原剂均采用天然气，采用了纯氧燃烧技术，降低了能耗。由于电解车间和熔炼厂区不在一个厂区，浇铸的阳极板需装车拉往电解精炼厂，电解车间利用原有的设施扩建，因此选用了传统小板电解工艺，净液工艺选用了旋流电积技术。

垣曲冶炼厂 2015 年期间底吹炉的运行参数见表 7-15。垣曲冶炼厂在运行过程中也做了很多的改进，不仅生产能力超出了设计规模，而且运行指标也提高很多。因扩产后，供风氧系统氧枪通径、相连接金属软管通径不能满足要求，不仅阻力大、噪音大，还很不安全。后来改造管道，加隔音棉，同时增设排冷凝水设施，导致氧枪口结瘤，严重影响进风和进氧，甚至在开炉时出现放炮现象。

表 7-15　垣曲冶炼厂底吹炉运行参数

序号	指标名称	设计值	备注
1	加料量/t·h^{-1}	95	
	精矿铜品位/%	22	
2	富氧浓度/%	74	
	氧气量/m^3·h^{-1}	12321	
	压缩空气量/m^3·h^{-1}	5876	

序号	指标名称	设计值	备注
3	鼓风压力/MPa	0.66	
4	铜锍品位/%	70~75	
5	渣含铜/%	<4	
6	渣 Fe/SiO$_2$	1.6~2.0	
7	烟尘率/%	2.0	

7.4.2　五矿铜业

五矿铜业（湖南）有限公司"水口山金铜综合回收产业升级技术改造项目"是中国五矿集团按照国家政策，在淘汰湖南水口山有色金属集团有限公司原有柏坊铜矿鼓风炉炼铜厂的基础上提出的，通过提升技术水平综合回收水口山康家湾产出的硫精矿、铅锌厂产出的含铜废渣等原料，从而达到环境治理和资源综合利用等多重目标。

该项目设计规模为年处理 55.5 万吨混合铜精矿，年产阴极铜 10 万吨，主要产品为 A 级铜、硫酸、阳极泥预处理渣、粗银粉等。该项目处理的精矿原料成分，详见表 7-16。

表 7-16　五矿金铜项目设计处理原料成分

序号	精矿成分	数量	Cu		Fe		S		SiO$_2$		CaO	
		t/a	%	t/a	%	t/a	%	t/a	%	t/a	%	t/a
1	自产铜精矿	9000	28.0	2520.0	15.0	1350.0	18.0	1620.0	15.0	1350.0	2.1	189.0
2	康家湾硫精矿	100000	0.5	500.0	32.0	32000.0	35.0	35000.0	18.0	18000.0	1.5	1500.0
3	康家湾东部矿体硫精矿	40000	0.6	224.0	31.5	12600.0	35.5	14200.0	16.8	6720.0	1.3	520.0
4	金精矿	3000	1.0	28.5	31.1	933.6	35.0	1050.3	12.6	378.3	2.0	60.0
5	铅冶炼钠铜锍	7400	17.0	1258.0	32.9	2430.9	14.0	1037.5	2.5	185.0	0.0	0.0
6	锌冶炼铜渣	3000	20.0	600.0	20.0	600.0	17.1	513.3	23.0	690.0	0.0	0.0
7	四厂富银渣	4000	5.3	212.0	0.0	0.0	0.0	0.0	4.0	160.0	0.0	0.0
8	国内铜精矿	229000	23.0	52670.0	29.0	66447.6	29.9	68528.9	3.5	8069.2	2.5	5724.0
9	国外铜精矿	159600	28.0	44662.5	24.1	38482.9	30.0	47880.0	3.5	5517.5	2.6	4217.0
10	混合精矿	555000	18.5	102675.0	27.9	154845.0	30.6	169830.0	7.4	41070.0	2.2	12210.0

该项目的工艺流程与垣曲冶炼厂一样，氧气底吹熔炼—PS 转炉吹炼—回转式阳极炉精炼—阳极板送电解精炼。

底吹熔炼炉的规格一样，选用 1 台 ϕ4.8m×20m 氧气底吹炉。但加料口和放出口设计有区别。炉子顶部设有 2 个加料口，比垣曲冶炼厂少一个。在炉子底部设有 15 支氧枪，采用双排布置，氧枪数比垣曲冶炼厂多，主要考虑将来扩产。铜锍放出口设在端头而不是侧面，具体区别见表 7-17。

表 7-17 底吹炉的具体区别

序号	项 目		A 底吹炉	B 底吹炉
1	喷枪	数量	12 支	16 支（靠近渣口的 3 支未开）
		偏角	7°、22°	7°、22°
		间距/mm	1250	1250
2	加料口	数量/个	3（钢水套）	2（铜水套）
		大小/mm	φ450	φ450
3	渣口	高度/mm	1515	1450
		尺寸/mm×mm	320×530	250×350
4	铜口高度/mm		炉身侧部 290	端墙 250
5	出烟口位置		滚圈内侧	滚圈外侧
6	末支枪距渣口端墙/mm		约 7800	约 7100
7	加料口距渣口端墙/m		约 10	约 9

吹炼选择 φ4.0m×10.5m PS 转炉 3 台，2 用 1 备（冷备），采用期交换作业制度。每台炉子每天处理 2 炉次，每炉次 12h，一周期送风时间 2.27h，二周期送风时间 2.60h，单台转炉送风时率 40.6%，两台炉送风时率共 81.2%。

阳极精炼炉处理粗铜量 392.70t/d，选用 2 台 φ4.2m×13.0m 的回转阳极精炼炉，2 台回转阳极精炼炉同时生产，交替作业，每天生产 2 炉次，每炉作业周期 24h。

熔炼主厂房外观如图 7-11 所示。

图 7-11 熔炼主厂房外观图

7.5　底吹炉的生产过程控制

底吹熔炼炉工艺控制参数主要有铜锍品位、炉渣铁硅比（Fe/SiO$_2$）和炉渣温度，根据测量和化验分析结果进行参数调整和过程控制。通过底吹熔炼炉作业参数控制和相关监控参数来实现的。

7.5.1　铜锍品位控制

铜锍品位控制可通过配料和调整氧料比。生产中配料一旦确定，则根据铜锍分析结果中铜的质量分数，通过调整氧料比来调整铜锍品位，通常提高或降低品位 1%，处理精矿需要增加或减少氧气量大约 2~3m^3/t。

7.5.2　炉渣温度控制

排渣时渣流股完全熔化流动性像水则温度偏高，渣流股表面有气泡或夹带类似没有反应的物料则温度偏低，可根据渣口黏结情况和快速热电偶测量温度来综合判断，在生产中也可以采用红外连续测温方式监控渣温的变化。

渣温高时可采取以下措施之一或组合方式：（1）降低富氧浓度 1%~3%；（2）减少配入煤量 0.1~0.3t/h（实际生产可能为 0）；（3）增加 0.5~2t/h 的冷料加入量；（4）增加 0.5~1t/h 渣精矿投料量；（5）在配料滞后的情况下可以先适当增大加料量，待调整配料后的物料入炉后恢复正常操作。

炉渣温度低时可采取如下措施：（1）提高富氧浓度 1%~3%；（2）增加配入煤量 0.1~0.3t/h；（3）降低 0.5~2t/h 的冷料加入量；（4）降低 0.5~1t/h 渣精矿投料量；（5）在配料滞后的情况下可以先适当降低加料量，待调整配料后的物料入炉后恢复正常操作。

7.5.3　炉渣 Fe/SiO$_2$ 控制

炉渣 Fe/SiO$_2$ 控制是根据渣分析结果中 Fe 和 SiO$_2$ 含量的比值（控制范围 1.5~2.0）与铜精矿含 SiO$_2$ 趋势综合分析，通过调整配料熔剂率实现。实际操作中还要考虑铜锍品位调整对炉渣 Fe/SiO$_2$ 的影响及炉内熔体的缓冲和滞后节奏。

7.5.4　铜锍面控制

铜锍面的控制是由安排铜锍排放量来实现的，要通过计算每排放一包铜锍液面降低的高度、当前投料条件下铜锍产量等因素进行计划排放来控制。一般要维持适当较高的铜锍面操作，有利于提高炉寿命和降低炉渣含铜。

7.5.5　渣面控制

底吹熔炼炉排放炉渣为表面排渣，允许适当增加渣层厚度的操作。一般液面控制高于当前排渣渣口上沿 100~200mm 为宜，严格控制超过 200mm，以防紧急转炉时炉渣从烟口喷出或氧枪转不出熔体。正常的炉渣在排放时流动连续且略有浪涌。

7.5.6　底吹熔炼炉负压控制

底吹熔炼炉负压以加料口和烟道出口基本不冒烟为依据（偶尔有正压轻微冒烟），通过调节高温排烟机负荷进行调整；也可以稳定高温排烟机负荷，由硫酸风机进行调整；二者各有优点。前者炉子负压稳定，后者系统负压低漏风少。

7.6 底吹炉的生产故障处理

7.6.1 底吹炉较长时间停产炉子的处理

生产中不可避免会遇到较长时间保温或非计划停产。新设计的底吹熔炼炉都设计了事故渣口和事故铜锍排放口，可以在停产时将炉内熔体液面降低到开炉启动熔池液面高度，具体操作如下：

（1）计划停料时，视当前排渣温度，通过减料量将炉渣温度提高 20~50℃；或停料后，先空吹 5min 左右提温后转炉。

（2）停料后立即点燃副烧嘴、主烧嘴，副烧嘴从渣口点，先将渣口区域熔体温度提高，同步安排烧开事故渣口，若流动正常则将渣排到基本上不流（起始排渣时转动炉体使事故渣口低于液面 200~300mm，根据炉渣流动性适当倾转炉体配合）。

（3）事故渣口排完渣后，再从事故铜锍口排出 1~2 包铜锍，视保温时间确定排放量。若停产时间在 48h 以内，炉内剩余液面控制在 1000mm 左右；若停产超过 48h，炉内熔体液面控制低于 900mm，需要通过计算确定排放量。

（4）主、副烧嘴保温维持炉内熔体处于基本熔化状态，复产前提前 4~8h 适当升温即可恢复投料生产。

7.6.2 炉体表面严重结壳后的升温复产

若停产后保温效果不好，或因为特殊原因，炉子不能保温，造成炉内熔体表面结壳严重，不能使氧枪顺利浸没恢复生产，可以按照以下方法处理：

（1）视停产时间和炉内降温状况，先点燃主副烧嘴在 4~16h 内将炉膛温度升高到 1250~1300℃。

（2）将炉子倾转 10°~20°，主烧嘴供 600~800m³/h 的天然气，二次风量 1000~3000m³/h，从氧枪供 1000~1500m³/h 的压缩空气、1500~2000m³/h 的氧气助燃熔化结壳。技术人员从渣口密切观察炉内状况，防止局部高温烧损耐火材料，防止表面结壳化开后将氧枪堵塞。

（3）表面结壳熔化到一定量的熔体，这时炉内表面结壳可能随时被熔体冲破，逐步加大空气和氧气量至正常生产的 50%。

（4）表面结壳已局部化开，熔体迅速在炉内流动使炉内液面平衡，将底吹熔炼炉转至 50°~60°，空吹 3~5min 提温；同时调整供给正常生产需要的空气和氧气；将炉子转入正常位后空吹 3~5min 后投料正常生产。

（5）若炉内冻结时间比较长，可以通过这种方法将熔体化开后，通过事故渣口（必要时可以选择出烟口）将这部分熔体排出，重复（2）以后的操作，直到恢复生产。

7.6.3 底吹熔炼炉炉体发生熔体渗漏的应急

底吹熔炼炉漏炉常见为：铜锍放出口烧损或堵口失败，渣排放口堵口失败、氧枪区域炉壳烧穿，氧枪处渗漏等。遇到这种情况立即执行停料作业并启动转炉操作。

7.6.4　泡沫渣

泡沫渣产生的原因主要有：

（1）低温操作冶炼产生的气体不能够顺利从熔体排出。

（2）加料量波动，长时间低于目标值，使得工艺氧气和压缩空气中的氧量与加料量不匹配，出现炉渣严重过氧化，炉渣中 Fe_3O_4 含量升高，炉渣黏度增加。

（3）配料、加料系统不能及时供料，炉子长时间空吹出现炉渣严重过氧化，炉渣中 Fe_3O_4 含量升高，炉渣黏度增加。

（4）原料中高熔点物质增加，操作温度不匹配。

泡沫渣产生的现象包括：

（1）加料口黏结突然很严重，系统负压正常情况下，加料口喷灰和喷火，甚至少量间断喷渣，这种情况属于刚开始起泡沫渣，如果转炉及时不会造成严重后果。

（2）出烟口两侧持续间断喷渣，这种状况也属于刚开始起泡沫渣，如果转炉及时不会造成严重后果。

（3）炉渣排放越来越困难，出烟口两侧持续喷渣，加料口连续喷火和喷灰，这种情况比较严重，转炉时出烟口可能会喷渣。

泡沫渣产生的应急处理措施为：遇到这种情况紧急转炉，在炉体转到 65°~70°时通知中央控制室紧急切断风氧；或只维持每支氧枪 $100m^3/h$ 左右的压缩空气，紧急切断/放空氧气；防止氧枪气体将大量熔体从出烟口推出造成重大事故。

7.6.5　转炉时出烟口喷渣

底吹熔炼炉出烟口喷渣事故，主要是指底吹熔炼炉生产过程排渣不及时，导致炉内操作液面偏高，在紧急情况执行停料作业程序时，高温熔体在氧枪气力推动作用下，将熔体从出烟口推出，烧损设备设施。

实际操作过程，要求严格执行排渣操作，避免高渣面操作，若隐患已形成，遇到这种情况启动紧急转炉操作时，在炉体转到 65°~70°时通知中央控制室紧急切断风氧；或只维持每支氧枪 $100m^3/h$ 左右的压缩空气，紧急切断/放空氧气。

7.6.6　开炉工艺控制

新建工厂底吹熔炼炉开炉由于没有渣精矿和返料等物料控制炉子温度，容易过热，操作温度高而影响炉寿命，因此，工艺过程控制难度比较大。建议如下：

（1）有条件情况下，在原料采购时进一些低硫低铁的物料或铜的氧化矿，便于配料。

（2）开炉时通过冶金计算，适当降低处理量降低炉子过热的程度。

（3）开炉初期可以控制较低品位的铜锍，便于热平衡控制。

（4）投料后产出的铜锍应立即冷却破碎一部分，作为返料来满足炉子温度控制；不建议返回炉渣调温，因为粒度较大的炉渣在炉内熔化效果不好，影响温度控制。

（5）铜锍品位的控制，除了通过配料进行初步调整外；一旦配料比例确定，可以采取定料量、增加或减少氧料比（纯精矿）来调整品位。

8 底吹连续吹炼的理论和工艺

8.1 概述

硫化铜精矿经造铳熔炼产出的铜铳是炼铜过程中的一个中间产物，仅仅完成了铜与部分或绝大部分造渣元素的分离，是火法冶炼过程的最初级提炼。还需要进一步除去铜铳中的铁和硫以及其他杂质，从而获得粗铜，即吹炼过程。在吹炼过程中，金、银及铂族元素等贵金属几乎全部富集于粗铜中，为后续工艺简单、有效地回收提取这些金属创造了良好的条件，这也是造铳捕金的理论基础。

目前，世界上大约50%以上的铜铳采用传统的PS转炉吹炼，PS转炉吹炼技术成熟可靠，粗铜质量好，电解残极可以返回转炉处理，能耗低，但缺点是转炉间断作业，烟气量波动大，炉口漏风率高，烟气SO_2浓度低。此外，熔炼炉产出的铜铳需用铜铳包在车间内倒运作业以及转炉操作过程中经常由于烟气外逸而造成低空污染，环保条件差。这是当今铜冶炼面临的一道世界性难题，国内外冶金工作者都在力图解决这一问题。

中国恩菲在氧气底吹熔炼炼铜基础上提出了双底吹连续炼铜工艺——铜精矿底吹熔炼—铜铳底吹连续吹炼。该工艺是我国自主研发、具有完全自主知识产权的一种新的炼铜技术，是我国铜工业发展的前沿技术之一。产自底吹熔炼炉的液态高温铜铳，经流槽流入氧气底吹吹炼炉，从吹炼炉底部连续送入富氧空气对铜铳进行连续吹炼。在炉子一端较上部开孔，排放吹炼渣；较下部开孔，设置粗铜排放口，实现吹炼过程连续化，克服了传统PS转炉缺点，具有很大发展潜力。

依据工厂所在地杂铜来源情况也可以将铜铳部分或全部冷却后，采用部分热铜铳、部分冷铜铳，甚至是全部冷态铜铳连续吹炼。

8.2 铜铳吹炼过程的物理化学原理

传统的PS转炉吹炼过程分为两个周期。在吹炼的第一周期，铜铳中的FeS与鼓入的氧气发生强烈的氧化反应，生成FeO和SO_2气体，FeO与加入的石英熔剂反应造渣，生成$Fe_2SiO_4(2FeO \cdot SiO_2)$，又叫造渣期。造渣期完成后获得了白铳（$Cu_2S$），继续对白铳吹炼，即进入第二期，鼓入的氧气与白铳发生强烈氧化反应，生成Cu_2O和SO_2，Cu_2O又与未氧化的Cu_2S反应生成金属Cu和SO_2，直到生成的粗铜含铜98.5%以上时，第二周期结束，这一阶段不加入熔剂、不造渣，以产出粗铜为特征，故又叫造铜期[1]。

8.2.1 铜铳吹炼过程中的硫化物氧化反应

铜铳的品位通常在40%~70%之间，其主要成分为FeS和Cu_2S，此外还含有少量其他金属硫化物和铁的氧化物。硫化物的氧化反应可表示为：

$$MeS + 2O_2 \Longrightarrow MeSO_4 \tag{8-1}$$

$$MeS + 1.5O_2 =\!=\!= MeO + SO_2 \qquad\qquad (8-2)$$
$$MeS + O_2 =\!=\!= Me + SO_2 \qquad\qquad (8-3)$$

式中，Me 代表 Cu、Fe。

　　铜锍吹炼温度一般在 1150~1250℃ 范围内，金属硫酸盐在此温度范围内的离解压都很大，不仅超过了吹炼体系内气相中 SO_3 的分压，而且超过了 $10^5 Pa$（1 个大气压）。因此 $MeSO_4$ 在吹炼温度下不能稳定存在，硫化物不会按式（8-1）进行，不予考虑。反应式（8-2）和反应式（8-3）是吹炼过程的基本反应，在吹炼条件下，锍中的 Fe、Cu 及其他有色金属进行这两个反应的趋势和结果是不同的。Cu_2S 能够进行反应式（8-2）和式（8-3）得到单质铜，而 FeS 只发生反应式（8-2），被氧化成 FeO 进入渣相，从而实现 Cu、Fe 分离，得到粗铜，这个过程的依据是金属氧化物和硫化物的稳定性差异。可以通过热力学分析判断金属硫化物氧化反应的结果是生成氧化物还是生成金属。

　　反应式（8-3）是一个总反应，实际上分两步进行：
$$MeS + 1.5O_2 =\!=\!= MeO + SO_2 \qquad\qquad (8-4)$$
$$2MeO + MeS =\!=\!= 3Me + SO_2 \qquad\qquad (8-5)$$

　　对于反应式（8-4），锍中主要硫化物氧化反应的标准自由焓变化为：
$$\Delta G^\ominus = \Delta G^\ominus_{SO_2} + \Delta G^\ominus_{MeO} - \Delta G^\ominus_{MeS}$$

　　图 8-1 所示为锍中 Cu、Ni 和 Fe 相应的硫化物氧化反应的 $\Delta G^\ominus$ 与温度 T 的关系。从图 8-1 可以看出，在高温下，Cu、Ni 和 Fe 的硫化物氧化反应都是自发过程，所以在吹炼温度下，它们都可能被氧化成氧化物形态。

　　对于反应式（8-5），可以通过产物 SO_2 的平衡分压来判断是否向生成金属的方向进行。该反应的标准自由焓变化与 SO_2 平衡分压的关系如下式：
$$\Delta G^\ominus = -RT\ln p_{SO_2} \qquad (8-6)$$

　　图 8-2 所示为按照式（8-6）计算出的 Fe、Cu 和其他有色金属的氧化物与其硫化物反应的 SO_2 平衡压力（换算为 $\lg p_{SO_2}$）与温度的关系。各反应的 $\lg p_{SO_2}$-T 曲线与横坐标的交点，相当于 $\lg p_{SO_2} = 101.3 kPa$（1atm）的温度。理论上，根据转炉内的 p'_{SO_2} 与直线 2 的关系，便可确定在该温度下反应能否进行。

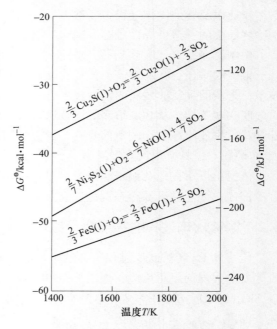

图 8-1　硫化物与氧反应的 $\Delta G^\ominus$-T
关系图（1kcal = 4.132kJ）

　　当反应的平衡压力 p_{SO_2} 大于炉气中的 SO_2 分压 p'_{SO_2}（14.18kPa）时，反应向生成金属的方向进行；反之，当 $p_{SO_2} < p'_{SO_2}$ 时，金属被氧化，只能得到氧化物。

　　从图 8-2 可以看出，在吹炼温度下，反应 $Cu_2S + 2Cu_2O =\!=\!= 6Cu + SO_2$ 的 SO_2 平衡压力约为 709~810kPa。超过了炉气中 SO_2 分压 p_{SO_2} 几十倍，反应激烈地向着生成金属的方向进行。

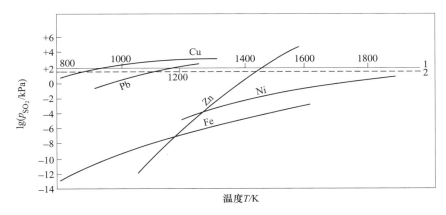

图 8-2　$2MeO+MeS \Longrightarrow 3Me+SO_2$ 反应的 $\lg p_{SO_2}$ 与温度 T 的关系

$1—p_{SO_2}=101.3kPa$；$2—p_{SO_2}=14.18kPa$

但是，反应 $FeS+2FeO \Longrightarrow 3Fe+SO_2$ 的 p_{SO_2} 值极小，因此不可能得到金属 Fe。

总结以上分析，得出在吹炼温度下，Cu 和 Fe 硫化物的氧化反应是

$$FeS + 1.5O_2 \Longrightarrow FeO + SO_2 \tag{8-7}$$
$$2FeO + SiO_2 \Longrightarrow 2FeO \cdot SiO_2 \tag{8-8}$$
$$Cu_2S + 1.5O_2 \Longrightarrow Cu_2O + SO_2 \tag{8-9}$$
$$2Cu_2O + Cu_2S \Longrightarrow 6Cu + SO_2 \tag{8-10}$$

由于以上反应的存在，得以实现用吹炼的方法将锍中的 Fe 与 Cu 分离，完成粗铜制取的过程。

由图 8-2 还可以得出，在转炉吹炼条件下，锍中的镍硫化物不可能与其氧化物反应生成金属镍；只有当吹炼温度高于 1700℃时（在氧气顶吹转炉内），才有可能按式（8-5）反应生成金属镍。

在吹炼温度下，可按照反应式（8-11）和式（8-12）生成金属 Pb 和 Zn，即

$$2ZnO + ZnS \Longrightarrow 3Zn + SO_2 \tag{8-11}$$
$$2PbO + PbS \Longrightarrow 3Pb + SO_2 \tag{8-12}$$

8.2.2　铜锍吹炼过程热化学原理

8.2.2.1　空气吹炼

冶金计算和生产实践证明，铜锍吹炼是自热过程，即吹炼过程中化学反应放出的热量不仅能满足吹炼过程对热量的需求，而且有时还会过剩。由于转炉吹炼的周期性，在造渣期和造铜期炉内的化学反应不同，放出的热量也不同，而且转炉吹炼是将铜锍加入到具备送风的液面高度进行的，为了在规定的时间内完成作业周期，送风量不是周期内平均鼓入，在集中吹炼过程中完成放热反应，因此，转炉吹炼两个周期均热量富余，能够处理大量冷料，这也是转炉吹炼能够处理大量冷料的原因。

在造渣期，开始加入铜锍时，炉温为 1100℃，到造渣期末升至 1250℃。造渣期反应的热效应如下：

$$2FeS + 3O_2 + SiO_2 \Longrightarrow 2FeO \cdot SiO_2 + 2SO_2 \qquad (8\text{-}13)$$

1kg 的 FeS 氧化造渣反应可以放出约 5852.78kJ 的热量。

造铜期反应的热效应为:

$$Cu_2S + O_2 \Longrightarrow 2Cu + SO_2 \qquad (8\text{-}14)$$

1kg 的 Cu_2S 氧化成金属铜可以放出约 455.77kJ 的热量。可见,造铜期的热条件远不如造渣期好。根据实践经验,在造渣期每鼓风 1min,炉内熔体的温度可升高 0.9~3.0℃,而停止鼓风 1min,熔体温度下降 1~4℃。在造铜期每鼓风 1min,炉内熔体温度上升 0.15~1.2℃,而停止鼓风 1min,熔体温度下降 3~8℃。

吹炼过程的正常温度在 1150~1300℃ 范围内,当温度低于 1150℃ 时,熔体有凝结的危险,风眼易黏结、堵塞。当温度高于 1300℃ 时,转炉炉衬耐火材料的损坏明显加快。控制炉温的办法主要是调节鼓风量和加入冷料(如固体铜锍、铜锍包子壳等)。表 8-1 列出转炉吹炼温度控制实例。

表 8-1　转炉吹炼温度控制

序号	转炉容量/t	造渣期温度/℃	造铜期温度/℃	出铜温度/℃
1	15	1130~1280	1220~1270	1130~1180
2	20	1150~1300	1230~1280	
3	50	1150~1250	1230~1250	
4	80	1150~1230	1250	1180~1200
5	100	1150~1230	1250	

8.2.2.2　富氧吹炼

随着现代铜冶炼熔炼技术的发展,熔炼的控制向着高负荷、高富氧浓度和高铜锍品位发展。吹炼高品位铜锍时应用富氧空气,在热力学上有明显的优势,大大提高了转炉的效率,减少了烟气量,也减少了烟气的热支出,大大提高了吹炼过程的热利用率。富氧浓度对冶炼过程的具体影响如图 8-3~图 8-6 所示。

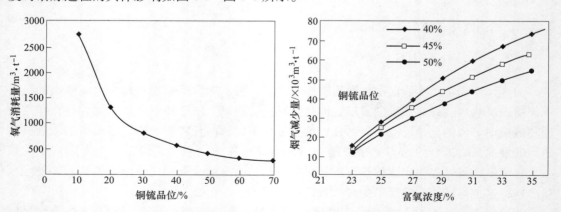

图 8-3　铜锍品位与氧气消耗量(生产铜)的关系　图 8-4　富氧浓度与烟气量减少(生产铜)的关系

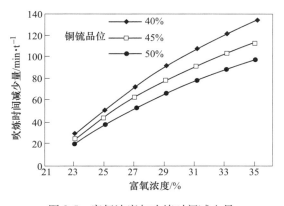

图 8-5 富氧浓度与吹炼时间减少量
（生产铜）的关系

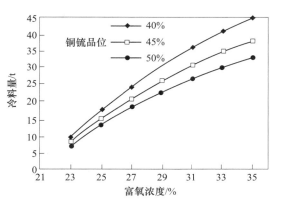

图 8-6 富氧浓度与冷料量的关系
（按生产经验，每吨冷料平均消耗热 2.1×10^6 kJ）

8.2.3 连续吹炼的热力学分析

目前，铜锍吹炼的作业之所以分两步进行，这是由硫化物氧化的热力学决定的。但是，铜锍吹炼作业的分步进行，带来一系列问题，如作业率低，烟气逸散量大，烟气 SO_2 浓度和温度波动大，给制酸带来诸多问题，同时炉温波动大，使炉衬寿命大大缩短。为此，实现铜锍的连续吹炼成为了火法炼铜追求的目标。有学者通过大量研究发现按照热力学分析，只有当铜锍中 FeS 的含量降到很低（在 1200℃ 温度下，c_{FeS}/c_{Cu_2S} 比值为 0.9×10^{-4}）时，Cu_2S 才能氧化，并生成金属铜。但是，在铜锍的吹炼过程中，FeS 和 Cu_2S 浓度的变化也导致相关反应的自由焓的变化，如图 8-7 所示。

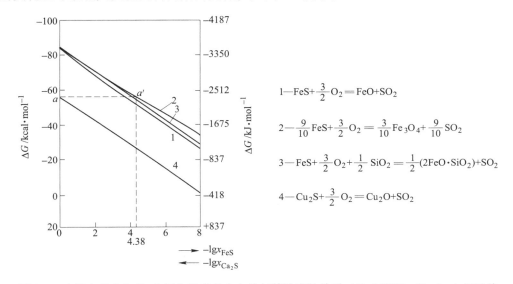

$1—FeS + \dfrac{3}{2}O_2 = FeO + SO_2$

$2—\dfrac{9}{10}FeS + \dfrac{3}{2}O_2 = \dfrac{3}{10}Fe_3O_4 + \dfrac{9}{10}SO_2$

$3—FeS + \dfrac{3}{2}O_2 + \dfrac{1}{2}SiO_2 = \dfrac{1}{2}(2FeO \cdot SiO_2) + SO_2$

$4—Cu_2S + \dfrac{3}{2}O_2 = Cu_2O + SO_2$

图 8-7 吹炼中 FeS 和 Cu_2S 氧化反应的自由焓与其浓度的关系（$T = 1523$K，1kcal = 4.132kJ）

从图 8-7 可以看出，反应 1~3 的自由焓随 FeS 浓度的降低而下降。在吹炼第一周期时，随着 FeS 浓度的下降，Cu_2S 的浓度将升高。当 FeS 的浓度降到 0.002%（图 8-7 中横坐标$-\lg x_{FeS}=4.38$）时，图 8-7 所示的自由焓相近（相当于 a' 和 a 点）。这时，反应 4 将向右进行，为使反应 4 继续进行，此时可向白锍中加入铜锍并供给足够的空气，使 FeS 氧化造渣，同时使 Cu_2S 氧化。很显然，铜锍进行连续吹炼时，熔池中存在炉渣、铜锍、白锍和金属铜四种熔体。研究表明，这四种熔体的密度各异，且互溶性有限。所以，可以在熔池中形成分离较好的四层熔体或三层熔体（铜锍与白锍的密度差不大，也可混合为一层）。表 8-2 列出了 Sehnalek 等人在捷克 Carces 工业大学进行铜锍连续吹炼时所得到的熔体组成。

表 8-2　铜镍锍连续吹炼时的熔体组成　　　　　　　　　（%）

试验样号	成分									
	Cu			Ni			Fe		S	SiO$_2$
	粗铜	吹炼渣	白铜锍	粗铜	吹炼渣	白铜锍	粗铜	白铜锍	吹炼渣	吹炼渣
23	97.1			0.92			1.2			
26	98.0			0.86			0.93			
27	97.8			0.91			0.94			
28	98.1			0.82			0.89			
33	97.1			1.05			1.16			
38	96.9			1.02			1.35			
40	97.2			0.91			1.20			
6		12.5			47.8				0.5	23.6
7		10.8			43.5				0.27	27.4
9		10			42.1				0.3	27.3

L. Sh. Tsemekhman 等人在乌克兰基辅研究院进行的实验也证明，在铜锍或铜镍锍进行连续吹炼过程中，采用三层（白锍、炉渣和粗铜）操作时，可以避免熔体的过氧化。

在连续吹炼时，必须保证炉渣是均匀相，即非固体的 Fe_3O_4 存在于炉渣中；另外，炉渣的数量要很少。事实上可以把连续吹炼作业看作是 PS 转炉第二周期中有大量残留吹炼渣存在。无论闪速吹炼或是熔池吹炼实践中，都具备了这两个条件。如犹他冶炼厂的闪速吹炼，即使渣含铜为 20%～22%，铜的直接回收率仍高达 90%，说明产渣量很少（据计算还不到 8%）。连续吹炼在实践上有不同的做法：一种是将造渣期主要的除铁造渣任务归入造锍熔炼阶段，让吹炼接受的原料为高品位低铁锍，乃至白锍；另一种方法是将多次重复的停风—放渣—进锍—吹炼作业连续化，可视为熔炼阶段的延续或吹炼第一周期的延续，连续地获得白锍后，再继续氧化为粗铜。

8.3　底吹吹炼过程动力学

吹炼过程的动力学主要是硫化物氧化动力学，从热力学方面看，铜锍中硫化物的氧化反应具有很大的平衡常数。在吹炼中反应速度也很快。Brimacombe 和 Bustos 等认为，在转炉 1227℃ 的温度下，FeS 的氧化反应速度本质上是相当快的，过程速率是受质量传输所控制，反应的平衡只存在于局部的锍-气界面上。在多相反应体系中，传输控制的判定可以由质量传输方程和化学计量因素得出。

FeS 到气-锍界面上的传输成为速率限制环节时

$$c_{FeS} < 0.64(k_{O_2}/k_{FeS})[p_{O_2}/(RT)] \tag{8-15}$$

式中，c_{FeS} 为锍中 FeS 的体积浓度，mol/cm^3；k_{O_2} 和 k_{FeS} 分别为气相中 O_2 与锍中 FeS 的质量传输系数，cm/s；p_{O_2} 为气相中体积分压；R 为气体常数，$82.06cm^3 \cdot kPa/(mol \cdot K)$；$T$ 为温度，K。

O_2 到气-锍界面上的传输成为速率限制环节时

$$c_{FeS} > 0.64(k_{O_2}/k_{FeS})[p_{O_2}/(RT)] \tag{8-16}$$

FeS 和 O_2 的传输都是限制环节时

$$c_{FeS} = 0.64(k_{O_2}/k_{FeS})[p_{O_2}/(RT)] \tag{8-17}$$

设气体温度为 573K，氧分压为 0.21atm（21.27kPa），锍密度取为 $4.1g/cm^3$，O_2 在空气中的扩散率为 $0.64cm^2/s$，FeS 在锍中的扩散率为 $10^{-5}cm^2/s$，应用锍与气体有相等更新时间的表面更新模型，计算 k_{O_2}/k_{FeS} 后，得到式（8-15）~式（8-17）结果值为 1.5%。该值比正常造渣吹炼区获得的 c_{FeS} 值要小许多。因而，气相中 O_2 的传输是速率限制的步骤。O_2 传输可以由式（8-18）来表达：

$$n_{O_2} = k_{O_2}A[p_{O_2}/(RT)] \tag{8-18}$$

式中，n_{O_2} 为质量传输速率，mol/s；A 为熔体-气体界面积，cm^2；其余符号与式（8-15）相同。

造渣阶段快结束时，c_{FeS} 变小，Cu_2S 的氧化开始。与 FeS 的氧化一样，Cu_2S 的氧化速率也是被 O_2 在气-液界面上的传输所控制。

在整个吹炼周期，硫化物的氧化反应由气相中的质量传输限制。气相的传输速率高，绝大部分氧都消耗在氧化反应上。

8.4 底吹连续吹炼工艺流程及特点

8.4.1 第二代氧气底吹炼铜工艺

工信部组织修订发布的《产业关键共性技术发展指南（2015 年）》中确定了优先发展 5 大类 205 项产业关键共性技术。其中，有色金属行业优先发展的关键共性技术在铜冶炼行业就是氧气底吹连续炼铜技术。

第二代氧气底吹炼铜工艺即氧气底吹连续炼铜技术，是以"底吹熔炼—底吹连续吹炼"为主要特征，具有代表性的工艺流程图如图 8-8 所示。

第二代底吹炼铜技术的核心在于连续吹炼。底吹连续吹炼是中国第一个自主知识产权单炉达到 10 万吨/年产能以上的连吹技术，与 PS 转炉的间断吹炼相比是一个划时代进步。

底吹连续吹炼工艺从 2014 年第一条生产线投产以来，短短 4 年时间已经吸引了多家企业应用。目前底吹连续吹炼工艺有三种模式。

第一种工艺流程是半热态半冷态吹炼模式。该模式就是目前豫光玉川冶炼厂的运行模式，也是底吹连续吹炼工艺的第一次尝试。其特点是底吹熔炼炉与底吹吹炼炉呈阶梯状布置，熔炼炉的铜锍可以通过流槽直接流入底吹吹炼炉内，同时熔炼炉的铜锍流槽有开路，可以将铜锍冷却或水碎后通过皮带加入到底吹吹炼炉内。图 8-9 所示为详细介绍该流程的设备连接示意图。

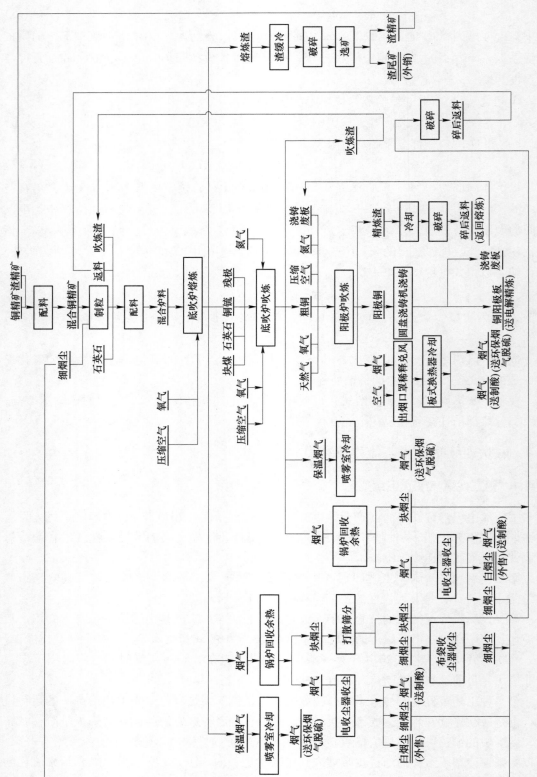

图 8-8　第二代氧气底吹炼铜工艺流程

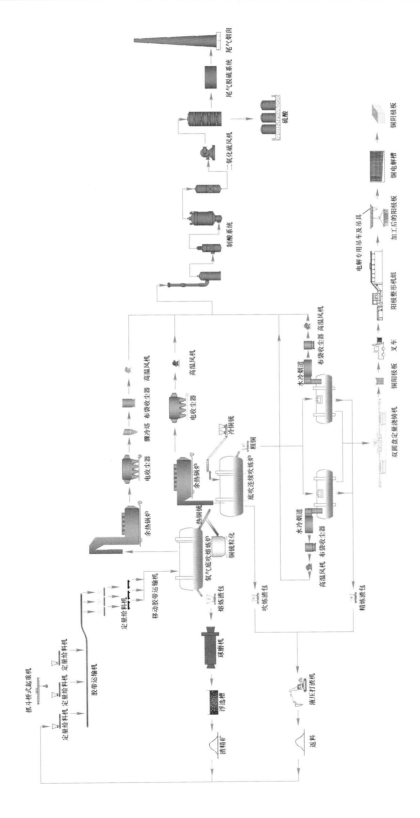

图 8-9 半热态半冷态吹炼流程设备连接示意图

　　第二种工艺流程是热态的吹炼模式。该模式目前在华鼎铜业和东营方圆应用，配置模式和豫光类似，粗铜是通过铜包转运到阳极炉，该方式的缺点是粗铜含有较多的硫，在粗铜转运过程中仍然有 SO_2 低空污染，包壳倒完粗铜后仍一直冒烟。该工艺流程的另外一种配置方式是采用三连炉的方式，即通过底吹熔炼炉、底吹吹炼炉和阳极炉的阶梯型布置，全部采用流槽连接。该模式取消了粗铜包，也消除了粗铜吊运的低空污染，该模式目前已经工业化。东营方圆则是通过两台连吹炉交替作业，实现在连吹炉内产出阳极铜。

　　第三种工艺流程是纯冷态的吹炼模式。该模式目前也已经在青海铜业工业化，其特点是底吹熔炼炉布置在地面，产出的铜锍经过粒化或冷却破碎后通过输送加入到底吹连续吹炼炉内，连续吹炼炉和阳极炉呈阶梯状配置，粗铜经流槽连接进入阳极炉内。

　　这三种吹炼模式各有特点，还不能完全确定哪种模式更有优势，在后续的发展和生产运行中需要进一步研究和探索。

　　还有两种模式，虽然不属于"双底吹炼铜"技术，但也归入第二代底吹炼铜技术的范围。分别是中原黄金冶炼厂的"底吹熔炼—闪速吹炼"模式和紫金齐齐哈尔铜业公司的"侧吹熔炼—底吹吹炼"模式，这两种模式均属于连续吹炼工艺流程，同时也说明了底吹技术和其他工艺搭配的灵活性。

　　在上述连续炼铜工艺中，值得一提的是全冷态铜锍连续吹炼工艺。从直观上看：将热铜锍粒化或水碎，不但浪费了热铜锍的显热，还增加了铜锍粒化或水碎装置以及之间配套的冷铜锍的运输、储存、计量、加料等设施，与直接吹炼热铜锍比，显得很不合理，但从系统设计与生产操作面看，冷态铜锍吹炼显示出不少优点：

　　（1）从车间配置看，熔炼与吹炼可以完全分开，不但降低熔炼炉的配置高度与厂房基建投资，还解决了熔炼炉渣高位排放的问题。

　　（2）从操作看，熔炼与吹炼的生产故障，小、中、大修互不叠加，互不影响，可提高全系统的开工率 2~4 个百分点，故可提高全厂的经济效益，并可解决吹炼准确计量的难题，易于实现吹炼过程自动化控制。

　　（3）从能耗角度看，冷热铜锍系统的熔相差仅15%左右，铜锍吹炼系统一般需要添加冷料平衡富余热能，在缺乏冷铜料的情况下吹炼热铜锍，无法采用富氧节能技术，冷铜锍富氧吹炼，大幅度提高烟气 SO_2 浓度，降低烟气处理与制酸的能耗与成本。

8.4.2　氧气底吹吹炼工艺特点

8.4.2.1　工艺特点

　　底吹吹炼最显著的特点就是连续性的吹炼过程，这是所有连续吹炼工艺的共同首要特点，进料和放铜根据规模不同可以间断操作，吹炼和烟气收集均是连续的，有利于后续烟气制酸系统的稳定运行。除此以外还有以下特点：

　　（1）铜锍的品位相对较高，一般在 68%~75% 之间。

（2）底吹炉内存有大量的铜液，对耐火材料具有冲刷和渗透性，尤其是放铜口，由传统的 PS 转炉炉口倾倒粗铜改为打眼放铜后，粗铜对放铜口的冲刷使得放铜口的寿命成为底吹炉薄弱的环节之一。

（3）粗铜含硫偏高，杂质较 PS 转炉高。由于底吹连续吹炼属于熔池吹炼，在吹炼过程中，渣层、铜锍层、粗铜层共存，粗铜具有吸收杂质的能力，导致粗铜的含硫和杂质高于 PS 转炉。

（4）与其他连续吹炼工艺类似，需要较高的操作温度 1230~1270℃。

（5）容易产生泡沫渣。形成泡沫渣的原因是铁的过氧化，在吹炼的高氧化性氛围下形成磁性铁，导致渣变黏变稠，从而容易起泡。合适的操作温度和通过加入适量还原剂等措施就可以完全避免形成泡沫渣。

8.4.2.2 原料和燃料

A 铜锍

底吹吹炼的铜锍可以是热态铜锍也可以是冷态的固体铜锍，这是其灵活之处。

考虑到连续吹炼渣含铜偏高、直收率偏低，且吹炼时热量过剩等因素，底吹连吹的铜锍品位定为 68%~75% 之间。

冷态铜锍从加料口加入，其粒度在 5~50mm 均可，这主要看铜锍的冷却方式。如果是水碎或无水粒化的铜锍，颗粒度一般很小，若是冷却并破碎的铜锍，粒度可以稍大。

B 燃料

铜锍吹炼时热量过剩，本身不需要燃料。但是在考虑到生产安全和为了更好地控制渣中的磁性铁含量，一般加入 0.5%~1% 的煤，吹炼所需的块煤，储存在主厂房吹炼炉顶应急块煤仓中。粒度不大于 15mm，主要成分见表 8-3。

表 8-3 块煤成分

成分	水分/%	全硫/%	灰分/%	挥发分/%	固定碳/%	低位发热量/MJ·kg^{-1}
含量	1~2	0.86	15	8~10	50~55	26.17

除此之外，底吹连续吹炼炉的烘炉和保温需要燃料，根据工厂当地的具体情况，燃料可以采用天然气、重油或柴油。

C 熔剂

底吹连续吹炼炉采用石英石熔剂造硅渣，石英石的粒度要求为不大于 15mm。表 8-4 为某冶炼厂使用的石英石成分。

表 8-4 石英石成分 （%）

成分	SiO_2	Fe	Al_2O_3	MgO
含量	90.0	0.5	0.5	0.25

8.4.2.3 产物

A 粗铜

底吹连续吹炼的粗铜含硫偏高，粗铜的品质也会根据操作方式的不同而变化。若采用粗铜和渣两相操作,则粗铜品质会好些,若采用粗铜、铜锍和渣三相操作,粗铜品质会差些。表8-5所列为两种形式下的粗铜成分。

表 8-5　底吹连续吹炼的粗铜成分　　　　　　　　　　　　　　（%）

操作方式	Cu	S	其他	备注
三相操作	97.2	0.8	2	炉渣+铜锍+粗铜
两相操作	98.5	0.4	1.1	炉渣+粗铜

相比其他连续吹炼工艺,底吹连续吹炼的粗铜品质处于中间。其中闪速连续吹炼的粗铜品质较好,含硫相对低;诺兰达炉的粗铜品质较差,含硫相对较高,具体见表8-6。

表 8-6　其他连续吹炼工艺的粗铜成分　　　　　　　　　　　　（%）

工　艺	Cu	S	其他	备注
闪速吹炼	98.5	0.2	1.3	
三菱吹炼	98.4	0.7	0.9	
诺兰达吹炼	98.0	1.3	0.7	

B　炉渣

PS转炉吹炼的渣型为铁硅酸盐渣型,因此加入的熔剂为石英,Fe/SiO_2比值往往在2左右,这样Fe_3O_4的含量一般可以达到18%~22%。转炉后期的筛炉渣已经很黏,从转炉炉口倒出,同时由于高磁性铁含量,容易出现泡沫渣的不安全因素。因此对于连吹工艺而言,炉渣的渣型不能按照PS转炉的操作。

在连续吹炼工艺中有两大类渣型。一类是与PS类似的硅酸盐渣型,如诺兰达吹炼、顶吹吹炼、底吹吹炼等,底吹吹炼有时还加入了一定量的CaO,形成了CaO-FeO-SiO₂渣系,加入CaO对炉渣的温度有影响,图8-10所示为CaO含量的变化对温度的影响;另一类是氧化钙铁酸盐渣型,如闪速吹炼和三菱吹炼,其中三菱吹炼工艺开发的初期,也采用的是硅酸盐渣型,但发现在渣表面形成一层固体磁性氧化铁的渣壳影响吹炼的进行,由于

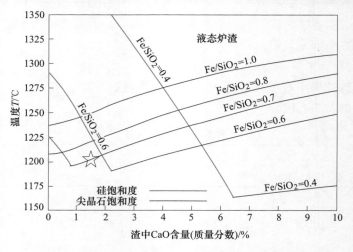

图 8-10　吹炼渣中 CaO 含量对温度的影响

铁硅渣流动性差导致吹炼困难,三菱后来改为了铁钙渣,它能无限溶解磁性铁保证了流动性。然而,采用这种渣,要求不能有铜锍相出现,因为铁钙渣与铜锍互溶,使得两相不可能分开。另外一种观点也认为铜锍相的消失是可取的,因为它从白锍或粗铜平衡中释放了粗铜的组成成分,允许生产含硫低的粗铜。这样,降低了阳极炉的负担。

底吹吹炼目前采用的是硅酸盐渣型,这主要是考虑到底吹炉没有设计炉体水套,氧化钙铁酸盐渣流动性好于硅酸盐渣,对炉衬的冲刷严重,在半工业化实验期间曾采用过钙铁酸盐渣,但发现对炉衬腐蚀很快,后续的工业化操作中便采用了硅酸盐渣型。随着技术的发展进步,若底吹炉在炉型结构冷却等方面有了相应的措施,不排除将来采用钙铁酸盐渣操作的可能性。

表8-7所示为底吹吹炼渣型和其他连吹工艺渣型的成分表。从表8-7看出,硅酸盐渣含铜相比钙盐渣含铜较低,但含硫也偏高一些。

表8-7 各种连吹工艺的吹炼渣成分 (%)

工艺	Cu	CaO	Fe	SiO$_2$	S	备注
底吹吹炼	12.6	1.22	35	29	0.3	硅酸盐渣
闪速吹炼	19	17	38	2	0.25	钙盐渣
三菱吹炼	14	18	47	—	0.6	钙盐渣
顶吹吹炼	17	4.9	28.7	23	0.79	硅酸盐渣
诺兰达吹炼	14	1.5	24	32	0.8	硅酸盐渣

8.4.3 与 PS 转炉吹炼工艺的比较

底吹连续吹炼工艺和传统的 PS 转炉相比有何突出的优势,这是作为一个冶炼厂选择底吹连续吹炼工艺的决定因素。PS 转炉存在许多缺点,以下就底吹连续吹炼炉如何解决这些问题以及技术经济指标数据(以 10 万吨/年铜冶炼规模为例)的优势作出分析。

8.4.3.1 环保数据比较

10 万吨/年铜冶炼厂的 PS 转炉至少要选用 3 台,而底吹吹炼炉只需要选用 1 台即可,规模越大优势越明显。表8-8 所列为 PS 转炉吹炼和底吹吹炼在环保方面的具体情况比较。

表8-8 环保烟气量比较

项目	PS 转炉吹炼	底吹吹炼
铜锍转运	通过吊车和铜包倒运,产生的烟气难以收集,导致 SO$_2$ 低空污染	通过溜槽(或粒化),铜锍直接流入吹炼炉,产生的烟气量极少,收集后送脱硫或兑入制酸系统,消除了 SO$_2$ 低空污染
加料方式	加料时转动炉子,用吊车通过吊包倒铜锍,不仅炉口烟气外逸,还存在安全隐患	热铜锍直接从上升烟道的口流入,冷料从加料口连续加入,没有烟气外逸
出铜方式	转动炉体,从炉口倒出粗铜,此时产生的烟气,难以收集	从放出口打眼放出,产生的烟气可通过烟罩收集后处理
粗铜转运	通过吊车用包子倒运	通过溜槽直接流入阳极炉
工艺烟气量	约 56000m^3/h	约 16000m^3/h,降低 70%
环保烟气量	约 350000m^3/h	约 150000m^3/h,降低 57%

底吹连续吹炼炉不仅产生的环保烟气量低于 PS 转炉吹炼，而且烟气 SO_2 含量也较 PS 转炉大大降低。图 8-11 所示为底吹工艺实测烟气的 SO_2 含量数据。由此可见，底吹连续吹炼工艺不仅消除了烟气的无组织排放，且有组织排放烟气量降低比例达到 57% 以上，环境效益明显。图 8-12 所示为统计环境集烟中 SO_2 含量所处区间的比例，从图 8-12 可以看出，SO_2 含量绝大部分低于 $600mg/m^3$，与 PS 转炉环集烟气相比大幅降低。环境集烟中经处理后含 SO_2 $30\sim70mg/m^3$，在满足国家排放标准 $400mg/m^3$ 的基础上，还满足了特殊地区排放限值标准。

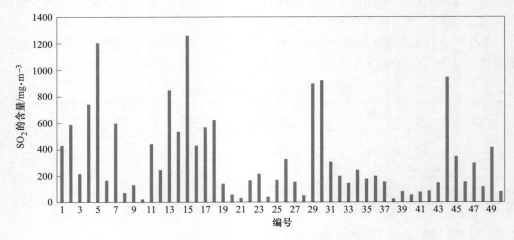

图 8-11 环集烟气中 SO_2 的含量

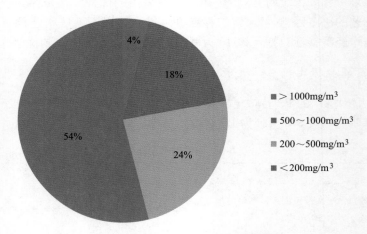

图 8-12 环集烟气中 SO_2 含量的分布

从图 8-13 可以看出，传统的 PS 转炉吹炼和底吹连续吹炼工艺环境的差异，图 8-13 (a) 为 PS 转炉吹炼的图片，在加料、倒渣、倒铜时均会产生了大量的 SO_2 烟气，这些烟气在短时间内无法捕集导致逸散到车间中，使主厂房内 "烟雾缭绕"。图 8-13 (b) 显示熔炼炉正在向连吹炉内放铜锍，环境非常好，流槽很短并加有流槽盖，产生少量的 SO_2 烟气顺着流槽经通风罩吸走，操作人员站在旁边完全感觉不到异味。

(a)　　　　　　　　　　　　　　　　(b)

图 8-13　PS 转炉吹炼和底吹连续吹炼环境比较

8.4.3.2　投资比较

采用底吹吹炼工艺和在同等条件下 PS 转炉工艺的主要装备投资比较见表 8-9。

表 8-9　PS 转炉吹炼与底吹吹炼的主要装备比较

项　目	PS 转炉吹炼	底吹吹炼	备注
冶金炉及烟罩	3 台 ϕ3.6m×8.8m	1 台 ϕ4.4m×20m	
余热锅炉	3 台 12~14t/h	1 台 9~10t/h	
电收尘器	2 台 40m^2	1 台 40m^2	
残极加料机	链板残极加料机三台	链板残极加料机一台	
铜锍及粗铜输送	吊车、铜锍包和粗铜包	铜锍、渣及粗铜流槽	
堵口机	无	泥炮机	
吊车	50t/15t 吊车 3 台	32t/16t 吊车 1 台	
清理炉口	国产清炉口机	清炉口机与熔炼共用	

底吹吹炼工艺选用 1 台底吹吹炼炉取代了 3 台小的 PS 转炉，相应的余热锅炉和电收尘设备均有减少，从表 8-9 可以看出，冶金炉、余热锅炉及电收尘系统设备投资费用均减少，残极加料机台数减少。同时，底吹吹炼与 PS 转炉相比由于自动化程度更高，增加了一些设备，如放铜堵口机等，这一部分相比 PS 转炉增加了一些设备投资。

根据表 8-9 的比较结果，PS 转炉吹炼的主要设备投资约为 7000 万元，底吹吹炼的主要设备投资能节省 25%~35%。

在厂房结构方面，PS 转炉与底吹吹炼的厂房布置区别较大。PS 转炉厂房配置的特点是占地面积大，厂房细长，高度较低，设备少、平台较少，3 台 PS 转炉和 2 台阳极炉均配置在主跨内，主跨长度约 230m。底吹吹炼的厂房特点是占地面积小，吹炼炉与精炼炉呈阶梯状布置，厂房高度最高超过 30m，高于 PS 转炉，由于吹炼的配料和上料系统均设在主厂房内，连吹厂房的平台层数多于 PS 转炉厂房。连吹厂房的占比面积远小于 PS 转炉厂房，其建筑面积和造价均低于 PS 转炉厂房。

8.4.3.3 运行成本比较

铜锍吹炼过程会放热，不需要加入燃料，运行费用主要为动力消耗。底吹吹炼的主要优势是采用了富氧吹炼，大大降低了风量和烟气量，表 8-10 所列为 PS 转炉吹炼与底吹冷态吹炼的直接运行成本进行比较。

表 8-10　PS 转炉吹炼与底吹吹炼的运行成本比较

项　目	PS 转炉吹炼	底吹吹炼	备　注
电力（粗铜耗电）消耗/kW·h·t^{-1}	约 174	约 149	含转炉及配套鼓风和环保风系统电耗
耐火砖（粗铜耗砖）/kg·t^{-1}	4	2	连吹炉寿命按 1.5 年计
燃料	3.5m^3/t(铜耗天然气)	40kg/t(铜耗煤)	
工人/人	15	10	

表 8-10 比较了吹炼工段主要的直接运行成本，经过初步比较，底吹吹炼工艺单位粗铜的直接加工成本具有优势，连吹工艺比 PS 转炉工艺粗铜的加工成本低 22 元/吨，10 万吨/年铜冶炼厂，粗铜直接加工成本节约 275 万元/年。

转炉渣含铜为 3%～6%，连吹炉渣含铜 12%～14%。但由于转炉铜锍品位在 55% 左右，连吹炉铜锍品位在 70% 左右，经过比较，连吹炉的直收率比转炉低 2% 左右，这一部分导致连吹炉的处理成本增加约 100 万元/年。

由于连续吹炼富氧浓度为 45% 左右，PS 转炉吹炼为 23% 左右。相比之下，连续吹炼的烟气量减小较多，降低制酸系统的成本。

根据表 8-8 中烟气量的比较，PS 转炉烟气量需选择 56000m^3/h 的 SO$_2$ 风机，而连吹炉选择 18000m^3/h 的 SO$_2$ 风机，节约用电 5.8×10^{6}kW·h/a，节约电费约 390 万元。

8.4.3.4 其他

PS 转炉存在了上百年的时间，自然有其一定的优势。PS 转炉产出的粗铜质量高。由于是间断操作，PS 转炉吹炼产出的粗铜含铜达到 98.5% 以上，含硫低于 0.2%，且大部分杂质均可以除去。PS 转炉有多台组成，在其中一台出现故障时可快速启动另外一台，在生产上有较大的灵活性。PS 转炉出铜的时间短暂，可在较短时间内快速出完一炉粗铜。

8.4.4 与其他连续吹炼工艺的比较

8.4.4.1 氧气底吹连续吹炼与闪速吹炼的差异[2]

闪速吹炼炉处理冷铜锍，需要将铜锍磨碎到 50μm 以下比例占 60%～65%，并进行深度干燥；利用高富氧浓度可实现自热，但不能处理残极和废杂铜。

氧气底吹连续吹炼炉可直接处理热态铜锍，即使处理冷态铜锍，对铜锍粒度和水分没有严格要求，不用干燥磨矿，同时，还可利用吹炼过程富余热处理冷料和废杂铜。

闪速吹炼是在反应塔空间内完成吹炼过程，氧气底吹连续吹炼是在熔池内完成吹炼过程。

闪速吹炼采用铁酸钙渣，底吹吹炼用硅铁渣。

8.4.4.2　氧气底吹连续吹炼与三菱连续吹炼的差异[3]

三菱连续吹炼炉连续加热态铜锍，连续排放粗铜和炉渣，富氧空气、熔剂和部分吹炼渣从炉子顶部 9 根喷枪连续喷入熔池，残极从炉顶残极密封加料口加入，废铜料打包（400kg）从炉子侧面推入炉内。氧气底吹连续吹炼炉间断进热态铜锍，规模大时可以连续进热态铜锍；富氧空气从炉子底部或侧面的氧枪连续鼓入粗铜层，熔剂、残极和废铜料从炉顶加料口加入，间断放粗铜和炉渣。

三菱连续吹炼渣型采用铁酸钙渣，氧气底吹连续吹炼采用硅铁渣。

8.4.4.3　氧气底吹连续吹炼与诺兰达连续吹炼的差异[4]

诺兰达连续吹炼炉间断用铜锍包倒入热态铜锍，富氧空气从炉子侧面的水平风口连续鼓入铜锍层，熔剂从炉顶加料口加入，间断放粗铜和炉渣。氧气底吹连续吹炼炉间断流入热态铜锍，富氧空气鼓入粗铜层，吹炼过程过热，需从炉顶加料口加入残极和废铜料。

诺兰达连续吹炼炉的风口 42 个，分成 7 组，每次使用 2 组，损坏堵上，再使用下 1 组，直到 3 组都损坏进行大修，一个炉期为 1 年，风口需要捅风眼，富氧浓度不能太高（小于 40%）。氧气底吹连续吹炼炉的氧枪 11 根，同时送富氧空气，富氧浓度可达 50%，根据氧枪损坏情况进行更换。

8.4.4.4　氧气底吹连续吹炼与顶吹连续吹炼的差异

顶吹连续吹炼炉处理水碎冷铜锍，富氧空气和粉煤从炉子顶部的喷枪连续喷入熔池，冷铜锍、熔剂、块煤从炉顶加料口加入，间断放粗铜和炉渣，不能处理残极和废杂铜。氧气底吹连续吹炼可处理热铜锍，吹炼过程过热，能处理残极和废铜料。

顶吹连续吹炼分周期操作，即一周期造渣，二周期造铜；造渣期采用富氧，造铜期采用普通空气。氧气底吹连续吹炼不分周期作业，连续送富氧空气。

顶吹连续吹炼的喷枪需要每班维修一次，每天操作 3 炉，维修 3 次。氧气底吹连续吹炼根据氧枪损坏程度进行更换，氧枪寿命在 3 个月左右。

参 考 文 献

[1] 朱祖泽，贺家齐. 现代铜冶金学 [M]. 北京：科学出版社，2003.
[2] 周俊，孙来胜，孟凡伟，等. 铜陵新建闪速熔炼—闪速吹炼项目概述 [J]. 有色金属（冶炼部分），2013（2）：5~9.
[3] Shibasaki T，张友余. 直岛冶炼厂新建三菱连续炼铜炉 [J]. 中国有色冶金，1992（2）：1~5.
[4] 黄兴东. 霍恩冶炼厂诺兰达连续吹炼转炉第一年运行情况 [J]. 中国有色冶金，2002，31（3）：46~49.

9 底吹吹炼的物料平衡和热量平衡

9.1 底吹吹炼工艺过程

典型的连续吹炼工艺过程为：铜锍连续加入到底吹连续吹炼炉，吹炼需要的石英石等熔剂和块煤在炉顶料仓经计量后，从吹炼炉加料口加入炉内。通过吹炼炉底部的氧枪鼓入氧气、氮气和压缩空气，使熔池形成剧烈搅拌，铜锍、熔剂与吹炼风快速反应，完成造渣、造铜等过程。

吹炼过程发生的主要化学反应有：

$$2FeS(l) + 3O_2(g) = 2FeO(l) + 2SO_2(g) \tag{9-1}$$

$$3FeS(l) + 5O_2(g) = Fe_3O_4(l) + 3SO_2(g) \tag{9-2}$$

$$2Cu_2S(l) + 3O_2(g) = 2Cu_2O(l) + 2SO_2(g) \tag{9-3}$$

$$Cu_2S(l) + O_2(g) = 2Cu(l) + SO_2(g) \tag{9-4}$$

$$2Cu_2O(l) + Cu_2S(l) = 6Cu(l) + SO_2(g) \tag{9-5}$$

$$2FeO(l) + SiO_2(l) = 2FeO \cdot SiO_2(l) \tag{9-6}$$

根据工况需要，有时需要配入一定的块煤加入炉内以控制渣中的 Fe_3O_4 含量：

$$C(s) + Fe_3O_4(l) = 3FeO(l) + CO(g) \tag{9-7}$$

$$2C(s) + O_2(g) = 2CO(g) \tag{9-8}$$

除上述反应外，还需要考虑以下两类化学反应：

(1) 杂质元素的氧化反应，包括铜锍中的 Pb、Zn、As、Sb、Bi 等元素。

(2) 熔化反应，包括冷铜锍的熔化以及残极等高品位铜冷料的熔化。

和底吹熔炼工艺不同，底吹吹炼气相区没有单体硫的燃烧反应发生，底吹吹炼在气相区发生的主要化学反应是加入煤的挥发分燃烧以及熔池反应生成的 CO 燃烧反应：

$$Vol(g) + O_2(g) \longrightarrow CO_2(g) + SO_2(g) + N_2(g) + H_2O(g) \tag{9-9}$$

$$2CO(g) + O_2(g) = 2CO_2(g) \tag{9-10}$$

当处理的铜锍含有冷铜锍时，需要考虑部分冷铜锍从加料口直接被烟气带入到出烟口而未参加吹炼反应。全部吹炼反应完成后，有少部分比例的粗铜和炉渣会形成烟尘，和挥发氧化的杂质元素一起随烟气进入余热锅炉以及后续烟气处理系统。

吹炼产出的粗铜和炉渣在炉内由于密度不同而沉降分离，粗铜通过泥炮开口机打眼方式从吹炼炉端部的粗铜排放口间断地放出，再通过溜槽流入回转式阳极炉。吹炼渣定期从炉渣排放口放入渣包中，由渣包车运至渣场经冷却、破碎后返回精矿仓，与精矿配料后加入到熔炼炉中。

电解残极等高铜中间返料作为连续吹炼炉冷料处理，充分利用吹炼产生的富余热以节能降耗。电解残极等冷料通过残极加料机运至吹炼炉炉顶并将其从吹炼炉的出烟口加入吹炼炉内，吹炼产出的烟气经余热锅炉回收余热、电收尘器收尘净化后送制酸。

9.2 底吹吹炼工艺设计基本参数

底吹连续吹炼炉的工艺设计基本参数见表9-1。

表 9-1 底吹连续吹炼炉主要工艺设计基本参数

序号	参数名称	范 围	备 注
1	铜锍品位/%	68~75	
2	热态铜锍处理比例/%	0~100	根据热平衡条件
3	富氧浓度/%	21~60	根据热平衡条件
4	块煤率（相对铜锍）/%	0~0.5	还原煤
5	吹炼渣温度/℃	1240~1260	
6	粗铜温度/℃	1220~1250	
7	吹炼渣含铜/%	10~14	
8	吹炼渣 Fe/SiO_2	1.1~1.3	
9	粗铜含硫/%	0.40~0.60	
10	烟尘率（相对铜锍）/%	1~2	

9.3 物料平衡及热平衡建模

底吹连续吹炼过程的物料平衡及热平衡建模原理、建模方法及步骤与底吹熔炼过程类似。采用 METSIM 软件对底吹吹炼过程进行建模的计算流程如图9-1所示，图9-1中采用1个 SPP 分相器单元模拟底吹连续吹炼过程，并对吹炼烟气及烟尘系统进行计算。

根据底吹吹炼过程发生的主要化学反应以及其他所有在炉内发生的化学反应进行建模，并添加控制器对工艺过程参数进行控制，分别如图9-2~图9-4所示。

9.4 底吹吹炼处理铜锍的三种方式及案例

底吹吹炼工艺处理的铜锍可以选择三种形态：（1）全热态铜锍；（2）全冷态铜锍；（3）部分热态铜锍+部分冷态铜锍。

选择何种形态的铜锍进行底吹连续吹炼，往往由多种因素确定，如项目的规模、总图布局以及其他外部条件等。从工艺上看，重点需要关注的是底吹连续吹炼过程的热平衡条件。总的来说，影响热平衡的主要外部因素包括铜锍处理规模以及可提供的冷料量及成分。

当处理的铜锍规模越大时，吹炼过程释放的化学反应热越大，在冷料（如残极）加入量不变的前提下，为了平衡热量，通常会降低吹炼富氧浓度，这会使得烟气量增大，进而增大烟气处理系统（余热锅炉、电收尘和制酸系统）的投资和运行成本。当规模大到一定程度且冷料有限时，可能出现采用空气吹炼也过热的情况，此时从热平衡角度来说就不适合全热态，可以考虑全冷态铜锍吹炼或者部分热态铜锍搭配部分冷态铜锍进行吹炼。采用冷态吹炼还是热态吹炼可根据项目规模和其他外部条件灵活选择，一般来说，规模越小越适合全热态，规模越大越适合全冷态。

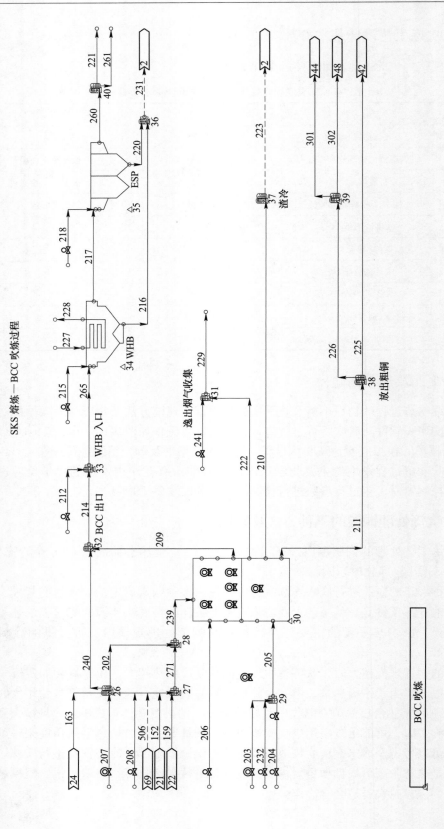

图 9-1 底吹连续吹炼 METSIM 单元计算流程

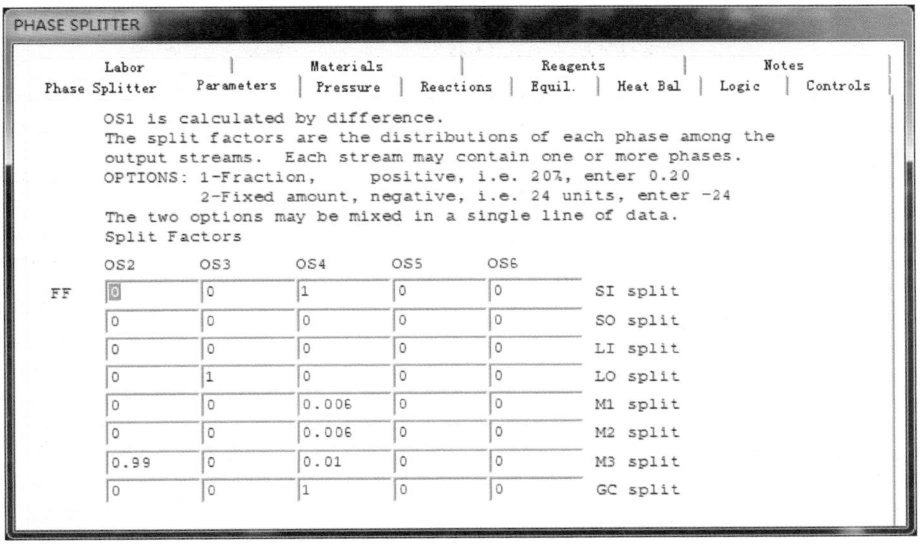

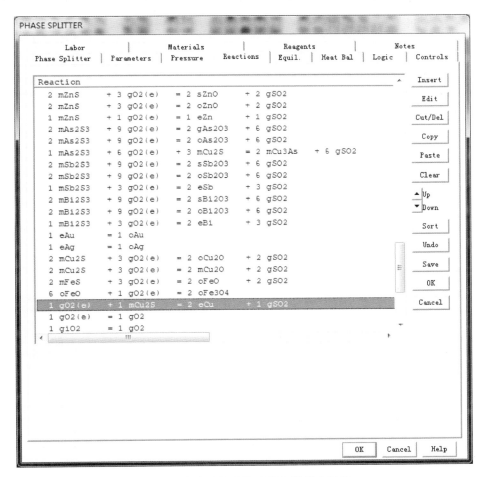

图 9-2 底吹连续吹炼模型 SPP 相分离设置

图 9-3 底吹连续吹炼过程化学反应建模

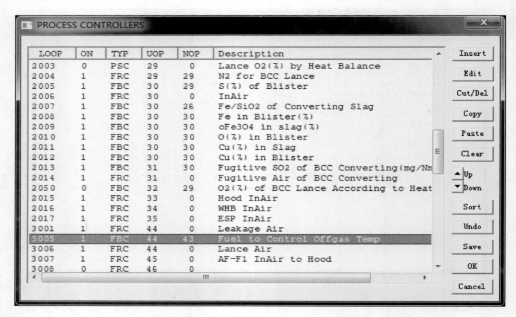

图 9-4　底吹连续吹炼过程中的工艺控制器

　　对于冷料来说，加入底吹吹炼炉的冷料量越大，吹炼过程能使用的富氧浓度越高，烟气量越小。加入底吹连续吹炼炉的冷料包括电解残极、外购杂铜等。

　　以下针对处理全热态铜锍及全冷态铜锍，在不同的条件下分别进行物料平衡和热平衡计算，工艺计算参数见表 9-2。

表 9-2　底吹吹炼主要计算参数

序号	参数名称	数值	备　注
1	年作业时间/h·a⁻¹	7672	
2	年作业天数/d·a⁻¹	335	
3	日作业时间/h·d⁻¹	22.90	
4	日作业率/%	95.42	
5	铜锍品位/%	72	
6	入炉铜锍温度/℃	1175	热态时
7	入炉铜锍温度/℃	25	冷态时
8	热态铜锍处理比例/%	0~100	根据热平衡条件确定
9	富氧浓度/%	21~50	根据热平衡条件确定
10	块煤率（相对铜锍）/%	0.5	还原煤
11	吹炼炉渣温度/℃	1250	
12	粗铜排放温度/℃	1250	
13	出炉烟气温度/℃	1235	
14	吹炼渣含铜/%	12	
15	吹炼渣 Fe/SiO_2	1.2	

序号	参数名称	数值	备　注
16	粗铜含硫/%	0.50	
17	烟尘率（相对铜锍）/%	1~2	根据不同条件分别确定
18	加料口漏风/m³·h⁻¹	2213	
19	炉体散热/GJ·h⁻¹	11.77	
20	渣中 Fe₃O₄/%	35	

9.4.1 处理全热态铜锍

底吹连续吹炼炉处理全热态铜锍时，铜锍通过流槽直接流入到底吹炉中。

为了便于分析和说明底吹连续吹炼过程中铜锍处理规模对热平衡的影响，分别计算了在 10 万吨/年铜冶炼规模（Case A）、15 万吨/年铜冶炼规模（Case B）以及 20 万吨/年铜冶炼规模（Case C）这 3 种不同条件下的工艺参数（见表 9-3 和图 9-5），包括物料平衡和热平衡，见表 9-4~表 9-10。

表 9-3　不同规模下铜锍全热态吹炼工艺参数

序号	参　数	Case A	Case B	Case C
1	铜锍加入量/t·h⁻¹	18.70	28.06	37.41
2	石英加入量/t·h⁻¹	0.85	1.28	1.70
3	块煤加入量/t·h⁻¹	0.09	0.13	0.18
4	残极加入量/t·h⁻¹	2.41	3.62	4.82
5	吹炼富氧空气/t·h⁻¹	10252	18801	28030
6	吹炼富氧浓度/%	31.27	25.65	22.97
7	出炉烟气量/m³·h⁻¹	12177	20608	29718
8	出炉烟气 SO₂ 浓度/%	22.09	19.71	18.28
9	吹炼烟尘率/%	1.59	1.59	1.59

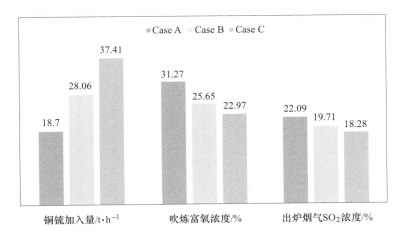

图 9-5　三种规模下处理全热态铜锍工艺参数对比

表 9-4　底吹吹炼物料平衡表（Case A）

名称	t/a	t/d	t/h	Cu %	Cu t/d	Fe %	Fe t/d	S %	S t/d	Zn %	Zn t/d	Pb %	Pb t/d	SiO₂ %	SiO₂ t/d	CaO %	CaO t/d	MgO %	MgO t/d	Al₂O₃ %	Al₂O₃ t/d
加入																					
热态铜锍	143486.01	428.32	17.81	72.00	308.39	5.09	21.79	21.07	90.25	0.33	1.43	0.28	1.22								
冷态铜锍																				100.00	
铜锍流槽冷料	2185.07	6.52	0.27	72.00	4.70	5.09	0.33	21.07	1.37	0.33	0.02	0.28	0.02								
石英石	6861.92	20.48	0.85			0.72	0.15							90.00	18.44	1.00	0.20	1.00	0.20	7.00	1.43
还原煤	706.50	2.11	0.09			1.18	0.02	0.50	0.01					8.09	0.17	0.42	0.01	0.09	0.00	5.52	0.12
残极	19428.15	57.99	2.41	99.30	57.59	0.00	0.00			0.00	0.00	0.07	0.04								
加入小计					370.67		22.30		91.63		1.46		1.28		18.61		0.21		0.21		1.55
产出																					
粗铜	121494.16	362.67	15.08	98.50	357.23	0.01	0.04	0.50	1.81	0.02	0.07	0.11	0.40								
粗铜冷料	1227.21	3.66	0.15	98.50	3.61	0.01	0.00	0.50	0.02	0.02	0.00	0.11	0.00								
吹炼渣	21159.38	63.16	2.63	12.00	7.58	34.89	22.04	0.02	0.02	1.60	1.01	1.16	0.73	29.08	18.36	0.33	0.21	0.32	0.20	2.42	1.53
吹炼烟尘	2283.91	6.82	0.28	32.61	2.22	3.23	0.22	16.67	1.14	5.42	0.37	1.93	0.13	3.48	0.24	0.04	0.00	0.04	0.00	0.29	0.02
其中：WHB 烟尘	685.17	2.05	0.09	38.69	0.79	0.26	0.01	13.56	0.28	2.89	0.06	1.07	0.02	5.78	0.12	0.09	0.00	0.06	0.00	0.49	0.01
ESP 烟尘	1598.74	4.77	0.20	30.00	1.43	4.50	0.21	18.00	0.86	6.50	0.31	2.30	0.11	2.50	0.12	0.02	0.00	0.03	0.00	0.20	0.01
制酸烟气	310609.63	927.19	38.56					9.45	87.00												
净化尘	32.44	0.10	0.00	32.60	0.03	3.23	0.00	16.66	0.02	5.41	0.01	1.93	0.00	3.48	0.00	0.04	0.00	0.04	0.00	0.29	0.00
环保脱硫烟气	1767687.90	5276.68	219.43					0.03	1.65												
产出小计					370.67		22.30		91.63		1.46		1.28		18.61		0.21		0.21		1.55

表 9-5 底吹吹炼物料平衡表（Case B）

名称	t/a	t/d	t/h	Cu %	Cu t/d	Fe %	Fe t/d	S %	S t/d	Zn %	Zn t/d	Pb %	Pb t/d	SiO₂ %	SiO₂ t/d	CaO %	CaO t/d	MgO %	MgO t/d	Al₂O₃ %	Al₂O₃ t/d
加入																					
热态铜锍	215268.52	642.59	26.72	72.00	462.67	5.09	32.70	21.07	135.39	0.33	2.15	0.28	1.83								
铜锍流槽冷料	3278.20	9.79	0.41	72.00	7.05	5.09	0.50	21.07	2.06	0.33	0.03	0.28	0.03								
石英石	10294.84	30.73	1.28			0.72	0.22							90.00	27.66	1.00	0.31	1.00	0.31	7.00	2.15
还原煤	1059.95	3.16	0.13			1.18	0.04	0.50	0.02					8.09	0.26	0.42	0.01	0.09	0.00	5.52	0.17
残极	29145.90	87.00	3.62	99.30	86.39	0.00	0.00	0.01	0.00	0.00	0.00	0.07	0.06								
加入小计					556.11		33.45		137.48		2.19		1.91		27.91		0.32		0.31		2.33
产出																					
粗铜	182270.21	544.09	22.63	98.50	535.93	0.01	0.05	0.50	2.72	0.02	0.11	0.11	0.60								
粗铜冷料	1841.11	5.50	0.23	98.50	5.41	0.01	0.00	0.50	0.03	0.02	0.00	0.11	0.01								
吹炼渣	31743.28	94.76	3.94	12.00	11.37	34.89	33.06			1.60	1.51	1.16	1.10	29.08	27.55	0.33	0.32	0.32	0.31	2.42	2.30
吹炼烟尘	3426.40	10.23	0.43	32.61	3.34	3.23	0.33	16.67	1.70	5.42	0.55	1.93	0.20	3.48	0.36	0.04	0.00	0.04	0.00	0.29	0.03
其中：WHB 烟尘	1027.92	3.07	0.13	38.69	1.19	0.26	0.01	13.56	0.42	2.89	0.09	1.07	0.03	5.78	0.18	0.09	0.00	0.06	0.00	0.49	0.01
ESP 烟尘	2398.48	7.16	0.30	30.00	2.15	4.50	0.32	18.00	1.29	6.50	0.47	2.30	0.16	2.50	0.18	0.02	0.00	0.03	0.00	0.20	0.01
制酸烟气	431878.20	1289.19	53.61					10.25	131.35												
净化尘	48.67	0.15	0.01	32.60	0.05	3.23	0.00	16.66	0.02	5.41	0.01	1.93	0.00	3.48	0.01	0.04	0.00	0.04	0.00	0.29	0.00
环保脱硫烟气	1767687.90	5276.68	219.43					0.03	1.65												
产出小计					556.10		33.45		137.48		2.19		1.91		27.91		0.32		0.31		2.33

表 9-6　底吹吹炼物料平衡表（Case C）

名称	t/a	t/d	t/h	Cu %	Cu t/d	Fe %	Fe t/d	S %	S t/d	Zn %	Zn t/d	Pb %	Pb t/d	SiO₂ %	SiO₂ t/d	CaO %	CaO t/d	MgO %	MgO t/d	Al₂O₃ %	Al₂O₃ t/d
加入																					
热态铜锍	287046.40	856.85	35.63	72.00	616.94	5.09	43.60	21.07	180.54	0.33	2.87	0.28	2.44								
流槽冷料	4371.26	13.05	0.54	72.00	9.39	5.09	0.66	21.07	2.75	0.33	0.04	0.28	0.04								
石英石	13727.50	40.98	1.70			0.72	0.30							90.00	36.88	1.00	0.41	1.00	0.41	7.00	2.87
还原煤	1413.38	4.22	0.18			1.18	0.05	0.50	0.02					8.09	0.34	0.42	0.02	0.09	0.00	5.52	0.23
残极	38865.25	116.02	4.82	99.30	115.20	0.00	0.00	0.01	0.01	0.00	0.00	0.07	0.08								
加入小计					741.53		44.61		183.32		2.92		2.55		37.22		0.43		0.41		3.10
产出																					
粗铜	243051.13	725.53	30.17	98.50	714.64	0.01	0.07	0.50	3.63	0.02	0.15	0.11	0.81								
粗铜冷料	2455.06	7.33	0.30	98.50	7.22	0.01	0.00	0.50	0.04	0.02	0.00	0.11	0.01								
吹炼渣	42327.55	126.35	5.25	12.00	15.16	34.89	44.09			1.60	2.02	1.16	1.47	29.08	36.74	0.33	0.42	0.32	0.41	2.42	3.06
吹炼烟尘	4568.95	13.64	0.57	32.61	4.45	3.23	0.44	16.67	2.27	5.42	0.74	1.93	0.26	3.48	0.48	0.04	0.01	0.04	0.01	0.29	0.04
其中：WHB 烟尘	1370.69	4.09	0.17	38.69	1.58	0.26	0.01	13.56	0.55	2.89	0.12	1.07	0.04	5.78	0.24	0.09	0.00	0.06	0.00	0.49	0.02
ESP 烟尘	3198.27	9.55	0.40	30.00	2.86	4.50	0.43	18.00	1.72	6.50	0.62	2.30	0.22	2.50	0.24	0.03	0.00	0.03	0.00	0.20	0.02
制酸烟气									175.70												
净化尘	64.90	0.19	0.01	32.60	0.06	3.23	0.01	16.66	0.03	5.41	0.01	1.93	0.00	3.48	0.01	0.04	0.00	0.04	0.00	0.29	0.00
环保脱硫烟气	176687.90	5276.68	219.43					0.03	1.65												
产出小计					741.53		44.61		183.32		2.92		2.55		37.22		0.43		0.41		3.10

表 9-7 底吹吹炼热平衡表（Case A）

热收入				热支出			
序号	热收入项	热值/MJ·h^{-1}	比例/%	序号	热收入项	热值/MJ·h^{-1}	比例/%
1	投入物显热	14653	29.03	1	粗铜显热	12349	24.46
2	化学反应热	35830	70.97	2	炉渣湿热	3739	7.41
				3	烟气及烟尘显热	23804	47.15
				4	炉体热损失	10590	20.98
	总计	50483	100.00		总 计	50483	100.00

表 9-8 底吹吹炼热平衡表（Case B）

热收入				热支出			
序号	热收入项	热值/MJ·h^{-1}	比例/%	序号	热收入项	热值/MJ·h^{-1}	比例/%
1	投入物显热	21839	28.89	1	粗铜显热	18527	24.51
2	化学反应热	53756	71.11	2	炉渣湿热	5610	7.42
				3	烟气及烟尘显热	40277	53.28
				4	炉体热损失	11182	15.57
	总计	75595	100.00		总 计	75595	100.00

表 9-9 底吹吹炼热平衡表（Case C）

热收入				热支出			
序号	热收入项	热值/MJ·h^{-1}	比例/%	序号	热收入项	热值/MJ·h^{-1}	比例/%
1	投入物显热	29020	28.82	1	粗铜显热	24705	24.53
2	化学反应热	71680	71.18	2	炉渣湿热	7480	7.43
				3	烟气及烟尘显热	56745	56.35
				4	炉体热损失	11770	11.69
	总计	100700	100.00		总 计	100700	100.00

表 9-10 底吹吹炼出炉烟气量及成分表（全热态）

冶炼规模	参数	烟气成分					总计
		SO_2	CO_2	O_2	N_2	H_2O	
10 万吨/年	m^3/h	2690	134	498	8766	88	12177
	%	22.10	1.10	4.09	71.99	0.72	100.00
15 万吨/年	m^3/h	4062	201	531	15700	114	20608
	%	19.71	0.97	2.58	76.19	0.55	100.00
20 万吨/年	m^3/h	5433	268	563	23314	140	29718
	%	18.28	0.90	1.89	78.45	0.47	100.00

9.4.2 处理全冷态铜锍

当处理全冷态铜锍时，需要对铜锍进行粒化或破碎，并和石英以及块煤配料，经计量后加入底吹连续吹炼炉。与处理热态铜锍相比，采用全冷态铜锍吹炼由于能够对铜锍进行计量，工艺控制要更加安全稳定。

3 种不同规模（10 万吨/年：Case A；15 万吨/年：Case B；20 万吨/年：Case C）条件下全冷态铜锍吹炼的主要计算结果参数见表 9-11 和图 9-6。

表 9-11 不同规模时铜锍全冷态吹炼工艺参数表

序号	参 数	Case A	Case B	Case C
1	铜锍加入量/t · h⁻¹	18.86	28.28	37.71
2	石英加入量/t · h⁻¹	0.81	1.24	1.67
3	块煤加入量/t · h⁻¹	0.51	0.48	0.45
4	块煤率/%	2.70	1.70	1.19
5	残极加入量/t · h⁻¹	2.40	3.60	4.80
6	吹炼富氧空气/t · h⁻¹	8691	11987	15282
7	吹炼富氧浓度/%	45	45	45
8	出炉烟气量/m³ · h⁻¹	10933	14214	17494
9	出炉烟气 SO_2 浓度/%	24.51	28.45	30.91
10	吹炼烟尘率/%	2.10	2.10	2.10

注：上述工艺参数表中，在控制吹炼富氧浓度的条件下，采用煤量调节热平衡。

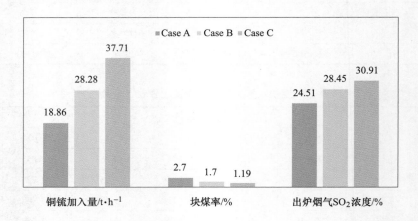

图 9-6 三种规模下处理全冷态铜锍工艺参数对比（富氧浓度 45%）

热平衡和烟气量及成分见表 9-12~表 9-15。

表 9-12 底吹吹炼热平衡表（Case A）

	热收入				热支出		
序号	热收入项	热值/MJ·h^{-1}	比例/%	序号	热收入项	热值/MJ·h^{-1}	比例/%
1	投入物显热	496	1.01	1	粗铜显热	12286	25.06
2	化学反应热	48538	98.99	2	炉渣湿热	3777	7.70
				3	烟气及烟尘显热	22381	45.64
				4	炉体热损失	10590	21.60
	总计	49034	100.00		总计	49034	100.00

注：处理 100%冷态铜锍，需将煤率由 0.5%提高煤率至 2.5%，富氧浓度可控制在 48%。

表 9-13 底吹吹炼热平衡表（Case B）

	热收入				热支出		
序号	热收入项	热值/MJ·h^{-1}	比例/%	序号	热收入项	热值/MJ·h^{-1}	比例/%
1	投入物显热	742	1.15	1	粗铜显热	18432	28.54
2	化学反应热	63837	98.85	2	炉渣湿热	5629	8.72
				3	烟气及烟尘显热	29338	45.43
				4	炉体热损失	11180	17.31
	总计	64579	100.00		总计	64579	100.00

表 9-14 底吹吹炼热平衡表（Case C）

	热收入				热支出		
序号	热收入项	热值/MJ·h^{-1}	比例/%	序号	热收入项	热值/MJ·h^{-1}	比例/%
1	投入物显热	988	1.23	1	粗铜显热	24578	30.68
2	化学反应热	79136	98.77	2	炉渣湿热	7480	9.34
				3	烟气及烟尘显热	36295	45.30
				4	炉体热损失	11770	14.69
	总计	80123	100.00		总计	80123	100.00

表 9-15 底吹吹炼出炉烟气量及成分表（全冷态）

冶炼规模	参数	烟气成分					总计
		SO_2	CO_2	O_2	N_2	H_2O	
10万吨/年	m^3/h	2679	784	513	6505	452	10933
	%	24.51	7.17	4.69	59.50	4.14	100.00
15万吨/年	m^3/h	4043	738	542	8317	573	14214
	%	28.44	5.19	3.81	58.52	4.03	100.00
20万吨/年	m^3/h	5407	692	572	10129	694	17494
	%	30.91	3.96	3.27	57.90	3.97	100.00

⑩ 底吹连续吹炼炉及附属设施

10.1 底吹连续吹炼炉的设计

底吹连续吹炼炉与底吹熔炼炉的炉型及工作原理基本相似，因其内部的工艺过程是将铜锍吹炼成粗铜，供风和烟气是连续过程，加料也多为连续过程，故而称底吹连续吹炼炉。

与底吹熔炼炉类似，底吹吹炼炉分为炉体和氧枪两部分，如图 10-1 所示。炉体由炉壳、耐火炉衬、固定端托轮装置及齿圈、滑动端托轮装置及滚圈、传动装置、热料加入口、冷料加入口、出烟口、渣放出口、粗铜放出口、烧嘴等部件组成。底吹连续吹炼炉的规格尺寸以及大多数部件的设计均与底吹熔炼炉类似，以下重点介绍底吹熔炼炉与底吹连续吹炼炉的不同之处。

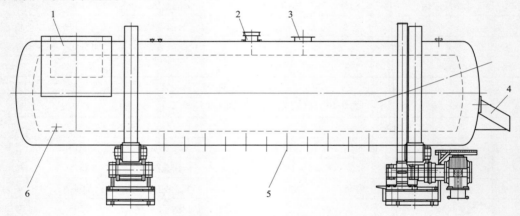

图 10-1　底吹连续吹炼炉简图

1—烟气出口、热料加入口；2—冷料加入口（熔剂）；3—冷料加入口（残极）；

4—渣放出口；5—喷枪；6—粗铜放出口

10.1.1 底吹连续吹炼炉规格尺寸的确定

10.1.1.1 炉膛容积

炉膛容积

$$V = Q/q \tag{10-1}$$

式中，V 为炉膛容积，m^3；Q 为总鼓风量，m^3/h；q 为鼓风强度，$m^3/(m^3 \cdot h)$。

根据试验和实际生产经验，底吹连续吹炼炉鼓风强度取 $80 \sim 100 m^3/(m^3 \cdot h)$，容积热强度取决于热平衡计算，大致为 $1000 \sim 1400 MJ/(m^3 \cdot h)$，根据这两个指标可确定炉膛容积。

10.1.1.2 炉膛直径

炉膛直径主要考虑两个方面：一是熔池深度，二是炉内烟气流速。

10.1.1.3 炉膛长度

炉膛长度取决于吹炼区长度、氧枪数量与氧枪间距;粗铜放出口及渣放出口之前均要有一段沉淀分离区;此外还需考虑出烟口位置及长度。

氧枪数量取决于吹炼反应所需氧气量,按单支氧枪吹氧能力 $1000 \sim 2000 \text{m}^3/\text{h}$ 计算氧枪数量。吹炼过程鼓风量大、氧枪数量相对较多。根据单支枪吹氧量和供氧压力,运用气体动力学理论计算确定氧枪喷孔直径,进而考虑氧气喷出对熔体搅拌特性确定氧枪间距。

出烟口的大小取决于烟气速度,一般后者按 $8 \sim 10 \text{m/s}$ 计算。

10.1.2 底吹连续吹炼炉主要部件设计

底吹连续吹炼炉中炉壳、滚圈及托轮装置、传动装置等与底吹熔炼炉基本相同,以下仅对几个不同部件进行介绍。

10.1.2.1 加料口

底吹连续吹炼炉的加料口包括冷料加入口、热料加入口。根据工艺路线的不同,加料口的设置主要有以下几种类型。铜锍以全热料形式进入连续吹炼炉,炉身上设置热铜锍加入口,热铜锍加入口可以设置在炉身端头回转中心处,也可以由出烟口兼任,这主要根据工艺配置的要求采用顶加料或端加料而确定;熔剂加入口可以单独在炉顶开孔,也可以从出烟口加入;冷铜锍通常在炉身上单独开孔加入;还有残极加入口,单片或者打包的残极通常借助专用的残极加料机通过出烟口加入。

10.1.2.2 烟气出口

底吹连续吹炼炉的烟气出口设在炉子端部附近,与熔炼炉最大的不同点是除作为烟气出口外还需要兼具热铜锍、残极、熔剂甚至冷铜锍加入口的功能。因此,设计烟气出口时,要兼顾烟气速度和加料顺畅性。

10.1.2.3 炉衬

吹炼过程中吹炼炉炉衬需经受高温熔体剧烈的机械冲刷、炉渣和熔剂的严重侵蚀。底吹连续吹炼炉在开发过程中,加强了对炉衬寿命的研究。在半工业化试验和工业化试验过程中,对侵蚀的砖体进行了化验分析,研究其侵蚀机理。在工业投产设计中,针对不同的区域选用了不同烧制工艺的镁铬砖,炉身底部氧枪周围是作业条件最为恶劣的区域,为延长该区域砖体寿命,选用等级更高的优质镁铬砖,并通过锁砖和围砖的设计使枪口区域相对独立,即便是枪口区砖体烧损,只需将枪口区转出熔体,在热态下即可进行换砖操作,这使得风口区砖体寿命不再成为制约整炉砖寿命的瓶颈。

第一套工业化的底吹连续吹炼炉第一炉期的炉寿已经达到了 16 个月,高于设计预期,换枪周期也基本维持在一个月以上。

10.1.2.4 粗铜放出口

各种吹炼炉的粗铜放出口都是比较关键的地方,而且寿命相对固定,基本都是 6000 ~

8000t 粗铜维护一次，因此单台吹炼炉所设置粗铜口的数量就决定了整体维护的周期。固定炉子一般都通过多设粗铜放出口轮流使用，解决其寿命短、维护频繁的问题，例如闪速吹炼炉通常会设置 6~7 个粗铜放出口。新投产的底吹连续吹炼炉只有 1~2 个常用粗铜放出口，与闪速炉相比，检修维护占用的时间增加了 3~4 倍。对此，在改进粗铜口结构的同时，也需加强对粗铜口材料和维护方式的研究。目前新型的粗铜放出口使用寿命已经大幅延长且维护方便，在新型粗铜放出口中引入了大水套结合小压盖的设计，大水套可对放铜口周围砖体起到冷却保护作用，小压盖方便拆卸更换，不会因放铜口局部寿命影响整炉炉寿。

10.1.2.5　氧枪座

底吹连续吹炼炉的氧枪寿命低于底吹熔炼炉的氧枪，需要定期更换。其中氧枪座的寿命与氧枪的寿命是相辅相成的，合理的氧枪座设计能够对氧枪进行有效的保护，常见的连续吹炼炉有以下几种氧枪座结构，如纯耐火材料组合砖、水或油冷却的钢套、水或油冷却的铜套、透气耐火砖等。其中纯耐火材料组合砖是目前采用较多的结构，油冷却铜套的结构也已经通过了实践检验，其余结构还有待使用验证。

新型的氧枪座经过改进后，能够有效提高氧枪周围结构的寿命，也可同时保护氧枪，延长换枪和换砖的周期，能够进一步提高作业率，降低工人劳动强度。

底吹连续吹炼炉无论热料还是冷料的加入，进料出料过程都无需转动炉体，可连续送风进行吹炼，提高了吹炼的效率，从根本上改变了传统间歇式周期性作业模式，底吹吹炼炉不再分周期操作，生产过程中富氧风为连续鼓入，烟气持续稳定的从底吹吹炼炉顶部的出烟口排出，SO_2 浓度波动小，有利于制酸。同时连续送风可克服 PS 转炉周期作业造成炉温波动过大的缺点，所以底吹连续吹炼炉炉温更稳定，有利于提高吹炼炉的寿命，降低耐火材料消耗和维修工作量，从而降低铜生产成本。炉口一直处于密封烟罩内，避免 SO_2 烟气逸散，大大改善了车间内环境。

10.2　底吹连续吹炼炉的氧枪

10.2.1　氧枪装置结构开发

底吹连续吹炼炉的氧枪装置由氧枪、氧枪座等部件组成，该套装置为底吹连续吹炼炉的核心技术所在，是中国恩菲的专利技术。其与 PS 转炉的风眼装置相比区别很大，PS 转炉的风眼装置固定在转炉上，由风管、风眼座、球阀、消声器等零件组成。捅风眼时，钎杆把顶紧在衬套上的球顶起，长期的机械冲击使得风口区域耐火材料磨损很快。而且此种低压操作的方式，使得送风富氧浓度不能太高，送风量很大，若直接提升送风富氧浓度会使风口区域反应加剧，造成高温，风口区耐火材料消耗会加快。PS 转炉风口区耐火材料的消耗速度难以与炉体其他部位耐火材料的消耗同步，成为制约转炉炉龄的主要因素。

底吹连续吹炼炉的氧枪出口呈多孔弥散状，枪身为槽缝式多重套管结构，外层通道由侧向的进气管供气，中间通道由氧枪尾部进气管供气，两个通道气流互不影响。外层通道的气体流速较高，通过高速气体对氧枪进行冷却和保护。

喷枪内的流动过程属于典型的可压缩流动过程，可用可压缩模型对其流动过程进行描述，通过数值模拟，计算不同的氧枪结构对静压分布、总压分布、气体流速等因素的影响，拟合出压损与当量直径之间的关系，综合分析，最终确定氧枪结构形式。该结构可以使送风压力大大提升，高压送风加速了熔池搅动，提升了反应速度，反应在熔池内均匀发生，不会对送风口处耐火材料造成快速侵蚀，同时可以提高送风的富氧浓度约至70%，提升炉体热强度，利于处理残极和废杂铜，同时大幅减少了烟气量。

氧枪可方便拆卸，可在不停炉的状态下进行更换氧枪的操作，这就使得风口区域不再是影响炉龄的决定性因素，大大延长了底吹连续吹炼炉使用周期。

10.2.2 数值模拟在氧枪设计中的作用

10.2.2.1 利用数值模拟计算氧枪内部关键流动参数

现场实际生产过程中所使用的氧枪结构比较复杂，采用数值模拟的方法计算氧枪内部气体流动过程，并计算出口气体参数更为方便和准确。由于氧枪内部的气体压力和速度通常较高，需要采用可压缩流模型，对其进行模拟。

A 物理模型

氧枪是冶炼过程中非常重要的设备，从20世纪60年代起，就有学者对氧枪进行研究，在过去的几十年中，氧枪经历了由单管向套管、透气砖、槽缝式多重套管演化的过程。其中槽缝式多重套管的出口呈多孔弥散状，该类型氧枪有着气体弥散度高、化学反应快以及熔池翻腾小等优势[1,2]。因此，在目前的国内外底吹炼铜生产线上，都采用了这种复杂结构的氧枪（其剖面图见图10-2（a））。从氧枪出口端面图（取自国内某冶炼厂底吹炉氧枪，图10-2（b））可以看到，氧枪出口由中间的一个圆孔和周围的两层扇形孔组成。内层的6个扇形孔和中心圆孔共同组成了氧枪的内层通道；外层的12个扇形孔组成了氧枪的外层通道。其中内层通道由氧枪尾部的进气管供气；外层通道由旁侧的进气管供气。氧枪内，两个通道的气流互不影响。由于氧枪前端通常是暴露在高温的熔池中，所以外层通道的速度较高，通过高速气体对氧枪进行冷却和保护。

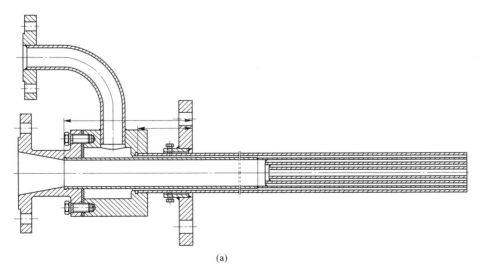

(a)

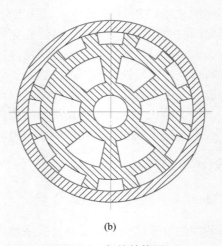

(b)

图 10-2　氧枪结构图

（a）氧枪剖面图；（b）氧枪出口端面图

利用 Gambit 软件对图 10-2 中的氧枪进行建模和网格划分。采用分块网格划分技术，对所建立的模型进行网格划分，总网格数为 50 万，网格扭曲度都在 0.3 以下，网格质量较高，能够满足计算需求如图 10-3 所示。

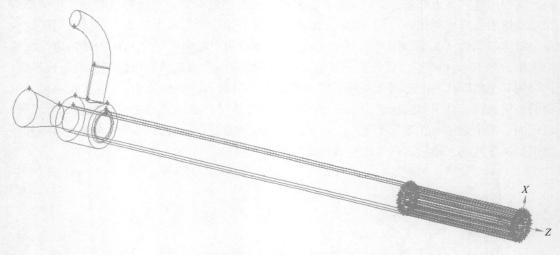

图 10-3　氧枪物理模型

B　数学模型

根据前面的分析，氧枪内气体流动过程属于典型的可压缩流动过程，因此采用气体可压缩流动方程组对其流动过程进行描述。

a　控制方程

对于可压缩流动过程，其控制方程可以由式（10-2）所示的通用形式进行描述：

$$\frac{\partial(\rho\phi)}{\partial t} + \frac{\partial(\rho u_j \phi)}{\partial x_j} = \frac{\partial}{\partial x_j}\left(\Gamma_\phi \frac{\partial \phi}{\partial x_j}\right) + S_\phi \qquad (10\text{-}2)$$

在式（10-2）中，从左往右分别为时间项、对流项、扩散项和源相。对于不同的控制方程，ϕ、Γ_ϕ 和 S_ϕ 按照表 10-1 进行取值。

表 10-1 流动控制方程

项 目	ϕ	Γ_ϕ	S_ϕ
连续性方程	1	0	0
x 方向动量方程	U	μ	$\rho f_x - \dfrac{\partial p}{\partial x}$
y 方向动量方程	V	μ	$\rho f_y - \dfrac{\partial p}{\partial y}$
z 方向动量方程	W	μ	$\rho f_z - \dfrac{\partial p}{\partial z}$
能量方程	T	λ / c_p	S_T / c_p

b 湍流模型

采用时间平均的方法，对 N-S 方程组进行处理，将其中的任一瞬时物理量用平均量和脉动量的和来代替，再对整个方程组进行时间平均计算，便可以得到雷诺时均方程。

$$\frac{\partial}{\partial t}(\rho \phi) + \frac{\partial}{\partial x_j}(\rho v_j \phi) = \frac{\partial}{\partial x_j}\left(\Gamma_\phi \frac{\partial \phi}{\partial x_j} - \rho \overline{v_j' \phi_j'}\right) + \overline{S_\phi} \tag{10-3}$$

与瞬态量的 N-S 方程相比，雷诺方程中增加了新的一项，湍流输运通量：$-\rho \overline{v_j' \phi_j'}$。由于该项的存在，使得方程组的未知量数量超过了独立方程的数量，原本封闭的方程组变得不封闭。为了解决上述问题，对湍流输运通量进行求解，需要引入湍流模型。求解湍流输运通量的方法主要分为两类，一类是引入湍流输运系数，把上述问题变成湍流输运系数的求解；另一类是用一个合理的代数表达式来代替该通量，从而使得方程封闭。

C 边界条件

由于氧枪内的气体流动属于典型的可压缩流动，所以在对其进行模拟时，进口和出口都设置为压力边界条件。在模拟过程中，还考虑了气体在高速喷吹时所遇到的摩擦阻力，将壁面设置为粗糙壁面。

a 进口边界条件

进口设置为压力进口边界条件，两个通道的进口压力设置值一致，都为 0.7MPa，进口总温为 323K。

b 出口边界条件

氧枪位于底吹炉的底部，因此氧枪出口的压力必须大于熔体深度所产生的静压力，同时还需要保证一定的余量，才能够使得生产的正常进行。在生产过程中，一般保证氧枪出口的富余压力为 0.2MPa。在底吹炉中，熔体从上向下分为三层结构，分别为渣层、铜锍层和粗铜层。渣层的厚度为 0.2m，密度为 3500kg/m³；铜锍层的厚度为 0.2m，密度为 4600kg/m³；粗铜层的厚度为 1.145m，密度为 7800kg/m³。由熔体所产生的静压力由式（10-4）和式（10-5）计算。

$$p_s = \rho_{slag} g h_{slag} + \rho_{matte} g h_{matte} + \rho_{cu} g h_{cu} \tag{10-4}$$

$$p_{out} = p_s + p_{surplus} + p_{op} \tag{10-5}$$

式中，p_{out}为出口总压，Pa；p_s为熔体静压力，Pa；$p_{surplus}$为富余压力，Pa；p_{op}为操作压力，Pa。

根据式（10-4）和式（10-5），可以计算得到出口的压力为 375090Pa。

在可压缩流中，当进口压力条件已知时，出口背压与气体流量有一一对应的关系。所以在计算过程中，先以上述计算值作为出口压力条件的初始值，通过不断的调节出口压力，使得气体流量与目标流量一致。

D　壁面条件

在高速流动过程中，壁面的摩擦会对氧枪内压阻等特性产生巨大的影响。因此，不能将管壁简化成光滑壁面。管道的粗糙度主要受两个因素影响：管壁材料及壁面处理方法。另外，随着氧枪使用时间的增加，管壁粗糙度也会发生变化。通过查阅文献，综合各方面因素，取氧枪壁面的粗糙度为 0.024mm，壁面摩擦系数为 0.5。

E　求解策略

为了保证计算的准确性，采用了双精度模型。计算过程为速度较高的可压缩流动过程，计算时采用基于压力的求解器，该求解器以矢量的形式同时求解连续性方程、动量方程和能量方程。湍动能和耗散率输运方程的离散采用一阶迎风格式，其余输运方程采用二阶迎风格式。连续性方程残差控制为 10^{-5}，其余控制方程的残差都控制为 10^{-3}。

F　模拟结果

a　气体流量对静压分布的影响

图 10-4 所示为不同流量情况下的中心截面的静压分布云图，从图 10-4 可以看到，三种方案的出口的静压值基本一致，但是进口端的压力相差较大；同时，在这三个方案中，内层通道静压的损失值明显小于外层通道。从图 10-5 所示的流动方向上的静压变化曲线上可以更加清晰地看到这一变化规律。

b　气体流量对密度分布的影响

图 10-6 所示为三种不同流量工况下的中心截面的密度云图，由于密度直接受静压的影响，因此密度的云图与静压云图非常相似。在三种不同流量工况下，出口静压设置值相同，因此三种方案的氧枪出口处的气体密度值相同。

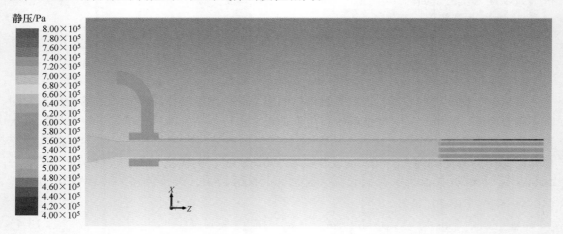

(a)

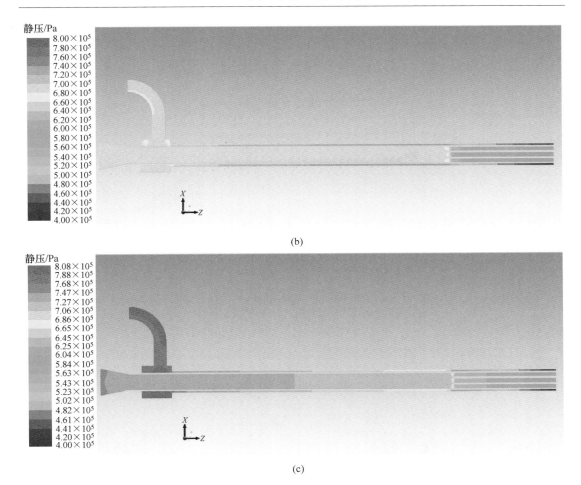

图 10-4 不同流量工况下中心截面静压云图

（a）1600m³/h；（b）2000m³/h；（c）2400m³/h

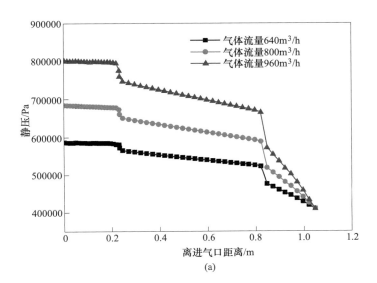

（a）

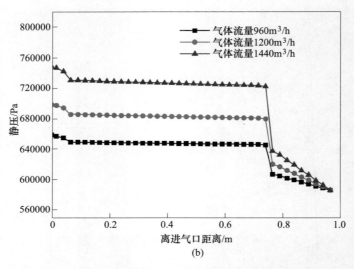

(b)

图 10-5 不同流量工况下静压沿流动方向变化规律

(a) 外层通道静压变化曲线；(b) 内层通道静压变化曲线

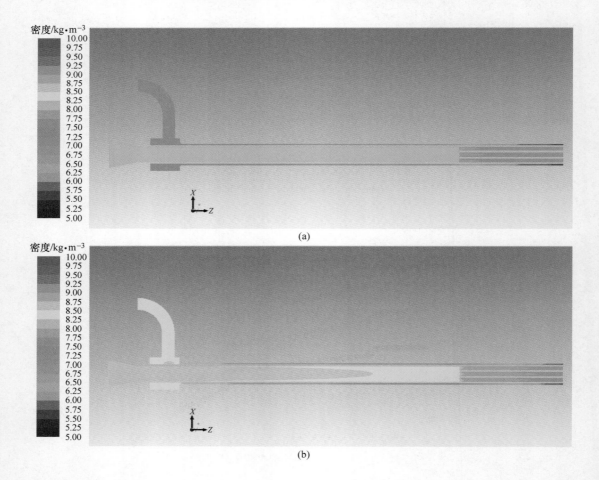

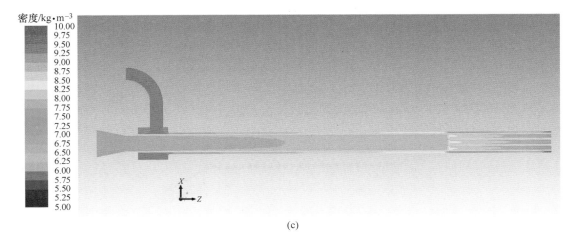

(c)

图 10-6　不同流量工况下中心截面密度云图

（a）1600m³/h；（b）2000m³/h；（c）2400m³/h

通过对比图 10-5（a）和图 10-7（a）可以发现，密度沿着轴线的分布规律与静压的分布规律完全一致；在弯管段、环缝段以及分支段内的密度呈线性下降，并且弯管段的斜率最小，分支段的斜率最大。三种方案的外层通道进口处气体密度分别为：7.24kg/m³、8.44kg/m³ 和 9.87kg/m³。

图 10-7（b）为内层通道的气体密度沿着气体流动方向的变化曲线，与外层通道类似，气体密度沿着轴线的分布规律与静压分布规律一致：在渐缩段，密度呈抛物线形下降；在直管段和分支段，密度呈线性下降，并且分支段的下降斜率大于直管段；在直管段与分支段的交界面处，密度会突然减小。三种方案的内层通道进口气体密度分别为：8.39kg/m³、8.89kg/m³ 和 9.53kg/m³。

c　气体流量对速度分布的影响

图 10-8 所示为三种不同流量方案工况下的中心截面的速度云图，从图 10-8 可以看到，三种方案的中心截面的速度分布非常相似：进口速度非常小，出口速度非常大；外层通道气体速度大于内层通道气体速度。

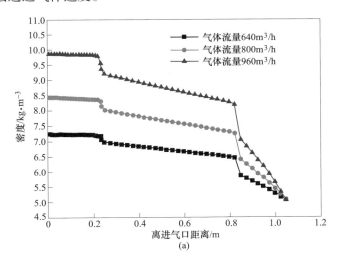

(a)

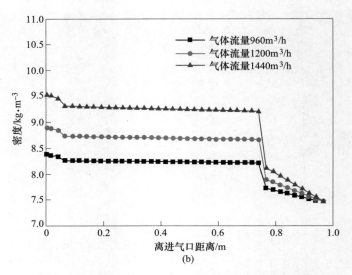

（b）

图 10-7　不同流量工况下密度沿流动方向变化规律

（a）外层通道密度变化曲线；（b）内层通道密度变化曲线

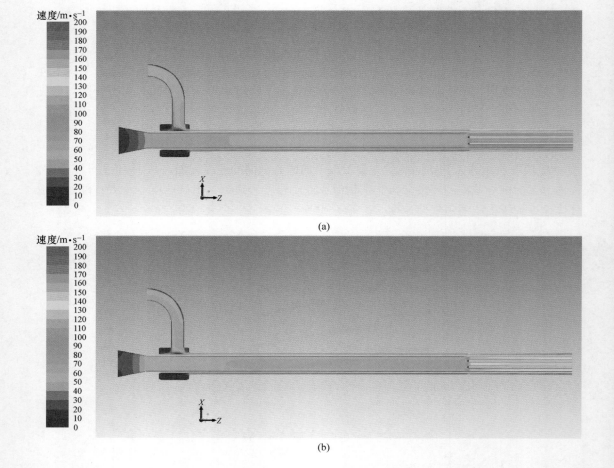

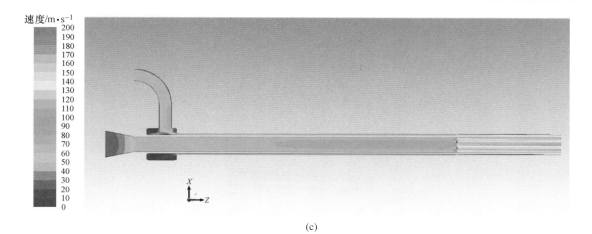

(c)

图 10-8 不同流量工况下中心截面速度云图

(a) 1600m³/h;(b) 2000m³/h;(c) 2400m³/h

图 10-9(a)所示为外层通道气体速度沿着流动方向的变化曲线。从图 10-9(a)可以看到,外层通道的气体进口速度比较小,三种流量工况下的进口速度分别为 54.32m/s、60.24m/s 和 63.08m/s。在弯管段内,气体速度呈近似线性下降,并且下降斜率非常小。在直角转弯处,气体速度先是急剧下降,然后迅速回升,并且环缝段的入口处的气体速度比弯管段出口的气体速度高,三种流量工况下的环缝段进口速度分别为 64.87m/s、71.79m/s 和 76.22m/s。在环缝段内,气体速度呈线性上升,三种流量工况下的环缝段出口气体速度分别为 70.41m/s、78.61m/s 和 85.97m/s。在环缝段与分支段的交界面处,气体速度迅速升高,三种流量工况下的分支段进口处的气体速度分别为 122.77m/s、140.79m/s 和 153.46m/s。在分支段内,气体速度呈近似于线性上升,并且三种氧枪的上升幅度各不相同,流量大的方案的气体速度上升斜率较大;三种流量工况下的外层通道出口气体速度分别为 142.98m/s、178.31m/s 和 214.84m/s。

图 10-9(b)为内层通道气体速度沿着流动方向的变化曲线。从图 10-9(b)可以看到,内层通道的气体进口速度非常小,三种流量工况下的进口速度分别为 15.33m/s、17.96m/s 和 19.94m/s。在渐缩段,气体速度迅速升高,三种流量工况下的渐缩段出口速度分别为 46.75m/s、56.01m/s 和 63.07m/s。在直管段内,气体速度呈线性上升,并且上升的斜率非常小,三种流量工况下的直管段出口的气体速度分别为 47.98m/s、57.24m/s 和 65.01m/s。在直管段与分支段的交界面处,气体速度迅速上升,三种流量工况下的分支段入口的气体速度分别为 90.75m/s、111.16m/s 和 129.73m/s。在分支段内,气体速度呈线性上升,不同流量的工况下的分支段内气体速度上升斜率各不相同,流量小的方案的气体速度上升斜率较小,反之亦然。三种工况下的内层通道分支段出口的气体速度分别为 94.12m/s、117.64m/s 和 141.17m/s。

10.2.2.2 基于数值模拟结果的氧枪搅拌功率及氧枪效率计算

底吹气体上升过程中,气泡周围的液体压力逐渐降低,气泡逐渐膨胀。在膨胀过程中,气泡会对周围液体做功,这部分功叫做膨胀功。气体膨胀所做的功全部作用于周围液

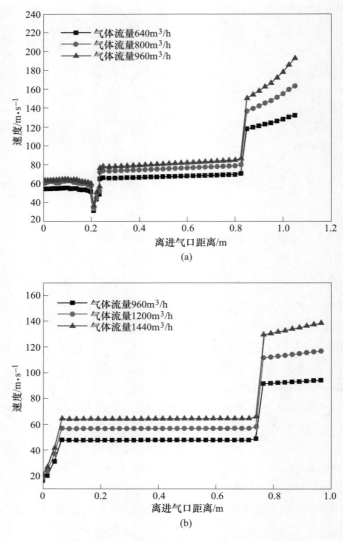

图 10-9 　不同流量工况下速度沿流动方向变化规律
（a）外层通道速度变化曲线；（b）内层通道速度变化曲线

体，造成周围液体的搅动，因此，膨胀功是底吹搅拌功的重要组成部分。Nakanishi 和 Szekely 等人[3,4]的研究指出除了膨胀功之外，气体上升过程中浮力所做的功也全部作用于液体，同样在液体的搅拌过程中扮演重要的角色。另外，在冶炼过程中，通常是向高温的熔体中喷吹低温的气体，低温气体从熔体底端上升的过程中，气体温度逐渐上升。气体温度升高造成的膨胀功也对熔体的搅拌过程起了促进作用，Sundberg[5]认为该部分功也应该计入气体的搅拌功内。在高速喷吹的过程中，气体所携带的动能也不能忽视。朱苗勇等人[6]认为，气体的动能在喷口附近快速衰减，导致气体动能的绝大部分在喷口附近消耗掉，大约只有 6%的动能对熔体的搅拌起到促进作用。

　　萧泽强[7]在对底吹氩气钢包内流场的研究过程中，首先提出了钢包内循环流场的全浮力模型，该模型是众多同类模型中最经典的模型。何庆林等人[8]在对直筒容器内熔体进行研究的过程中，验证了萧泽强所提出的全浮力模型。彭一川等人[9]利用全浮力数学模型计算底吹钢包内气液两相区内的平均体积分布和平均速度，并将数学模型计算的结果与实验结果对比，证明了全浮力模型可以用于底吹过程的研究。之后，很多学者[10-13]都利用全浮力模型对底吹过程搅拌功进行计算。

全浮力模型中，搅拌功主要由四部分组成，分别是温度升高膨胀功 E_1、压力降低膨胀功 E_2、浮力功 E_3 和动能功 E_4。

A 温度升高膨胀功 E_1

当低温的气体喷射到高温的熔体后，气体的温度迅速由原来的温度 T_0 上升到熔体的温度 T_1，这个过程中气体体积膨胀所做的功。

$$E_1 = nR(T_1 - T_0) \tag{10-6}$$

式中，n 为喷吹气体摩尔数；R 为气体常数。

B 压力降低膨胀功 E_2

气体上升过程中，由于周围液体的静压力逐渐减小，气体体积会逐渐膨胀并对外做功，这一部分功叫做压力降低膨胀功。

$$E_2 = \int_{V_1}^{V_2} p\mathrm{d}V = nRT_1\ln\frac{V_2}{V_1} = nRT_1\ln\frac{p_1}{p_2} \tag{10-7}$$

式中，p_1 为喷口处气体静压力，Pa；V_1 为喷口处气体体积，m^3；p_2 为液体表面处气体静压力，Pa；V_2 为液体表面处气体体积，m^3。

C 浮力功 E_3

浮力功是由于气液两相的密度差导致的，其计算方法如下：

$$E_3 = \int_0^h \rho_1 g\mathrm{d}h = -\int_{p_1}^{p_2} \frac{nRT_1}{p}\mathrm{d}p = nRT_1\ln\frac{p_1}{p_2} \tag{10-8}$$

式中，h 为气体上浮距离，m。

D 动能功 E_4

高速喷吹的气体所携带的动能，有一部分在喷嘴附近迅速消耗掉，另一部分动能则传递给周围液体，成为搅拌功的一部分。

$$E_4 = \frac{1}{2}\rho_g u_1^2 V_1 = \frac{nRT_1}{p_1}\left(\frac{1}{2}\rho_g u_1^2\right) \tag{10-9}$$

式中，ρ_g 为气体密度，m^3；u_1 为喷口处气体速度，$\mathrm{m/s}$。

底吹炉所用的氧枪，气体喷射速度很高，气体动能有很大一部分在喷口附近就消耗掉。所以，在全浮力模型的基础上，按照 Abramovica 和朱苗勇所提出的气体动能消耗理论，对动能功进行修正，修正后的全浮力模型如下：

$$E = E_1 + E_2 + E_3 + 0.06E_4 \tag{10-10}$$

前面通过模拟得到了三种工况下氧枪出口处的气体各项参数，包括气体静压、气体总压、气体密度和气体速度。将上述结果代入到式（10-6）～式（10-10）中，可以计算得到氧枪在三种工况下所能提供的搅拌功。同时，假设以氧枪进口处的气体参数作为输入条件，代入到式（10-6）～式（10-10）中，可以得到进口处气体所能提供的理论搅拌功。

按照氧枪出口参数计算得到的搅拌功及其各个分量，为氧枪喷出气体搅拌功的实际值；按照氧枪进口参数计算得到的搅拌功及其各个分量，为理论上进口处气体所能提供的最大搅拌功。氧枪出口处的搅拌功与进口处的理论搅拌功之比，即为氧枪的喷吹效率。

　　由于研究中考虑了熔体的分层结构，在计算浮力功时需要将其分成三段，总浮力功为三段之和。

　　三种工况下的搅拌功及氧枪效率计算结果分别如表 10-2～表 10-4 所示。

表 10-2　工况一氧枪搅拌功率计算结果

项　目	外层通道		内层通道	
	实际值	理论值	实际值	理论值
温度升高膨胀功率/W	42651.22	42651.22	63696.44	63696.44
压力降低膨胀功率/W	39381.55	76238	1112766.2	130500.2
第一段浮力功率/W	1217.87	1217.87	1826.80	1826.80
第二段浮力功率/W	1498.13	1498.127	2247.19	2247.19
第三段浮力功率/W	12393.77	12393.77	18590.66	18590.66
动能功率/W	1086.16	239.11	1075.393	31.36193
总搅拌功率/W	98228.69	134238.1	200202.7	216892.7
氧枪效率/%	73.17		92.31	

表 10-3　工况二氧枪搅拌功率计算结果

项　目	外层通道		内层通道	
	实际值	理论值	实际值	理论值
温度升高膨胀功率/W	53314.03	53314.03	79620.55	79620.55
压力降低膨胀功率/W	49522.03	113963.9	141054.9	174087.4
第一段浮力功率/W	1522.334	1522.334	2283.501	2283.501
第二段浮力功率/W	1872.659	1872.659	2808.989	2808.989
第三段浮力功率/W	15492.21	15492.21	23238.32	23238.32
动能功率/W	2193.503	418.0309	2103.627	58.47921
总搅拌功率/W	123916.8	186583.2	251109.9	282097.2
氧枪效率/%	66.41		89.02	

表 10-4　工况三氧枪搅拌功率计算结果

项　目	外层通道		内层通道	
	实际值	理论值	实际值	理论值
温度升高膨胀功率/W	63976.83	63976.83	95544.66	95544.66
压力降低膨胀功率/W	58817.37	158457.5	169257.5	224350.1
第一段浮力功率/W	1826.80	1826.8	2740.20	2740.2
第二段浮力功率/W	2247.19	2247.19	3370.79	3370.79
第三段浮力功率/W	18590.66	18590.66	27885.98	27885.98
动能功率/W	3459.33	624.74	3405.84	89.08
总搅拌功率/W	148918.2	245723.7	302205	353980.8
氧枪效率/%	60.6		85.37	

根据表中计算的结果，可以得到氧枪内外两层通道喷吹效率与气体流量之间的关系，分别如式（10-11）和式（10-12）所示。

外层通道效率与气体流量关系：

$$\eta_{out} = 0.93 - 3.36 \times 10^{-4} Q_{out} \qquad (10\text{-}11)$$

内层通道效率与气体流量关系：

$$\eta_{in} = 1.06 - 1.45 \times 10^{-4} Q_{in} \qquad (10\text{-}12)$$

10.2.3 氧枪位置

在冶金化学方面，氧气喷吹点位置低，氧气可直接吹入粗铜层，有利于降低粗铜含硫指标，且不易形成泡沫渣，利于安全生产。底吹连续吹炼炉氧枪布置于炉体底部，富氧空气从炉身底部送入。对于大型的、富氧浓度较低的连续吹炼炉氧枪是与竖直方向呈一定角度双排布置的，如图 10-10 所示。此种布置方式是基于大量的数值模拟研究及冷态水动力模型实验研究。

氧枪角度研究过程中选用 VOF 模型及湍流模型描述底吹炉内流动过程，通过对炉内介质物性参数的设定将炉内熔体分为渣层、铜锍层和粗铜层，最大程度地还原实际生产中的实际情况，模拟

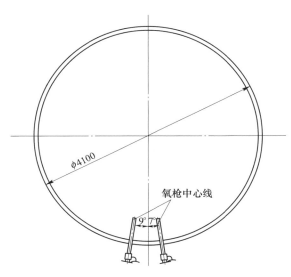

图 10-10 底吹连续吹炼炉氧枪布置示意图

炉内多相流动过程。为了明确氧枪角度对吹炼过程的影响，设计了三种不同氧枪角度的布置方案：方案 A，底吹连续吹炼炉的氧枪与垂直方向均成 0°；方案 B，将氧枪按奇数和偶数编号，分列两侧，与垂直方向均成 10°；方案 C，将氧枪按奇数和偶数编号，分列一侧，与垂直方向成 10°或 20°，如图 10-11 所示。

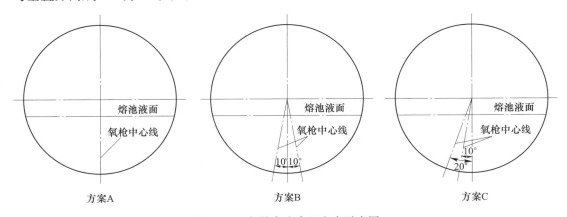

图 10-11 氧枪角度布置方案示意图

对以上三种方案熔池内湍动能变化按时间计算，如图 10-12 所示。对熔池喷溅量按时间计算，绘制变化曲线，如图 10-13 所示。

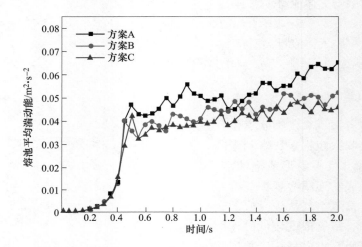

图 10-12　熔池平均湍动能变化曲线

从图 10-12 可以看出，喷吹时间小于 0.4s 时，熔池湍动能上升较快；当喷吹时间大于 0.4s 之后，平均湍动能依然呈上升趋势，但是趋势减缓。方案 A 湍动能上升最快，且全程保持最大湍动能。方案 B 及方案 C 湍动能小于方案 A。

在动力学方面，较大的湍动能可以给熔池提供更加充分的搅拌，具有更为优越的传质、传热功能，可以提升氧气的利用率，加速反应速度，从这个角度讲湍动能越大越好。但较大的湍动能会使熔体对炉衬冲刷加剧，加速炉衬损耗。同时，从图 10-13 可以看到，方案 A 的喷溅量最大，较大的喷溅会带来下料口黏结等一系列问题。方案 B 的喷溅量次之，方案 C 的喷溅量最小。

综合多种因素考虑，在第一套工业化装置设计中氧枪选择方案 B 的双向布置方案。

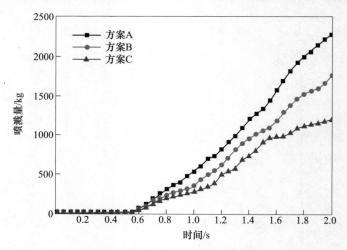

图 10-13　熔池喷溅量变化曲线

10.3　底吹连续吹炼炉的耐火材料

底吹连续吹炼炉炉衬用耐火材料与底吹熔炼炉用耐火材料均为镁铬质耐火材料，但在某些位置选用的镁铬耐火砖的种类及型号不同。

相比底吹熔炼炉，底吹连续吹炼炉内熔体温度更高，一般为 1230~1270℃，介质为粗铜和氧化亚铜，其密度高，渗透性强，冲刷性强。底吹连续吹炼炉采用的渣型为硅渣，硅渣对炉衬的冲刷相比钙渣要好很多。由于底吹炉炉体没有水套，因此在生产中还没有对钙渣进行生产实践的验证。

相比 PS 转炉，底吹连续吹炼炉寿命更长，这主要因为底吹连续吹炼工艺为连续式作业，间隙式作业热波动小，对耐火材料的抗热震性要求小，有利于提高炉寿。

有学者研究表明，PS 转炉用耐火砖的侵蚀主要是由温度变化、渣侵以及冲刷造成的。PS 转炉在供风和停风时炉内温度变化剧烈，从而引起耐火材料掉片和剥落。曾有人[14]对 $\phi 3.05m \times 7.98m$ 的转炉吹炼品位为 33.5% 铜锍时炉温的变化情况进行了测定，结果为：每吹风 1min，造渣期温度升高 2.92℃，造铜期温度升高 1.20℃；每停风 1min，造渣期温度降低 1.05℃，造铜期温度降低 3.10℃。由于温度的剧烈变化，产生很大的热应力。耐火材料尤其是含铬高的耐火材料，抗热震性差。采用底吹连续吹炼能明显降低热应力对耐火材料的损伤。

底吹连续吹炼炉的炉寿明显好于 PS 转炉，因此在设计时通常只设计一台吹炼炉，不设备用炉。为了满足作业率要求，吹炼炉还需要在以下几方面进行改进以提高炉寿。

10.3.1　炉体尺寸设计

根据底吹炉的动力学模拟，底吹炉内的熔体搅动十分剧烈，在设计底吹炉炉体尺寸时应考虑熔体对炉衬冲刷带来的重大损坏。

根据模拟，氧枪的位置不同、炉壳的半径不同导致熔体的搅动性有较大的区别。因此在进行炉体设计时，应考虑以下两点：（1）根据处理物料量确定合理的搅拌动能，制定炉体内径的大小；（2）确定氧枪的合理位置，无论模拟和生产实践均表明，氧枪的角度对炉衬寿命影响重大。比如，在某冶炼厂，氧枪的角度为倾斜安装，而氧枪对面渣线处的炉衬寿命大大短于其他部位，其原因正是氧枪鼓入气体带动熔体冲刷对面炉衬。

10.3.2　砌炉和烘炉

底吹炉的砌筑对炉寿的影响起着承前启后的衔接作用。"承前"主要是耐火材料的质量和炉体的安装，筑炉前要检查耐火材料的质量，不仅耐火材料的选型要达到要求，其到场后的储存和转运也要保证耐火材料质量未受到破坏；"启后"主要是对烘炉后的使用效果起着连接作用。

首先进行筒体的砌筑，下半部采用错缝砌筑，氧枪区按照设计要求留置膨胀缝，筒体砌筑一半后，做好拱模，打好支撑，上半部分采用环砌填好填充料每一环砌至锁口砖时，需加工好锁口砖。筒体周围的砖采用湿砌，球拱端头采用平砌。

砌筑完成的炉子要做好养护，严禁受潮，禁止随意转动，并尽快安排烘炉。烘炉要严格按照耐火材料厂家提供的烘炉曲线进行，严禁出现烘炉过程中温度剧烈波动、烘炉曲线不稳等情况。

图 10-14 所示为某底吹连续吹炼炉砌砖情况，为增强炉衬寿命，其厚度为 460mm。

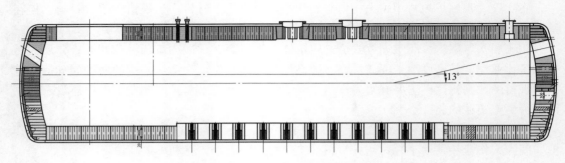

图 10-14　某底吹连续吹炼炉砌砖图

10.3.3　操作方式

一个良好、稳定的操作制度对底吹吹炼炉炉寿至关重要，以下是生产中需要重点控制的参数。

（1）炉内温度。温度的剧烈波动会对炉衬造成极大的损害，某个冶炼厂底吹炉在生产初期，由于设备故障较多，使得底吹炉频繁停炉，炉内温度波动巨大，低至 500℃，高至 1300℃，最后底吹炉炉衬使用不足半年便发生破损，需停炉检修。此外，温度不宜过高，过高的温度使熔体的流动性变好，加剧对炉衬的冲刷。

（2）熔池液面。熔池液面包括渣层厚度和粗铜层的厚度，过厚的渣层使得炉衬的冲刷情况变得严重，要控制稳定和合适的熔池液面。

10.3.4　氧枪砖检修

在底吹炉小修时，往往是针对底吹炉内的薄弱部位进行更换。这些薄弱部位成了小修周期的关键因素，底吹吹炼炉的薄弱部位主要是氧枪区域砖、粗铜放出口砖。

氧枪输入高压富氧空气，与炉内粗铜反应，产生局部高温同时形成搅拌使炉内熔池翻腾，这样就造成氧枪区的耐火材料受到高温及冲刷，损伤加剧。在氧枪周围由内至外依次为氧枪砖、一层围砖、二层围砖和框架砖，其中氧枪砖及一层围砖可更换，二层围砖及框架砖不能更换。

控制氧枪烧损程度，减缓一层围砖烧损速度。在生产过程中要实施适时地监测氧枪的烧损程度，比如氧枪烧损一定程度后及时将氧枪更换或清理等，同时合理控制氧枪氮气的流量和压力，确保氮气的压力和流量，有效延长氧枪寿命，避免氮氧流量及压力的频繁波动，氧枪寿命的延长可减轻氧枪区耐材烧损速度。及时更换围砖，避免造成更大面积的损坏。

粗铜放出口是所有连续吹炼工艺的薄弱点，比如闪速吹炼炉，一般设置 6~7 个粗铜放出口，就是来避免粗铜放出口快速损坏导致小修的一种措施，底吹吹炼炉也设置了 2~3 个粗铜放出口。

与闪速炉等固定连续吹炼炉相比，底吹吹炼炉的粗铜放出口可以转出熔池实现在线修补，其这一优点使得粗铜放出口对炉体冲刷的影响并不突出。

在经过粗铜放出口的材质、结构形式等方式的不断改进，底吹吹炼炉的粗铜放出口寿命可达到6个月以上。

10.3.5　冷却技术的应用

目前底吹炉的炉壳没有水套冷却，但是随着吹炼强度的提升，对炉壳冷却强度提出了更高的要求，因此目前正在研究底吹炉特定区域增设水套的应用方案。如氧枪区域、渣线区域，在此区域考虑水套冷却，能大大延长底吹吹炼炉的炉寿。

针对常规水套有一定安全隐患的问题，目前有两种安全的技术：一种是离子液冷却方案；另外一种是负压水套。期待这两种冷却技术的突破，尽快将其应用到底吹炉的炉衬冷却上。

10.3.6　其他措施

吹炼炉的富氧浓度对炉寿的影响也较大。如热态吹炼时近似于空气吹炼，炉内搅动性强烈，不利于炉衬寿命；冷态吹炼采用高的富氧浓度，此时熔池的搅动性有限，对炉衬寿命有利。此外，可以通过增厚炉衬来延长炉寿。

10.4　残极加料机

连吹炉残极加料机组是底吹连续炼铜技术的核心装备之一，用于把残极片、废杂铜块加入到吹炼炉中，平衡反应热量。

10.4.1　设备组成

残极加料机组主要由垂直提升机、整形装置、密封装置、投炉装置和液压系统、电控系统组成。

（1）垂直提升机，含装料台、提升机架、提升架等；
（2）整形装置，含前后整形装置（正对装料位置为前）、左右整形装置等；
（3）投炉装置，含投炉缸、密封门1、密封门2、水套等；
（4）液压系统，含液压站及相关阀件等；
（5）电控系统，含电气控制和液压控制等。

10.4.2　工作过程

用叉车将打包整齐的残极垛放置于装料台上，叉车移开后，在操作台控制或叉车工遥控控制，启动垂直提升机，提升架把残极垛提升至整形位置进行整形。先前后整形，再左右整形，整形结束后，垂直提升机再次启动，把残极垛提升至水平转运投炉位置准备投炉。

密封门1（远离炉口处的门）处于打开状态、密封门2（靠近炉口处的门）处于关闭状态。投炉缸启动，推动位于提升架平台上的残极垛水平移动至密封门1和密封门2之间的密封腔内，然后停止，此时密封门1关闭，密封门2打开，投炉缸再次启动，把残极垛继续向前推行至投入炉内，投炉缸立即缩回移动至密封腔内后停止，密封门 2 关闭，密封门 1 打开，投炉缸再次启动缩回至原始位。垂直提升机启动，下降到装料位置停止，一个循环结束。

10.4.3　控制说明

残极加料机组的自动控制系统采用可编程序控制器，以实现对多输入、输出点的控制。使用行程开关、接近开关、光电开关检测各机构动作位置和运行状态，检测信号输入到可编程序控制器后自动处理，输出命令信号给受控元件——电动机和电磁阀，各电动机的启动和运行状态由变频器自动调速运行，各电磁阀通过换向状态的变化，实现对相应液压缸的控制，使整个输送线的各机构按预设时序自动完成工作循环。

机组的各种操作均可在操作台上进行。机组具有"自动""空载联动""手动"等几种操作方式，声光报警系统可指示出故障点，操作方便。

自动操作为正常生产时的工作方式。从叉车向机组装料后，人工启动，直至将各种残极垛推入炉口内，投炉液压缸缩回至原位，垂直提升机下降至最低处，全部过程由 PC 按所编定的程序自动完成。手动操作方式主要用于检修调试及单机试车，以便于检查机构是否正常及调整各行程开关位置，控制台上手动控制按钮与被控对象一一对应。为确保机构安全，不损坏机组设备，相关机构的动作仍由 PC 控制，保持互相联锁。

机组具有"现状记忆"功能。当自动操作因任何原因停机后，经程序复位再启动，各部分机构能从停止处按原程序继续进行，原作业不会中断。机组具有自动检测与复位的功能。每次启动机组时，PC 首先进行初始化程序，对机组现状进行检测，并使各部件按规定的要求自动复位，上述工作完成后再自动进入自动状态。

10.5　工艺附属设施

10.5.1　加料设施

底吹连续吹炼处理的铜锍有冷态、热态和冷热结合三种生产方案，其设计各不相同。

10.5.1.1　处理全冷态铜锍

熔炼炉产出的熔融铜锍经粒化装置粒化，或者经流槽直接排放至铜锍包中冷却、破碎，粒化铜锍或破碎后的铜锍与石英、块煤配料后连续加入吹炼炉中。

该方案优点是冷铜锍经计量后连续加入底吹连续吹炼炉，与吹炼相匹配的富氧空气连续鼓入，降低了连续吹炼的操作难度，操作相对稳定，可以实现深度吹炼，产出较高品质的粗铜；缺点是铜锍需要粒化或冷却破碎，热铜锍显热没有得到利用。该设计适用于没有高品位杂铜（含铜大于 90%）的工厂或地区。

10.5.1.2　处理全热态铜锍

熔炼产出的铜锍经流槽流入吹炼炉内。该方案优点是充分利用了热态铜锍的显热，简化了生产流程。但是，由于热态铜锍吹炼富余热较多，不适用于没有高品位杂铜的工厂和地区，热量过剩也使得规模受到限制；同时工艺控制也相对复杂。

10.5.1.3 处理部分热态、部分冷态铜锍

处理部分热态、部分冷态铜锍的方案即冷热结合的生产方案。该方案结合了处理全冷态和全热态的优点，同时设计了铜锍流槽流入底吹连续吹炼炉和铜锍冷却破碎系统，用冷铜锍替代高品位杂铜，其生产组织和工艺控制灵活，熔炼作业率高。

无论采用上述哪种方案，对配料和加料的要求是一样的，底吹连续吹炼设计处理物料有冷铜锍时，需要考虑吹炼所需冷铜锍、块煤和石英石的储仓。规模较小或处理部分冷铜锍，储存功能可以与底吹熔炼炉精矿库统一设计考虑。对于配加料设计有两种方案：

（1）在铜锍仓配料后通过胶带输送机转运并直接加入炉内。这种设计优点是配加料简单，厂房高度降低节省投资；缺点是工艺调控存在滞后。

（2）炉顶设中间储仓及配料设施，物料经胶带输送机加入到炉顶料仓，从炉顶配料后加入炉内。这种设计的优点是工艺调控方便及时，但是增加了厂房高度和投资。从连续吹炼的角度考虑，由于对工艺过程控制要求的精细化越来越高，这种配置在条件许可时应该是首选方案。

底吹吹炼炉加料设施除正常生产给料外，还需兼顾考虑试车、加底料的情况。

10.5.2 应急煤仓

底吹连续吹炼时由于吹炼过程中炉渣氧势较高，为了防止各种因素造成过吹带来的安全隐患，在设计时炉顶配备应急煤仓，若采用炉顶配料，炉顶块煤仓可以和应急煤仓功能共同考虑，既满足配料要求，也要满足紧急情况下块煤应急加入，通常在设备选型时要求将块煤定量给料机设计为紧急状态下可工频运行的模式。

10.5.3 加电解残极

为了充分利用吹炼过程的富余热量，底吹连续吹炼设计有专门的残极加入装置，该装置采用垂直提升和液压缸推送功能。将打包后的残极通过叉车放置在提升装置上，通过整形后提升到加料口高度，再通过液压缸推送装置将残极加入底吹连续吹炼炉内。

10.5.4 供氧供风

底吹连续吹炼炉供风供氧与底吹熔炼炉相似，其特点为：（1）氧枪大多设有氮气通道，氮气阀组设计与压缩空气、氧气阀组功能设计相同，单支氧枪供氮设计也相同；（2）底吹连续吹炼炉的氧气、氮气和压缩空气压力高于底吹熔炼炉，一般压力为 $1.0 \sim 1.2$ MPa。

底吹吹炼炉供风供氧系统设计时一般主管路设有流量计量、压力检测、流量调节，支管上不做流量调节，只设计流量计量和压力检测。为平衡各支枪供气压力，主管路一般设计为环形管路，且环形管路至少设两个进气口。图 10-15 和图 10-16 所示为某冶炼厂底吹吹炼炉氧枪阀站平面布置图。

10.5.5 粗铜排放

底吹连续吹炼炉与阳极炉之间的连接有流槽连接，也有粗铜排放到吊包，通过冶金桥式起重机吊运加入阳极炉的。依据后续工序的衔接不同，排放形式的设计也有差异。

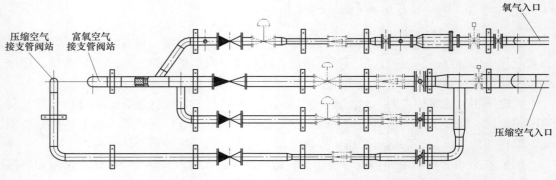

图 10-15　国内某冶炼厂底吹连续吹炼炉氧枪主管阀站平面布置图

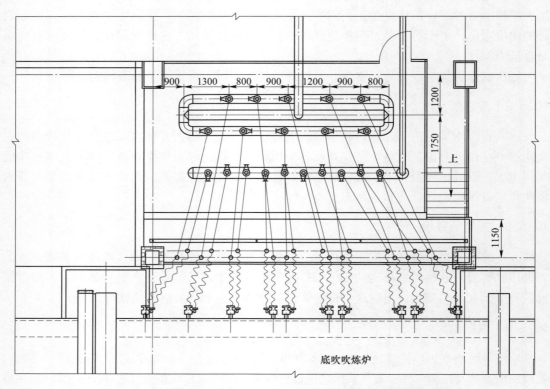

图 10-16　国内某冶炼厂底吹连续吹炼炉氧枪支管阀站平面布置图

当排放方式为流槽连接时，在设计上需要考虑如下因素：

（1）粗铜排放口设计时要考虑备用和操作便捷性；并考虑要便于粗铜排放口日常检修维护。

（2）底吹连续吹炼炉粗铜含硫较高，排放时流槽上部烟气 SO_2 浓度高。因此，粗铜流槽设计除了考虑检修方便（或备用）外，还需要考虑环保排烟要求，需要根据生产实际情况优化完善。

（3）粗铜排放口和包子房环保通风也需要结合生产实际情况优化设计。

（4）粗铜易黏结流槽，流槽的材质选择需要研究，另外流槽高温连续烘烤，可以减少黏结清理对流槽的损失。

粗铜通过吊包倒运到阳极炉，设计时主要考虑如下因素：

（1）粗铜排放口设计时要考虑备用和操作便捷性，并考虑便于粗铜排放口日常检修维护。

（2）粗铜排放口和包子房环保通风需要结合生产实际情况优化设计。

（3）尽可能取消流槽，粗铜从排放口直接能够落入粗铜包。

10.5.6　炉渣排放

底吹连续吹炼炉炉渣排放始终是底吹连续吹炼炉工艺的一个难点。这主要原因还是在于渣中氧势高，工艺控制过程中控制渣中 Fe_3O_4 的含量难度比较大，造渣反应程度不易控制。虽然可以通过配入适当过量的还原剂易于做到，但是还原剂的配入又带来了粗铜中部分杂质元素含量升高，可能对阳极精炼造成影响。另外，吹炼过程渣量比较少，渣层比较薄，如果沉降区域长时间不排渣，渣层变厚，熔体不流动，造成排渣困难。因此，底吹连续吹炼炉渣排放应重点考虑以下因素：

（1）沉降区域的保温问题。

（2）渣口水套设计时要考虑较长时间不排渣时，渣口附近熔体的凝固问题。

（3）渣包与排放口高差大时，流槽的设计要充分考虑炉渣的流动性和工人劳动强度。因此，流槽角度设计可以为 $30° \sim 50°$。

（4）考虑炉渣中夹带铜锍和粗铜可能对流槽造成损坏。

10.5.7　排烟系统

底吹连续吹炼炉工艺控制过程中，炉渣和粗铜都具有一定氧势，在冶炼操作条件下，自然会形成粗铜、炉渣中氧的活度、烟气中含氧之间的平衡。氧枪鼓入氧气的利用率低于底吹熔炼炉。从各种吹炼工艺的数据分析，都可以得出烟气中残氧偏高、烟气中 SO_3 含量高于熔炼炉。底吹连续吹炼冶炼烟气量较小，炉体出烟口与余热锅炉之间的漏风、各个加料口之间的漏风总和占出炉烟气中的比例比较高，排烟系统烟气温度的分布与其他冶金炉区别比较大。排烟系统中也容易形成 SO_3，这也是底吹连续吹炼烟气中 SO_3 高的一个原因。因此，底吹连续吹炼炉排烟系统的设计及生产操作中应重点关注以下因素：

（1）控制炉体、余热锅炉、电收尘器的漏风。

（2）建议余热锅炉出口设残氧分析仪，检验和推算系统的漏风情况，为工艺过程控制和检查系统漏风创造条件。

（3）底吹连续吹炼炉烟尘率低于1.5%，烟尘量很小，高杂质烟尘量也比较少，除非处理含杂质高的原料，否则不建议在底吹连续吹炼收尘系统设置含杂质高烟尘的开路系统。

（4）尽管底吹连续吹炼处理物料含水较低，在设计上排烟系统设备选型还是要考虑烟气结露问题。

（5）烟气制酸系统在设计上要适当考虑底吹连续吹炼炉烟气中 SO_3 高的因素。

参 考 文 献

[1] Benesch W, Kremer H. Mathematical modelling of fluid flow and mixing in tangentially fired furnaces [J]. Symposium (International) on Combustion, 1985, 20 (1): 549~557.

[2] 王富亮, 魏春新, 徐国义, 等. 提高大型转炉氧枪喷头寿命的实践 [J]. 鞍钢技术, 2014 (1): 53~55.

[3] Nakanishi K, Fujii T, Szekely J. Possible relationship between energy dissipation and agitation in steel-processing operations [J]. Ironmaking Steelmaking, 1975, 2 (3), 193~197.

[4] Szekely J, Lchner T, Chang CW, et al. Flow phenomena, mixing, and mass transfer in argon-stirred ladles [J]. Ironmaking Steelmaking, 1979 (6): 285~293.

[5] Sundberg Y. Mechanical stirring power in molten metal in ladles obtained by induction stirring and gas blowing [J]. Scandinavian Journal of Metallurgy, 1978, 7 (2): 81~87.

[6] 朱苗勇, 萧泽强. 钢的精炼过程数学物理模拟 [M]. 北京: 冶金工业出版社, 1998.

[7] 萧泽强. 钢包喷吹时气泡泵现象的全浮力模型 [J]. 东北大学学报 (自然科学版), 1981, 2 (2): 67~80.

[8] 何庆林, 萧泽强. 吹气搅拌熔池内轴对称循环流速度场的计算——Ⅰ. 流场的物理模型及数模边界条件的确定 [J]. 东北大学学报 (自然科学版), 1986 (2): 11~15.

[9] 彭一川, 韩旭, 萧泽强. 气粉流喷吹熔池的通用数学模型 [J]. 钢铁研究, 1997 (5): 15~17.

[10] 刘诗薇. LF 炉钢包流场优化模拟研究 [D]. 沈阳: 东北大学, 2009.

[11] 王仕博. 艾萨炉顶吹熔池流动与传热过程数值模拟研究 [D]. 昆明: 昆明理工大学, 2013.

[12] 倪冰, 刘浏, 庄辉, 等. 喷吹法与 KR 法水模型搅拌能和混匀时间的关系 [J]. 钢铁研究学报, 2014, 26 (3): 10~14.

[13] 祁庆花. 插入浸渍圆筒钢包底吹氩水模拟研究 [D]. 鞍山: 辽宁科技大学, 2014.

[14] 刘纯鹏. 铜冶金物理化学 [M]. 上海: 上海科技出版社, 1990.

11 第二代底吹炼铜技术的工业应用

第二代底吹炼铜技术相比第一代底吹炼铜技术，其核心体现在底吹连续炼铜工艺的应用和发展。

从 2014 年第一套氧气底吹连续炼铜装备在河南豫光金铅玉川冶炼厂投产，不足四年的时间，底吹连续炼铜生产线已经陆续应用于东营方圆、华鼎铜业、青海铜业、灵宝金城（现为国投金城冶金）和紫金黑龙江多宝山铜业五家铜冶炼厂。这五个冶炼厂所选择的工艺虽然均为第二代底吹炼铜技术，但细节之处却不相同，华鼎铜业是由 PS 转炉改造为底吹吹炼炉，东营方圆是采用 2 台连续吹炼炉交替吹炼产粗铜或阳极铜，青海铜业是 1 台连续吹炼炉采用冷态吹炼，灵宝金城是 1 台连续吹炼炉采用热态吹炼，紫金黑龙江多宝山铜业也是 1 台连续吹炼炉采用热态吹炼工艺。这些说明底吹连续吹炼技术发展的快速性和多样化，显示了底吹连续吹炼技术强大的竞争力，同时也处于技术不断发展完善的初期阶段。第二代底吹炼铜技术的工业应用案例运行时间不长，且部分项目尚未投产，因此哪种吹炼方式是最具有竞争优势的，需要经过更长时间的生产实践才能清晰。

11.1 底吹连续炼铜技术的首次工业化

2012 年 5 月，中国恩菲联合豫光金铅和东营方圆在豫光金铅完成了底吹连续吹炼的半工业试验，半工业试验进行期间，工业化项目也启动了建设。2014 年 3 月，氧气底吹连续炼铜的工业化示范项目在河南豫光金铅玉川冶炼厂投料进入试生产，拉开了第二代底吹炼铜技术工业化应用的帷幕。

河南豫光金铅成立于 2000 年，地处河南省济源市。豫光金铅是以生产重有色金属、贵金属产品为主的综合性上市公司，为当今亚洲最大的电解铅生产企业，也是中国最大的白银生产企业，是河南省 54 家重点企业和河南省出口创汇重点企业之一。

豫光金铅的铜冶炼项目于 2011 年完成可行性研究报告，并于 2012 年决定采用中国恩菲的底吹连续吹炼专利技术进行设计和建设。豫光金铅是一个十分具有创新精神的企业，是底吹炼铅的工业化应用示范企业，第一个铅渣底吹还原工业化示范企业，同时又是第一个底吹连续炼铜的示范企业。

11.1.1 概况

豫光金铅玉川铜冶炼厂设计确定为年处理铜精矿和冶炼废渣混合料量 32.59 万吨，相应配套制氧能力为 10000m³/h；冶金炉的选型上留有富裕，考虑后期精矿成分波动及扩产需求。在工业场地方面，西边留有二期工程发展的余地。豫光金铅玉川铜冶炼厂鸟瞰效果图如图 11-1 所示。

图 11-1　豫光金铅玉川铜冶炼厂鸟瞰效果图

　　设计主要产品：阴极铜产量为 52500 吨/年，副产烟气制酸为 27.265 万吨/年（折 100%H_2SO_4）。

　　冶炼厂包括的生产系统有原料区、火法冶炼区、湿法冶炼区、制酸区、环保脱硫区、渣选区、公辅区、厂前区八个大区域。阳极泥处理系统在初期未设计，在项目投产一年后建设了一套阳极泥预处理系统。原料区设置在主厂区的北侧，渣选区的南侧，由于周围没有铁路，外来原料采用汽车运输的方式进入精矿仓，精矿、熔剂和返料等在精矿仓内经定量给料机完成配料后通过一条管式输送机送入熔炼主厂房内，熔炼主厂房产出的渣用渣包车运至渣缓冷场进行缓冷。总占地面积 47.59hm^2，建筑系数 31.60%，布置紧凑，用地合理，厂区内的各车间充分考虑了物流运输便捷，同时也考虑了环境因素，总体布局错落有致，美观大方。

11.1.2　主要设备及配置

　　玉川铜冶炼厂的氧气底吹熔炼炉设计规格是 ϕ4.4m×18m，比其他同规模企业的氧气底吹熔炼炉（ϕ4.4m×16.5m）的渣沉降区加长了 1.5m，主要出于两方面的考虑：第一是考虑底吹炉熔炼强度更大、产出的铜锍品位高，尝试加长沉降区后观察对渣含铜的影响；第二是底吹炉改为端部放铜锍方式，为了底吹炉结构的配置方便。生产后发现熔炼渣含铜确有降低，从 3.5% 降低至 1.5%~3.0%，提高了铜的直收率。底吹熔炼炉配置了 10 个氧枪，分为两排，分别为 7° 和 22°。

　　底吹连续吹炼炉的设计规格是 ϕ4.1m×18m，放渣口设置在端部，同时在放渣端设置了一个备用放铜口，正常放铜口设置在炉体的侧部，在烟道口下侧设计了 11 支氧枪（两排），如图 11-2 所示。

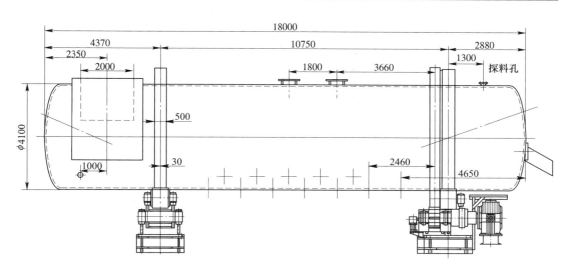

图 11-2 底吹连续吹炼炉（单位：mm）

第一套"双底吹"的工业生产厂房的配置，即考虑了新工艺的适用性，同时也考虑了新工艺万一出现问题所必备的灵活性。最终采取了如图 11-3 所示的这种模式的配置方案，即设置了冷态铜锍，又能够实现热态铜锍直接流入吹炼炉内的配置。底吹连吹炉内的粗铜并没有直接进入阳极炉，这主要是考虑到若工业化出现问题时新增加炉子的话，粗铜包的倒运更为灵活，同时也有高差过大方面的考虑。

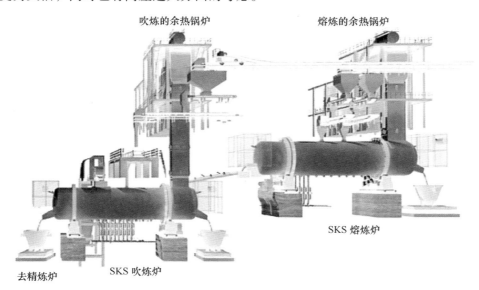

图 11-3 "双底吹"连续炼铜配置示意图

图 11-4 所示为实际建设和生产中采用的配置方案。底吹熔炼炉和吹炼炉之间尽可能距离近，缩短流槽，这样可以降低底吹熔炼炉的标高，减少熔炼炉放渣接渣的高度和对包子的冲刷。铜锍流槽的长度为 5.5m，生产中证明流槽长度缩短大大减少了环保烟气的逸

散，对操作环境非常有利。尽管如此，熔炼渣放出口距离包子上沿距离仍有 7m 左右，设计中采用了一个搭接流槽的方式，以减少熔炼渣的冲击和喷溅。后来生产操作中证明该高度放渣问题不大，只是搭接流槽的冲刷较为严重，进行了修改优化。铜锍放出口同时设置了一个分支流槽，将铜锍接入包子内进行冷却破碎，在冷态吹炼或者吹炼炉出现故障时采用。

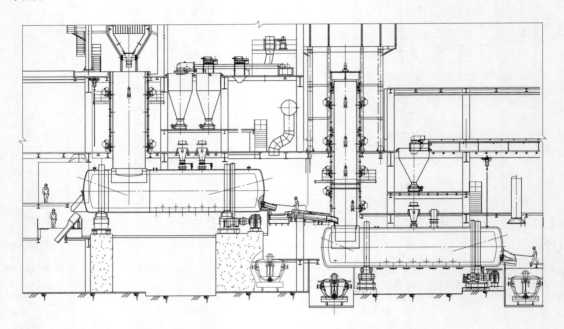

图 11-4　"双底吹"连续炼铜配置方案

底吹吹炼炉设有一个加料口，同时预留了一个加残极口。为避免开口过大，设计采用将残极切割成小片加入炉内，在残极洗涤机组上开发了一个残极切割装置。

精炼炉选用了 2 台 φ3.68m×10m 回转式阳极炉，单台作业周期 24h，回转式阳极炉采用的燃料及还原剂均为天然气，还采用了纯氧燃烧和透气砖技术。阳极铜的浇铸系统选用 1 台 100t/h 的国产双圆盘浇铸机。阳极炉的烟气经过烟罩和水冷换热器降低温度后，再经过布袋除尘器收尘，考虑底吹连吹粗铜含硫较高，烟气送往制酸系统。

11.1.3　试生产

11.1.3.1　底吹熔炼炉

作为新工艺的第一次工业化运行，为试生产做好充足的准备是非常必要的。采用保守的开炉方案，即先集中力量打通熔炼系统工艺流程，熔炼系统稳定产出一定量的冷铜锍后，再实施吹炼系统和阳极炉系统的开炉，熔炼系统比吹炼系统提前 16 天开炉，该方案易操作、风险小。后来的实施情况证明，这种方案选择是正确的。底吹熔炼炉第一次放铜锍如图 11-5 所示。

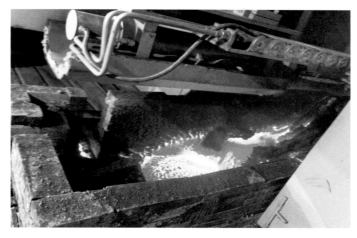

图 11-5　底吹熔炼炉第一次放铜锍

2014 年 2 月 21 日熔炼炉开始点火烘炉进入试生产阶段，烘炉进行了 7 天时间，28 日开始加入底料造熔池，采用化料枪造熔池速度极快，和传统烧嘴化料相比速度提高了几倍，8h 左右即完成了造熔池工作，全部加入铅铜锍 120t。造完熔池更换氧枪后，开始投料，初始加料量为 45t/h。

底吹熔炼工艺已经非常成熟，其开炉和加料过程都很顺利。铜锍的冷却破碎也是第一次，熔炼炉产出的铜锍在包子内自然冷却，经过摸索后确定冷却时间为 48~56h。冷却后的铜锍从包子内倒出，用打渣机继续破碎至 500mm 以下，再运往铜锍破碎工段用颚式破碎机破碎至 50mm 左右。

11.1.3.2　底吹连续吹炼炉

2014 年 3 月 7 日"双底吹连续炼铜"核心装置氧气底吹连续吹炼炉开始烘炉，同时两台阳极炉也开始烘炉。3 月 16 日底吹连续吹炼炉开始投料，第一批铜锍通过流槽流入底吹连续吹炼炉中，开始为吹炼炉造熔池，吹炼炉液面高度达到 640mm 左右，开始加入冷态铜锍。吹炼炉一共 11 支氧枪，初期只用 6 支。

吹炼炉生产初期，遇到了渣口打开困难，导致铜锍液面高过放渣口，冲刷渣流槽的水套，导致水套漏水，后将水套停掉，增加捣打料并通压缩空气。加料口堵塞问题初期也影响了加料，而铜锍及吹炼渣的黏结物黏结到加料口上后清理起来相对熔炼炉而言难度要大，由于初期清理不得法，导致清理加料口影响了吹炼炉的作业。后来经过多重措施如停掉加料口最近的一支氧枪、改变清理方式、改变物料性质等方式，使得加料口黏结情况明显减轻。

吹炼炉试生产期间一个重要的测试就是富氧浓度及氧枪寿命的探索。从图 11-6 看到，吹炼炉的氧枪口也有蘑菇头，但蘑菇头很小，稍有控制不好就难以起到保护氧枪的作用[1]。

试生产初期氧枪烧损很快，图 11-7 所示为四支烧损的喷枪，从中可以看出，喷枪的烧损形状具有一定的规律性，基本是一个斜面形状。推测原因是气体压力不足，加之氧枪安装倾斜有角度，熔体的冲刷造成一侧的气流不稳，冷却气体堵塞后烧损。后期的试生产中通过更换氧枪、调整供气参数等方法，使得氧枪的寿命取得了明显的提高。

图 11-6　底吹连续吹炼炉的蘑菇头

图 11-7　烧损的氧枪

总体而言，连吹炉的情况还不错，开炉三天后就产出了质量合格的粗铜，渣含铜也不高。

11.1.3.3　精炼炉

粗铜的转运是通过粗铜包进行吊运，该方式相对更为稳妥。但试生产中发现了问题：

（1）粗铜的排放时间较长，粗铜包子结壳严重，产生的冷料较多。

（2）粗铜吊运过程中包子烟气逸散，吊运后倒出粗铜的空包壳仍冒出含 SO_2 的烟气，造成低空污染。

（3）由于粗铜含硫较高，会使得阳极炉精炼的时间加长，表11-1为粗铜成分，从中可以看出，其硫和杂质含量高于转炉粗铜。

初期操作，阳极炉精炼氧化期时间在4~8h，还原期约3~5h，这个操作时间已经成为了生产的瓶颈。后来在加入粗铜后通压缩空气进行预氧化，两个口通压缩空气量分别为465m³/h和431m³/h，压力均为0.43MPa，同时在烧嘴处供应过剩的氧气，进完料后再氧化约2h，还原约2h。采用测氧装置严格控制氧化终端含氧量为0.4%~0.5%，氧化还原操作时间控制在2~3h内完成。

表 11-1　试产期间的几次粗铜成分　　　　　　（%）

成分	Cu	S	Pb	As
1 号	97.71	0.39	0.19	0.1
2 号	97.9	0.38	0.026	0.23
3 号	98.06	0.44	0.12	0.12
4 号	98.71	0.42	0.093	0.12

11.1.4　生产指标

经过试生产期间的磨合，"双底吹"连续炼铜工艺全线贯通之后，熔炼炉和吹炼炉的处理量快速提升。熔炼炉、吹炼炉处理量设计值分别为60t/h、16t/h，实际运行过程中处理量均达到了设计值以上。随着炉况的正常和作业率的提升，吹炼炉处理铜锍的能力也大幅度提高。

表11-2所列为2016年上半年的粗铜能耗情况。

表 11-2　2016 年上半年粗铜能耗情况

年份	月份	粗铜产量 /t	能源消耗 （煤）/t		综合能源消耗量 （电）/×10⁴kW·h	综合能耗 （标煤）/kg·t⁻¹
2016	1	10768	121.30	557.98	1478.71	137.39
	2	10025	145.22	481.31	1465.13	146.15
	3	10782	149.82	453.27	1494.11	138.57
	4	11220	105.60	506.96	1501.08	133.79
	5	7273	150.36	404.92	1068.50	146.92
	6	10452	143.63	477.25	1434.86	137.28
累　计		60520	815.93	2881.69	8442.41	139.50

在生产稳定后，生产技术经济指标见表11-3。

表 11-3　生产技术经济指标

工　序	项　目	指标数据
底吹熔炼炉	底吹熔炼处理量/t·h⁻¹	70~80
	氧料比/m³·t⁻¹	135~145
	氧气浓度/%	71~73
	铜锍温度/℃	1180~1200
	熔炼渣温/℃	1190~1220

工　序	项　目	指标数据
底吹熔炼炉	铜锍品位/%	71~74
	渣含铜/%	1.5~3.0
	FeO/SiO$_2$	1.6~1.8
	烟气 SO$_2$ 浓度/%	18
	烟尘率/%	2.0
底吹吹炼炉	处理量/t·h^{-1}	18~20
	氧料比/m^3·t^{-1}	165~180
	氧气浓度/%	40~55
	粗铜温度/℃	1220~1250
	粗铜含铜/%	98.0
	渣含铜/%	9~14
	FeO/SiO$_2$	1.0~1.2
	渣率/%	26
	粗铜产率/%	67
	烟尘率/%	<1
	包子壳/%	约6

11.2　PS 转炉改造底吹连续吹炼工艺

11.2.1　项目概况

包头华鼎铜业富氧底吹熔池熔炼技术升级改造项目是世界上第一次采用氧气底吹连续炼铜先进工艺改造 PS 转炉工厂的项目，是铜冶炼行业 PS 转炉改造升级的示范性项目。

项目于 2015 年 10 月 11 日动工，2016 年 6 月 30 日新建的氧气底吹熔炼系统投料生产，之后开始将原有的熔炼炉改造为连吹炉，2016 年 11 月 11 日连吹炉系统投料生产，与底吹熔炼炉实现了热态连续炼铜工艺衔接。

11.2.2　主要改造内容

新建了一台氧气底吹熔炼炉，将现有氧气底吹熔炼炉改为氧气底吹连续吹炼炉。改造后熔炼炉产出的铜锍通过流槽流入连吹炉内，吹炼产出的粗铜通过包子倒运至原有阳极炉进行火法精炼并浇铸成阳极板，阳极板外售；熔炼渣送原有渣缓冷场缓冷后送选矿，吹炼渣送渣缓冷场冷却破碎后返熔炼配料，精炼渣冷却破碎后返熔炼系统。特殊情况下，熔炼铜锍通过备用流槽入铜锍包，送入转炉或冷却破碎后通过胶带输送机转运到吹炼厂房内的冷铜锍仓，通过定量给料机和胶带输送机加入吹炼炉。

11.2.2.1　熔炼炉

新建 1 台 ϕ4.4m×18m 的底吹炉，炉底部分配置了两排 10 支氧枪，角度分别为 7° 和

22°，上部设有两个炉顶加料口，在非传动端部设有一个排渣口，传动端部设有一个放铜锍口，渣口端炉子顶部设有一个排烟气口，如图 11-8 所示。

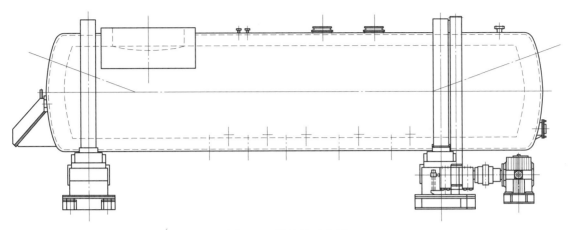

图 11-8　熔炼炉示意图

11.2.2.2　吹炼炉

吹炼炉主要改造内容包括：

（1）将原有 $\phi 3.8m \times 15m$ 的氧气底吹熔炼炉改造为氧气底吹连续吹炼炉。

（2）原有的 7 支氧枪改为 5 支。

（3）考虑热态铜锍和电解残极从连续吹炼炉出烟口加入，在出烟口上升烟道侧壁开口，同时为避免热态铜锍在加入的过程中冲刷对面的炉口或膜式壁，因此适当加大了连续吹炼炉的出烟口尺寸。

（4）在底吹炉固定端齿圈外增设一个冷料加料口，此区域底部无氧枪，可以避免加料口黏结，但此区域温度较低且靠近粗铜口，因此仍保留原炉顶中部的加料口，生产中加料口的选择可根据具体情况进行调整。

（5）排渣口及粗铜口高度根据操作液面进行相应调整。吹炼炉改造如图 11-9 所示。

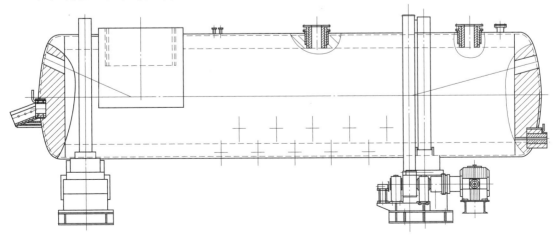

图 11-9　吹炼炉示意图

11.2.3　具体配置

　　熔炼主厂房内紧邻底吹连续吹炼炉（即原氧气底吹熔炼炉）的西侧，新建一台氧气底吹熔炼炉，中心标高为▽12.2m，与中心标高为▽6.5m的连吹炉呈台阶布置，实现了热态铜锍连续吹炼的布置。同时为确保熔炼炉铜锍口区域有足够的操作空间，两台炉子平面布置中心线错开2.5m。熔炼主厂房偏跨新建氧气底吹熔炼炉给料系统；改造原有转炉给料系统，以满足改造后的吹炼工艺上料要求。

　　底吹熔炼炉产生的熔炼渣直接通过流槽排入地面上的渣包中，由于放渣高度较高（熔炼渣放出口距离包子上沿约9m），放渣过程中有熔炼渣溅出渣包外的现象，后通过加长流槽得以解决。底吹熔炼炉产生的铜锍通过流槽从连续吹炼炉上升烟道流入炉内，同时还设计了铜锍旁通流槽。一是为实现改造过程不停产，即在连续吹炼炉进行改造的过程中，熔炼炉产生的铜锍通过旁通流槽放入铜锍包中，再吊运至转炉进行吹炼；二是在连续吹炼生产过程中如遇到连续吹炼炉出现特殊状况时，铜锍可旁通至包子进行冷却破碎，待连续吹炼炉正常生产时加入冷铜锍。铜锍流槽在设计过程中首次采用了与铜锍口水平对接的形式，生产实践证明，与以往流槽首段与铜锍口搭接的形式相比，此方式有效地解决了流槽冲刷和铜锍喷溅的问题。改造配置如图11-10所示。

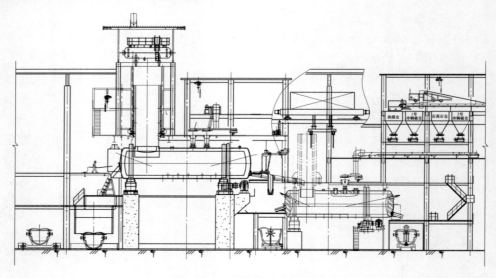

图 11-10　吹炼炉改造配置图

11.2.4　改造亮点

　　吹炼炉改造亮点包括：

　　（1）投资省。改造项目在原熔炼主厂房内进行，且充分利用原氧气底吹熔炼炉，将其改造为氧气底吹连续吹炼炉，以最小的投资进行改造，实现增产至10万吨/年粗铜的产能。

　　（2）改造过程不减产。技术升级改造过程分两步进行：一是在不影响原有系统正常生产的情况下，于原厂房内新建氧气底吹熔炼系统；二是新建熔炼系统投产后，在不影响新建熔炼系统正常生产的情况下对原熔炼系统进行改造，升级为氧气底吹连续吹炼系统。整个改造和投产过程不影响公司正常生产能力。

11.2.5 试生产

底吹熔炼炉开炉和加料过程都比较顺利，投产即达产。改造期间，熔炼渣经缓冷破碎后送选矿，铜锍通过旁通流槽排入包子，再吊运至转炉进行吹炼。

连续吹炼炉根据耐火材料升温曲线烘炉后，直接从熔炼炉放出热态铜锍进入连续吹炼炉中造熔池，熔池造好后即转入正常生产。吹炼炉粗铜排放如图 11-11 所示。

图 11-11　吹炼炉粗铜排放

试生产期间连续吹炼炉一直保持全热料吹炼，面临的最大问题是热铜锍量无法准确计量，给吹炼过程中造渣过程的控制以及吹炼程度的判断造成了较大的困难，因此投料初期出现过冒炉现象。随后通过不断摸索，总结出以下两种方式协助吹炼过程控制：

（1）采取计时测量铜锍排放量的方式估算进入吹炼炉铜锍量。

（2）通过熔炼和吹炼连锁计算，校准加入连吹炉内的铜锍量，确保吹炼过程物料平衡和热平衡的稳定性。

目前生产已基本避免冒炉现象的发生，首次顺利实现连续吹炼炉全热料生产，更充分地发挥出双底吹连续吹炼工艺的技术优势。

11.2.6 生产指标

热铜锍处理量 18~20t/h，煤率 1%~2%，富氧空气量 10500~12000m³/h，使用三支氧枪，单支枪气量 3500~4000m³/h，富氧浓度 25%~28%，铜锍品位 70%~73%，氧料比 145~155m³/t，铁硅比 1.1~1.2，粗铜温度 （1200±10）℃[2]。

氧气底吹连续吹炼炉产出的粗铜以及精炼后的阳极板成分如图 11-12 所示，粗铜含硫如图 11-13 所示，粗铜、阳极板含铅如图 11-14 所示，粗铜、阳极板含铋如图 11-15 所示。

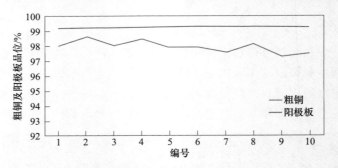

图 11-12　粗铜及阳极板品位

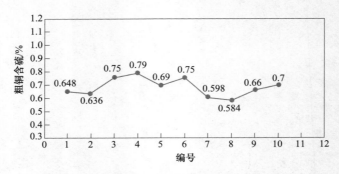

图 11-13　粗铜含硫

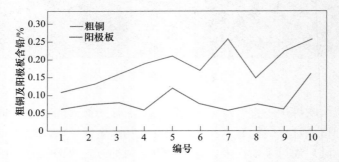

图 11-14　粗铜及阳极板含铅

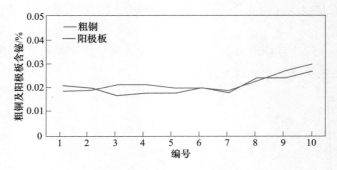

图 11-15　粗铜及阳极板含铋

从生产数据来看，粗铜品位在 97.5% ~ 98.5%，粗铜含硫 0.6% ~ 0.7%，粗铜含铅 0.1% ~ 0.25%，粗铜含铋 0.01% ~ 0.03%，阳极板品位约 99.3%，阳极板含铅小于 0.1%，阳极板含铋约 0.02%，粗铜含硫虽比传统 PS 转炉高，但精炼后，阳极铜质量并未有太大的改变，阳极板中铅、铋等杂质依然较低[3]。

目前，粗铜包壳等冷料产出较多，计划在底吹连续吹炼炉后接阳极炉，实现通过流槽连接的"三连炉"装置。

11.3　热态连续吹炼及两步炼铜生产实践

11.3.1　项目概况

东营方圆二期 20 万吨/年铜项目采用了连续炼铜的工艺流程，所不同的是，在设计时考虑了连续吹炼炉直接生产阳极铜的可行性，在连续吹炼炉后同时设计了圆盘浇铸机、粗铜包和电动平板车。生产阳极铜时可直接采用圆盘浇铸机产阳极板，生产粗铜时，通过粗铜包转运至阳极炉进行精炼。

东营方圆二期于 2015 年末建成投产，项目核心装备为一台底吹炉搭配两台吹炼炉（火精炉），将传统的熔炼、吹炼、精炼三段工序缩减为熔炼和火精炉精炼两段工序。火法冶炼工序采用 DCS 自动化操控，实现了流程自动控制管理。目前已处于稳定运行状态。

两步炼铜的工艺流程如图 11-16 所示。

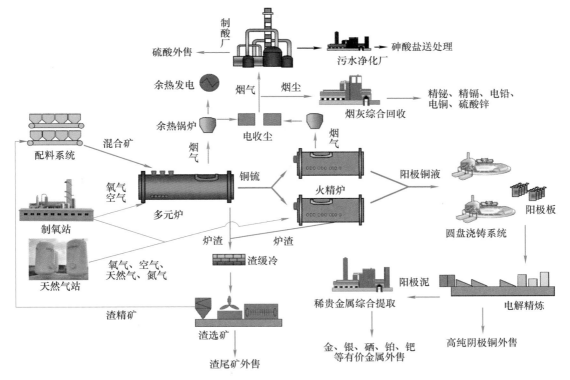

图 11-16　东营方圆两步炼铜的工艺流程图

底吹熔炼炉处理的矿料大部分来自国外进口，各种成分不一的铜精矿在备料厂房内按照配料要求进行抓配混合，然后与石英、渣精矿、烟尘等物料分别储存在备料仓中，根据配料单的要求进行仓式配料，通过皮带运输至底吹炉上方的加料仓中储存，经计量后从底吹炉加料口加入。此外，为避免冷料的长距离运输而造成皮带损伤，底吹炉单独设置一套冷料提升装置，可就近直接加入冷料。

底吹炉产出的铜锍（含铜不小于73%）由虹吸口连续放出，经铜锍流槽流入到火精炉内。产出的炉渣经渣口放入渣包中，用渣包车运至渣缓冷厂进行缓冷。产出的烟气经上升烟道先后进入余热锅炉、电收尘，经高温风机送往制酸。底吹炉产出的高品位铜锍经过流槽连续加入到火精炉中，两台火精炉交替作业，以满足底吹炉连续放铜锍的要求。火精炉采用底部供气的方式，底部设有氧枪，根据工艺需要可实现氮气、天然气、氧气、空气四种气体的通入与切换。当火精炉进料满足供风要求后，便可转入供风作业。炉渣从放渣口排出，经渣包运出。在接近造铜期终点时，通过精确控制气体流量或切换氮气/天然气等操作，使得铜液品位达到99.21%左右，满足阳极板浇铸要求，之后通过放铜口直接放入圆盘定量浇铸机中进行浇铸。

两步炼铜工艺布局示意图如图11-17所示。

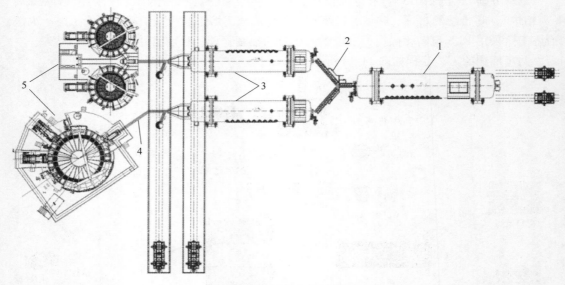

图 11-17   工艺布局示意图
1—底吹炉；2—导锍管；3—火精炉；4—流槽；5—圆盘浇铸机

11.3.2 主要工艺配置及技术指标

11.3.2.1 熔炼系统

熔炼系统采用一台底吹炉，尺寸为 $\phi5.5m×28.8m$，底部设计有23支氧枪，呈双排布置，靠近放渣端炉体侧部设有侧枪。氧枪采用特殊结构设计，分内外多层，外层通空气，内层通纯氧，外层空气可以起到保护氧枪的作用。渣口位于底吹炉端墙，为满足放渣及渣包倒运要求，设有两个放渣口，炉渣采用 $12m^3$ 的渣包运输，缓冷后送渣浮选工序处理。

底吹炉采用虹吸放铜的方式,铜锍连续地从放铜锍口放出,通过流槽直接加入到火精炉中。火精炉与底吹炉之间采用保温效果好、不黏结的特殊材料流槽连接。

底吹炉炉体结构示意图如图 11-18 所示。

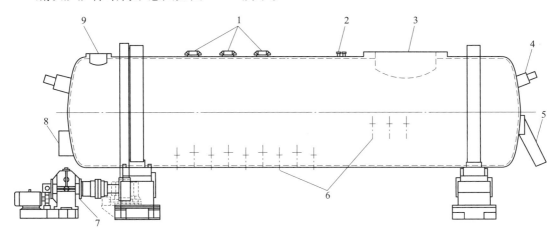

图 11-18 底吹炉炉体结构示意图

1—加料口;2—测温孔及测液位孔;3—烟道口;4—燃烧器;5—放渣口;
6—氧枪;7—传动装置;8—放铜口;9—第二烟道

目前,底吹炉的各项操作参数基本稳定,部分指标已达到了设计值,底吹炉加料量达到 207t/h 混合炉料,由于氧气站氧气能力受限,送氧量 25668m³/h,送风量 13706m³/h,后期计划扩建氧气站。目前底吹炉生产操作的主要指标见表 11-4[4]。

表 11-4 底吹炉主要技术经济指标

序号	项目	设计值/目标值	实际值	备注
1	混合矿处理量/t·h⁻¹	260	180	
2	精矿处理量/t·h⁻¹	220	156	
3	配煤率/%	2	0	
4	渣型 Fe/SiO₂	1.8~2.0	1.8~2.0	
5	渣含铜/%	≤3	1.9~3.1	
6	炉温/℃	1180	1180	
7	烟尘率/%	<2	<2	
8	氧气浓度/%	70~75	73	
9	铜锍品位/%	>73	73~78	
10	硫捕集率/%	>96.64	>99.5	

11.3.2.2 吹炼炉(火精炉)系统

底吹炉产出的铜锍,经过流槽连续地加入到吹炼炉中。配套有两台吹炼炉,尺寸为

ϕ4.8m×23m，两台吹炼炉交替作业。在吹炼炉体的端墙中心部设置了热料加入口，炉体顶部设有一个冷料加料口，靠近热料进料端的炉体上部设置烟道口，炉体另外一端是放铜口，放渣口设有 2 个，位于炉体侧部，靠近放铜端。

吹炼炉采用底部和侧部供气方式，设有 17 支枪，呈双排布置，喷枪采用特殊结构设计，根据工艺要求可实现四种气体的通入、切换，外层通入氮气/天然气，内层通入氧气/空气，气体的流量、比例控制都可通过计算机精准控制。

由于底吹炉铜锍采用连续放出的形式，所以两台吹炼炉交替作业，以实现整个冶炼过程的连续性。

吹炼炉（火精炉）的技术经济指标见表 11-5。

表 11-5　吹炼炉（火精炉）主要技术经济指标

序号	名称	数值	备注
1	加料量（不包括冷料）/t·h^{-1}	55~60	
2	单炉产量/t	400	
3	作业周期/h	16	
4	气体压力控制/MPa	0.65~0.75	
5	富氧浓度/%	22~26	
6	火精铜品位/%	≥99.0	
7	出铜温度/℃	约1250	
8	浇铸能力/t·h^{-1}	约100	
9	浇铸时间/h	4	
10	渣型	硅渣	
11	渣率/%	2.5~4.5	
12	火精炉出口烟气量/m^3·h^{-1}	37000	
13	火精炉出口烟气 SO$_2$ 浓度/%	24	

经过生产实践，由于底吹炉产出的铜锍品位在 73% 以上，甚至更高，使得火精炉内产出的渣量较少，可以根据渣量积攒多炉次后一并排出，减少了工作量。目前产出的火精铜品位一般都能达到 99.21% 左右。可通过放铜口直接放入定量浇铸机中进行浇铸作业。阳极铜成分满足电解精炼要求，阳极铜成分分析见表 11-6。

表 11-6　阳极铜成分　　　　　　　　　　（%）

成分	Cu	S	O	As	Sb	Pb
含量	99.32	0.006	0.24	0.006	0.009	0.08

11.3.2.3　工艺特点

东营方圆二期项目在原有连续吹炼的基础上进一步进行火法精炼，该工艺有如下特点：

（1）流程短。铜精矿到阳极铜生产流程从三步缩短到两步，简单高效。

（2）环保好。铜锍不需要粗铜包吊运，火精炉独立完成吹炼与精炼作业，减少物料倒运、流槽带来的环保烟气量，能耗低、环保好。

（3）劳动生产率高。可减少原阳极炉的操作工。

（4）减少两台阳极炉及其收尘系统，降低了熔炼厂房高度，减少了这部分基建投资。

（5）存在吹炼炉热震频率高，炉寿短，耐材单耗高，对精炼作业而言操作要求高。需要在炉寿、精确控制等方面进一步研究，提高该工艺的竞争力。

11.4 冷态连续吹炼工艺

11.4.1 项目概况

青海铜业是由西部矿业股份有限公司控股的企业。青海铜业以青海及西藏各地铜矿山所产铜精矿为原料，生产阴极铜，企业所在地为西宁市经济技术开发区甘河工业园区。青海铜业厂区鸟瞰效果如图 11-19 所示，青海铜业厂区实景图如图 11-20 所示。项目规模为年产阴极铜 10 万吨、98% 的浓硫酸 36 万吨以及发烟硫酸 8 万吨。

图 11-19　青海铜业厂区鸟瞰图

青海铜业阴极铜工程早在 2013 年启动，并于 2015 年取得环评批复。当时豫光玉川冶炼厂底吹连续炼铜项目已经投产运行 1 年，在得知该新工艺并经考察后及时决策将"底吹熔炼—PS 转炉吹炼"工艺变更为"底吹熔炼—底吹连续吹炼"工艺。

项目于 2015 年完成工艺变更，火法熔炼区由中国恩菲 EPC 承包模式完成。主体工程于 2016 年 3 月份启动建设，于 2018 年 6 月份投产。

冶炼厂占地面积 49.8hm²，由七个部分组成：火法冶炼系统、湿法精炼系统、硫酸系统、余热发电设施、渣选矿设施、公辅设施以及道路、铁路运输设施。从冶炼厂鸟瞰图（见图 11-19）看出，厂前区布置在全厂的东北角，这里是全厂最清洁的地方，环境优美。在此区域里布置有办公楼、职工食堂、职工浴室、停车场等。总体布置极为紧凑、有序，工艺流程顺畅，多种管道短捷，减少了能耗和物流成本。

图 11-20　青海铜业厂区实景图

11.4.2　工艺流程及装备

　　青海铜业是底吹炼铜技术在高原寒冷区域的第一个应用实例，因此在工艺和装备的选择上重点考虑了相关因素。

　　精矿通过火车和汽车两种方式运往精矿仓，精矿仓中储存的原料通过抓斗桥式起重机抓至各自中间配料仓中。配料仓配置了 7 台精矿圆盘给料机和 7 台定量给料机；配置了 3 台定量给料机，用于石英石、返料、块煤的配料，各种原料计量配料后一起通过熔炼上料皮带运输到熔炼主厂房熔炼工段。

　　熔炼主厂房采用的是冷态连续吹炼形式的配置。这主要出于以下几点：（1）当时豫光金铅仍采用以冷态为主的吹炼方式，热态吹炼技术还不成熟。（2）西宁周边还没有足够的杂铜等冷料。（3）冷态吹炼可直接将连续吹炼炉和阳极炉连接，避免了粗铜包转运。冷态吹炼虽然牺牲了热铜锍的热量，但使得整个系统的配置更为稳妥可靠，操作更灵活和容易控制，而且冷态吹炼的富氧浓度高，对炉衬的寿命有利，烟气量小对制酸系统有利。（4）冷态吹炼使得熔炼与吹炼互不影响，可提升系统的开工率。

　　主要的冶炼设备有 $\phi 4.8m \times 20m$ 氧气底吹炉 1 台，配 12 支氧枪；$\phi 4.4m \times 20m$ 底吹连续吹炼炉 1 台，配 11 支氧枪；$\phi 4.0m \times 12.5m$ 阳极炉 2 台。

　　冷态底吹连续炼铜工艺具体配置如图 11-21 所示，熔炼炉布置在地面上，吹炼炉和阳极炉呈台阶状布置，吹炼炉的炉渣通过一个较长的流槽直接流到地面的渣包里面，吹炼炉产出的粗铜经过流槽进入阳极炉。取消了热态铜锍、粗铜包的转运，节省了厂房内的冶金铸造吊车，整个厂房占地面积大大减小。

11.4.3　技术指标

　　青海铜业主要设计技术指标见表 11-7。

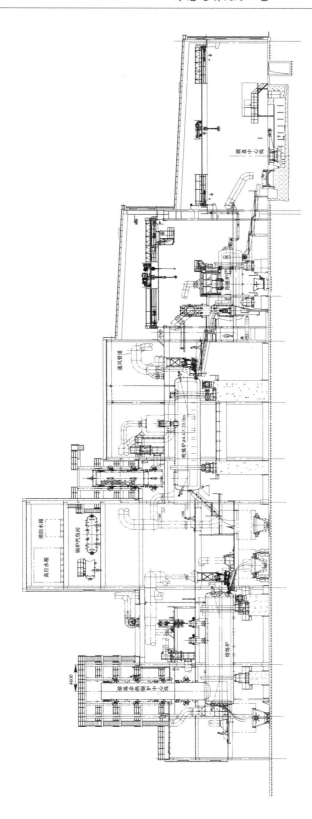

图 11-21　冷态底吹连续炼铜工艺配置

表 11-7　火法冶炼设计技术指标

序号	指标名称	数量	备注
	底吹熔炼		
1	底吹熔炼炉规格/m×m	$\phi4.8×20$	
2	底吹熔炼炉数量/个	1	
3	作业天数/d·a^{-1}	330	
4	平均有效工作时间/h·d^{-1}	22.8	
5	熔炼富氧浓度/%	70	
6	熔炼富氧空气量/m^3·h^{-1}	18777	
7	压缩空气/m^3·h^{-1}	7070	
8	氧气/m^3·h^{-1}	11707	含氧99.6%
9	铜锍产量/t·a^{-1}	151551	
10	铜锍品位/%	72	
11	铜锍温度/℃	1180~1200	
12	熔炼渣量/t·a^{-1}	350790	送选矿
13	熔炼渣含铜/%	3.0	
14	熔炼渣中 Fe/SiO$_2$	1.8	
15	熔炼渣温度/℃	1200	
16	熔炼出炉烟气量/m^3·h^{-1}	28557	
17	熔炼烟气含 SO$_2$/%	35.75	
18	出炉烟气温度/℃	1210	
19	烟尘率/%	2.5	对精矿
	连续吹炼		
1	连续吹炼炉规格/m×m	$\phi4.4×20$	
2	连续吹炼炉数量/个	1	
3	作业天数/d·a^{-1}	330	
4	平均有效工作时间/h·d^{-1}	22.8	
5	物料处理量/t·h^{-1}	24	
6	其中，铜锍/t·h^{-1}	20.14	
7	石英石/t·h^{-1}	0.6	
8	残极/t·h^{-1}	2.69	
9	块煤/t·h^{-1}	0.35	
10	吹炼富氧浓度/%	48	
11	吹炼富氧空气量/m^3·h^{-1}	7465	
12	其中：压缩空气量/m^3·h^{-1}	1745	
13	氧气量/m^3·h^{-1}	3220	99.6%
14	氮气量/m^3·h^{-1}	2500	
15	石英石用量/t·a^{-1}	4537	
16	块煤用量/t·a^{-1}	2610	
17	粗铜产量/t·a^{-1}	131273	
18	粗铜品位/%	98	
19	粗铜温度/℃	1250	
20	吹炼渣量/t·a^{-1}	14344	返回熔炼炉
21	吹炼渣含铜/%	12	
22	吹炼渣中 Fe/SiO$_2$	1.20	
23	吹炼渣温度/℃	1230	
24	吹炼出炉烟气量/m^3·h^{-1}	9089	
25	吹炼烟气含 SO$_2$/%	31.50	
26	吹炼烟气出炉温度/℃	1210	

序号	指标名称	数量	备注
	阳极炉精炼		
1	阳极精炼炉规格/m×m	$\phi 4.0×12.5$	
2	阳极精炼炉数量/个	2	
3	双圆盘浇铸机规格/t·h^{-1}	100	
4	双圆盘浇铸机数量/台	1	
5	单炉操作周期/h	24	
6	每天操作炉次	2	
7	阳极铜产量/t·a^{-1}	126723	含 Cu 99.0%，含 O$_2$ 0.1%

11.5 三连炉工艺

11.5.1 项目概况

国投金城冶金是在灵宝市整合矿产资源、调整经济结构、做大做强新型有色金属冶炼加工的指导思想下成立的集有色金属矿山探、采、选、冶、加工与销售为一体的综合型企业。公司由灵宝市五大黄金冶炼企业以及四大产金名镇——豫灵镇、阳平镇、故县镇、朱阳镇有实力的部分民营企业发起组建，后由中国国新投资公司控股。

该项目处理的原料主要是含金、银的贵金属物料，年处理金精矿和铜精矿共为 66 万吨，依托灵宝市内及周边的金精矿并进口部分铜精矿。设计产能为 A 级铜 10 万吨/年，金锭（99.99）12.6t/a，银锭（99.99）270t/a。

11.5.2 工艺流程及特点

混合精矿经配料后进入氧气底吹熔炼炉进行熔炼，熔炼产生的铜锍通过流槽流入氧气底吹连续吹炼炉进行吹炼，吹炼产生的粗铜通过流槽进入回转式阳极炉进行精炼，采用大板不锈钢永久阴极电解工艺，产品为 A 级铜；电解过程中的净液采用旋流电积脱铜、除杂及真空蒸发、冷冻结晶硫酸镍的工艺生产 1 号标准铜、黑铜及粗硫酸镍等；阳极泥处理采用硫酸化焙烧蒸硒、稀酸分铜、铜置换沉银、碱浸除铅碲、金银精炼的工艺产出金锭、银锭、粗硒、粗硫酸铅等产品。

主要的冶炼设备有 $\phi 4.8m×23m$ 氧气底吹炉 1 台，配 16 支氧枪；$\phi 4.4m×20m$ 底吹连续吹炼炉 1 台，配 10 支氧枪；$\phi 4.0m×12.5m$ 阳极炉 2 台。其设备与青海铜业基本相同，但其精矿处理量大于青海铜业。

金城冶金采用的热态吹炼合理地利用了铜锍的热量，减少了铜锍冷却破碎的成本，若能外购杂铜冷料，将其加入连吹炉内，通过提高富氧浓度依靠铜锍自身热量熔化，降低杂铜的处理成本，可进一步提高企业经济效益。

11.5.3 工艺配置及特点

采用了三连炉的配置形式，和三菱工艺的方式已经十分接近，但比三菱炼铜法减少了一个电炉。三连炉的配置合理利用现场的阶梯地形，通过阶梯地形配置实现炉子之间的高差合理布置，为放渣操作带来便利，降低了厂房总体高度及基建投资。灵宝金城冶金的三连炉配置如图 11-22 所示。灵宝金城冶金厂区图如图 11-23 所示。

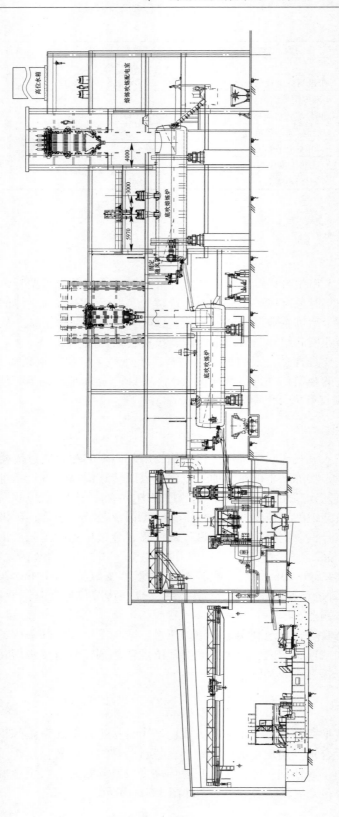

图 11-22　灵宝金城冶金三连炉配置图

图 11-23　灵宝金城冶金厂区图

11.5.4　火法工艺主要设计参数

火法冶炼设计技术指标见表 11-8。

表 11-8　火法工艺主要设计参数

序号	指标名称	规格	备注
底吹熔炼			
1	熔炼炉尺寸/m×m	$\phi 4.8 \times 23$	1 台
2	铜锍量/t·a^{-1}	139106.29	含 Cu 70%
3	熔炼炉渣量/t·a^{-1}	445839.48	含 Cu 2.5%
4	熔炼渣 Fe/SiO$_2$	1.8	
5	熔炼富氧浓度/%	70	
6	熔炼耗氧/m^3·h^{-1}	15842.42	工业氧浓度 99.6%
7	烟尘率/%	2.5	
底吹吹炼			
1	底吹连续吹炼炉规格/m×m	$\phi 4.4 \times 20$	1 台
2	粗铜产量/t·a^{-1}	110409.99	
3	粗铜品位/%	98	
4	吹炼炉渣量/t·a^{-1}	22268.7	
5	吹炼炉渣含铜/%	14	
6	烟尘率	2	
火法精炼			
1	阳极炉规格/m×m	$\phi 4.0 \times 12$	2 台
2	阳极铜产量/t·a^{-1}	111718.83	含 Cu 99.1%
3	精炼渣/t·a^{-1}	2760.25	
4	精炼渣含铜/%	35	
5	阳极板天然气单耗/m^3·t^{-1}	32.47	含还原用气 4.5
6	精炼耗氧/m^3·h^{-1}	1200	

11.6　底吹与其他工艺的组合

11.6.1　底吹熔炼—闪速连续吹炼

11.6.1.1　项目概况

河南中原黄金冶炼厂是中国黄金集团公司下属上市公司中金黄金股份有限公司控股的专业化黄金冶炼、精炼加工企业。企业所在地位于三门峡产业集聚区，项目规模为年处理混合金铜矿 150 万吨，综合回收金、银、铜、硫、镍、硒、碲、铂、钯等有价金属，年产 1 号金锭 36t，1 号银锭 220t，A 级铜 21.4 万吨，硫酸 126 万吨。

2012 年初，中金集团委托中国恩菲开展河南中原黄金冶炼厂整体搬迁升级改造项目的设计工作。最初设计工艺方案为"氧气底吹熔炼—底吹连续吹炼—回转式阳极炉精炼"，后于 2013 年 4 月调整为"氧气底吹熔炼—旋浮吹炼—回转式阳极炉精炼"。项目于 2013 年 10 月正式开工建设，2015 年 6 月 19 日底吹熔炼炉投料试生产，8 月 22 日旋浮吹炼炉投料试生产，8 月 30 日电解通电试生产，9 月 8 日产出第一批高纯阴极铜，历时三个月主工艺路线全线拉通。

项目征地 164.97hm²（其中一期占地 79.7hm²），由以下几大区域组成：原料卸料及存储区、火法冶炼区、电解精炼区、渣选矿区、阳极泥处理及贵金属深加工区、氧气站（外委）、厂前区等。

中原黄金冶炼厂是目前世界上首次实现氧气底吹熔炼与旋浮吹炼工艺技术相结合的有色冶炼企业，所采用的 $\phi 5.8 \text{m} \times 30 \text{m}$ 氧气底吹熔炼炉是目前世界上最大的底吹熔炼炉，所采用的旋浮吹炼炉是中国自主设计的第一台闪速吹炼类冶金炉，年产 126 万吨硫酸的制酸系统也是国内最大的单系列制酸生产线。

11.6.1.2　工艺流程及装备

该项目主工艺路线为"氧气底吹熔炼—旋浮吹炼—回转式阳极炉精炼—不锈钢永久阴极电解—渣选矿"。

经配料后的混合精矿送氧气底吹熔炼，产出的铜锍经粒化、干燥和磨粉后送旋浮吹炼炉吹炼。旋浮吹炼炉产出的粗铜经流槽流入送回转式阳极炉精炼，精炼阳极铜液浇铸成铜阳极板，送电解精炼。熔炼渣送渣选矿，产出的渣精矿、吹炼渣和破碎后的阳极炉渣返回底吹熔炼炉。

底吹熔炼炉烟气和旋浮吹炼炉烟气分别经余热锅炉和电收尘后送制酸，阳极炉烟气经冷却后与熔炼、吹炼烟气混合后送制酸或脱硫。

电解残极和浇铸产生的废板采用竖炉熔化后进入其中一台阳极炉，浇铸成阳极板送电解。

电解产出的阳极泥采用加压浸出—氧气斜吹旋转转炉吹炼—电解精炼工艺产金锭、银锭，其中氧气斜吹旋转转炉烟气经喷雾冷却、文丘里收尘后排空。

该项目主要冶炼设备如下：

（1）底吹熔炼炉规格 $\phi 5.8 \text{m} \times 30 \text{m}$，设有 3 个加料口、1 个出烟口、2 个渣口、2 个侧

部铜锍口和 1 个端部铜锍口, 共设置了 28 个氧枪, 分为两排, 分别为 7°和 22°。由于处理物料量远大于其他已建成项目, 需要富氧空气量和产出烟气量也远大于其他项目, 该底吹熔炼炉的直径和长度都大于其他项目, 为目前世界上最大的氧气底吹熔炼炉。出于控制炉体长度考虑, 本项目底吹熔炼炉采用 1 块氧枪砖布置 2 支氧枪的形式, 目前使用情况良好。铜锍采用铜锍粒化装置粒化, 投资和运行成本都较传统水碎工艺有大幅度的降低。

（2）吹炼采用山东祥光铜业的旋浮吹炼技术, 由祥光铜业提供技术包, 旋浮吹炼炉由中国恩菲自主设计。旋浮吹炼炉反应塔尺寸为 $\phi 4.5m \times 6.2m$, 沉淀池渣线宽 5.5m, 长 19m, 其中反应塔中心线距上升烟道中心线 14m, 反应塔采用全水冷结构, 沉淀池侧墙上部采用 E 型水套、下部采用立水套结构, 沉淀池底吹采用风冷结构, 共设 6 个粗铜口、2 个渣口、1 个放空口。

（3）阳极精炼采用 2 台规格为 $\phi 4.5m \times 14.5m$ 回转式阳极精炼炉, 1 台 $\phi 5.0m \times 15.5m$ 回转阳极炉兼保温炉, 都配套出烟口罩和水冷烟道。

熔炼主厂房采用整体设计, 北侧和东侧根据要求设计成主立面, 美观大方。底吹熔炼配置在厂房的西侧, 旋浮吹炼和阳极精炼成台阶布置, 配置在厂房的东侧, 铜锍磨碎和干燥配置在底吹熔炼和旋浮吹炼之间。熔炼主厂房配置如图 11-24 所示。

11.6.1.3 试生产主要问题及处理措施

A 熔炼渣流槽清理困难

原设计中熔炼渣流槽采用铸钢材质。由于该项目熔炼渣量较大, 排放频繁, 流槽中黏结的熔炼渣没有足够的时间完全冷却, 清理困难, 劳动强度较大。后将流槽改为铜水套流槽, 增大冷却强度, 解决了流槽清理的问题, 但是随之带来熔炼渣降温的问题, 部分情况下熔炼渣在流槽中温降达 20~40℃。由于底吹熔炼渣过热度小, 在流槽中温降过大会影响渣缓冷效果, 从而渣选矿含铜偏高, 经过对选矿系统进行改进, 目前渣选矿尾矿含铜已达到设计指标。

B 铜锍流槽清理困难

铜锍主要采用侧部放铜, 原设计中侧部两个放铜口共用一个流槽, 流槽端部较宽较深, 会残留大量铜锍, 清理困难。后将流槽端部改为双流槽, 并降低流槽深度, 减少了铜锍黏结量, 减轻劳动强度, 改造前后如图 11-25 所示。

C 铜锍带渣、熔炼渣含 Cu 高

该项目底吹熔炼炉内部熔体量大、鼓入气体量大, 搅动强度大, 炉内"浪涌"严重, 致使熔炼炉内沉降条件较差, 熔炼渣含 Cu 较高, 且原设计中铜锍采用侧部铜口排放, 距渣面间距较小, 铜锍带渣。在二期工程里, 将端部 1 个铜锍排放口改为 2 个铜锍排放口, 并作为主要的铜锍排放口, 有效降低铜锍带渣量。熔炼渣含 Cu 高的现象无明显改善, 通过对渣选矿流程进行改进、增加炉渣磨细度等措施可将尾渣含 Cu 控制在 0.30%以下。

D 粗铜带渣

原设计中, 1 号、2 号粗铜排放口配置在吹炼炉反应塔附近, 由于该区域熔体交互反应剧烈, 粗铜和吹炼渣未完全沉降分离, 放出的粗铜有带渣现象, 影响阳极炉操作。在二期工程里, 废弃 1 号粗铜排放口, 将 2 号粗铜排放口改为放空口, 并在出烟端增加 8 号粗铜排放口, 基本解决了粗铜带渣的问题。

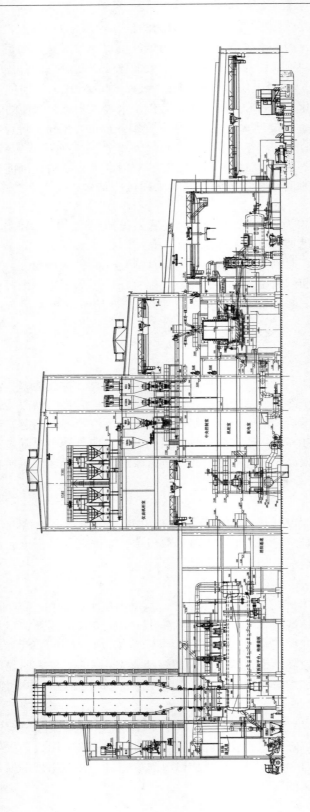

图 11-24　熔炼主厂房配置

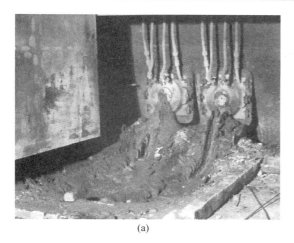

(a)　　　　　　　　　　　　(b)

图 11-25　流槽大头改造前后对比

（a）改造前；（b）改造后

11.6.1.4　主要生产状况

中原黄金冶炼厂投产后运行平稳，投产当年熔炼、吹炼每小时投料量已达设计指标。主要工艺指标见表 11-9。

表 11-9　中原黄金冶炼厂火法冶炼主要工艺指标

序号	主要工艺指标	设计值	生产数据	备注
	底吹熔炼			
1	富氧浓度/%	73	71~74	
2	熔炼渣中 Fe/SiO_2	1.6	1.65~1.8	
3	熔炼渣含 Cu/%	3.0	3.0~5.0	
4	铜锍品位/%	68	67~69	
5	烟尘率/%	2.5	2.6~2.8	相对干精矿
	闪速吹炼			
1	富氧浓度/%	75	80~85	
2	吹炼渣中 CaO/Fe	0.40	0.26~0.35	
3	吹炼渣含 Cu/%	20	21~25	
4	粗铜品位/%	98.5	97.5~98.5	
5	烟尘率/%	8	10~12	相对铜锍
	阳极精炼			
1	阳极铜含 Cu/%	99.3	98.8~99.2	
2	精炼渣 Cu/%	35	35~42	
3	渣率/%	2.5	1.4~2.0	相对粗铜
4	氧化时间/h	3.6	0.56~1	
5	还原时间/h	2.4	1.5~2.8	

11.6.2　侧吹熔炼—底吹连续吹炼工艺

紫金矿业旗下黑龙江多宝山铜业（紫金矿业集团东北亚有限公司持股51%和黑龙江黑龙矿业集团股份有限公司持股49%共同投资设立的矿业公司）铜冶炼项目位于齐齐哈尔富拉尔基区。规模为10万吨/年阴极铜（投产后满负荷生产能力可达15万吨/年），项目于2017年开工建设，目前正在建设期间，计划于2019年投产。

厂区的鸟瞰效果图如图11-26所示。

图11-26　厂区鸟瞰图

项目主工艺流程选择"富氧侧吹炉熔池熔炼—底吹连续吹炼—回转式阳极炉精炼"组成的连续炼铜工艺。

经过多次考察和对比，紫金矿业从转炉、多枪顶吹和底吹连续吹炼工艺三者中最终选用了底吹连续吹炼工艺，这也证明了底吹连续吹炼工艺的可靠性和先进性，该项目是国内首个侧吹熔炼和底吹连续吹炼相结合的工艺。

采用床面积30m² 的双侧富氧熔池熔炼炉，熔池风口区长度12300mm，炉膛高度7873mm；底吹吹炼炉选用1台，规格为$\phi4.2m \times 20m$；阳极炉2台，规格为$\phi4m \times 11.7m$，同时生产，交替作业。

熔炼主厂房的侧吹炉和底吹连续吹炼炉呈高低配置，侧吹炉采用虹吸放铜，侧吹炉和吹炼炉之间的标高相差很小，流槽距离很短，虽然三台炉子连接，但侧吹炉的放渣显得并不高，这也使得三连炉的配置更为合理和紧凑。

11.7　底吹连续吹炼炉生产过程控制及操作

底吹连续吹炼炉工艺控制参数主要有粗铜品位、粗铜温度、炉渣Fe/SiO_2和炉渣温度、粗铜含S，根据测量和化验分析结果进行参数调整和过程控制。通过底吹连续吹炼炉作业参数控制和相关监控参数来实现的。

另外，由于底吹连续吹炼炉不同于熔炼炉，排渣和粗铜排放量远远小于底吹熔炼炉，在炉温变化较大时，可以暂时停止排放，有足够的时间采取一种或多种措施对炉况进行调整。

11.7.1　底吹连续吹炼炉生产主要工艺控制参数

底吹连续吹炼炉生产主要工艺控制参数见表 11-10。

表 11-10　底吹连续吹炼炉生产工艺控制参数

序号	项目	控制范围	备注
1	粗铜温度/℃	1230~1250	
2	粗铜品位/%	≥97.5	
3	炉渣 Fe/SiO$_2$	1.1~1.3	
4	炉渣温度/℃	1250~1300	
5	粗铜含硫/%	0.4~0.8	

11.7.2　粗铜品位、粗铜含硫控制

粗铜品位控制根据入炉铜锍品位，通过调整吨铜锍氧单耗来实现，再根据粗铜分析结果中 Cu 含量，调整吹炼时长；正常值为 97%~98.5%，含 S 为 0.4%~0.8%。

按照铜锍品位 72% 计算，粗铜产率为 73%。当粗铜品位低于目标值 1%，1t 铜锍需氧量为 1.28m^3。当粗铜品位超过 98% 时，吹炼炉可能会存在过吹现象，需要根据吹炼渣含铜和渣含硫来综合判断调整。

11.7.3　操作温度控制

操作温度通过调节富氧浓度和配煤量进行调节，短时间也可以先通过加入的冷料量来调节，需要考虑配料滞后时间，过后恢复到正常操作。

操作温度高时，采取以下一种或多种措施，防止温度继续上升：

（1）增加残极加入量。

（2）降低富氧浓度 1%~3%。

（3）减少配煤量 0.1~0.5t/h。

当操作温度不大于 1230℃ 时，为防止温度继续降低，采取以下措施：

（1）开起应急煤仓下部的定量给料机，若炉顶配料则可以直接进行调整，先将温度升高，再调整配料，或暂停加残极。

（2）加煤的同时，要考虑煤消耗的氧气量，也可以提高富氧浓度 1%~3% 来提高操作温度。

11.7.4　炉渣 Fe/SiO$_2$ 控制

炉渣 Fe/SiO$_2$ 是根据渣分析结果中 Fe 和 SiO$_2$ 的比值控制在 1.00~1.30，通过调整配料熔剂率实现。

11.7.5   造渣和炉渣温度控制

底吹连续吹炼炉渣温度控制不合适，炉渣排放会非常困难，主要原因是吹炼过程 Fe 大部分以 Fe_3O_4 形式存在。若温度和氧势控制不好，加入的 SiO_2 很难与其发生造渣反应，所以吹炼过程适当配入块煤降低氧势，减少渣中 Fe_3O_4 含量，同时也需要较高的操作温度，一般情况下操作温度高于 1250℃ 就基本上能够完成造渣反应，炉渣排放也基本上没有问题。

11.7.6   粗铜面控制

粗铜面的控制取决于吹炼炉吹炼时间，根据回转式阳极精炼炉进粗铜的需要，制定合理的排放制度和排放量来实现。粗铜面低时，粗铜品质变差，原则上禁止粗铜排放；粗铜面高时，吹炼渣中夹带粗铜量增加，在渣包中形成"铜坨"处理很麻烦。

11.7.7   渣面控制

要根据生产摸索和制定粗铜与炉渣的交替排放制度，炉渣每次少量排放，防止"铜坨"的形成，采取"勤排、少排"的作业，可以使炉渣夹带的粗铜形成较小的块，能够通过阳极炉处理。

底吹连续吹炼炉排放炉渣为表面排渣，不允许高渣面操作。每次排放粗铜前，先排放炉渣；维持炉内尽量薄的渣层，防止厚渣层造成过氧化发生泡沫渣事故。吹炼过程中原则上渣层厚度不超过 300mm。

11.8   生产故障处理

11.8.1   短时间停产处理

停料 8h 内建议按以下操作应对：

（1）停料后，先空吹 3~5min 升温后转炉，使炉内熔体温度比正常生产高 20~50℃。

（2）停料后，每个喷枪鼓入 50~100m^3/h 压缩空气，防止氧枪被炉壁挂渣将氧枪堵死。

（3）点检完炉子后，关闭出烟口副烟道活动门。

（4）关闭喷雾室出口阀门。

（5）用岩棉堵住加料口（复产时要取出或捅到炉内）。

（6）底吹连续吹炼炉不需要点燃主、副烧嘴天然气保温。

11.8.2   较长时间停产处理

停料 8~16h 建议按以下操作应对：

（1）停料后，先空吹 3~5min 升温后转炉，使炉内熔体温度比正常生产高 20~50℃。

（2）停料后通过事故渣口将炉渣排到基本上不流（可通过点燃烧嘴提温后排放）。

（3）停产后立即点燃主烧嘴，天然气量 300~600m^3/h。二次风量约 2000m^3/h，从氧枪鼓入压缩空气或富氧空气。

11.8.3 长时间停产处理

若停料时间超过 24h 以上，建议按以下操作处理：

（1）停料后，先空吹 2~5min 升温后转炉（紧急停炉除外），使炉内熔体温度比正常生产高 20~50℃。

（2）停料后通过事故渣口将炉渣排到基本上不流（可通过点燃烧嘴提温后排放）。

（3）事故渣口排完渣后，再从事故粗铜排放口排粗铜，因粗铜导热性能比较好，视炉内渣层厚度和保温时间确定排放量。若渣层厚度小于 200mm、停产时间在 48h 以内，原则上不排粗铜；若渣层厚度超过 200mm、停产超过 48h，必须排渣和粗铜使炉内熔体剩余 800mm 左右。

（4）停产后立即点燃主烧嘴，天然气量 300~800m^3/h。二次风量约 2000m^3/h，从氧枪鼓入压缩空气或富氧空气。

11.8.4 氧气、压缩空气、氮气紧急切断阀的使用

底吹连续吹炼炉工艺氧气、压缩空气、氮气管路设计与底吹熔炼炉相似，各种条件下的使用也相同。在此不再赘述。

11.8.5 底吹连续吹炼炉过吹状态下的预防与处理

由于底吹连续吹炼炉产出的粗铜几乎全部为金属铜，渣中含有一定量的氧化铜，渣中的 Fe 大部分为 Fe_3O_4，铁酸铜熔点也比较高。底吹连续吹炼炉出现过吹现象后，其事故的发生及影响与底吹连续熔炼炉泡沫渣事故相似。产生的原因如下：

（1）氧气、压缩空气、定量给料机计量不准。

（2）出现断料，长时间空吹。

（3）吨铜锍耗氧量长时间高于理论计算值。

（4）吹炼炉内渣层厚，排渣不及时。

（5）炉渣温度过低。

泡沫渣预防措施：

（1）要求底吹连续吹炼炉炉长完全掌握铜锍吹炼的理论知识，并有很强的责任心。

（2）避免上述问题出现。

（3）根据粗铜品位、吹炼炉渣含铜、含硫综合判断。

泡沫渣判断方法：

（1）粗铜含硫低于正常值、炉渣含铜超过 20% 甚至更高、炉渣含硫低于正常值。

（2）炉内渣层上涨过快，大量的铜被氧化形成铁酸铜，使炉渣变得排放困难。需要注意的是炉渣流动性突然变好，原因是大量氧化亚铜产生，形成铁酸亚铜，这种渣对耐火材料侵蚀非常快。

（3）其他现象与底吹熔炼炉产生泡沫渣类似。

泡沫渣事故发生后的处理：

（1）根据上述现象判断为过吹前期，开起事故加煤系统，连续加 10~30s。同时从配料系统增加配料中煤量，降低吨铜锍耗氧量 5~10m^3。

（2）若过吹严重，出烟口飘渣，立即停料紧急转炉。

（3）转炉后从加料口、出烟口加入冷铜锍 20t 左右、1~2t 块煤进行还原，弱化炉内氧势。建议在底吹连续吹炼炉出烟口侧设两个料斗，装入铜锍和还原煤作为应急物资。

（4）同时点燃主烧嘴，部分或全部铜锍熔化即可复产。也可以关掉主烧嘴，将副烧嘴通过软管连接，从加料口或出烟口伸入，将加入的冷铜锍烘烤到部分或全部熔化。

（5）恢复生产时，视当前情况，考虑好可能发生的一切事故，做好临时应急预案。

11.8.6　出烟口喷渣事故

出烟口喷渣事故形成的原因：底吹连续吹炼炉出烟口喷渣事故，主要是指底吹连续吹炼炉生产过程排渣不及时，导致炉内操作液面偏高，在执行停料作业程序时，高温熔体在氧枪气体推动作用下，将熔体从出烟口喷出，烧损设备设施。

出烟口喷渣预防措施：

（1）正常生产过程中，维护好出烟口副烟道活动门处操作平台上的防护墙。

（2）正常生产中严格要求定期检查炉体传动系统上部的防护措施，并保证完好和无杂物。

（3）底吹连续吹炼炉事故安全坑内严禁大量堆杂料，且防护墙完整，内部干燥并铺设 50~100mm 的干河沙。

（4）严禁炉体周围堆放或摆放易燃、易爆物品。

（5）炉体周围灭火器配备要求齐全，并且定期检查。

（6）在投产前及生产过程中，利用安全活动进行事故状态下应急预案的学习和撤离演练。

参 考 文 献

[1] 刘素红. 铜锍底吹连续吹炼的运行实践 [J]. 有色金属（冶炼部分），2016（12）：17~19.

[2] 李鸿飞. 我国首座氧气底吹连续吹炼改造传统 PS 转炉铜冶炼厂全面投产 [J]. 中国有色金属，2016（23）：24.

[3] 袁俊智，王新民. 华鼎铜业双底吹连续炼铜的生产实践 [J]. 有色设备，2017（6）：34~37.

[4] 崔志祥，王智，魏传兵，等. 方圆两步炼铜新工艺与生产实践 [J]. 有色金属（冶炼部分），2018（4）：24~27.

12 底吹炼铜工厂的自动化和智能控制

随着底吹炼铜技术的推广应用和发展，如何获取冶炼过程中所需各种参数，通过自动化控制来指导生产，过程检测和控制系统的开发和不断提升就显得尤为重要。底吹炼铜工厂包括铜精矿的配料、底吹熔炼、转炉（底吹连续）吹炼、火法精炼、电解等主流程工序以及渣选矿、烟气制酸等辅助工序，其自动化和智能控制的设计和实施也是围绕这些工艺过程进行。通过先进的检测装置和控制技术，使得底吹炼铜工厂的物质流、能量流完整体现在系统中，并开发出数模控制系统，根据原料成分和产品成分实时自动调整配料、供风系统，形成标准化、智能化的控制系统，提升底吹炼铜工厂的整体工艺控制水平，进一步打造智能化底吹炼铜工厂。

12.1 底吹炼铜工厂的自动化控制

底吹炼铜工厂自动化控制设计是根据工艺的要求，对主要生产流程分别设置了必要的检测及控制回路。设计原则是：对于生产过程中的一般工艺参数进行检测，以便于生产操作及管理；对于生产过程中的重要工艺参数设置必要的自动调节系统实现自动控制；对于可能引起生产事故或人身伤害的工艺参数，将其限定在安全的范围内并设置越限报警，确保生产安全。

12.1.1 控制逻辑

12.1.1.1 精矿配料及输送

底吹熔炼炉的精矿配料和输送主要采用具有远程设定自动控制功能的定量给料机及胶带输送机完成，实现铜精矿、石英石、渣精矿、烟尘、块煤等物料的自动配料，配料后的混合物料经胶带输送机运往底吹熔炼炉。精矿料仓配置具备远程控制功能的空气炮，当定量给料机的设定值与反馈值的偏差大时，空气炮自动动作。精矿配料及输送系统如图 12-1 所示。

12.1.1.2 底吹熔炼炉

底吹熔炼炉炉顶混合料仓设置料位计，检测混合料仓料位，提供料位报警并与熔炼上料皮带联锁；混合料仓下设置定量给料机，实现下料量的自动控制；底吹熔炼炉炉膛和上升烟道设置温度和压力检测点，实时上传温度和压力检测值，炉膛压力与收尘工段高温风机转速做单回路 PID 控制；放铜口和放渣口分别设置快速测温系统，放铜和放渣作业时可对熔体温度进行检测。底吹熔炼炉下料及烟气系统如图 12-2 所示。

底吹熔炼炉供气系统包括氧气系统和压缩空气系统两部分，氧气和压缩空气总管上分

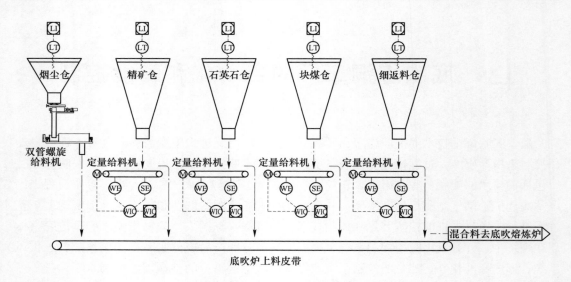

图 12-1　精矿配料及输送系统

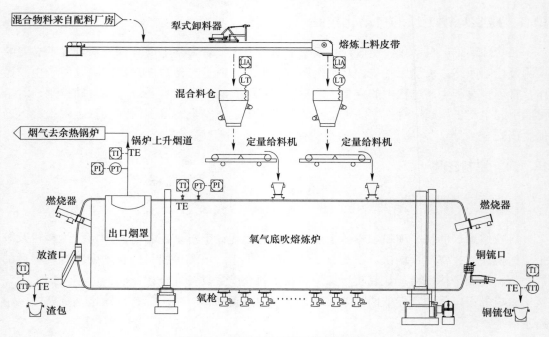

图 12-2　底吹熔炼炉下料及烟气系统

别设置温度、流量和压力检测点；设置流量调节阀，用于自动调节氧气和压缩空气的流量，采用单回路 PID 控制方式；设置切断阀，用于紧急状态下的关断操作。底吹熔炼炉开炉烘烤升温以及熔体保温通常采用天然气作为燃烧介质，燃烧器天然气管设置流量和压力检测点，设置流量调节阀，用于自动调节天然气的流量，设置切断阀，用于紧急状态下的关断操作。底吹熔炼炉各喷枪支管设置流量和压力检测点，用于实时监测各喷枪的运行状态。底吹熔炼炉供气系统如图 12-3 所示。

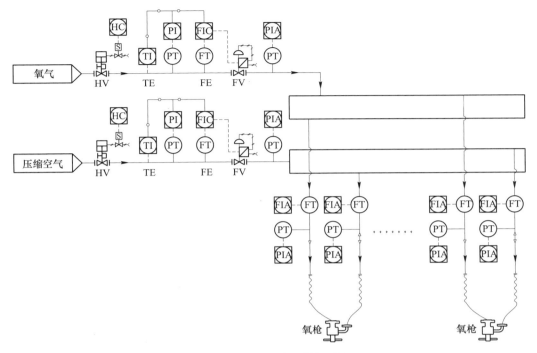

图 12-3　底吹熔炼炉供气系统

12.1.1.3　底吹熔炼炉余热锅炉

底吹熔炼炉出口高温冶炼烟气进入余热锅炉系统。底吹熔炼炉余热锅炉分为锅炉本体和锅炉辅机两部分。锅炉本体包括上升烟道、对流区、辐射室等，在锅炉本体设置温度和压力检测点，锅炉本体还设置表面振打锤，由振打控制系统程序控制；锅炉辅机包括汽包、热水循环泵、给水泵、排气消声器等，汽包通常设置两台汽包液位计和压力检测点，汽包出口主蒸汽管路设置温度、流量检测点及控制阀门，主蒸汽管道还设置排空阀，排空阀与汽包压力联锁；锅炉给水管道设置温度、流量、压力检测点和控制阀门；锅炉循环水管道设置温度、流量和压力检测点。底吹熔炼炉余热锅炉系统如图 12-4 所示。

12.1.1.4　底吹熔炼炉收尘系统

底吹熔炼炉余热锅炉出口冶炼烟气进入收尘系统。底吹熔炼炉收尘系统通常采用电收尘器，电收尘器烟气入口及出口、高温风机烟气出口设置温度、压力检测点，电收尘器入口及出口设置烟气含尘量检测，高温风机出口 SO_2 含量分析。电收尘器和高温风机作为重要成套设备，配置就地控制装置，远程亦可监控。底吹熔炼炉收尘系统如图 12-5 所示。

12.1.2　检测仪表

12.1.2.1　压力检测仪表

过程连续变化的压力测量采用带 Hart 协议的智能压力变送器和智能差压变送器。

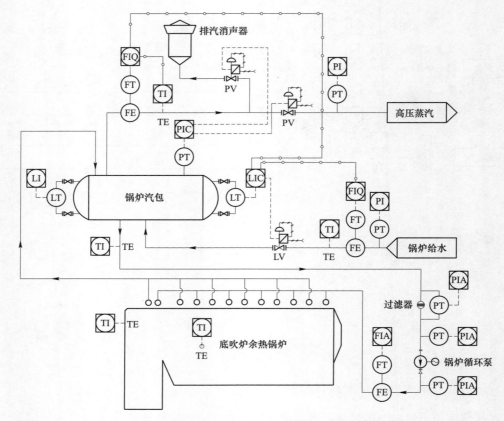

图 12-4　底吹熔炼炉余热锅炉系统

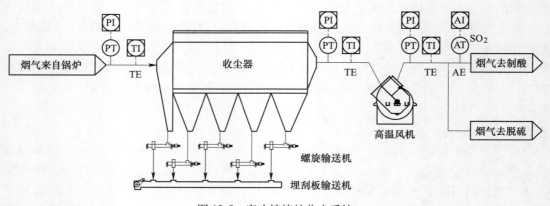

图 12-5　底吹熔炼炉收尘系统

12.1.2.2　温度检测仪表

温度测量元件选择铠装芯热电阻或热电偶。保护管材料根据不同测量介质选择。底吹熔炼炉炉膛及上升烟道温度检测采用耐磨耐高温整根碳化硅保护管，其他可采用不锈钢作为保护管。

12.1.2.3 流量检测仪表

底吹熔炼炉氧气总管和压缩空气总管流量测量通常采用均速管节流装置与智能差压变送器成套的流量测量仪表，具有响应时间短、易于安装维护和量程扩展等优点；喷枪支管流量测量通常采用旋进流量计或涡街流量计，具有精度高、维护量低等优点。

12.1.2.4 物位检测仪表

底吹熔炼炉料仓容积测量采用雷达物位计或称重仪表。汽包及除氧器液位测量采用电容式汽包水位计。

12.1.2.5 分析仪表

烟气管路中 SO_2 浓度分析采用红外式或紫外式气体分析仪。取样装置应具备定时反吹功能。

12.1.2.6 调节阀

一般介质调节采用座式或笼式调节阀门，有腐蚀性介质调节采用耐腐蚀衬里调节阀或隔膜阀，对大管径气体调节选用调节蝶阀。调节阀选用气动执行机构和电动执行机构。

12.1.3 控制系统

为提高生产效率和生产管理水平，底吹炼铜工厂采用集散控制系统 DCS，集散控制系统具有如下特点：

(1) 控制功能分散，从而危险分散，提高了系统的可靠性；

(2) 系统构成采用模块化结构，易于扩充，提高了使用的灵活性；

(3) 高速数据通信网络的使用，使整个系统信息共享，提高了信息的流通性；

(4) 控制功能齐全、控制算法丰富，新型控制规律的引用，提高了系统的可靠性；

(5) 方便的人机对话，丰富的显示画面；

(6) 系统功能性强，可方便地通过组态实现各种不同的控制方案，具有图形显示，历史趋势曲线显示功能，报警功能等；

(7) 具有事故报警，手操单元后备措施，冗余化措施，提高了系统的安全性；

(8) 具有完善的软硬件自诊断措施，故障自动检测技术；

(9) 信息集中管理，提高了控制管理的综合能力和管理水平。

采用仪表、电动设备监控一体化的方式。电动设备运行状态显示、与过程控制相关的工艺参数显示及电动设备启停控制等都在集散控制系统的操作站上集中完成。

12.2 底吹炼铜技术控制系统的开发

近 5 年来，在垣曲冶炼厂处理 50 万吨/年多金属矿综合捕集回收技术改造工程、河南豫光金铅冶炼渣处理技术改造工程、河南中原黄金冶炼厂整体搬迁升级改造工程、青海铜业阴极铜工程等，其 DCS 控制系统的硬件集成和软件开发均由中国恩菲实施。其车间主控制、工程总貌等如图 12-6 和图 12-7 所示。

(a)

(b)

图 12-6　熔炼车间主控室

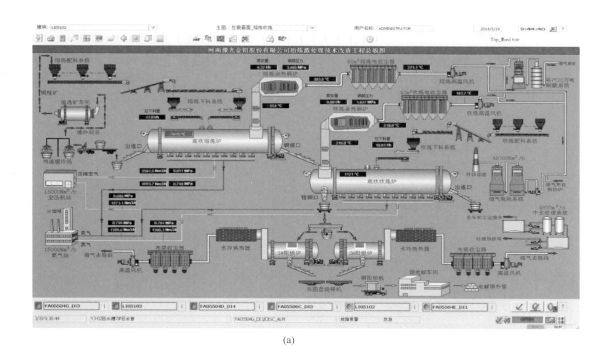

(a)

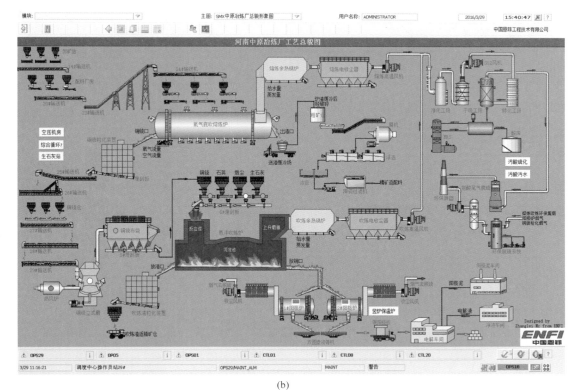

(b)

图 12-7　工程总貌图

12.3　底吹炼铜技术控制系统的实施

12.3.1　配料系统

　　配料系统主要用于底吹炉上料系统相关设备的状态监测以及上料系统的顺序启停等，其界面示意图如图 12-8 所示。上料系统一般包括各定量给料机和各胶带输送机等设备。

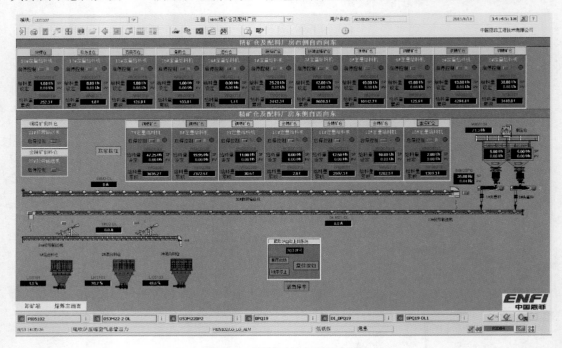

图 12-8　配料系统界面示意图

12.3.1.1　顺序启动

　　确认定量给料机及胶带输送机控制方式为远程，且无任何报警信号，此时底吹炉上料系统画面中的允许信号就会变成绿色，即说明可进行底吹炉上料系统的顺序启动；点击各料仓，来选择需要在顺序启动程序中启动的定量给料机，被选中的矿仓会变成绿色，否则是灰色；点击画面中"联锁按钮"，投入联锁；点击"顺启"按钮。

12.3.1.2　顺序停车

　　确认配料系统画面"联锁控制"按钮是投入状态；点击"复位"按钮；点击"顺停"按钮。在点击"顺停"按钮后，设备依次停止，在画面上绿色指示灯变成红色。

12.3.1.3　紧急停车

　　若期望将底吹炉上料系统紧急停车，则可点击配料系统画面中的"紧急停车"按钮，此时配料系统所有定量给料机和胶带输送机同时停车。若期望底吹炉上料系统重新投入运行，在确认满足上料条件后，点击底吹主画面中"联锁按钮"，顺序启动底吹炉上料设备。

12.3.1.4 空气炮和仓壁振打

当正在运行的定量给料机瞬时下料量小于设定给料量并持续一定时间，则料仓空气炮或仓壁振打开启，直到偏差小于设定值。

12.3.2 氧气底吹炉

氧气底吹炉控制系统主要由下料控制系统、混合料仓仓壁振打控制系统、氧枪供气控制系统等组成，如图 12-9 所示。

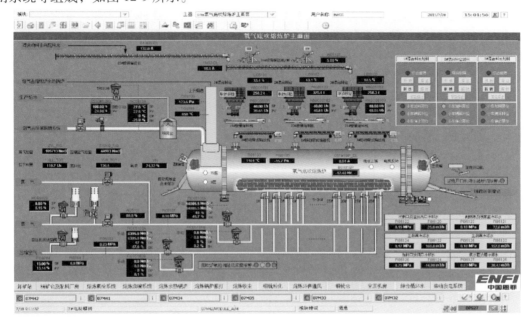

图 12-9 氧气底吹炉控制系统

12.3.2.1 下料控制

底吹熔炼炉下料系统包括如下设备：底吹混合料仓、定量给料机、移动胶带输送机，如图 12-10 所示。

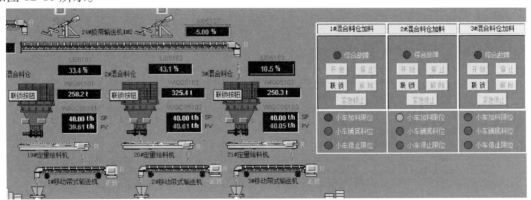

图 12-10 底吹熔炼炉下料系统

12.3.2.2　混合料仓仓壁振打

混合料仓仓壁振打系统主要包含的设备有混合料仓、定量给料机以及仓壁振动器。确认底吹炉主画面上定量给料机和仓壁振动器的控制方式为远程，且无故障报警信号。点击联锁按钮，出现对话框进行选择，选择手动模式时，操作工可自行点击任何一个仓壁振动器进行仓壁振打，选择自动模式时，仓壁振动器每隔一段时间（可调）会开启，自动进行仓壁振打。

12.3.2.3　供气系统

底吹熔炼炉供气系统主要控制回路包括：氧气总管流量自动调节回路，压缩空气总管流量自动调节回路，氧气总管切断控制，氧气总管事故放空控制，氧气总管调节放空。底吹炉供气系统如图 12-11 所示。

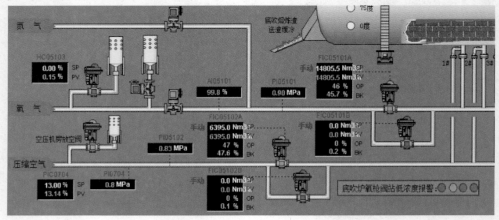

图 12-11　底吹熔炼炉供气系统

12.3.2.4　氧枪系统

底吹熔炼炉氧枪系统主要是显示氧枪支管和空气支管的流量值，如图 12-12 所示。点

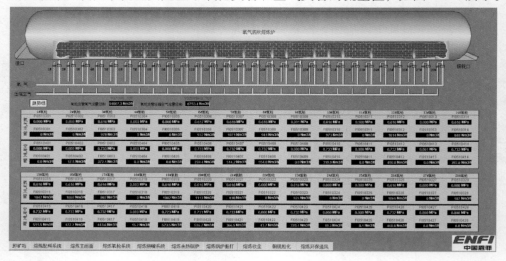

图 12-12　底吹熔炼炉氧枪系统

开画面上的"趋势组"按钮，可查看各支管的氧气、压缩空气的趋势，如图 12-13 所示。

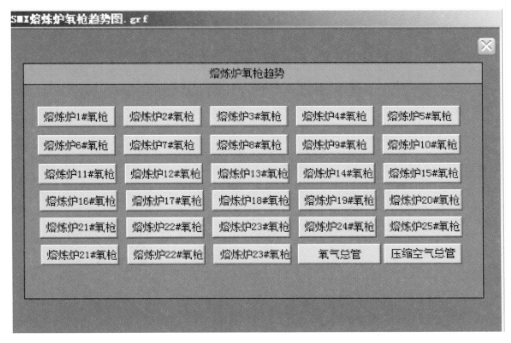

图 12-13 氧枪系统趋势组

12.3.2.5 烧嘴燃烧系统

底吹熔炼炉设置主烧嘴和副烧嘴主要用于烘炉和保温，设置了如下调节回路：底吹炉副烧嘴天然气流量调节，底吹炉主烧嘴天然气流量调节，底吹炉水冷烟罩兑冷风口混氧流量调节，底吹炉烧嘴助燃风混氧流量调节，如图 12-14 所示。

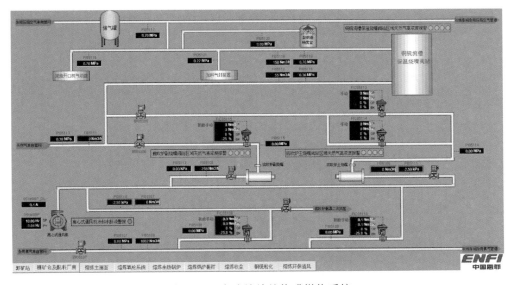

图 12-14 底吹熔炼炉烧嘴燃烧系统

12.3.3 底吹熔炼炉余热锅炉

底吹熔炼炉余热锅炉系统主界面如图 12-15 所示。

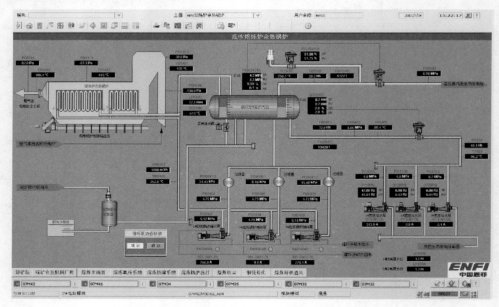

图 12-15　底吹熔炼炉余热锅炉系统

12.3.3.1　P&ID 控制回路

P&ID 控制回路主要包括锅筒液位自动调节回路和锅筒压力自动调节回路。

12.3.3.2　锅筒压力控制

汽包蒸汽压力控制包括汽包压力调节控制及汽包压力放空控制（见图 12-16）。底吹炉锅筒压力正常时通过主蒸汽管道调节阀门控制，当主蒸汽管道调节阀门全开仍无法降低出口压力时，通过放空阀调节锅筒蒸汽压力。

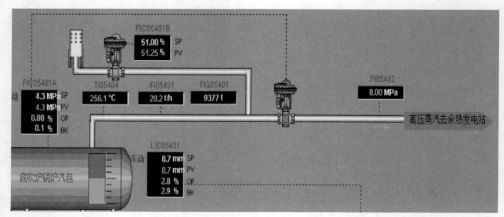

图 12-16　锅筒压力控制系统

12.3.3.3 锅筒液位三冲量控制

汽包液位控制是一个三冲量控制回路。汽包水位作为主信号，水位变化，调节器输出发生变化，继而改变给水流量，使水位恢复到给定值；蒸汽流量作为前馈信号，防止"虚假水位"使调节器产生错误的动作；给水流量作为反馈信号，使调节器在水位还未变化时就可根据前馈信号消除内扰，使调节过程稳定，起到稳定给水流量的作用。锅筒液位控制界面图如图 12-17 所示。

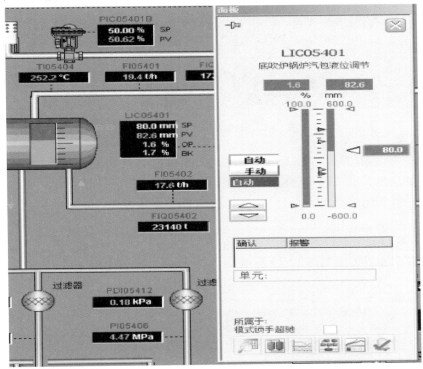

图 12-17 锅筒液位控制界面图

通过汽包的给水流量、蒸汽流量、液位三个参数的计算，校正汽包的虚假液位，调节汽包给水流量，达到控制汽包液位的目的。

汽包液位计算公式如下：

$$CPV = 'IN1. CV' + 'IN4. CV' \times ('IN2. CV' - 'IN3. CV')$$

式中，IN1 为汽包液位；IN2 为给水流量；IN3 为蒸汽流量；IN4 为调整因子（默认 0.3），可根据工况设定。

通过上述计算块，将蒸汽流量、汽包液位及给水流量进行三冲量计算，并将计算结果通过汽包液位作为 PID 调节器输入，从而由 PID 调节器调节给水阀开度，达到控制汽包液位的目的。

12.3.3.4 热水循环泵

热水循环泵控制界面图如图 12-18 所示。

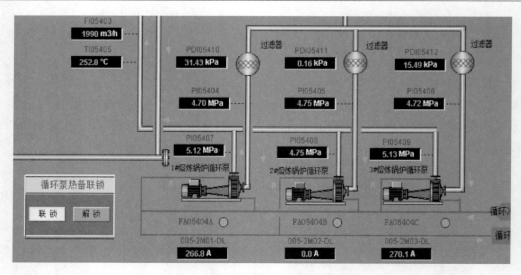

图 12-18　热水循环泵控制界面图

　　底吹锅炉热水循环泵互为备用，当"底吹循环泵热备"面板中"联锁"处于投运时，以下任一条件满足，则备用泵会自投：主泵启动失败，主泵有故障报警，泵出口总管流量低报警状态持续时间达到设定值。

12.3.3.5　锅炉振打

锅炉振打分布界面图如图 12-19 所示。

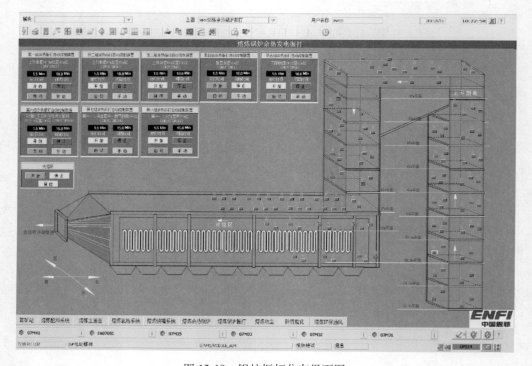

图 12-19　锅炉振打分布界面图

底吹炉余热锅炉本体设振打锤，振打锤分组运行。每组内的振打电机同时工作。

每组弹性振打清灰装置都有各自的振打时间和振打间隔，振打时间和振打间隔可以根据受热面的积灰状况随时更改。振打时间是本组内所有振打电机同时运行的总时间。间隔时间是本组内所有振打电机从上一个运行周期停止到下一个运行周期开始之间的时间。

A　手动控制

根据余热锅炉某个部位受热面的积灰状况，人工启动振打电机中的任意一台或几台，视振打效果人工将其停止。以底吹熔炼炉余热锅炉"第一组余热锅炉振打"控制面板为例（见图12-20），操作员点击面板中的"手动"按钮，则"手动"按钮显示红色，此时每一台振打电机的面板上模式显示为"自动"，这时，操作员可以通过点击面板上的按钮分别控制第一组内每台电机的启停。其他七组与第一组的操作方式相同。

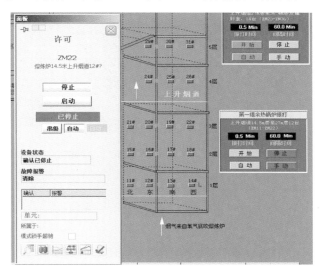

图 12-20　余热锅炉振打控制面板（手动）

B　自动控制

由操作员选择哪一组或几组投入，其振打时间也由控制系统设定。仍以底吹熔炼炉余热锅炉"第一组余热锅炉振打"控制面板为例（见图12-21）。

第一步：操作员应确认本组内电机的运行状态是"远程"。

第二步：点击面板中的"自动"按钮，则"自动"按钮显示绿色，此时本组内每一台振打电机的面板上模式显示为"串级"，不能对单台电机进行启停控制。

第三步：点击"第一组余热锅炉振打"面板中的"振打时间"设定的黑色数据框，弹出对话框，在对话框中键入新值，点击"确认"按钮，如图12-22所示。

第四步：点击"第一组余热锅炉振打"面板中的"间隔时间"设定的黑色数据框，弹出对话框，在对话框中键入新值，点击"确认"按钮，如图12-23所示。

第五步：点击"第一组余热锅炉振打"面板中的"开始"按钮，则此时第一组中的所有振打电机按照设定的"间隔时间"和"振打时间"周而复始的进行振打工作。

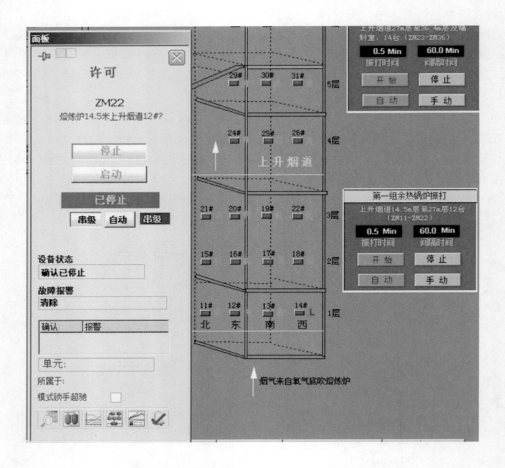

图 12-21　余热锅炉振打控制面板（自动）

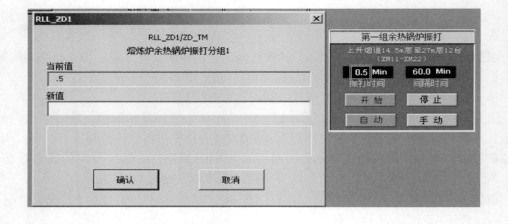

图 12-22　锅炉振打自动控制设置（振打时间）

图 12-23　锅炉振打自动控制设置（间隔时间）

12.3.4　阳极炉

12.3.4.1　阳极炉工作模式

阳极炉工作模式分为炉修模式和生产模式。在炉修模式下，控制面板中所有的生产模式都无法使用，所有的调节阀和开关阀都处于关闭状态；在生产模式下，所有工作模式都可使用，按下任意模式即可进入相应的状态。阳极炉总体控制面板如图 12-24 所示。

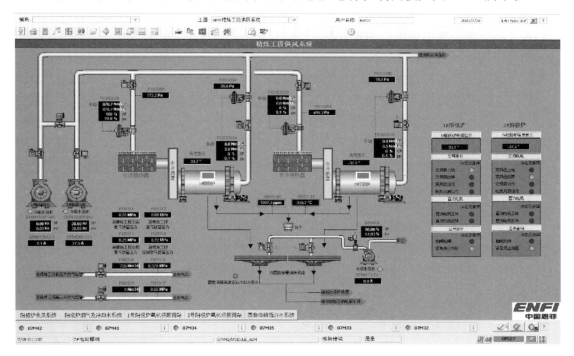

图 12-24　阳极炉总体控制面板

（1）加料：点击阳极炉工作模式面板中的"加料"按钮，此时阳极炉的压缩空气开关阀自动打开，压缩空气调节阀开至一定开度，其余阀门均关闭。若此时仍然无法达到加料时压缩空气量的要求，则操作工可手动设定压缩空气调节阀的开度，直到满足操作要求。

（2）氧化：点击阳极炉工作模式面板中的"氧化"按钮，此时阳极炉的压缩空气开关阀自动打开，压缩空气调节阀开至一定开度，其余阀门均关闭。若此时仍然无法达到氧化时压缩空气量的要求，则操作工可手动设定压缩空气调节阀的开度，直到满足操作要求。

（3）还原：点击阳极炉工作模式面板中的"还原"按钮，此时阳极炉的天然气开关阀自动打开，压缩空气调节阀开至一定开度，其余阀门均关闭。若此时仍然无法达到还原时天然气量的要求，则操作工可手动设定天然气调节阀的开度，直到满足操作要求。

（4）扒渣：点击阳极炉工作模式面板中的"扒渣"按钮，此时阳极炉的压缩空气开关阀自动打开，压缩空气调节阀开至一定开度，其余阀门均关闭。若此时仍然无法达到扒渣时压缩空气量的要求，则操作工可手动设定压缩空气调节阀的开度，直到满足操作要求。

（5）出铜：点击阳极炉工作模式面板中的"出铜"按钮，此时阳极炉的氮气开关阀自动打开，氮气流量调节阀开至开度，其余阀门均关闭。若此时仍然无法达到出铜时氮气流量的要求，则操作工可手动设定氮气调节阀的开度，直到满足操作要求。

（6）事故倾炉：在进入氧化或还原工作模式后，点击"氧化还原倾炉投入"面板中的"投入"按钮，会投入事故倾炉的联锁状态，即当处于氧化模式中，压缩空气任一支管压力小于设定值时，阳极炉自动转至零位；当处于还原模式中，天然气任一支管压力小于设定值时，阳极炉自动转至零位。

供风系统主要包括稀释风机以及阳极炉本体的状态监测。

阳极炉的转炉操作可由阳极炉控制室操作台、阳极炉现场控制箱及浇注室控制箱完成，操作权限的选择在阳极炉控制室操作台通过旋钮切换实现。图 12-24 所示的控制面板仅显示阳极炉角度、变盘电机的状态、直流电机的状态等。正常生产时，在 DCS 的画面上不能对阳极炉直接进行转炉操作。

12.3.4.2　阳极炉氧化还原阀站

阳极炉的氧化还原阀站是一个主要的画面，主要控制回路有：阳极炉喷枪天然气流量调节，阳极炉喷枪氮气流量调节，阳极炉喷枪压缩空气流量调节，阳极炉喷枪天然气流量开关控制，阳极炉喷枪氮气流量开关控制，阳极炉喷枪压缩空气流量开关控制，如图 12-25 所示。

12.3.4.3　阳极炉供风系统

阳极炉供风系统主要控制回路有：阳极炉兑风流量调节，阳极炉水冷换热器兑风流量调节。

12.3.4.4　阳极炉收尘系统

阳极炉收尘系统主要由板式冷却器、布袋收尘器、风机等组成，需要监测烟气的流量和温度等参数，如图 12-26 所示。

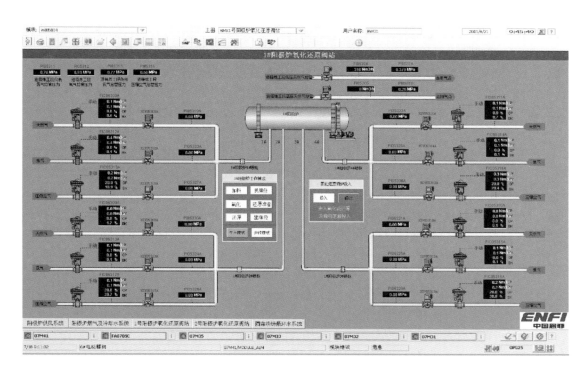

图 12-25 阳极炉氧化还原阀站

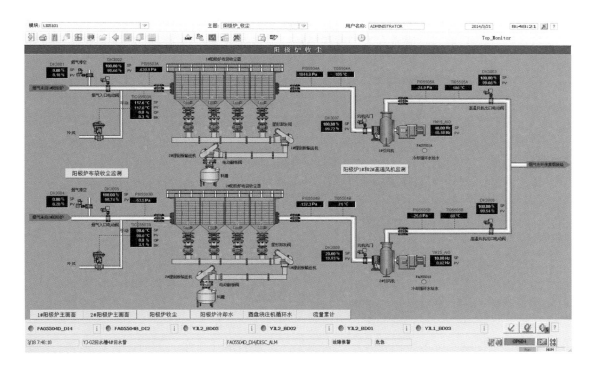

图 12-26 阳极炉收尘系统界面图

12.4　底吹炼铜生产智能控制及智能工厂的实施

在当前全球工业 4.0 技术背景下，有色冶炼智能工厂的发展普及是未来有色冶炼行业技术升级转型的重点发展方向之一，而且这一时间表正在不断提前。有色金属工业"十三五"规划中明确指出，在铜、铝、铅、锌等冶炼以及铜、铝等深加工领域，实施智能工厂的集成创新与试点示范，促进企业提升在优化工艺、节能减排、质量控制与溯源、安全生产等方面的智能化水平，预计到 2020 年，冶炼及加工领域智能工厂普及率达到 30% 以上。

在有色冶炼智能工厂发展布局中，生产智能化是有色冶炼智能工厂建设的重点，而基于生产实践的智能优化控制又是生产智能化的核心。因此，开发实施基于冶炼生产工艺的先进过程控制系统，将是传统有色冶炼工厂向有色智能工厂转型过程中不可或缺的重要环节。目前，大部分有色企业生产自动化控制系统均使用集散控制系统（DCS），采用仪表、电动设备监控一体化的方式。电动设备运行状态显示、与过程控制相关的工艺参数显示及电动设备启停控制等都在集散控制系统的操作站上集中完成。

DCS 控制系统常常需要依靠个人经验进行：首先凭借经验或公式估算出工艺控制的理论操作参数，再将工艺控制参数通过人工输入的方式传给 DCS 系统，最后完成仪表执行机构的终端控制。单纯依靠 DCS 系统进行工艺过程控制存在的主要问题有：

（1）调整粗放，生产波动大。由于采用经验或估算的方式，理论操作参数的计算误差大，导致输入 DCS 系统的工艺控制值与实际需要值偏差大，不仅引起本工序较大的生产波动，而且对后续工序的波动造成持续性影响。

（2）生产控制反应滞后。由于冶炼生产过程需要处理各种成分不同的原料，同时关键目标控制参数也是会经常出现偏离，为了匹配原料的变化和修正偏离的目标参数，工艺控制参数需要及时调整，而依靠人工进行调整往往无法准确及时匹配工况的变化，生产控制经常滞后。

（3）受限于人的经验和操作。由于工艺控制参数的决策和输入都需要人为设置，受限于个人经验水平的高低和人为操作的误差，给冶炼生产过程的控制带来不可控因素。

（4）连续操作，多炉协同困难。对于连续炼铜工艺，势必对工艺控制系统瞬时性和连续性提出更高的要求。如吹炼炉连续地处理从熔炼炉排放的热态铜锍，但热态铜锍流量无法计量，因此无法确定需要供给吹炼炉的氧气量、熔剂量等重要工艺控制参数。

综上所述，单纯依靠 DCS 控制系统，准确性、稳定性、及时性差，同时生产系统不具备生产预测和反馈调整功能。

12.4.1　智能冶炼思路

当前国家正在大力倡导"工业 4.0"和"中国制造 2025"，制造业领域的各行各业纷纷开始打造智能工厂建设。在有色冶金领域，智能化冶炼工厂的理念是顺应时代和技术发展的必然结果，是未来有色冶炼工业发展的方向。

以铜冶炼厂和铅冶炼厂为突破口，研究采用先进的软硬件手段和设施实现业内领先的在线智能优化控制系统和自动化技术，大力提高工业智能化水平。同时，借助 MES、ERP 系统等近年涌现的工业信息化发展工具，大力提高生产效率和生产管理水平。并在此基础之上，将生产数据分析后转化为不断提升生产管理水平的风向标，从而创造更大的企业价值和社会价值，引领有色工业信息化发展。

智能化远高于自动化和通信技术，智能化不同于单元装置的自动化加通信技术，更不是在个别工序/装置上加个机器人就算智能化。工厂智能化就是要使不同工序/装置之间的横向集成性（重在结构优化、效率提高和价值提升）和原子/分子—装置/场域—制造流程/工厂等不同层次上的纵向集成性（重在质量提高、新品开发、能源转换效率提高和环境生态友好），通过网络化构建和程序化、数字化组织协同运行，并与资源/能源信息、市场/资金信息、环境/法律信息、生态/社会信息结合起来，在一定规则的指引下，构成一个包括设计、订单、计划、生产、销售、财务、服务在内的智能化的动态运行系统。包括智能化设计、智能化制造、智能化经营、智能化服务等内涵。

在工厂中，物质流是制造过程中被加工的主体，是主要物质产品的加工实现过程；能量流是制造加工过程中驱动力、化学反应介质、热介质等角色扮演者；信息流则是物质流行为、能量流行为和外界环境信息的反映以及人为调控信息的总和[1,2]。可见，以钢厂为例，现代工厂智能化是整个生产流程整体性的智能化，应该实时地控制、协调整个企业活动（不是局部工序的数字化或自动化，例如"一键式炼钢"等），预测预报可能遇到的"前景"，并及时作出应有的对策。当然，这必须建立在合理的硬件体系（即所谓的"物理系统"）的基础上。这就如一个鸡蛋必须有蛋黄与蛋白，在钢厂里，作为物理体系的"硬件"——钢铁制造流程就如"蛋黄"，作为"软件"的数字化系统（包括互联网等）就如"蛋白"，两者必须相互融合，才能达到理想的效果。因此，钢铁制造流程的智能化有赖于铁素物质流、能量流和信息流的集成优化以及它们相应的流程网络和运行程序的协同优化。这样，通过作为硬件的"物理系统"（蛋黄）与作为软件的数字化系统（包括物联网等）相互嵌入并融合，才能易于实现钢厂的智能化。所以，钢厂智能化必须是在跨学科、跨领域的专家们通力合作下来实施的。钢厂智能化不等于基础自动化加通信，也不是仅靠 ERP 所能解决的。智能化的重要基础首先要解决企业活动（包括生产活动、经营活动等）过程中信息参数的及时地、全面地获得（例如：各类在线精确称重参数，在线温度测量，在线的质量测试与调控等），并在此基础上，加以合理分析、推理和全面网络化贯通。这就是要通过智能化工程设计（包括可视化设计），构建起以合理的物质流及物质流网络、能量流及能量流网络为标志的物理硬件系统，以此为基础使信息流易于顺利进入并贯通于全流程，形成完整的、有效的信息流网络及其运行程序，以促进提高外界输入的信息流指令对物理硬件系统产生的他组织效率[2]。

12.4.2　底吹智能控制的探索与成果

目前有色行业的智能化研究还属于起步阶段，还没有成熟的技术解决方案。中国恩菲作为有色行业设计研究单位，在智能冶炼做了探索性研发，旨在达成以下目标：

（1）实现高端智能技术装备在有色冶炼流程型制造领域的集成应用。

（2）满足从设计、工艺、制造、检验、生产运行和远程运维服务等全生命周期的智能化要求。

（3）显著提升有色生产企业生产效率，降低运营成本，实现数字化、信息化、智能化生产过程。

（4）促进传统制造业转型升级，为行业安全、高效、绿色、生态发展贡献力量。

目前已经完成了中国恩菲独有的先进过程控制系统（advance process control，简称 APC）的开发。APC 系统是一套部署于有色企业 DCS 控制系统之上，用于稳定生产操作、优化工艺控制条件的智能化平台，该系统由在线冶金数模系统、数仪接口、DCS 仪表控制、在线检测等子系统组成。系统基于强大的冶金热力学数据库，采用标准化的冶金计算模型构建方法和先进的在线控制算法，自适应消除系统偏差，从而为冶炼生产作业的稳定连续作业和进一步的工艺优化提供重要技术保障。其主要功能和作用有：

（1）彻底解决原料成分和工况条件等波动引起的生产不稳定问题，为底吹炉的稳定、安全运营提供重要技术保障。

（2）为底吹炉的进一步工艺优化创造条件。通过内置的数据库查询和分析功能，对生产大数据进行挖掘分析，为冶金工程师不断地对工艺优化创造具体条件。

（3）对于连续炼铜生产企业，系统中工艺数学模型准确快速地计算出熔炼炉产出的铜锍量，并将其作为吹炼炉的输入条件，两段工艺协同计算，动态反馈调整，以实现生产控制的连续稳定。

先进过程控制系统架构由五个子系统构成，如图 12-27 所示。

图 12-27　先进过程控制系统架构图

（1）在线冶金数学模型系统。在线冶金数学模型子系统（见图 12-28）是整个智能工艺优化控制系统的核心，它基于侧吹熔炼冶金原理和过程反应机理建立一套数学模型，该子系统包括一个拥有 20000 多条化合物热力学数据的数据库，可以进行物料平衡、能量平衡以及多相平衡计算，同时内置一套反馈控制算法，当目标控制参数发生偏离时可快速进行修正。

图 12-28　在线冶金数学模型系统架构图

（2）DCS 系统。DCS 子系统是整个系统的重要基础，负责终端硬件（仪表、阀门、定量给料机等）的集中控制与信号反馈。

（3）检测分析系统。该子系统包括精矿、铜锍、炉渣等物料的成分以及熔体温度等的检测，成分的检测主要通过荧光分析仪的 TCP/IP 数据端口传输到系统的数据库，并作为反馈值提供给在线冶金数学模型子系统进行跟踪和反馈修正，同时也提供给现场操作人员，便于对工艺过程状态进行判断和操作。

（4）OPC 数据传输系统。OPC 数据传输子系统是连接冶金数学模型子系统和 DCS 子系统之间的纽带，通过 OPC 传输协议为两个子系统的变量建立起一对一的映射关系，实现两个子系统之间的通信。

（5）过程数据库系统。数据库储存了先进过程控制系统运行过程中所有的中间变量及数据，为系统的正常运行以及后续工艺的不断优化提供数据服务支持。

APC 系统的上述特点，决定了其与传统的 DCS 系统之间有着本质的区别，主要区别对比见表 12-1。

表 12-1 APC 系统与 DCS 系统对比

对比项	先进过程控制系统（APC）	常规 DCS 系统
基础 DCS 控制硬件	有	有
侧吹熔炼冶金数学模型	有	无
冶金热力学数据库	有	无
工艺控制参数的确定	计算机数模自动计算	依靠人工计算或凭经验
对入炉物料的响应速度	实时匹配，快速准确	滞后
对 DCS 系统硬件的控制模式	自动/手动	手动
是否具备动态协同控制条件	具备	不具备

APC 系统的数据流及控制逻辑分别如图 12-29 及图 12-30 所示。

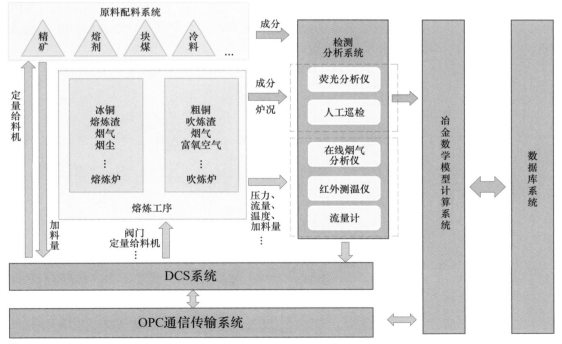

图 12-29 APC 系统构成及数据流

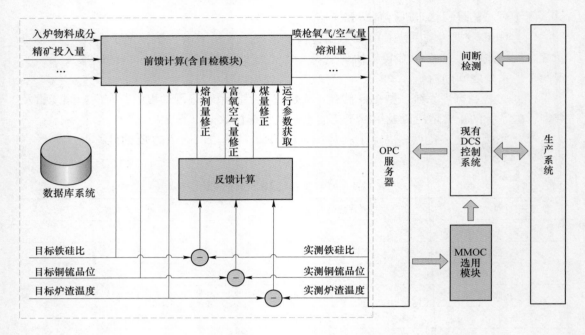

图 12-30　APC 系统计算模块原理

由图 12-30 可知，APC 系统分为前馈计算和反馈计算两个主要模块。

依据工程设计数据，在前馈计算模块上建立工艺流程的冶金数学模型，完成冶金工艺的平衡计算。该模块是整个底吹炼铜在线数学模型优化控制系统的核心，是保证系统准确可靠的根本保证，故此引进科学可靠的热力学数据是非常必要的。该模块的数据库包含 10000 多条化合物基础热力学数据，为冶金计算提供强大支持。

冶金工艺计算包含质量平衡方程、化学平衡方程、能量平衡方程及其他自定义方程的计算。

（1）质量平衡方程

$$\sum_m \sum_{c=\mathrm{Var}} E_{c,e} \cdot X_{m,c}^{\mathrm{in}} + \sum_{m=\mathrm{Var}} \sum_{c=\mathrm{Con}} E_{c,e} \cdot C_{m,c}^{\mathrm{m}} \cdot X_m^{\mathrm{in}} + \sum_{m=\mathrm{Con}} \sum_{c=\mathrm{Con}} E_{c,e} \cdot C_{m,c}^{\mathrm{in}} \cdot M_m^{\mathrm{in}} -$$
$$\sum_m \sum_{c=\mathrm{Var}} E_{c,e} \cdot X_{m,c}^{\mathrm{out}} - \sum_{m=\mathrm{Var}} \sum_{c=\mathrm{Con}} E_{c,e} \cdot C_{m,c} \cdot X_m^{\mathrm{out}} - \sum_{m=\mathrm{Con}} \sum_{c=\mathrm{Con}} E_{c,e} \cdot C_{m,c} \cdot M_m^{\mathrm{out}} = 0$$

（2）化学平衡方程

$$\ln\left(\frac{\prod\limits_{j}^{M} x_{p,j}^{m_j}}{\prod\limits_{i}^{N} x_{r,i}^{n_i}} \right) = \ln K_p$$

（3）能量平衡方程

$$\sum_i \Delta H_{298,A_i} + \sum_i \int_{298}^{T_i} C_{P_{A_i}} \mathrm{d}T = \sum_j \Delta H_{298,B_j} + \sum_j \int_{298}^{T} C_{P_{B_j}} \mathrm{d}T + Q_{\mathrm{Loss}}$$

（4）自定义方程。如渣型控制、浓度控制、品位控制、收率控制等自定义约束。

该前馈计算使用的冶金数学模型与日本东予模型相比具有很大的优势，见表 12-2。

表 12-2　APC 冶金数学模型对比

模型名称	东予模型	MMOC 数学模型
适用工艺	仅闪速工艺	底吹炼铜/其他
热力学数据库支持	无	有
冶金计算方式	编程设定多个 MB 方程 和 HB 方程并求解	标准化冶金计算单元
对流程适应性	打破原有方程平衡， 需重新修改方程，工作量大	采用标准化单元， 易于修改
可维护性	代码量大，维护困难	结构化设计，易于维护

前馈计算模块中内嵌有自检模块，通过设定经验判据对计算结果做输出前的自我检查，保证数据的正确性和可用性。

实际生产中由于工况波动，前馈模型的计算结果总是与实际情况存在一定的误差，所以必须通过在线反馈来加以修正。此模块是整个冶金数模在线数学模型优化控制系统的实现准确的关键所在。在整个系统上线后需要投入大量的时间和人力依据现场实际情况调试修正。

反馈修正原理就是将实测数据与计算数据进行对比，通过平移及旋转修正，使得计算数据在实用范围内与实测数据无限接近或重合，如图 12-31 所示。

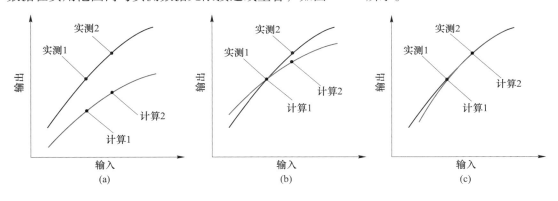

图 12-31　反馈修正原理图
（a）修正前；（b）平移修正；（c）旋转修正

通过上述技术的实施应用，底吹熔炼工艺过程控制在自动化控制的基础上，将充分挖掘利用智能化技术的潜在价值，通过抓住源头及本质，简化复杂的冶金过程。

12.4.3　机器学习技术在底吹智能工厂的探索与展望

对于底吹冶炼工厂来说，每天根据不同的工况要产生大量的生产数据，而在这些数据中，大量有价值的信息（比如工艺参数之间的内在关系等）被数据这层外衣掩盖而变得难以被发现。通过机理模型或者经验模型可以在一定程度和范围内描述冶炼生产过程中的变量之间的关系，但有时这种描述本身就存在不确定性或者有限性，给机理模型的运用造成困难，而采用机器学习算法的黑箱模型却能较好地弥补机理模型运用中的一些天然缺陷和困难，通过大量的实际冶炼生产数据进行训练后，变量之间的耦合性变得不再模糊而具有可描述性，这种数据挖掘后的可描述性关系对于机理模型来说将是很好的补充，它能不断增强模型的自学习、自适应能力，为冶炼生产过程的稳定提供强有力的技术支撑。

机器学习属于人工智能的一个分支，其所面对的对象是海量的数据，机器学习最基本的做法是使用算法来解析数据并从中学习，然后对真实世界中的事件做出决策和预测。与传统的为解决特定任务、硬编码的软件程序不同，机器学习是用大量的数据来"训练"，通过各种算法从数据中学习如何完成任务。

机器学习直接来源于早期的人工智能领域，传统的算法包括决策树、聚类、贝叶斯分类、支持向量机、EM、Adaboost 等。从学习方法上来分，机器学习算法可以分为监督学习（如分类问题）、无监督学习（如聚类问题）、半监督学习、集成学习、深度学习和强化学习。

目前深度学习算法在离线型制造业中的应用越来越广泛，对于有色冶炼生产这样的流程型制造业来说，深度学习仍然具有很高的应用价值。深度学习主要采用的多层神经网络模型，区别于一般的机器学习算法，深度学习能自动学习特征，也就是说不用人工定义特征，算法能够自动学习特征。这一点应用于实践的意义在于，相对于有色冶炼生产处理不同炉料、不同操作条件的各种工况而言，都可以认为具有特征，而这种特征的变化正是深度学习善于捕捉的，和机理模型配合可以相得益彰，具有广泛的行业应用前景。

参 考 文 献

[1] 殷瑞钰. 冶金流程工程学［M］. 2 版. 北京：冶金工业出版社，2009.

[2] Yin Ruiyu. Metallurgical Process Engineering［M］. Beijing：Metallurgical Industry Press，Berlin Heidelberg：Springer-Verlag，2011.

[3] 殷瑞钰. 关于智能化钢厂的讨论——从物理系统一侧出发讨论钢厂智能化［J］. 钢铁，2017，52（6）：1~12.

13 底吹炼铜工厂的节能

13.1 概述

凡能提供能量的资源，都称为能源。能源并没有统一的分类方法，一般可分为一次能源和二次能源、常规能源和新能源、再生能源和非再生能源等。

我国的能源结构则是以一次能源为主，由于我国煤炭资源丰富，因此消费也以煤炭为主，以油、气为辅，也正因为有此特色，我国的能源消耗也往往以标准煤的形式计量。2011 年，中国能源消费总量达到 34.8 亿吨标准煤，成为世界第一大能源消费国[1]。2016 年中国能源消费总量 43.6 亿吨标准煤，2016 年我国能源消费的结构组成如图 13-1 所示。

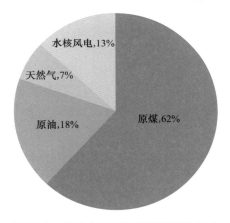

图 13-1　2016 年中国能源消费结构组成

从图 13-1 看出，我国煤炭的消费占据了大量的比例，但我国一直在努力地降低煤炭消费的比例，早在 2010 年我国原煤消费占能源生产总量的 76%，因为煤炭不仅不可再生，而且在燃烧过程中产生大量对环境污染的烟气成分，不是一种清洁的资源，图 13-2 所示为中国 2011 年和 2016 年消费结构的变化情况。从图 13-2 中看出原煤比例在下降，天然气和可再生能源的比例在提高，但原煤比例仍然高达 62%。

冶金能源消耗占全国总能耗的 10% 以上，可见占比较大，其中钢铁冶金所占比例最大，有色金属的总能耗约占全国能源

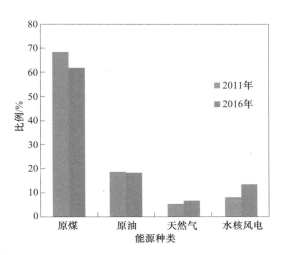

图 13-2　2011 年和 2016 年能源消费对比

消耗的 4%左右，表 13-1 所列为钢铁和有色金属中占比最大的铝和铜的单位产品能耗情况。按照表 13-1 中数据，2014 年中国铜产量 790 万吨，则铜冶炼在 2014 年消耗的标煤数量为 332 万吨。

表 13-1　主要金属的能耗情况统计

品　种	产　品　能　耗			
	2011 年	2012 年	2013 年	2014 年
钢/kg·t⁻¹	942	940	923	913
电解铝/kW·h·t⁻¹	13913	13844	13740	13596
铜/kg·t⁻¹	497	451	436	420

13.2　铜冶炼行业节能标准和规范

铜冶炼行业涉及的主要节能标准和规范有 5 个，分别是《清洁生产标准铜冶炼业》（HJ 559—2010）《清洁生产标准铜电解业》（HJ 559—2010）《铜冶炼企业单位产品能源消耗限额》（GB 21248—2014）《铜冶炼行业规范条件》《有色金属冶金工厂节能设计规范》。

《清洁生产标准铜冶炼业》（HJ 559—2010）中针对能耗的要求根据先进性分为三级[2]。生产工艺选择按一级、二级、三级，一级和二级要求使用富氧闪速熔炼或富氧熔池熔炼的先进工艺，三级要求使用不违背《铜冶炼行业准入条件》的冶炼工艺。其对能耗的具体要求见表 13-2。

表 13-2　粗铜和阳极铜能耗指标表

项　目		一级	二级	三级
单位产品工艺能耗（折合标煤）	粗铜工艺/kg·t⁻¹	≤330	≤410	≤500
	阳极铜工艺/kg·t⁻¹	≤380	≤460	≤550
单位产品综合能耗（折合标煤）	粗铜工艺/kg·t⁻¹	≤340	≤430	≤530
	阳极铜工艺/kg·t⁻¹	≤390	≤480	≤580

《铜冶炼企业单位产品能源消耗限额》（GB 21248—2014）主要规定了铜冶炼企业单位产品的能源消耗限额的要求、统计范围、计算方法、计算范围和节能管理和措施[3]。在该标准的规定中，新建铜冶炼企业的能耗准入值见表 13-3。

表 13-3　新建铜冶炼企业单位产品能耗准入值（折合标煤）

工艺、工序	准入值/kg·t⁻¹		先进值/kg·t⁻¹	
	工艺能耗	综合能耗	工艺能耗	综合能耗
阴极铜	≤300	≤320	≤260	≤280
粗铜	≤170	≤180	≤140	≤150
阳极铜	≤210	≤220	≤180	≤190
电解	≤90	≤100	≤80	≤90

《铜冶炼行业规范条件》是在 2014 年发布，由 2006 年的《铜冶炼行业准入条件》修订[4]。对能耗方面的要求有了明显的提高，具体见表 13-4。从表中看出两次规范条件，国家部委对粗铜能耗和电解工序的能耗要求数值已经分别降低了 67%和 60%，由此可见国家部委对铜冶炼节能降耗的严格要求和铜冶炼行业节能方面的快速发展。

表 13-4 能耗要求比较（折合标煤）

指 标 名 称	2006 年	2014 年
粗铜工序能耗/kg·t^{-1}	550	180
电解工序能耗/kg·t^{-1}	250	100
吨铜耗水/m^3	25	20

从国家部委的几个标准看出，同在 2014 年发布的《铜冶炼企业单位产品能源消耗限额》和《铜冶炼行业规范条件》对能耗的要求基本一致，也是最为严格的。从中可见国家近几年在铜冶炼节能方面所作出的严格要求和重大成果。图 13-3 所示为中国近年阴极铜综合能耗的发展趋势，呈明显的下降趋势。

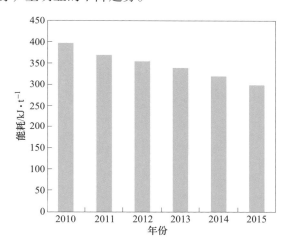

图 13-3 我国近年阴极纯铜综合能耗（折合标煤）

13.3 底吹炼铜工厂的能耗现状

底吹炼铜技术是一个能耗非常低的冶炼工艺，这与底吹炼铜的工艺特征有密切的关系。在 2013 年工业和信息化部公布的《关于有色金属工业节能减排的指导意见》中推出了有色金属工业节能减排的重点技术应用示范，在铜冶炼行业重点推广氧气底吹熔炼炉及相应配套设施，粗铜综合能耗（折合标煤）降至 130kg/t 左右。

表 13-5 所列为某 10 万吨/年底吹炼铜厂的阴极铜能耗。

从表 13-5 看出，底吹炼铜厂消耗的燃料类能源并不多，电能的消耗占比达 74%，因此节电将是底吹炼铜厂最大的潜力。底吹炼铜厂电力消耗所占的比例如图 13-4 所示，制酸、制氧和熔炼的耗电占比之和达到 71%，将是节电的主要方向。

表 13-5　阴极铜能耗

序号	能源品种	折标系数	消耗量		单耗（折合标煤）/kg · t⁻¹
			实物量/t	折标准煤量/t	
1	柴油	1.4571	200	291.42	2.81
2	天然气	1.33	7536.3	10023.28	96.78
3	新水	0.2571	2895090	744.33	7.19
4	电力	0.1229	16869.8	20732.98	200.18
5	发电	0.1229	3014	−3704.21	−35.76
6	合计			28087.80	271.19

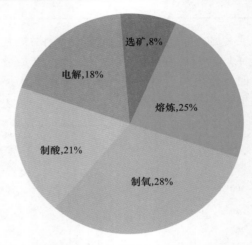

图 13-4　底吹炼铜厂各车间耗电比例

13.4　粗铜能耗

13.4.1　熔炼工序

经过比较发现，在同等条件下底吹熔炼的能耗是最低的。随着熔炼强度的加大和熔炼规模的增加，尽管在别的熔炼工艺中也逐渐摆脱了加入石化燃料，但底吹熔炼工艺最早提出了"低碳熔炼"的概念，而且是在 10 万吨/年铜冶炼规模的基础上。

这正是由于底吹炉的低散热，底吹熔炼的熔池高富氧低温操作、高铁硅比、低渣率等突出特征使得底吹熔炼的热利用率是所有冶炼工艺中最高的。

不同工艺铜熔炼精矿（规模为 10 万吨/年）需配入的煤炭量见表 13-6。

表 13-6　不同工艺铜熔炼厂的煤炭配入量

冶炼工艺	配煤量/kg · t⁻¹
富氧侧吹熔炼	15~30
顶吹熔炼	15~50
白银炉熔炼	40~80
底吹熔炼	0

由于闪速熔炼和三菱熔炼规模均远大于 10 万吨/年，因此不能在同等条件下平衡统计。众所周知，闪速熔炼与三菱法工艺，需将精矿干燥至水含量小于 0.3%～0.5%来维持系统热平衡，可以预测，若闪速熔炼炉在 10 万吨/年阴极铜生产规模的情况下也需要配入燃料。

图 13-5 所示为某 10 万吨/年铜冶炼企业的粗铜冶炼能耗和其他几种主要冶炼工艺的粗铜能耗比较，从图 13-5 看出，尽管底吹熔炼的规模不占优势，但粗铜能耗仍然是最低的，仅为 120kg/t。

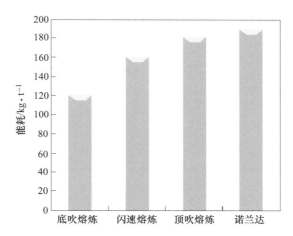

图 13-5　几种主要熔炼工艺的粗铜能耗

表 13-7 所列为国际上几种主要熔炼方法的能耗情况[5]。

表 13-7　阳极铜能耗统计

工　艺	Cu/MJ·t^{-1}	折合标煤/kg·t^{-1}
双闪法	7568	258
ISA 法	7762	265
三菱法	7775	265
诺兰达	8824	301
底吹熔炼	5334	182
国家行业标准	6448	220

13.4.2　吹炼工序

吹炼工艺将熔炼的主要产物铜锍吹炼成粗铜，第一代底吹炼铜技术采用的是传统 PS 转炉吹炼，第二代底吹炼铜技术则是底吹连续吹炼，由于 PS 转炉的送风率在 60%～85% 左右，高压鼓风机、高温风机存在空转能耗高的情况，但随着变频技术的应用其能耗也降低了很多。

底吹连续吹炼由于连续操作且采用富氧吹炼，其送风量小于 PS 转炉。但底吹连续吹炼的风压在 1.0～1.2MPa，远高于 PS 转炉，而且底吹连续吹炼为防止泡沫渣的产生，需加入 0.2%~1% 的煤。

综合比较，在 10 万吨铜冶炼规模的情况下，底吹连续吹炼的能耗和 PS 转炉相差不大，但在规模变大的情况下底吹连续吹炼的能耗要低于 PS 转炉，尤其当企业有废杂铜原料时，可以加入大量的废杂铜冷料来平衡底吹连续吹炼产生的富余热量，能大幅降低粗铜的能耗。表 13-8 所列为底吹连续炼铜厂的粗铜能耗。

表 13-8　某 10 万吨/年底吹连续炼铜厂粗铜的单位能耗

序号	能源品种	折算系数	折合标煤/t·a^{-1}	单耗（折合标煤）/kg·t^{-1}
1	电力	0.1229	1167.55	99.10
2	新水	0.2571	30.29	2.57
3	煤	0.9714	291.42	24.73
4	天然气	1.22	195.20	16.57
5	发电	0.1229	−122.90	−10.43
6	低压蒸汽	0.09	0.00	0.00
7	合计		1561.56	132.54

13.4.3　火法精炼工序

底吹炼铜厂的火法精炼工序能耗和其他冶炼厂基本类似，底吹炼铜厂在 2011 年开始采用纯氧燃烧技术和透气砖技术。这两项技术大大提高了火法精炼的效率，减少了燃料消耗。

火法精炼的主要能耗为燃料，用于阳极炉的保温和还原，流槽、中间包的烘烤等。若炼铜厂的规模大，操作制度安排紧凑，则阳极炉的保温时间缩短，这样能够降低燃料的消耗量从而降低火法精炼的能耗，表 13-9 所列为某炼铜厂的火法精炼工序能耗。

表 13-9　某 10 万吨/年底吹炼铜厂阳极铜工序能耗

序号	能源品种	折算系数	折合标煤/t·a^{-1}	单耗（折合标煤）/kg·t^{-1}
1	天然气	1.22	5307.00	43.76
2	电力	0.1229	78.53	0.65
3	新水	0.2571	9.33	0.08
4	合计		5394.87	44.48

13.5　底吹炼铜工厂的技术发展方向

13.5.1　底吹熔炼炉和底吹吹炼炉的供氧系统

底吹熔炼炉和底吹吹炼炉的能耗主要体现在氧气和压缩空气上，是节能的主要研究方向之一。

目前，氧气底吹熔炼炉的供气设计压力为 0.8MPa，氧气底吹吹炼炉的供气设计压力为 1.2MPa。相比顶吹吹炼和闪速吹炼而言，氧气的压力高出几倍。通过优化供氧系统的管道、氧枪结构形式、改变氧枪的吹炼方式，并通过减少阀站、金软管和氧枪的压力损失，降低熔炼和吹炼的氧气压力，则能大幅降低氧气的耗电。

13.5.2 阳极炉工序的节能

13.5.2.1 烟气余热利用

目前底吹炼铜工厂的阳极炉一般都采用纯氧燃烧技术，该技术已经大大降低了火法精炼的能耗。虽然纯氧燃烧使得烟气量降低了 50%以上，但是目前阳极炉烟气的热量没有充分有效利用，目前阳极炉烟气的处理流程一般经二次燃烧、换热器、预热燃烧风，或者经过兑风、板式换热器等方式降温，降温后烟气再经过收尘进入脱硫或制酸系统。

根据全厂的热量使用情况，可以采用两种方式进行该部分热量的利用：（1）采用高效换热器，产出热水或化学水用于冶炼厂使用或余热发电。（2）通过高温陶瓷除尘器收尘后，进行余热利用。但由于纯氧燃烧时烟气中水分含量很大，选择设备要考虑耐腐蚀。

13.5.2.2 流槽和浇铸包系统

阳极铜浇铸流槽和中间包一般采用天然气烧嘴进行加热、保温，但是这种方式热利用效率低，燃料消耗大。这一部分节能潜力较大，可以采用的措施有国外奥图泰公司的电保温技术等，目前在国内尚未引进该技术。

13.5.3 能源管理系统

能源管理系统的核心功能包括数据采集和处理、能源系统监控和处理、各能源介质监视、基础能源管理、应急管理、动力预测及优化模型等。通过能源管理系统能够有效地预测能源需求，降低能耗。据测算，某冶炼厂通过能源管理系统能耗有效降低了 10%左右。

目前，能源管理系统为国家重点支持的节能发展方向，未来将在底吹炼铜厂进一步推广应用。

参 考 文 献

[1] 张琦，王建军. 冶金工业节能减排技术 [M]. 北京：冶金工业出版社，2013.

[2] 中华人民共和国环境保护部. HJ 559—2010 清洁生产标准 铜冶炼业 [S]. 北京：中国环境科学出版社，2010.

[3] 中国国家标准化管理委员会. GB 21248—2014 铜冶炼企业单位产品能源消耗限额 [S]. 北京：中国标准出版社，2014.

[4] 中华人民共和国工业和信息化部. 铜冶炼作业规范条件 [EB]. 2014.

[5] 崔志祥，申殿邦，王智，等. 低碳经济与氧气底吹熔池炼铜新工艺 [J]. 有色冶金节能，2011，27 (1)：17~20.

14　底吹炼铜厂的环境保护

14.1　铜冶炼行业的环保政策

14.1.1　环境保护法律法规

根据《中华人民共和国环境保护法》❶《中华人民共和国清洁生产促进法》等法律法规，所有新、改、扩建项目必须严格执行环境影响评价制度，持证排污，达标排放。现有铜冶炼企业必须依法实施强制性清洁生产审核。环保部门对现有铜冶炼企业执行环保标准情况进行监督检查，定期发布环保达标生产企业名单，对达不到排放标准或超过排污总量的企业限期治理，治理不合格的，应由地方人民政府依法决定给予停产或关闭处理。

《中华人民共和国环境保护法》第四十一条规定："建设项目中防治污染的设施，应当与主体工程同时设计、同时施工、同时投产使用。防治污染的设施应当符合经批准的环境影响评价文件的要求，不得擅自拆除或者闲置。"

从"十三五"开始，我国无论是在法律层面还是政策层面均全力推动排污许可制度改革。《中华人民共和国环境保护法》第四十五条规定："国家依照法律规定实行排污许可管理制度。实行排污许可管理的企业事业单位和其他生产经营者应当按照排污许可证的要求排放污染物；未取得排污许可证的，不得排放污染物。"

14.1.2　环境保护技术规范及政策

《有色金属工业环境保护工程设计技术规范》（GB 50988—2014）适用于有色金属工业新建、改建、扩建项目环境保护设计工作。其中规定含硫矿物冶炼烟气处理应符合下列要求：（1）烟气应先净化再生产硫酸或其他硫产品；（2）烟气制酸前的净化工序宜采用封闭稀酸循环洗涤等方法；（3）制酸尾气和低浓度二氧化硫烟气不满足环保要求时，应增加脱硫处理设施[1]。

《铜冶炼污染防治可行技术指南（试行）》是我国铜冶炼行业生产过程污染控制技术实施的重要依据。

根据《固定污染源排污许可分类管理名录（2017 年版）》（环境保护部令 部令 第45号），铜冶炼行业属于实施重点管理的行业。《排污许可管理办法（试行）》（环境保护部令 部令 第48号）第三条规定："纳入固定污染源排污许可分类管理名录的企业事业单位和其他生产经营者应当按照规定的时限申请并取得排污许可证。"《排污许可证申请与核发技术规范有色金属工业——铜冶炼》（HJ 863.3—2017）规定了铜冶炼排污单位排污许可证申请与核发的基本情况填报要求、许可排放限值确定和实际排放量核算方法、合规判定方法以及自行监测、环境管理台账与排污许可证执行报告等环境管理要求，提出了铜冶炼行业污染防治可行技术及运行管理要求[2]。

2015 年，环境保护部发布《铜铅锌冶炼建设项目环境影响评价文件审批原则（试行）》（环办〔2015〕112 号），规定了以铜精矿为主要原料的铜冶炼建设项目的环评文件审批原则，提出了废气、废水的收集、控制与治理要求，给出了不予批准建设的项目类型。

关于重金属污染防治的环保政策主要有《关于加强重金属污染防治工作的指导意见》（国办发〔2009〕61 号）和 2011 年 2 月国务院发布《重金属污染综合防治"十二五"规划》。该规划确定国家总量控制的重金属品种主要有 5 个，即汞、镉、铬、铅和类金属砷；确定了重金属污染防控的重点行业是重有色金属矿（含伴生矿）采选业（铜矿、镍钴矿采选等）、重有色金属冶炼业（铜冶炼、镍钴冶炼）等五大行业。

14.1.3　环保标准

《铜、镍、钴工业污染物排放标准》（GB 25467—2010）对我国铜冶炼企业污染物排放作出规定，标准的实施有效促进了行业结构调整，推动了清洁生产工艺技术实施，加速了污染末端治理推广应用。

环保部于 2013 年 12 月发布了《铜、镍、钴工业污染物排放标准》（GB 25467—2010）修改单，规定了大气污染物特别排放限值，进一步规定在国土开发密度较高、环境承载能力开始减弱，或大气环境容量较小、生态环境脆弱，容易发生严重大气环境污染问题而需要采取特别保护措施的地区，还应严格控制企业的污染物排放行为，对排放标准进一步强化执行[3]。

14.2　底吹炼铜厂污染物产生情况

铜冶炼过程中产生的污染包括大气污染、水污染、固体废物污染和噪声污染，其中大气污染、水污染、固体废物污染是主要环境问题。底吹炼铜厂的产污节点图如图 14-1 所示。

14.2.1　废气

铜冶炼厂的废气治理主要是针对颗粒物（烟、粉尘）、SO_2、硫酸雾的去除，主要产污环节分为备料、熔炼、吹炼、火法精炼、烟气制酸、电解、净液。底吹炼铜厂废气中污染物来源及主要成分见表 14-1。

14.2.1.1　有组织废气

A　备料工序

在原辅材料和燃料的储存、输送和配料过程中，会在贮矿仓、配料仓下料口、皮带输送转运处受料点产生粉尘。一般在这些产尘点设置集气罩收集。

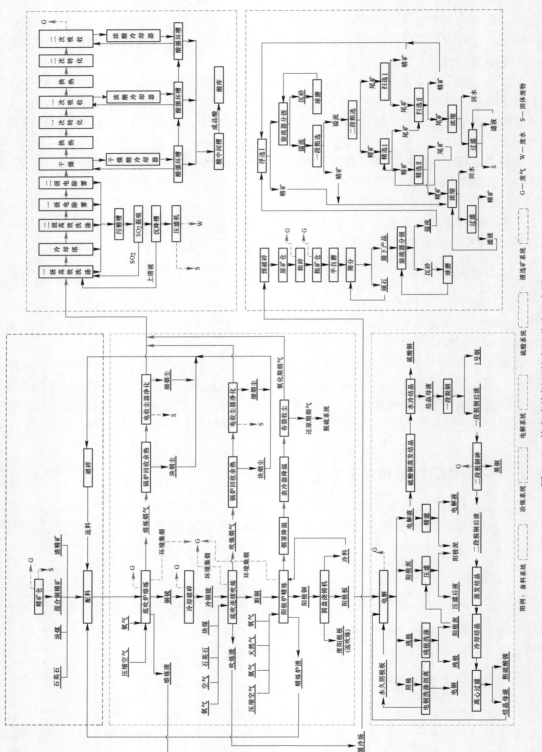

图 14-1　某底吹炼铜厂的产污节点示意图

表 14-1 底吹炼铜厂废气中污染物来源及主要成分

工序	污染源	主要污染物
配料	抓斗卸料、定量给料设备、皮带运输设备转运过程中扬尘	颗粒物（含重金属 Pb、Cd 及 As 等）
熔炼	底吹熔炼炉	颗粒物（含重金属 Pb、Cd 及 As 等）、SO_2、NO_x
熔炼	加料口、锍放出口、渣放出口、喷枪孔、溜槽、包子房等处泄漏	颗粒物（含重金属 Pb、Cd 及 As 等）、SO_2、NO_x
吹炼	吹炼炉	颗粒物（含重金属 Pb、Cd 及 As 等）、SO_2、NO_x
吹炼	加料口、粗铜放出口、渣放出口、喷枪孔、溜槽、包子房等处泄漏	颗粒物（含重金属 Pb、Cd 及 As 等）、SO_2、NO_x
精炼	精炼炉	颗粒物（含重金属 Pb、Cd 及 As 等）、SO_2、NO_x
精炼	加料口、出渣口	颗粒物、SO_2、NO_x
烟气制酸	制酸尾气	颗粒物、SO_2、NO_x、硫酸雾
渣选矿	备料工段	颗粒物
电解	电解槽	硫酸雾
电解	电解液循环槽等	硫酸雾
净液	真空蒸发器	硫酸雾

B　冶炼烟气

底吹熔炼炉产生的烟气主要污染物是颗粒物、SO_2 和 NO_x 等。底吹熔炼炉产生的高温烟气，一般采用余热锅炉等降温预除尘，烟气中的高温熔体及大粒尘可在余热锅炉中大部分被除去，降温后的烟气直接进入电除尘器除尘，以达到送制酸净化工段要求。

吹炼烟气主要污染物是颗粒物、SO_2 和 NO_x。烟气经沉降室、电收尘器收尘后送制酸。

精炼炉产生的含尘、低浓度 SO_2 烟气，经布袋除尘器（或电收尘器）收尘后，根据 SO_2 浓度送入制酸或者脱硫系统。

自收尘工段来的烟气进入制酸系统，制酸工艺一般为两转两吸（或三转三吸）。烟气进入制酸系统净化工段后，依次经高效洗涤器、气体冷却塔、一级电除雾器、二级电除雾器，除去尘等杂质。净化后烟气经干燥及两次换热、转化、吸收，最后得到硫酸。制酸尾气中主要污染物为 SO_2 和硫酸雾。

C　环境集烟

熔炼车间熔炼炉、连续吹炼炉的各炉口、铜锍出口、出渣口等处设密闭吸风罩，以收集逸散的含尘烟气。各吸风点组成环保排烟系统，环保烟气主要成分为颗粒物和 SO_2 等。

D　酸雾

铜冶炼企业产生的硫酸雾基本上是来自电解、净液等工序，多采用酸雾净化塔处理。

14.2.1.2　无组织废气

无组织排放主要包括物料输送过程产生的粉尘、料仓粉尘、电解车间酸雾、净液车间酸雾等。

14.2.2　废水

底吹炼铜厂产生的废水与其他火法炼铜厂类似，主要为制酸系统净化工序产生的污酸、酸性废水、工业场地初期雨水、场地冲洗产生的含酸废水、循环冷却水的排污水、除盐水车间排出的浓盐水和余热锅炉排废水。按照水质和特性可分为污酸、酸性废水、一般生产废水和初期雨水四类。

14.2.2.1　污酸

污酸来自冶炼烟气制酸中的净化工段，冶炼烟气中的 SO_3 以及烟尘、重金属等杂质进入制酸系统净化工序被洗涤去除，汇集到净化循环液中，为维持制酸系统的正常运行，需要外排一定量的污酸。由于杂质浓度和酸浓度高，污酸一般单独处理。

14.2.2.2　酸性废水

酸洗废水酸度较小，一般 pH 值为 2~5，含有少量重金属离子。酸性废水包括烟气制酸系统排出的电除雾器冲洗水、制酸区地面冲洗水、湿法车间地面冲洗水、实验室排水和污酸处理后液。

14.2.2.3　一般生产废水

一般生产废水指受轻微污染，通过简单处理即可达标排放的废水，主要包括循环水排污水、锅炉排废水、化学水处理站浓相水和化学水处理站排酸碱废水。循环水排污水和化学水处理站浓相水属于浓含盐废水，锅炉排水属热污染水。

14.2.2.4　初期雨水

初期雨水主要指铜冶炼过程中富集在厂区地面、屋顶、设备表面的烟尘和管道、槽、罐、泵等跑、冒、滴、漏的污染物随雨水形成的初期径流。

底吹炉炼铜水污染物来源及处理方式列于表 14-2。

表 14-2　底吹炼铜厂水污染物来源及处理方式

废水种类	排水来源	主要污染物	处理方式
酸性废水	制酸系统污酸	酸、Zn^{2+}、Cu^{2+}、Pb^{2+}、Cd^{2+}、Ni^{2+}、As^{3+}、Co^{2+}、F^+、Hg^{2+}	进污酸处理站
	制酸系统含酸废水	酸、Zn^{2+}、Cu^{2+}、Pb^{2+}、Cd^{2+}、Ni^{2+}、As^{3+}、Co^{2+}、F^+、Hg^{2+}	进酸性废水处理站
	制酸场地初期雨水	酸、Zn^{2+}、Cu^{2+}、Pb^{2+}、Cd^{2+}、Ni^{2+}、As^{3+}、Co^{2+}	进酸性废水处理站
	生产厂区其他场地初期雨水	酸、Zn^{2+}、Cu^{2+}、Pb^{2+}、Cd^{2+}、Ni^{2+}、As^{3+}、Co^{2+}	进酸性废水处理站或初期雨水处理站

废水种类	排水来源	主要污染物	处理方式
冶金炉水套冷却水排废水	工业炉窑汽化水套或水冷水套	盐类	冷却后循环使用，少量排废水；可经废水深度处理后回用
余热锅炉排废水、除盐水车间排废水	余热锅炉房	盐类	锅炉排废水可用于渣缓冷淋水或用于冲渣 含酸碱废水中和后可用于渣缓冷淋水或用于冲渣
阳极板浇铸冷却水排水	圆盘浇铸机、直线浇铸机等	固体颗粒物	沉淀、冷却后循环使用
冲渣水和直接冷却水	水淬装置等	固体颗粒物	沉淀、冷却后循环使用
电解、净液车间排水	电解槽、极板清洗水	酸、Cd^{2+}、Co^{2+}、Cu^{2+}、Zn^{2+}	返回电解系统
	含氯尾气吸收后的废水	Cl^-、Na^+	去污酸或废水处理站
	硒吸收塔溶液、洗涤粗硒的洗液	Se	铁屑置换后渣弃去或去污酸处理站
	真空蒸发器冷凝水	酸	返回工艺系统
	银粉洗涤水	Pb^{2+}、Ag^+	返回电解系统
	车间地面冲洗水、压滤机滤布清洗水		返回电解系统

14.2.3 固体废物

底吹炼铜厂产生的固体废物主要在渣选矿、烟气制酸、尾气脱硫、熔炼炉和吹炼炉电除尘器收尘、电解液净化、废水处理等工段产生，产生的固体废物包括渣选矿尾渣、铅滤饼、废触媒、白烟尘、黑铜粉、硫化渣、石膏渣、中和渣等。

14.2.3.1 渣选矿系统

冶炼渣送渣选矿车间处理，尾矿浓缩后得到渣尾矿，为一般固体废物。

14.2.3.2 烟气制酸

铜精矿火法熔炼过程中产生的二氧化硫烟气，经过净化工序洗涤后沉淀下的污泥经压滤后即得到铅滤饼，铅滤饼属于危险废物（HW22 含铜废物，废物代码 321-101-22）。

铜精矿火法熔炼过程中产生的二氧化硫烟气需利用触媒作为催化剂生产硫酸，失效的触媒即为废触媒，废触媒属于危险废物（HW50 废催化剂，废物代码 261-173-50）。

14.2.3.3　熔炼炉和吹炼炉电收尘

熔炼炉和吹炼炉电收尘器收集的烟尘需要进行部分开路，开路烟尘即为白烟尘，白烟尘属于危险废物（HW48 有色金属冶炼废物，废物代码 321-002-48）。

14.2.3.4　电解液净化

电解净液净化工段一次脱铜电解工序产出的底泥即为黑铜粉，为危险废物（HW48 有色金属冶炼废物）。

14.2.3.5　废水处理

在污酸处理工段，向污酸中投加硫化钠或硫氢化钠等硫化剂，使污酸中的重金属离子与硫反应生成难溶的金属硫化物沉淀去除，产生硫化渣，硫化渣属于危险废物（HW48 有色金属冶炼废物，废物代码 321-002-48）。

采用石灰（石）中和法以及硫化法+石灰（石）中和法处理污酸时，向废水中投加石灰石或石灰，控制 pH 值小于 4，中和硫酸，生成硫酸钙沉淀去除，产生石膏渣。石膏渣需通过鉴定确定其性质，一般被鉴定为一般固体废物。

采用石灰中和法以及石灰—铁盐法处理酸性废水时，产生中和渣，中和渣属于危险废物（HW48 有色金属冶炼废物，废物代码 321-002-48）。

14.2.4　噪声

铜冶炼过程产生的噪声分为机械噪声和空气动力性噪声，主要噪声源包括熔炼炉、吹炼炉、精炼炉、余热锅炉、鼓风机、空压机、氧压机、风机、各种泵等。在采取控制措施前，锅炉安全阀排气装置间歇噪声达到 120dB(A)，其他噪声源强通常为 85~110dB(A)。

14.3　铜冶炼厂的污染治理措施

14.3.1　废气治理措施

铜冶炼废气治理主要路线为：火法铜冶炼废气→收尘→制酸→末端 SO_2 烟气脱硫。

14.3.1.1　烟粉尘治理措施

A　原料仓及配料系统废气收尘

铜精矿仓中给料、输送、混料等均产生粉尘，在各产尘点设置集气装置，选用袋式收尘装置处理该废气，收尘效率可达 99%以上。

对于暴露面积大，不易采取通风除尘的区域，如精矿仓、破碎场地等，可以采用喷洒抑尘剂或采用喷雾抑尘措施。

设计时注意厂房的密闭，并采用密闭物料转运设备，如精矿尽可能采用管状皮带输送机、烟尘采用气体输送等。工艺上无法满足密闭输送时，尽可能减少物料转运的次数，降低物料的转运高差等。

B 铜冶炼废气收尘

铜冶炼废气收尘一般采取电收尘、袋式收尘、旋风收尘组合工艺。

底吹熔炼炉、吹炼炉等产生的高浓度 SO_2 冶炼烟气送制酸系统前,一般先利用余热锅炉,在回收热能的同时起沉降作用去除粗颗粒物,然后设置电收尘器系统收尘,满足入制酸系统的要求。

底吹炉烟气采用的主要除尘设施为电除尘器。电除尘器参数的选择应符合表 14-3 的规定。当电除尘器入口含尘量大于 $50g/m^3$ 时,应采取预除尘、采用五电场、高频电源供电等措施。

表 14-3 电除尘器计算参数

名　称	指　标	名　称	指　标
烟尘粒度/μm	≥0.1	允许烟气含尘/g·m^{-3}	50
烟气过滤速度/m·s^{-1}	0.2~1.0	烟尘比电阻/Ω·cm	$1×10^4$~$4×10^{12}$
设备阻力/Pa	≤400	操作温度/℃	≤400(且高于露点温度30)
同极距/mm	400~600		

电除尘器的卸灰过程会造成扬尘等二次污染,因此其卸尘设施的设计也十分重要。一般采用埋刮板、螺旋输送机等密闭设备,后续采用气力输送,但必须设置开路,在烟尘发黏或气力输送系统故障时,采用密闭罐车运输。

精炼炉产生的含尘、低浓度 SO_2 烟气一般降温后设置布袋除尘器,低浓度 SO_2 视情况送制酸系统或脱硫系统。

底吹炉炉口、渣口等处散发的烟气一般设置环保烟罩和吸风点,收集到环境集烟系统。烟气中烟尘、二氧化硫和氮氧化物浓度能满足排放标准要求的可由环保烟囱排放,否则采取治理措施,铜冶炼烟气收尘工艺组合及主要技术指标列于表 14-4。

表 14-4 铜冶炼烟气收尘工艺组合及主要技术指标

烟气来源	建议处理工艺	系统总收尘效率/%
熔炼烟气	熔炼炉→余热锅炉→电收尘器→风机→制酸	≥98.0
吹炼烟气	吹炼炉→余热锅炉→电收尘器→风机→制酸	≥98.0
精炼烟气	阳极炉→余热锅炉→烟气换热器→冷却烟道→袋式收尘器(或电收尘器)→风机→制酸(或脱硫处理)	≥99.0
渣选矿工序	袋式收尘器→风机	≥99.0
熔炼、吹炼等环境集烟烟气	各排风点→袋式收尘器 →风机→放空(或脱硫处理)	≥99.5

14.3.1.2 烟气中的 SO_2 治理措施

A 烟气制酸

铜冶炼企业一般将依照烟气中 SO_2 含量,将熔炼、吹炼、精炼、环境集烟烟气用于制酸，不能制酸的烟气如能达标排放可直接排放，否则进行脱硫处理达标后排放。国内现有10 万吨/年阴极铜规模以上铜冶炼企业均已实现两转两吸（或三转三吸）制酸。制酸烟气主要包括熔炼、吹炼的烟气，需进行末端脱硫处理后排放的有阳极炉精炼烟气、制酸尾气和环境集烟烟气。铜冶炼制酸尾气常采用有机溶液循环吸收脱硫技术（离子液法或有机胺法）或活性焦吸附法等处理可将被脱硫的烟气转化为达标排放的烟气和适于制酸的烟气。

以两转两吸流程工艺为例（见图 14-2），含二氧化硫烟气在转化器前层催化床内进行

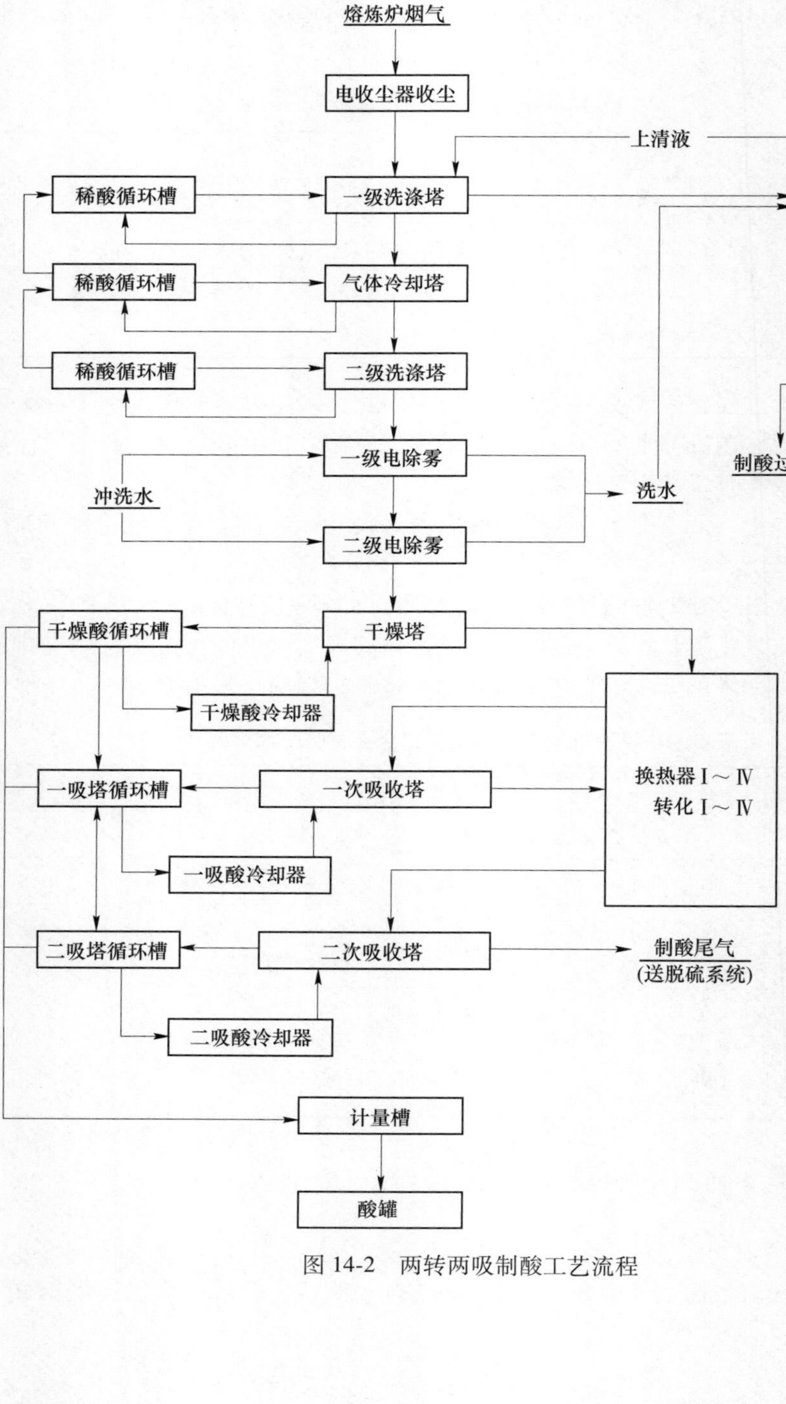

图 14-2 两转两吸制酸工艺流程

第一次转化，转化后气体进入中间吸收塔，转化生成的三氧化硫被吸收生成硫酸，出中间吸收塔的气体返回转化器，使余下的二氧化硫在后层催化床再次进行转化，生成的三氧化硫在最终吸收塔内被吸收生成硫酸；按照一、二次转化段数和含二氧化硫气体通过换热器的次序不同，可有 3+1 型四段转化、2+2 型四段转化和 3+2 型五段转化等模式，转化效率一般大于 99.5%。

B 烟气脱硫

烟气脱硫工艺分为干法、半干法和湿法。铜冶炼烟气中含有铅、汞、砷等有毒有害物质，气态化合物不易通过除尘的方法去除。湿法脱硫工艺相当于在脱硫同时烟气经历低温洗涤，其中气态有毒有害物质可在脱硫过程中从烟气中脱除；活性焦吸附法也可达同样效果。

a 活性焦吸附法脱硫技术

活性焦吸附 SO_2 后，可采用解吸法和加热法再生，再生回收的高浓度 SO_2 混合气体送入制酸系统，同时具有脱尘、脱硝、除汞等重金属的功能，无二次污染物排放。但活性焦脱硫对烟气 SO_2 浓度要求较高，若浓度超出设计范围较多，会导致活性焦温度升高，需停止运行。

b 钠碱法脱硫技术

钠碱法脱硫技术采用碳酸钠或氢氧化钠作为吸收剂，吸收烟气中 SO_2，得到 Na_2SO_3 作为产品出售。钠碱法的工艺过程可分为吸收、中和、浓缩结晶和干燥包装四步。钠碱法脱硫技术流程简短，占地面积小，脱硫效率高，吸收剂消耗量少，脱硫渣有一定的回收价值，运行成本较高。适用于氢氧化钠或碳酸钠来源较充足的地区。

c 双碱法烟气脱硫技术

双碱法烟气脱硫技术是为了克服石灰石-石灰法容易结垢的缺点而发展起来的。双碱法是采用钠基脱硫剂进行塔内脱硫，由于钠基脱硫剂碱性强，吸收二氧化硫后反应产物溶解度大，不会造成过饱和结晶和结垢堵塞问题。另外，脱硫产物被排入再生池内用氢氧化钙进行还原再生，再生出的钠基脱硫剂再被打回脱硫塔循环使用。

d 石灰/石灰石-石膏法脱硫技术

石灰/石灰石-石膏法脱硫技术是用石灰或石灰石母液吸收烟气中的 SO_2，反应生成硫酸钙，净化后烟气可达标排放。脱硫系统主要包括吸收剂制备系统、烟气吸收及氧化系统、石膏脱水及贮存系统。脱硫吸收塔多采用空塔形式，吸收液与烟气接触过程中，烟气中 SO_2 与浆液中的碳酸钙进行化学反应被脱除，终产物为石膏。

石灰/石灰石-石膏法脱硫技术适应性较强，在满足铜冶炼企业 SO_2 治理的同时，还可以部分去除烟气中的 SO_3、重金属离子、F^-、Cl^- 等。石灰/石灰石-石膏法脱硫装置占地面积相对较大、吸收剂运输量较大、运输成本较高、脱硫渣脱硫石膏处置困难，不适合脱硫剂资源短缺、场地有限的冶炼企业。

e 有机溶液循环吸收脱硫技术

有机溶液循环吸收脱硫技术采用的吸收剂是以离子液体或有机胺类为主，添加少量活化剂、抗氧化剂和缓蚀剂组成的水溶液。该吸收剂对 SO_2 气体具有良好的吸收和解吸能力，在低温下吸收 SO_2，高温下将吸收剂中 SO_2 再生出来，从而达到脱除和回收烟气中

SO_2的目的。工艺过程包括 SO_2 的吸收、解析、冷凝、气液分离等过程，得到纯度为 99% 以上的 SO_2 气体送制酸工艺。溶液循环吸收法脱硫效率可达 99%，在烟气收尘降温单元有含氯离子及重金属离子酸性废水排放。

　　f　氨法脱硫技术

　　氨法脱硫技术主要利用（废）氨水、氨液作为吸收剂吸收去除烟气中的 SO_2。氨法工艺过程包括 SO_2 吸收、中间产品处理和产物处置。根据过程和脱硫渣不同，氨法可分为氨-酸法及氨-亚硫酸铵法等。氨法脱硫效率可达 95% 以上。

　　氨法脱硫存在氨逃逸问题，同时有含氯离子酸性废水排放，造成二次污染。氨法脱硫可将烟气中的 SO_2 作为资源回收利用，适用于液氨供应充足，且脱硫渣有一定需求的冶炼企业。氨法脱硫工艺简单，占地小，在脱除 SO_2 同时具有部分脱硝功能。

　　上述脱硫工艺主要技术指标列于表 14-5。

表 14-5　铜冶炼烟气脱硫工艺及主要技术指标

建议处理工艺	脱硫剂	副产物	脱硫效率/%
活性焦吸附法	活性焦	高浓度 SO_2	>95
钠碱法	氢氧化钠、碳酸钠	硫酸钠、亚硫酸钠	>95
双碱法	氢氧化钠、石灰或电石渣	脱硫石膏、亚硫酸钙	>90
石灰/石灰石-石膏法	石灰、电石渣等	脱硫石膏、亚硫酸钙	>90
有机溶液循环吸收脱硫技术（有机胺法）	有机胺	高浓度 SO_2	>96
有机溶液循环吸收脱硫技术（离子液法）	离子液	高浓度 SO_2	>96
氨　法	液氨、氨水、尿素等氨源	硫酸铵、高浓度 SO_2	>95

14.3.1.3　酸雾净化

　　目前，国内外铜冶炼厂产生的酸雾多采用密闭排气并设酸雾净化塔净化处理，净化方法通常包括一级酸雾净化和二级酸雾净化。通过酸雾净化塔内的碱液循环洗涤，可有效降低硫酸雾，确保尾气中硫酸雾达标排放。酸雾净化（采用碱液吸收）工艺具有原理简单、工艺成熟、净化效率高、运行可靠等特点。

14.3.1.4　废气中重金属的治理

　　从铜冶炼废气治理过程看，重金属污染物主要集中在烟尘中，大部分烟尘经收尘后，成为原料重新进入冶炼系统。

　　进入制酸系统的烟气一般要先经过洗涤，在洗涤过程中大部分细小颗粒物和气态金属被洗涤下来，经沉淀后形成酸泥（铅滤饼）和污酸两部分。

　　进入脱硫系统的烟气处理情况依各工艺不同而不一致。湿法脱硫可以有效将除尘器未能除去的重金属污染物捕集下来，许多湿法工艺过程中除去的重金属微粒进入副产品，可溶性重金属盐类进入污水中，因此需要严格控制原料矿的汞、砷、镉等毒害物质含量。

　　因此，为防范环境风险，入炉原料重金属含量应符合《重金属精矿产品中有害元素的限量规范》要求。

14.3.1.5　废气无组织排放控制

A　运输过程中无组织排放控制措施

冶炼厂内粉状物料运输应采取密闭措施；精矿的转移、输送应采取皮带廊、封闭式皮带输送机或流态化输送等输送方式。皮带廊应封闭，带式输送机的受料点、卸料点采取喷雾等抑尘措施；运输道路应硬化，并采取洒水、喷雾、移动吸尘等措施；运输车辆驶离冶炼厂前应冲洗车轮，或采取其他控制措施。

B　冶炼环节无组织排放控制措施

原煤应贮存于封闭式煤场，场内设喷水装置，在煤堆装卸时洒水降尘；不能封闭的应采用防风抑尘网，防风抑尘网高度不低于堆存物料高度的 1.1 倍。铜原生矿、铜精矿等原料，石英石、石灰石等辅料应采用库房贮存。备料工序产尘点应设置集气罩，并配备除尘设施。

冶炼炉（窑）的加料口、出料口应设置集气罩并保证足够的集气效率，配套设置密闭抽风收尘设施。

电解车间产生的酸雾通过在电解槽阳极区覆盖高压聚乙烯粒料或采用槽面覆盖的方式，可以减少酸雾的溢出，同时通过设置轴流风机强制车间通风，可保证电解车间酸雾达到《工作场所有害因素职业接触限值》（GBZ 2—2007）中容许浓度限值要求。但是，电解槽中覆盖塑料小球或槽面覆盖会导致生产操作不便，生产厂家采用较少；因此更多的是采取强制通风，强制通风需要对外排风进行处理，减少厂界环境污染。

14.3.2　废水治理措施

铜冶炼厂应按照"清污分流、分质处理、梯级利用"原则，设立完善的废水收集、处理、回用系统。目前铜冶炼废水治理技术比较成熟，且新技术不断涌现。

14.3.2.1　污酸处理

污酸处理可采用石灰（石）中和法以及硫化法—石灰（石）中和法。

石灰（石）中和法可去除污酸中的硫酸，控制 pH 值小于 4，砷酸以游离态存在于废水中，只有少量的亚砷酸被中和沉淀吸附，从而可避免大量砷掺杂在石膏渣中。该方法适用于砷含量较低的污酸处理，可去除大部分硫酸。

硫化法—石灰（石）法是向污酸中投加硫化钠或硫氢化钠等硫化剂，使污酸中的重金属离子与硫反应生成难溶的金属硫化物沉淀去除。再向废水中投加石灰石或石灰，中和硫酸，生成硫酸钙沉淀去除。出水与其他废水合并后进污水处理站做进一步处理。该方法适用于砷含量较高的污酸处理，去除率 Cu 96%~98%、As 96%~98%，同时去除大部分硫酸。目前我国铜精矿含砷量较高，污酸中砷浓度也较高，因此硫化法—石灰（石）石中和法是目前处理污酸的主要工艺。

14.3.2.2　酸性废水处理

酸性废水处理可采用石灰中和法以及石灰—铁盐法，也可采用电化学法。

石灰中和法是向废水中投加石灰乳，使重金属离子转化为金属氢氧化物沉淀去除，可用于去除铁、铜、锌、铅、镉、钴、砷。该技术具有处理效果好、处理成本低和便于回收有价金属的特点。各种金属离子的去除率分别为 Cu 98%～99%、As 98%～99%、F 80%～99%、其他重金属离子 98%～99%。

石灰—铁盐法是向废水中加石灰乳，并投加铁盐。石灰用于中和酸和调节 pH 值，铁盐起到共沉剂、沉淀剂和还原剂的作用。该技术除砷效果好，可去除废水中的酸、镉、六价铬、砷等。各种金属离子去除率分别为 Cu 98%～99%、As 98%～99%、F 80%～99%、其他重金属离子 98%～99%。

国内某底吹炼铜厂采用石灰—电化学法处理含重金属的酸性废水。首先采用石灰去除废水中的部分金属离子；再以铝、铁等金属为阳极，以石墨或其他材料为阴极，在电流作用下，铝、铁等金属离子进入水中与水电解产生的氢氧根形成氢氧化物，氢氧化物絮凝将重金属吸附，生成絮状物，从而使水质得到净化。

14.3.2.3　一般生产废水

一般生产废水应按废水成分分类收集处理，分质回用。化学水车间排污水酸碱中和后可直接排放或回用。循环冷却水排污水可采用净化—膜法废水深度处理技术，处理后的淡水可以回用于生产系统，浓水可回用于冲渣或进一步处理。

14.3.2.4　初期雨水处理

不同区域、冶炼厂环境管理水平都会影响初期雨水的水质。制酸区的初期雨水一般单独收集，排至酸性废水处理系统处理；生产厂区其他场地的初期雨水，根据水质的不同，可经沉淀处理可优先回用于生产工段，或排入酸性废水处理系统处理。

铜冶炼厂都设有初期雨水收集池，收集池容积应按《有色金属工业环境保护工程设计规范》（GB 50988—2014）确定，即收集量不少于被污染区域面积的 15mm 降水量。根据初期雨水水量、水质，以及企业情况，来确定初期雨水处理方法：可与酸性废水一起处理，或与一般生产废水一起处理，也可单独建设初期雨水处理设施。

14.3.3　固体废物处置措施

固体废物处置的原则是尽可能减量化、无害化和资源化。渣选矿产生的尾矿属于一般固体废物，可用于生产建材。石膏渣经鉴定为一般固体废物的可作为水泥厂的添加剂。危险废物应交有资质单位合理处置。底吹炼铜厂主要固体废物来源和处置措施见表 14-6。对一般固体废物在厂区内的临时储存，其贮存设施应满足《一般工业固体废物贮存、处置场污染控制标准》（GB 18599—2001）要求；对危险废物在厂区内的临时储存，其贮存设施应满足《危险废物贮存污染控制标准》（GB 18597—2001）要求。

表 14-6　底吹炼铜厂主要固体废物来源和处置措施

序号	固体废物名称	废物类别	固体废物来源	治理措施
1	渣尾矿	一般固体废物	渣选矿尾矿	作为建材综合利用
2	铅滤饼	危险废物（HW22）	硫酸系统的净化工序	送有资质单位处置

序号	固体废物名称	废物类别	固体废物来源	治 理 措 施
3	废触媒	危险废物（HW50）	制酸系统二氧化硫转化工序	送有资质单位处置
4	白烟尘	危险废物（HW48）	熔炼炉、吹炼炉电除尘器收集的烟尘	送有资质单位处置
5	黑铜粉	危险废物（HW48）	净液工序	送有资质单位处置或返回火法系统
6	硫化渣	危险废物（HW48）	污酸处理	危废渣场堆存或者送有资质单位处置
7	石膏渣①	一般固体废物	污酸处理	如是一般固废可作为建材综合利用；如是危险废物需危废渣场堆存或者送有资质单位处置
8	中和渣	危险废物（HW48）	酸性废水处理	危废渣场堆存或者送有资质单位处置

① 应根据毒性浸出试验判定石膏渣是否为危险废物。

14.3.4 噪声治理措施

铜冶炼厂噪声治理应从声源控制、噪声传播途径控制及受声者个人防护三方面进行。首先从设备选型入手，从声源上控制噪声，在满足工艺设计的前提下，尽可能选用低噪声设备，采用发声小的装置；其次在噪声传播途径上控制，对装置区噪声采取防护措施，采取建筑隔声、将装置安放在室内、加装消声器以及所有转动机械部位加装减震固助装置，加强厂区绿化措施，降低噪声的传播；还可以采取个人防护，在工段中设置必要的隔声操作间、控制室等，使室内的噪声符合职业卫生标准。

14.4 铜冶炼行业环境保护的新形势

为加快解决我国严重的大气污染问题，切实改善空气质量，2013 年 9 月，国务院颁布实施《大气污染防治行动计划》（即"大气十条"），其中规定在重点区域有色行业大气污染物执行特别排放限值；各地区可根据环境质量改善的需要，扩大特别排放限值实施的范围。2016 年 5 月，为切实加强土壤污染防治，逐步改善土壤环境质量，国务院颁布实施《土壤污染防治行动计划》（即"土十条"），其中规定严防矿产资源开发污染土壤；自 2017 年起，在矿产资源开发活动集中的区域，执行重点污染物特别排放限值。2018 年 1 月，环境保护部发布了《关于京津冀大气污染传输通道城市执行大气污染物特别排放限值的公告》（2018 年第 9 号），其中要求在京津冀大气污染传输通道城市执行大气污染物特别排放限值。

随着国家对环境保护要求越来越高，对有色行业包括铜冶炼行业的污染控制日趋严格。

14.4.1 在部分区域实行大气污染物特别排放限值

14.4.1.1 实施大气污染物特别排放限值

环保部于 2013 年 12 月发布了《铜、镍、钴工业污染物排放标准》（GB 25467—2010）等六项有色金属行业排放标准修改单，规定大气污染物特别排放限值。表 14-7 中对《铜、镍、钴工业污染物排放标准》（GB 25467—2010）及其修改单中的限值和特别排放限值进行了对比。其中可以看出，特别排放限值对颗粒物、二氧化硫、氮氧化物、硫酸雾的排放浓度更加严格，尤其是对颗粒物和氮氧化物的控制对现有治理技术提出了新的挑战。

表 14-7　《铜、镍、钴工业污染物排放标准》（GB 25467—2010）及其修改单对比

（mg/m³）

序号	污染物项目	生产类别和工艺	限值	特别排放限值
1	颗粒物	全部	80	10
2	二氧化硫	全部	400	100
3	氮氧化物	全部	—	100
4	硫酸雾	全部	40	20
5	氟化物	铜、镍、钴冶炼和制酸	3.0	3.0
6	砷及其化合物	铜、镍、钴冶炼和制酸	0.4	0.4
7	铅及其化合物	铜、镍、钴冶炼和制酸	0.7	0.7
8	汞及其化合物	铜、镍、钴冶炼和制酸	0.012	0.012

修改单中提到：在国土开发密度较高、环境承载力开始减弱，或大气环境容量较小、生态环境脆弱，容易发生严重大气环境污染问题而需要采取特别保护措施的地区，应严格控制企业的污染物排放行为，在重点区域的企业执行大气污染物特别排放限值。执行大气污染物特别排放限值的地域范围、时间，由国务院环境保护行政主管部门或省级人民政府规定。

"土十条"中提到"严防矿产资源开发污染土壤。自 2017 年起，内蒙古、江西、河南、湖北、湖南、广东、广西、四川、贵州、云南、陕西、甘肃、新疆等省（区）矿产资源开发活动集中的区域，执行重点污染物特别排放限值。"各省份制定了《土壤污染防治工作方案》，划定了本省须执行特别排放限值的区域。近几年，青海、福建、湖南等省份在有 4 个新建铜冶炼项目环评批复中要求执行了特别排放限值。

《关于京津冀大气污染传输通道城市执行大气污染物特别排放限值的公告》（环境保护部公告 2018 年第 9 号）中要求在京津冀大气污染传输通道城市执行大气污染物特别排放限值。执行地区为京津冀大气污染传输通道城市行政区域，包括北京市，天津市，河北省石家庄、唐山、廊坊、保定、沧州、衡水、邢台、邯郸市，山西省太原、阳泉、长治、晋城市，山东省济南、淄博、济宁、德州、聊城、滨州、菏泽市，河南省郑州、开封、安阳、鹤壁、新乡、焦作、濮阳市（以下简称"2+26"城市，含河北雄安新区、辛集市、定州市，河南巩义市、兰考县、滑县、长垣县、郑州航空港区）。对有色行业新建项目，自 2018 年 3 月 1 日起，新受理环评的建设项目执行大气污染物特别排放限值。对于现有有色企业，自 2018 年 10 月 1 日起，执行二氧化硫、氮氧化物、颗粒物特别排放限值。"2+26"城市现有企业应采取有效措施，在规定期限内达到大气污染物特别排放限值。以上要求对"2+26"城市中现有企业污染防治措施的改造提出了要求和挑战。

14.4.1.2　应对特别排放限值的治理措施

特别排放限值中对应二氧化硫、氮氧化物、颗粒物和硫酸雾的要求分别是不大于

$100mg/m^3$、$100mg/m^3$、$10mg/m^3$ 和 $20mg/m^3$。

对于特别排放限值中对 SO_2 浓度的要求，目前对制酸和脱硫系统的设计，在工程上已经实现。制酸采用两次转化+两次吸收工艺，制酸尾气采用离子液法、双氧水法、次氧化锌法等脱硫工艺进行脱硫，新建企业可以满足特别排放限值。对现有企业，则可能需要对现有脱硫系统进行改造，如将石灰石-石膏法改造为离子液法、钠碱法等，以满足特别排放限值的要求。

冶炼烟气对于特别排放限值中对颗粒物和酸雾浓度的要求，可以通过在制酸或脱硫系统的末端增设电除雾器实现。电除雾器是制酸净化的常用设备，目前有很多电厂利用该类设备满足超低排放的要求，因此使用电除雾器冶炼烟气可以达到特别排放限值对尘、酸雾浓度的要求。

对于贮料、配料及物料输送等强制通风除尘系统，为满足特别排放限值对颗粒物浓度的要求，应相应增加多级除尘系统来控制排放浓度；一般采用旋风除尘器+布袋除尘器的两级除尘系统，也可采用布袋除尘器+滤筒除尘器的工艺，净化后废气中颗粒物排放浓度基本上可以满足不大于 $10mg/m^3$ 的要求。

对于特别排放限值中对氮氧化物排放浓度的要求，由于冶金炉出口的氮氧化物含量不确定，一般制酸尾气在不采取脱硝的情况，很难保证满足排放限值的要求。应根据不同烟气条件，选用合适的烟气脱硝治理措施。目前制酸尾气可能采取的脱硝措施包括低温 SCR 法、臭氧低温氧化法等。对氮氧化物的治理措施，铜冶炼厂缺乏实际运行经验。2018 年 10 月 1 日，"2+26" 城市中有色冶炼现有企业全面执行污染物特别排放限值，涉及的企业正在实践中研究和探索。

14.4.2 含重金属废水零排放

《关于加强河流污染防治工作的通知》（环发〔2007〕201 号）要求，停批向河流排放汞、镉、六价铬重金属或持久性有机污染物的项目。为进一步规范建设项目环境影响评价文件审批，统一管理尺度，2015 年 12 月环境保护部办公厅发布了《关于规范火电等七个行业建设项目环境影响评价文件审批的通知》（环办〔2015〕112 号），其中的《铜铅锌冶炼建设项目环境影响评价文件审批原则（试行）》中提到：规范建设初期雨水收集池和事故池，确保含重金属废水不外排。因此含重金属废水"零"排放成为了铜冶炼项目环境影响评价文件审批的基本要求。

对铜冶炼行业，要做到含总金属废水零排放，一是按清污分流、雨污分流原则对排水系统进行设计，分类建设污水收集、雨水收集系统及处理设施；二是应按分质处理、分质回用的原则对废水进行处理和回用。含重金属废水最常见的回用途径和处置方案包括车间含重金属废水直接回用、采用先进高效的废水处理工艺处理后中水回用，膜处理产出淡水代替新水使用，浓水采用喷渣、自然蒸发、多效蒸发等方式消耗。

为保障含重金属废水零排放，废水处理系统需要有一定的事故调节缓解能力。各废水处理设施处理能力在设计时应留有一定的余量，使系统不因废水量发生异常变化而出现外溢等现象，能够按设计要求正常、稳定地处理废水。为最大限度地消除含重金属废水外排污染环境的风险，还应考虑以下风险防范措施：对湿法生产系统设置围堰、集液槽与事故池；对制酸系统设置围堰；设置初期雨水收集池和事故池等。

14.5　底吹炼铜厂的环保实例

14.5.1　烟气治理

第一代底吹炉炼铜厂是以"底吹熔炼—PS 转炉吹炼—阳极炉精炼"为特征的环保实例，熔体的转运依靠包子，低空污染问题难以解决，岗位操作环境相对较差，环保烟气量大，工艺烟气波动大，对烟气的治理成本相对较高。

某底吹炼铜厂采用"底吹熔炼—底吹吹炼—阳极炉精炼"工艺，规模为 10 万吨/年阴极铜。底吹熔炼炉、底吹吹炼炉的工艺烟气和阳极炉氧化期工艺烟气混合后送制酸系统，底吹炉的环保烟气以及阳极炉的还原期工艺烟气混合后送脱硫系统。

底吹炉正常生产时其烟气经锅炉上升烟道进入电收尘后，送制酸系统。底吹炉在烘炉时的烟气经过副烟道进入环保烟气收集系统处理。底吹炉转炉后的烟气一部分经上升烟道进入制酸系统，一部分经副烟罩和喷雾室进入环保烟气收集系统。底吹炉的转动使得其衔接部位烟气的密封比固定式炉体困难，是底吹炉环集烟气治理的重点。

14.5.1.1　环保烟气

某底吹炼铜厂采用了《铜、镍、钴工业污染物排放标准》（GB 25467—2010）修改单中规定的大气污染物特别排放限值标准。底吹炉的环保排烟采用活性焦脱硫工艺，但活性焦脱硫工艺难以保证尾气含尘低于 10mg/m³，因此仍然需要在活性焦后增设收尘设备，经过比选采用了烧结板收尘器，其收尘效率高于布袋收尘器。

底吹炉环保集烟采用活性焦脱硫工艺，该工艺脱硫效率高，同时具有除尘效果，和传统的石膏法、钠法脱硫等相比无废水、废渣等产生，不产生二次污染；脱硫过程基本不耗水；在减排的同时可回收硫资源，用于生产硫酸。底吹炉环保集烟进入脱硫塔底部，通过活性焦吸附层被脱硫、净化，随后从脱硫塔顶部排出，经烧结板收尘器处理后排放。外排烟气 SO_2 浓度小于 100mg/m³，NO_x 浓度小于 100mg/m³，颗粒物浓度为 3~7mg/m³，满足特别排放限值要求。

进入脱硫系统的烟气参数见表 14-8。活性焦脱硫工艺尤其需要注意的是，活性焦脱硫对 SO_2 含量要求严格，若超出设计值太多，极容易造成温度升高过快，进而影响活性焦脱硫及后面的烧结板除尘器。烧结板除尘器耐温不能超过 79℃；同时活性焦对烟气含水要求不超过 12%，过多的水分会造成活性焦的板结，影响脱硫效率。因此，环集系统对烟气的 SO_2 含量、水分含量和烟气温度三个重要参数要实时监控。

表 14-8　脱硫系统烟气参数

烟气系统	烟气量 /m³·h⁻¹	SO_2 含量 /mg·m⁻³	尘含量 /mg·m⁻³	水分含量 /%	烟气温度 /℃
底吹熔炼炉环保排烟	210000	500~2000	100~200	1~3	30~60
底吹吹炼炉环保排烟	210000	500~2000	100~200	1~3	30~60
阳极炉环保排烟	50000	500~2000	100~200	1~3	30~60
阳极炉还原期烟气	31500	0~500	80	10	190~210
混合后烟气	501500	1000~2000	100~200	1~10	50~80

活性焦脱硫系统的优势是处理环保烟气全过程为干式流程，避免了湿法处理工艺产生废水、酸雾，对设备的腐蚀等。但同时需注意烘炉期间的烟气，由于采用天然气烘炉时烟气内含水分较高，如果控制不当容易造成烟气水分超标，容易给脱硫和收尘设备造成故障。因此，烘炉期间的高水分烟气一定要操作得当，需控制喷雾室的喷水量并通过兑入空气降温，严格控制混合烟气的水分含量。

湿法脱硫则对烟气的水分、温度和 SO_2 含量没有十分严格的要求，对环集烟气的条件宽泛，比如离子液脱硫工艺等。但是若需达到排放限值，其后面也需要增设除雾设备，这样才能满足含尘和重金属排放限值的要求。

14.5.1.2 工艺烟气

底吹熔炼炉、底吹吹炼炉和阳极炉的除还原期的工艺烟气混合后进制酸系统。制酸烟气参数见表 14-9。

表 14-9 制酸烟气参数

项　目		烟气成分及烟气量						
		SO_2	SO_3	CO_2	O_2	N_2	H_2O	合计
混合烟气	m^3/h	9966.9	203.4	242.3	8358.6	38194.7	10168.7	83041
	%	17.42	0.35	1.31	9.2	57.03	14.69	100

烟气净化采用绝热蒸发、稀酸洗涤技术，转化采用 3+2 两次转化、Ⅲ·Ⅰ—Ⅳ·Ⅱ换热流程，干吸采用一级干燥、二级吸收、泵后冷却串酸流程。

一级洗涤器—气体冷却塔—二级洗涤器——级电除雾器—二级电除雾器—干燥塔—SO_2 鼓风机——次转化—热管锅炉—中间吸收塔—二次转化—最终吸收塔—尾气脱硫—烟囱，其中经过锅炉送出来的烟气一部分送至发烟酸吸收塔生产发烟硫酸（104.5% H_2SO_4），经过发烟酸吸收塔后的烟气与未经过发烟酸吸收塔的烟气混合后再进入中间吸收塔生产 98% 硫酸。

制酸后烟气仍然需要进行脱硫方能达到排放指标，本系统采用活性焦脱硫，并在后续增设了烧结板除尘器的方案，外排烟气 SO_2 浓度小于 $100mg/m^3$，NO_x 浓度小于 $100mg/m^3$，颗粒物浓度为 $5mg/m^3$，满足特别排放限值要求。

14.5.2 废水处理

某 10 万吨/年阴极铜的底吹炼铜厂总用水量 $236856m^3/d$，其中生产用新水量 $5637m^3/d$，生活用水量 $180m^3/d$，循环水量 $226545m^3/d$，回用水量 $4494m^3/d$，水重复利用率 97.54%，吨铜耗水 $18.6m^3$。这满足国家发展和改革委员会颁布的《铜冶炼行业准入条件》（2013 征求意见稿）中水循环利用率 97.5% 的要求，符合国家环境保护部颁布的《清洁生产标准 铜冶炼业》（HJ 558—2010）中二级标准不小于 96% 的要求。

冶炼系统总排水量 $3044m^3/d$，其中：酸性废水量为 $566m^3/d$，生活污水量 $152m^3/d$，一般生产废水量 $2326m^3/d$。

硫酸车间污酸处理后水、电雾冲洗水、地面冲洗水以及初期雨水，含酸及重金属污染物质，排入厂区酸性废水管道。自流进含酸污水处理站，采用石灰—铁盐法，两段处理，每段用石灰乳中和酸，并投加铁盐，将 pH 值调整至 7~9，去除污水中的重金属离子，经处理后达到国家《铜、镍、钴工业污染物排放标准》（GB 25467—2010）后，210m³/d 回用于污酸处理的石灰石浆化用水，其余进入深度处理站进一步处理。

厂区的一般生产废水不含污染物质，自流排至废水调节池，与处理后的酸性废水一起进行深度处理，进入回用水深度处理系统的废水采用混凝—沉淀—过滤处理工艺，处理后作为硫酸循环水系统的补充用水及车间地面冲洗用水，不外排。

厂区生活污水排入生活排水管道，自流进生活污水处理站。经生活污水处理设备生物法二级处理后，排至园区污水处理厂。

厂区排水雨污分流，场地雨水经雨水口汇集后，排至厂区雨水管道。硫酸场地的初期雨水含酸及重金属污染物质，自流进污酸污水处理站；其他场地的初期雨水，含尘及污染物质，自流进全厂初期雨水收集池，在线监测 pH 值、悬浮物浓度、As、Cu、Zn、Pb。当雨水中的重金属离子浓度超标时，用泵送至含酸污水处理站，处理后回用；洁净雨水自流排入园区内雨水干管，就近接入排洪主干渠内。

由于环保要求，目前底吹炼铜厂的含重金属废水全部要达到零排放。在部分生产企业，全部浓水回用对生产系统会存在一定的影响，因此需要进一步实施浓水蒸发的工艺。

14.5.3　固废处理

底吹炼铜厂的主要固废有渣尾矿、污酸污水处理废渣、开路颗粒物和废水处理产生的污泥。

渣尾矿是渣选矿厂产出的，某 10 万吨/年阴极铜的底吹炼铜厂产出渣选尾矿 917.46t/d（含水 12%），属于一般 Ⅰ 类工业固体废物，送水泥厂综合利用。渣选尾矿的成分见表 14-10。

表 14-10　渣尾矿成分　　　　　　　　　　　　　　　　　　　（%）

成分	Cu	Pb	Zn	As	Au	Ag
含量	0.26~0.35	0.25~1.0	1.24~2.5	0.1~0.3	0.07	20~25

污酸污水处理废渣有两类。一类是含砷硫化废渣，每年产量 1467t 左右，含水 40%，由于含砷较高，其属于危废，一般委托有处理危险固体废物资质的单位进行处置；另一类是酸性污水在除砷后进一步中和除重金属过程中产生的石膏渣，每年产量 18857t（含水 10%），由于其砷含量较低，需通过属性鉴别确定其性质。

除此之外，有开路的白烟尘、产生的污泥等，其中含有铜等有价金属，一些企业自行处理，一些企业外售给有危险废物处置资质的单位进行处置。

参 考 文 献

[1] 中华人民共和国住房和城乡建设部. GB 50988—2014 有色金属工业环境保护工程设计技术规范 [S]. 北京：中国计划出版社，2014.

[2] 中华人民共和国环境保护部. HJ 863.3—2017 排污许可证申请与核发技术规范有色金属工业——铜冶炼 [S]. 北京：中国环境科学出版社，2017.

[3] 中华人民共和国环境保护部. GB 25467—2010 铜、镍、钴工业污染物排放标准 [S]. 北京：中国环境科学出版社，2010.

15 "一担挑" 炼铜法

第二代氧气底吹炼铜技术解决了传统转炉吹炼的低空污染和能耗高等问题，随着人们对环境、经济、自动化和技术更高的要求——更环保、更经济，这是底吹炼铜技术乃至整个炼铜工艺面临的挑战和发展趋势。

目前，工业应用的铜熔炼渣的处理工艺有电炉贫化法和渣选法，电炉贫化法由于设备、经济性和工艺操作等局限性，存在弃渣含铜高、难以综合回收其他有价金属等问题，弃渣含铜普遍高于 0.6%。渣选法以其较高的铜回收率得以广泛应用，但渣选法存在三大弊端：

（1）投资大、工艺流程长、占地面积大。

（2）无法回收锌等其他有价金属。渣选矿工艺铜的回收率较高，但随着熔炼氧势的提高，在产出高品位铜锍的同时，锌等有价金属大部分氧化入渣，这些金属氧化物在渣选矿过程中难以回收，基本进入渣尾矿，造成资源的巨大浪费。

（3）渣尾矿堆存存在污染隐患。熔炼产出的高温炉渣本属于一般固废渣，在选矿过程中的细磨作业和加入化学药剂，其重金属含量高，易造成渣尾矿的堆存污染存在隐患。

炼铜技术存在挑战的同时，也面临着缩短工艺流程的机遇：

（1）底吹熔炼可产出品位 70%~78% 的铜锍，铅锌等杂质绝大部分以氧化物形式进入烟尘或炉渣，大大减轻了吹炼作业负荷。

（2）底吹连续吹炼可实现智能控制，灵活调节炉内氧化还原气氛，精确控制氧化还原终点。

以上两点为实现吹炼作业与火法精炼作业合为一体，从而缩短工艺流程创造了技术条件。

由此，"一担挑" 炼铜法是针对底吹炼铜技术的一个新的短流程绿色冶炼工艺。

15.1 "一担挑" 炼铜法概述

"一担挑" 炼铜法是一种新的短流程炼铜法，该方法由熔炼炉、造铜炉、CR（comprehensive recovery）炉有机连接，构成了 "一担挑" 炼铜法核心装备。"一担挑" 炼铜流程如图 15-1 所示。

15.1.1 底吹熔炼炉

底吹熔炼炉目前已成功实现工业化应用，并凭借其广泛的原料适应性、较强的脱杂和节能优势、简单的备料程序及其良好的经济效益、友好的环境态度、优良的产品效益等优点推广应用于多家铜冶炼企业，获得业界良好口碑，建成投产铜冶炼厂产能合计已突破 150 万吨/年阴极铜，铜锍品位可达 72%~76%。

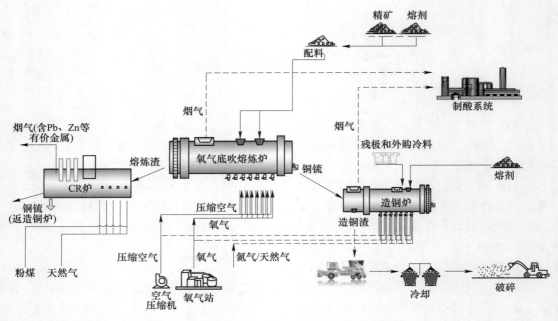

图 15-1　"一担挑"炼铜法流程图

15.1.2　综合回收炉——CR 炉

CR 炉意为"综合回收炉"，底吹熔炼炉产出的铜熔炼渣中含有 Cu、Pb、Zn、Sb、Au、Ag 等有价金属，其主要由单质、硫化物、氧化物、复杂化合物等物相组成，单纯采用选矿、沉降等工艺手段难以实现渣中有价金属的综合回收，势必造成资源浪费和经济损失。

采用 CR 炉处理铜熔炼渣，Cu、Au、Ag 等金属沉降进入铜锍，Pb、Zn 等易挥发物进入烟尘富集，从而实现渣中有价金属全面综合回收，并产出含 Pb、As 等有害元素极低的一般固废。

15.1.3　造铜炉

氧气底吹连续吹炼炉的成功应用及其良好的脱杂、较高的生产能力，大幅降低阳极炉工作负荷，为吹炼作业和火法精炼作业合为一体奠定基础。由底吹炉处理高品位铜锍直接产出阳极铜，即为造铜。造铜炉技术特点：

（1）高品位铜锍直接经流槽流入造铜炉内进行冶炼，无中间包倒运，更无需水碎或粒化，消除了环保安全隐患，减少了投资，降低了运行成本。

（2）可精确控制氧化反应终点，生产粗铜。

（3）氧化反应结束后，可进一步进行还原作业，直接生产阳极铜。省去阳极炉，缩短了工艺流程，提高了劳动生产率。

（4）与阳极炉精炼相比，可大大缩短氧化还原作业时间，从而为阳极浇铸提供富裕时间。

（5）可利用富氧空气吹炼热态铜锍产生的富裕热处理系统内残极等冷料和二次铜原料，从而节省冷料单独处理所需熔化热。

由于氧气底吹熔炼炉左右分别由 CR 炉处理铜熔炼渣、造铜炉处理高品位铜锍，形似一根扁担挑两个筐，故名为"一担挑"炼铜法。"一担挑"炼铜法的具体配置如图 15-2 所示。

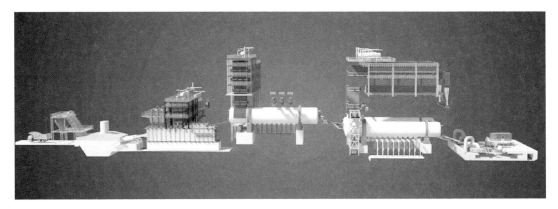

图 15-2 "一担挑"炼铜法的配置

底吹熔炼炉配置正中间，标高最高，熔炼炉产出的铜锍通过虹吸方式进入流槽，靠自然高差流入造铜炉内。

设 2 台造铜炉并配置 1 个圆盘浇铸机，直接浇铸产出阳极板，造铜炉产出的渣经放渣口流入渣包内，通过冷却破碎后返回熔炼炉内。

底吹熔炼炉的另一端为放渣口，熔炼渣经流槽进入 CR 炉内，CR 炉设放铜锍口和放渣口。铜锍经水碎后返回到造铜炉内，渣经过水碎后堆存或外售。

15.2 传统的渣处理工艺

氧气底吹熔炼工艺属于强氧势熔炼工艺，为产出高品位铜锍采用较高的氧势，且控制较高的 Fe/SiO_2 比值，实际生产过程中 Fe/SiO_2 通常高于 1.7~1.8，甚至达到 2.2。基于以上两个因素，氧气底吹熔炼所产出铜熔炼渣中部分铁以 Fe_3O_4 存在，导致渣中机械夹杂和溶解的铜比例增大，底吹熔炼渣含铜普遍在 3% 以上，直接丢弃势必造成巨大的资源浪费。

因此，氧气底吹熔炼产出的炉渣须进一步处理回收其中铜资源才能弃去。作为铜冶炼工艺的发展趋势，强氧化熔炼近年来得到迅速发展，冶炼工艺、原料及产品性质等参数不同，产出熔炼渣成分及性质也不同，Cu 含量分布于 1%~5%，均需加以处理回收其中的铜资源。目前，工业化常用的铜熔炼渣处理方法主要有渣选法和电炉贫化法两种，其中得到广泛应用的是渣选矿工艺。

15.2.1 渣选法

渣选法处理铜熔炼渣的主体工艺步骤是缓冷、磨矿、浮选。经过缓冷的炉渣，渣中铜锍微滴聚集长大，在破碎和细磨过程中可机械的分离出来。

生产实践表明，炉渣中铜的赋存状态和嵌布粒度直接决定了选矿过程所需破碎粒度、铜精矿品位、铜回收率等,而晶粒的大小又完全取决于炉渣的缓冷时间。因此,采用渣选法处理铜熔炼渣,炉渣的冷却制度至关重要。水碎骤冷时大部分含铜晶粒小于 $5\mu m$,这种微粒难以进行选别,因此大部分渣选厂采用缓冷工艺,熔炼炉渣和转炉渣总冷却时间一般分别不少于 60h、78h,某冶炼厂对不同缓冷速度的炉渣进行渣选试验,结果见表 15-1[1]。经缓冷固化后,采用多种破碎和细磨方式,根据炉渣性质和工艺选择合适的磨矿工艺,国内代表性的几家渣选厂磨矿流程见表 15-2。经过细磨后硫化物和金属粒子与渣组分分离,大多数炉渣选矿厂均采用阶段磨浮的工艺流程。

表 15-1　不同缓冷速度的炉渣进行渣选试验结果

冷却速度/℃·min⁻¹	产品	品位/%	产率/%	回收率/%
1	炉渣	3.65	100	100
	尾矿	0.23	85.81	5.41
	铜精矿	24.33	14.19	94.59
3	炉渣	3.40	100	100
	尾矿	0.26	86.77	6.64
	铜精矿	24.00	13.23	93.36
5	炉渣	3.20	100	100
	尾矿	0.30	87.31	8.19
	铜精矿	23.16	12.69	91.81
10	炉渣	3.16	100	100
	尾矿	0.42	88.18	11.72
	铜精矿	23.60	11.82	88.28

表 15-2　国内几家渣选厂磨矿流程简况

地　区	厂　名	设计规模/t·d⁻¹	磨矿流程
江西贵溪	贵溪冶炼渣选厂	5000	粗碎—半自磨—球磨
湖北大冶	大冶有色渣选厂	1800	三段—闭路碎矿—两段球磨
山东聊城	祥光铜业渣选厂	1800	粗碎—半自磨—球磨
山东东营	方圆铜业渣选厂	3000	三段开路碎矿—两段球磨
福建龙岩	紫金矿业渣选厂	2000	粗碎—半自磨—球磨
内蒙古赤峰	赤峰铜业渣选厂	600	两段—开路碎矿—球磨
山东烟台	恒邦渣选厂	800	三段—闭路碎矿—两段球磨

　　冶炼炉渣属人造矿,因而其性质具有特殊性。一般来说,铜渣选矿有以下特点[2]:

　　(1)入选炉渣的冷却方式对炉渣中矿物物相组成及结晶粒度的大小有着重要影响,如能采用缓慢冷却的方式,可使渣中铜物相结晶粒度粗大、集中,有利于渣选矿指标的提高。

　　(2)铜渣密度大且较硬,宜采用较高的磨矿浓度。随着磨矿浓度的提高,粗、细粒级占有率减少,中间粒级占有率增多,有利于选矿指标的提高。

（3）与常规有色金属矿石相比，铜渣质地脆、硬度大，属易碎难磨型物料，而炉渣中铜的嵌布粒度一般较细，要获得较好的选别指标，必须细磨，因此该类渣选矿碎磨作业的电耗及钢耗均较高。

（4）炉渣中的铜矿物主要是以硫化亚铜形式存在。

（5）铜渣密度较大，矿泥少，沉降速度快，为节省浮选机槽数和药剂，宜采用较高的浮选浓度。

（6）入选炉渣的品位受冶炼炉放渣操作的影响较大，入选品位波动较大，浮选泡沫层波动也较大，故要求浮选工艺及设备对入选炉渣品位波动的适应性要强。

某铜冶炼厂曾有一座年处理能力15万吨转炉吹炼渣的渣选厂，后因冶化改造而配套建成年处理能力达180万吨的渣选厂，当前实际年处理渣量约计150万吨。其处理渣型主要为闪速炉熔炼-电炉贫化渣和闪速炉熔炼直排渣，约占渣总量的75%~80%，均经渣包缓冷入选，综合原渣品位约为2.0%~2.3%。

采用一段破碎工艺将渣矿破碎至粒度100mm以下后直接进入磨浮工艺。

磨浮采用"两段磨后浮选"流程，磨矿采取二段磨矿分级作业，第一段采用半自磨配直线振动筛分级，第二段采用球磨机磨矿配两套旋流器组进行预先分级和检查分级。浮选采用"两粗一扫三精选"流程，粗选一直接出部分精矿，粗选二精矿通过三次选后出另一部分精矿，精选尾矿和扫选精矿返回至球磨机再磨，扫选尾矿直接抛弃。相关参数控制及消耗：

（1）入选矿浆浓细度：浮选粗扫选浓度控制在40%~45%，细度控制在粒度为0.048mm以下的比例占80%~85%。

（2）药剂制度：用Z-200做捕收剂，总用量为70~80g/t；用松醇油做起泡剂，总用量为30g/t。

（3）钢球消耗：低铬球1.3~1.4kg/t。

（4）选厂总电耗：60kW·h/t。

（5）选矿指标：在渣含铜品位为2.0%情况下，精矿品位可达26%~27%，尾矿品位一般控制在0.30%左右，选矿回收率约为85.5%。

精矿和尾矿分别进入浓密机浓缩和陶瓷过滤机过滤得精矿和尾矿产品。

15.2.2 电炉贫化工艺

铜冶炼过程主要是氧化反应，是一个由低氧势到高氧势的过程，铜在渣中主要损失是以硫化物的物理溶解、铜锍夹带、结合态的铜化合物等形式产生的，其中以铜锍夹带损失为主。这些含铜矿物以被磁性氧化铁包裹成液滴状结构或是多种铜矿物相嵌共生等多种形式存在，在铜锍与炉渣间存在以Fe_3O_4为主体的富集层使铜锍与炉渣难以分离，Fe_3O_4可以改变铜在铜锍与炉渣两相间的分配，渣中含Fe_3O_4越多，随渣损失的铜越多。降低熔渣氧势，减少渣中磁性氧化铁含量是减少渣含铜的有效途径。因此铜渣火法贫化是与铜冶炼过程相反，是由高氧势到低氧势的过程。

电炉贫化是通过向电炉中加入还原剂，对铜渣中Fe_3O_4进行还原以期降低炉渣黏度，促进铜渣中以夹杂形式存在的铜锍微滴聚集、长大、沉降。还原剂还可将渣中以氧化物状态存在的铜还原沉降回收。其特点是：

（1）炉内产生的废气少，便于控制；

（2）能保证炉内较高的温度，提高还原强度，较高的炉温使熔渣温度升高，熔渣的流动性更好，有助于渣中氧化态铜的还原和铜渣的分层，降低渣含铜；

（3）电极间电流对熔体具有搅拌作用，有利于铜滴的聚集、长大、沉降；

（4）操作简单、方便易行。

炉渣电炉贫化应用范围较渣选法小，主要是由于其弃渣含铜较高，见表 15-3。电炉贫化弃渣指标在 0.6%~0.8% 之间，弃渣中铜含量高于渣选法。

表 15-3　国内外炉渣电炉贫化主要操作指标

序号	指标	贵溪冶炼厂闪速熔炼炉	智利特尼恩特炉	华鼎铜业底吹熔炼炉
1	贫化电炉尺寸/m×m×m	11.96×6.12×2.64	ϕ10m×4.95m	10.01×3.2×1.8
2	贫化电炉功率/MW	4.5	5.5	2.5
3	日处理量/t	536	905	350
4	熔炼渣含 Cu/%	0.9	8	5
5	熔炼渣含 SiO₂/%	33		26
6	熔炼渣含 Fe/%	44		35
7	弃渣含 Cu/%	0.6	0.8	0.6
8	贫化铜锍品位/%	50	70	52
9	贫化电耗/kW·h·t⁻¹	120	150	100~120
10	电极消耗/kg·t⁻¹	0.8	1	
11	贫化渣温度/℃	1240	1250	1230~1250
12	贫化铜锍温度/℃	1210		1220~1240

15.3　CR 技术

目前铜熔炼渣的两种处理方法均注重于熔炼渣中铜、金、银的回收利用，未涉及 Pb、Zn 等有价金属的综合回收。

通过对国内两家有代表性铜冶炼企业熔炼渣基础物化性质进行分析讨论，说明 CR 技术开发的必要性。两家铜冶炼企业分别为 A 厂、B 厂，A 厂中处理的精矿较为复杂，不仅着重于铜的生产，同时也是金银生产企业；B 厂处理精矿成分较为简单，主要致力于铜的生产。

15.3.1　铜熔炼渣物化性质

15.3.1.1　A 厂铜熔炼渣物化性质

A 厂处理原料较为复杂，熔炼渣成分和物相分配结果见表 15-4。

表 15-4　A 厂铜熔炼渣的主要化学成分（质量分数）　　　　　（%）

成分	Cu	Fe	Pb	Zn	Sb	C	S	As	Al₂O₃	CaO	MgO	SiO₂
含量	4.55	42.11	0.89	3.44	0.95	0.046	2.55	0.44	3.18	1.96	2.09	22.66

A 厂铜渣中 Au、Ag 含量分别为 3.45g/t、252.64g/t。

由表 15-4 成分分析可知，铜熔炼渣中 Cu、Pb、Zn、Sb、Au、Ag 等有价金属元素含量较高，具有极高的回收利用价值；有害元素 As 含量达到 0.44%，如果不加以富集处理直接排放有造成环境污染的隐患。

对渣中 Cu、Pb、Zn、Fe、Sb 五种金属元素的物相分配进行分析，分别见表 15-5~表 15-9。

表 15-5　铜物相分配（质量分数）　（%）

物相	金属铜	氧化铜	硫化铜	其他铜	总铜
含量	0.8	0.1	3.53	0.12	4.55

由表 15-5 可知，铜熔炼渣中 77.58%Cu 以硫化物状态存在，17.58%Cu 以金属态赋存；以氧化物和复杂化合物状态存在的铜占 4.8%，需通过选择性还原等工艺处理回收。

表 15-6　铅物相分配（质量分数）　（%）

物相	氧化铅	硫酸铅	硫化铅	铅铁矾	总铅
含量	0.16	0.024	0.64	0.066	0.89

由表 15-6 可知，渣中 71.97%Pb 以硫化物状态存在；17.98%Pb 以氧化铅状态赋存于渣中，还有少量铅以硫酸盐、铁铅硫酸盐存在。

表 15-7　锌物相分配（质量分数）　（%）

物相	氧化锌	硫酸锌	硫化锌	硅酸锌	铁酸锌	总锌
含量	0.027	0.023	0.51	1.26	1.62	3.44

由表 15-7 可知，渣中锌主要以铁酸锌、硅酸锌、硫化锌、氧化锌状态存在，占比分别为 46.80%、36.34%、14.82%、0.81%，由于锌的存在状态，使得其难以通过常规熔炼渣处理工艺回收。

表 15-8　铁物相分配（质量分数）　（%）

物相	金属铁	硫化铁	氧化亚铁	三氧化二铁	磁性铁	其他难溶铁	总铁
含量	2.14	1.52	14.73	1.55	19.53	2.64	42.11

由表 15-8 可知，渣中铁主要赋存状态为磁性铁、氧化亚铁、金属铁、三氧化二铁、硫化铁等，占比分别为 46.38%、34.98%、5.08%、3.61%。

表 15-9　锑物相分配（质量分数）　（%）

物相	金属锑	硫化锑	三氧化二锑	其他金属固溶体及高价锑	总锑
含量	0.06	0.04	0.18	0.64	0.95

由表 15-9 可知，渣中锑主要赋存状态有金属固溶体及高价锑、三氧化二锑、金属锑、

硫化锑，占比分别为 67.37%、18.94%、6.31%、4.21%。

　　采用扫描电子显微镜（SEM）对 A 厂块状铜熔炼渣的微观结构进行分析，如图 15-3 所示。由图 15-3 可知，渣中夹杂部分金属态或硫化物态的有价金属，亮白色为金属态夹杂、浅灰色为硫化物夹杂。

图 15-3　A 厂块状渣微观结构（200 倍）

　　对图 15-3 视场进行元素扫描分析如图 15-4 所示。结果分析可知，大部分 S 与大部分 Cu、Pb 及少量的 Zn 分布区域一致，推测为硫化物夹杂；其他 Zn 弥散分布于渣中，主要以铁酸锌和硅酸锌状态存在；部分 Fe 与 Si 分布一致，但有 Fe 集中区域，Si 含量很低，推测为 Fe 的高价氧化物；Ag、大部分 Sb 分布集中，Au 弥散分布于整个视场中。

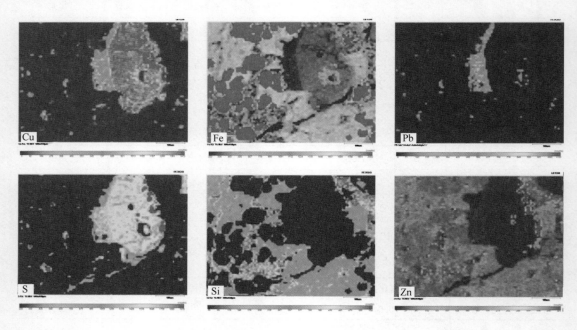

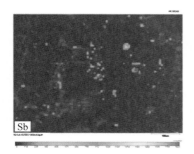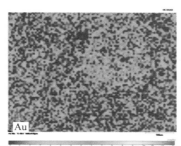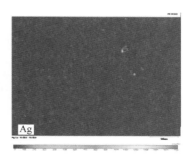

图 15-4　元素面扫描分析

采用电子探针对 A 厂块状铜熔炼渣不同物相成分进行分析，如图 15-5 及表 15-10、表 15-11 所示，电子探针分析输出将渣自动输出为氧化物，金属单质和硫化物输出为单质元素。结果可知，点 1 所处位置主要为铁橄榄石相；点 2 所处位置主要为高价铁氧化物相，且 Zn 含量在此两相含量均较高。点 3 所处位置为典型铜锍相，点 4 为金属单质夹杂，应推测为物相分配检测中的金属固溶体。

图 15-5　A 厂铜冶炼渣微观结构

表 15-10　图 15-5 中点 1~2 电子探针成分分析 （质量分数） （%）

组分	MgO	Al$_2$O$_3$	SiO$_2$	TiO$_2$	MnO	Fe$_2$O$_3$	ZnO	CaO
1	0.26	1.42	0.35	0.85	0.39	93.94	2.79	
2	2.09		30.14		1.22	62.1	4.11	0.33

表 15-11　图 15-5 中点 3~4 电子探针成分分析 （质量分数） （%）

组分	S	Fe	Cu	As	Sb	Pt	Pb	Bi
3	23.28	3.46	73.25					
4		0.44	2.16	3.46	88.3	3.14	1.31	1.19

15.3.1.2　B 厂铜熔炼渣物化性质分析

B 厂处理原料较 A 厂简单, 杂质元素含量较少, 对 B 厂铜熔炼渣成分进行化学分析及物相分配分析见表 15-12 和表 15-13。

表 15-12　B 厂铜熔炼渣的主要化学成分　　　　　　　　　　（%）

组分	Cu	TFe	FeO	Pb	Zn	S	CaO	SiO₂	MgO	Al₂O₃	As
含量	4.25	44.57	31.99	0.41	2.44	1.46	3.29	23.82	1.42	2.29	0.21

由表 15-12 多元素分析可知, B 厂铜熔炼渣中 Cu 含量为 4.25%, Fe/SiO_2 比值为 1.87, 为典型的氧气底吹铜熔炼渣; Zn、Pb 含量均低于 A 厂。

表 15-13　B 厂铜熔炼渣中铜、铁物相分配　　　　　　　　　　（%）

物相	铜氧化物	铜硫化物	金属铜	其他铜
含量	0.08	3.87	0.13	0.17

物相	金属铁	氧化亚铁	磁性铁中的铁	其他铁
含量	0.74	15.64	27.73	0.46

由表 15-13 可知, 渣中有 91.06% Cu 以硫化物态存在, 仅有 3.06% Cu 以金属态存在, 以硫化物和金属单质存在的 Cu 所占总铜比例略低于 A 厂。62% Fe 以磁性铁状态存在, 35.09% 的 Fe 以二阶铁存在, 此部分 Fe/SiO_2 比值小于 1, 说明可能有部分 SiO_2 未形成铁橄榄石。

采用扫描电子显微镜 (SEM) 对 B 厂块状铜熔炼渣的微观结构 (见图 15-6) 分析, 其 SEM 分析如图 15-7 所示。由图 15-7 可知, 亮白色为硫化物或金属单质夹杂, 其他为渣相。渣中绝大部分 Cu 和 S 分布一致, 以铜锍微滴机械夹杂形式赋存于渣中; 大多数 Fe、Si 分布一致, 以硅酸亚铁形式存在; 部分 Fe 集中的位置 Si 含量较少, 推测为 Fe 的高价氧化物; 部分 Si 集中的位置, Fe 含量极低; Pb 分布与 Si 集中的位置相符, 但 Pb 在以硅酸亚铁为主要物相的区域含量较少; Zn 弥散分布于渣相中, 主要以铁酸锌和硅酸锌存在。

图 15-6　B 厂块状渣微观结构 (1000 倍)

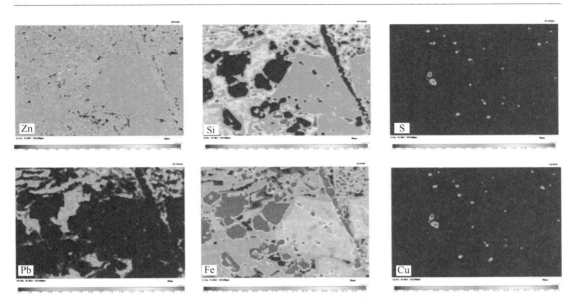

图 15-7　B 厂块状渣的元素面扫描图

采用电子探针对图 15-6 中显示主要物相进行成分检测，见表 15-14 和表 15-15。分析可知，点 1 位置 Cu 含量 68.65%，为典型铜锍相；点 2 位置主要物相为高价铁氧化物，铁含量达到 67.52%，SiO_2 含量极低；点 3 位置所显示物相在渣中赋存量大，Fe、SiO_2 含量分别为 46.85%、29.12%，据成分显示推测此位置主体物相为铁橄榄石；点 4 位置中主要物相为部分单质 SiO_2 及与其组成的复杂化合物。Ag 主要存在于高价铁氧化物的物相位置，推测为高熔点渣相夹杂；Zn 弥散分布于各物相中，但铜锍相中 Zn 含量较低；Pb 主要分布于 SiO_2 集中的物相。电子探针分析结果与元素面扫描结果一致。

表 15-14　图 15-6 中点 1 电子探针分析成分（质量分数）　　　　　（%）

组分	Si	S	Fe	Cu	Zn
含量	1.9	21.12	7.81	68.65	0.52

表 15-15　图 15-6 中点 2~4 电子探针分析成分（质量分数）　　　　　（%）

组分	MgO	Al_2O_3	SiO_2	CaO	TiO_2	Fe	Zn	Ag_2O	K_2O	PbO
2	0.15	1.03	0.6	0.07	0.34	67.52	1.00	0.10	—	—
3	1.75	0.05	29.12	0.17	—	46.85	1.60	—	—	—
4	0.17	2.93	53.65	11.71	—	19.17	1.21	—	0.46	2.02

15.3.1.3　A 厂和 B 厂烟尘成分分析

对 A、B 两个铜冶炼厂产出的烟尘成分进行多元素化学分析，见表 15-16。由分析结果可知，A、B 两个冶炼厂产出的烟尘中 Pb 含量分别为 26.43%、14.05%，Cu、Zn 含量也较高，具有相当高的回收利用价值。目前冶炼厂的烟尘处理主要是与精矿搭配返回底吹熔炼炉，由于烟尘中 Pb 含量较高，也导致粗铜或者阳极铜中 Pb 含量高的问题，且较高的

Pb、Zn 含量往复循环也会导致火法冶炼过程负荷加重。

表 15-16　A、B 两厂烟尘的主要化学成分（质量分数）　　　　（%）

冶炼厂	Cu	Pb	Zn	S
A 厂	10.54	26.43	3.23	12.79
B 厂	17.09	14.05	2.37	11.7

　　通过对两个处理不同原料的冶炼厂产出的氧气底吹铜熔炼渣和烟尘性质分析可知，渣中不仅有大部分以硫化物和金属存在的有价金属铜，还有许多以氧化物和复杂化合物存在的 Pb、Zn、Sb 等有价金属元素，采用常规的渣选矿法和电炉贫化法难以实现此类有价金属的综合回收。

　　利用 CR 技术处理铜熔炼渣并搭配处理炼铜烟尘，富集有价金属到不同产物中，可实现有价金属的综合回收。

15.3.2　CR 技术处理铜熔炼渣热力学分析

　　Cu、Pb、Zn、Sb 等有价金属以氧化物和复杂化合物组成部分难以直接沉降或挥发回收利用，需加入还原剂等添加剂，采用选择性还原尽可能实现绝大部分 Cu、Pb、Zn、Sb 等还原，尽可能少地还原出金属铁。以冶金热力学为基础，采用 FactSage 热力学计算软件中的 Reaction、Equilib 模块进行具体数据计算分析。

　　（1）Reaction 模块，可计算物质反应热力学广度（G、H、S、c_p 等）的参数；

　　（2）Equilib 模块（多元多相体系平衡计算），分析复杂体系在不同压力、温度条件下，反应体系中稳定存在的相及各相的组成情况。

15.3.2.1　碳的气化反应

　　CR 技术处理铜熔炼渣，煤直接加入到炉中，部分煤漂浮在熔池表面，部分煤被卷入熔池中，反应过程不仅有直接还原反应，也有间接还原反应，即"二步理论"[3]，间接还原与碳的气化反应的组合，如式（15-1）~式（15-3）所示。"二步理论"具体为：反应体系中有 CO 出现时，可与金属氧化物 MO 发生反应生成 CO_2，CO_2 在高温条件下与 C 发生反应生成双倍的 CO，生成的 CO 再与 MO 反应，循环往复，体系中只要有 C 存在，就可以一直进行下去，但需要注意的是最终消耗的是 C，而不是 CO。

$$CO + MO \rightleftharpoons M + CO_2 \quad （间接还原） \tag{15-1}$$

$$C + CO_2 \rightleftharpoons 2CO \quad （碳气化反应） \tag{15-2}$$

复合式（15-1）、式（15-2）可得：

$$MO + C \rightleftharpoons M + CO \quad （直接还原） \tag{15-3}$$

　　固体碳直接还原金属氧化物可以看成碳的气化和金属氧化物间接还原组成的复合反应，因此研究金属氧化物的直接还原反应，应首先找出常压下 C-CO-CO_2 体系平衡与温度 T 的关系，它是固体碳作为还原剂时最主要的反应之一。体系反应式为：

$$C(s) + CO_2(g) \rightleftharpoons 2CO(g) \quad \Delta_r G_m^{\ominus} = 166550 - 171T(J/mol) \tag{15-4}$$

取 $\Delta_r G_m^{\ominus} = -RT\ln K^{\ominus}$，可得：

$$\ln K^{\ominus} = 20.57 - \frac{20032.48}{T} = \ln\left[\frac{(\omega_{CO})^2}{\omega_{CO_2}} \cdot \frac{1}{a_C}\right] \tag{15-5}$$

由于气相中只有 CO、CO_2，且以纯石墨为标准态时，$a_C = 1$[4]。利用式（15-5）作出 C-CO-CO_2 平衡图（见图 15-8）。由图 15-8 可知，常压条件下，当温度由 500K 升到 680K 时，C-CO-CO_2 体系中 CO 比例约 1%，其余为 CO_2；温度继续升高至 1260K 时，体系中 CO 比例达到 99.1%，当温度继续升高至 1460K 时，CO 所占比例达到 99.9%，此时 $CO_2 \approx 0$。可知此体系中，高温且有 C 存在时，体系中绝大部分为 CO，CO_2 基本不存在。

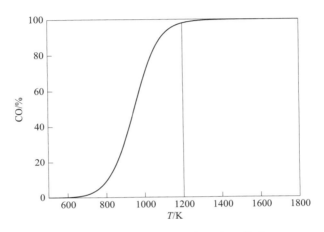

图 15-8　碳气化平衡 CO 与温度 T 关系

15.3.2.2　Cu、Pb、Zn、Sb 氧化物还原热力学研究

利用 FactSage 软件 Reaction 模块计算铜熔炼渣中主要金属氧化物被碳还原吉布斯自由能，如图 15-9 所示。由图 15-9 中吉布斯自由能曲线可知，Cu_2O、$CuFe_2O_4$、PbO、$PbSiO_3$、Sb_2O_3 被碳还原所需还原温度及还原势较低，其中当温度超过 900K 时，C 还原 Sb_2O_3 的吉布斯自由能最小；$ZnFe_2O_4$、$ZnSiO_3$ 开始还原温度较高，$ZnSiO_3$ 开始还原温度远高于 $ZnFe_2O_4$；当温度升高至 1473K 以上时，渣中主要氧化物被 C 还原从易到难的顺序为：Sb_2O_3、$ZnFe_2O_4$、Cu_2O、$CuFe_2O_4$、PbO、$PbSiO_3$、Fe_2SiO_4、Fe_3O_4、ZnO、FeO、Zn_2SiO_4；当温度超过 1573K 时，Zn_2SiO_4 还原吉布斯自由能低于 FeO；根据铁氧化物的分步还原理论，即在有 C 存在的条件下，C 直接参与渣中金属氧化物还原时，温度超过 1573K 时，可以采用选择性还原充分还原回收渣中铜、铅、锌、锑等有价金属。

众所周知，选择性还原不是绝对的不还原还原势较高的金属氧化物，当还原势低的金属氧化物含量少、活度低时，会有部分还原势高的金属氧化物被还原，因此在选择工艺条件时，在充分保证铜、铅、锌、锑等有价金属回收率的条件下，尽可能降低金属铁的产生。

由直接还原的二步理论可知，C 还原过程中产生 CO 会继续对铜熔炼渣中的金属氧化物进行还原，对 CO 还原铜熔炼渣中主要氧化物的吉布斯自由能进行计算，如图 15-10 所示。由图 15-10 吉布斯自由能曲线可知，在 1473~1773K 温度区间内，CO 还原渣中主要金

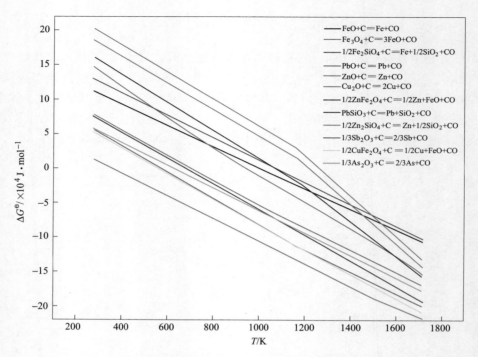

图 15-9　C 还原铜熔炼渣中有价金属氧化物吉布斯自由能

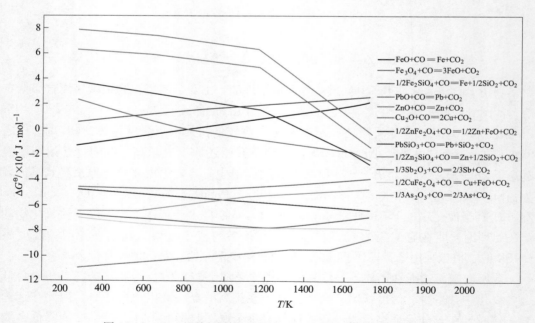

图 15-10　CO 还原铜熔炼渣中有价金属氧化物吉布斯自由能

属氧化物从易到难的顺序为：Sb_2O_3、Cu_2O、$CuFe_2O_4$、PbO、$PbSiO_3$、$ZnFe_2O_4$、Fe_3O_4、ZnO、FeO、Zn_2SiO_4、Fe_2SiO_4，但在此温度区间内，CO 不能还原 FeO、Fe_2SiO_4。

反应过程中，C 还原 ZnO 起始反应温度远低于 CO 还原 ZnO，因此渣中 ZnO 主要与固体 C 发生还原反应；$ZnFe_2O_4$ 与 C、CO 反应温度与吉布斯自由能均低于 ZnO、Zn_2SiO_4 与 C、CO 反应，根据物相分配检测结果显示，渣中 Zn 主要以 $ZnFe_2O_4$、Zn_2SiO_4 存在。

15.3.3　渣-金属分离

15.3.3.1　Cu_2S 等物质的沉降

选择性还原熔分处理铜熔炼渣过程中还原出的金属形核、长大，形成金属小液滴，在重力作用下沉降到熔池底部形成金属熔池，而其他氧化物则留存于渣中，从而达到渣、金属分离的目的，获得所需的产物。

金属聚集长大形成液滴，液滴沉降过程主要受自身重力、熔渣对液滴的浮力以及金属液滴沉降时熔渣对其产生的黏滞阻力作用，如图 15-11 所示。熔渣体系中弥散分布着不同粒径的金属液滴，为方便计算，进行以下假设：所有金属液滴为球形、开始沉降时已完成聚集长大、中间过程直径不发生变化[5]。

金属液滴所受浮力、重力表达式分别为：

$$F_{浮} = \frac{4}{3}\pi r^3 \rho_1 g \tag{15-6}$$

$$F_{重} = \frac{4}{3}\pi r^3 \rho_0 g \tag{15-7}$$

式中，r 为金属液滴半径，m；ρ_1 为熔渣密度，kg/m^3；ρ_0 为金属液滴密度，kg/m^3；g 为重力加速度，$9.8m/s^2$。

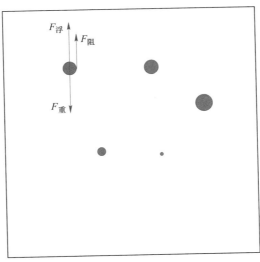

图 15-11　金属液滴受力平衡示意图

根据斯托克斯（Stokes）公式，阻力可表示为：

$$F_{阻} = 6\pi r \mu_s v \tag{15-8}$$

式中，μ_s 为熔渣黏度，$Pa \cdot s$；v 为金属液滴速度，m/s。

为方便计算，假设分离过程熔渣处于静止状态，金属液滴受力平衡，匀速下降，则

$F_阻 = F_重 - F_浮$，由此可得金属液滴沉降速度表达式为：

$$v = \frac{2r^2 g(\rho_0 - \rho_1)}{9\mu_s}$$ （15-9）

由式（15-9）可知，渣和金属分离过程中，金属液滴的沉降速度与液滴半径的平方、金属与渣的密度差成正比，与熔渣的黏度成反比。

15.3.3.2　Zn 等物质的挥发

选择性还原熔分处理铜熔炼渣过程中还原出的 Zn 等易挥发性物质在高温条件下形成气相，在自身表面张力和熔渣压力条件下，以小气泡形式在浮力作用下上浮到熔池表面，在熔池表面突破由于熔渣表面张力产生的液膜，进入到气相中。

易挥发金属气泡上浮过程主要受自身重力、熔渣对气泡的浮力以及气泡上浮时熔渣对其产生的黏滞阻力作用，如图 15-12 所示。熔渣体系中弥散分布着不同粒径的挥发性物质的气泡，为方便计算，进行以下假设：所有气泡为球形、上浮过程直径不发生变化。

为方便计算，假设分离过程熔渣处于静止状态，金属液滴受力平衡，匀速下降，则 $F_浮 = F_重 + F_阻$，由此可得气泡上浮速度表达式为：

$$v = \frac{2r^2 g(\rho_1 - \rho_0)}{9\mu_s}$$ （15-10）

由于气泡体密度很小，与熔渣密度差距大，因此表观条件下，气泡上浮速度远高于熔渣沉降速度。

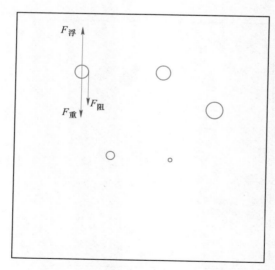

图 15-12　挥发性物质受力平衡示意图

15.3.4　小型试验

利用 100kW 感应电炉进行 CR 技术处理 B 厂铜熔炼渣 10kg 级试验。主要目的是初步验证 CR 技术的可行性，通过调节不同添加剂加入量实现渣中有价金属的回收。

试验过程中先将铜熔炼渣熔化加入，再加入还原剂等添加剂及烟尘。根据铜熔炼渣基础物化性质分析可知，Cu 绝大部分以铜锍微滴形式赋存于渣中，为保证铜熔炼渣中 Cu、Pb、Zn 等有价金属的综合回收，试验前期未搭配处理烟尘；待铜熔炼渣综合回收处理达到良好效果时，再进行烟尘搭配处理。试验方案见表 15-17。

表 15-17　100kW 感应炉试验方案

炉次	还原剂/%	黄铁矿/%	烟尘/%	保温时间/min
1	20	10	—	30
2	20	10	—	70
3	10	10	—	120
4	10	10	6	70
5	3	—	6	70
6	3	3	6	70

根据表 15-17 所示试验方案进行试验，对试验所得尾渣进行化学分析，结果见表 15-18。

表 15-18　100kW 感应炉试验结果　　　　　　　　　（%）

炉次	Cu	Pb	Zn
1	0.35	0.085	0.093
2	0.28	0.057	0.04
3	0.28	0.013	0.0062
4	0.3	0.049	0.01
5	0.41	0.056	0.058
6	0.39	0.049	0.028

由表 15-18 可知，对比 1、2 炉次试验，加入 20% 无烟煤、10% 黄铁矿，保温时间由 30min 延长至 70min，尾渣中 Cu、Zn、Pb 含量均降低，其中渣含铜由 0.35% 降至 0.28%，尾渣中 Zn、Pb 含量分别由 0.093%、0.085% 降至 0.040%、0.057%，说明在相同配料试验条件下，延长保温时间有利于铜熔炼渣中 Cu、Zn、Pb 的回收。

对比 2、3 炉次试验，第 3 炉次试验较第 2 炉次试验少加入 10% 无烟煤，但保温时间由 70min 延长至 120min，尾渣中 Cu 含量保持不变，Zn、Pb 含量由 0.04%、0.057% 降至 0.0062%、0.013%，说明在无烟煤、黄铁矿加入量达到一定程度时，延长保温时间对渣中 Pb、Zn 的还原挥发有利，结合渣中 PbO、ZnO 活度计算可知，在 1623K 条件下，当渣中 PbO 含量为 0.15% 时，PbO 在渣中活度为 1.3×10^{-4}，当 ZnO 含量为 0.5% 时，ZnO 在渣中活度为 1.86×10^{-3}。基于铜熔炼渣渣型及操作温度条件下，渣中 PbO、ZnO 活度很低，反应速率小，可通过延长保温时间，促进渣中 Zn、Pb 等金属的回收。

对比 3、4 炉次试验，第 4 炉次试验较第 3 炉次多加入 6% 烟尘，保温时间缩短，尾渣中 Cu、Zn、Pb 含量均升高，分别为 0.3%、0.01%、0.049%，产生这种现象的主要原因为保温时间短、烟尘带入大量 Cu、Pb 等物质。第 4 炉次试验较第 2 炉次少加入 10% 无烟煤，多加入 6% 烟尘，但尾渣中 Zn、Pb 含量低；产生此现象的主要原因是后期试验过程中，从试验开始就使用收尘系统，在感应炉上部开启抽风系统，使得熔池上部气相中 Zn、Pb 分压低，有利于熔池上部 Zn、Pb 金属的挥发，从而促进渣中 Zn、Pb 氧化物的还原反应进行，与 ZnO、PbO 还原气相组成理论计算结果相符合。

前期试验，实现尾渣含铜降至 0.3% 以下，尾渣中 Zn、Pb 含量降至 0.05% 以下，但由于处理过程中加入无烟煤、黄铁矿较多，导致铜熔炼渣处理成本较高，因此降低无烟煤、黄铁矿配入量进行 5、6 炉次试验。

根据试验结果可知，第 5 炉次试验铜熔炼渣中配入 3% 无烟煤和 6% 烟尘，尾渣中 Cu、Zn、Pb 含量分别为 0.41%、0.058%、0.056%。在相同保温时间条件下，尾渣中 Pb、Zn 含量较加入更多配料的第 2 炉次试验高。

第 6 炉次试验较第 5 炉次试验多加入 3% 黄铁矿，尾渣中 Cu 含量由 0.41% 降至 0.39%，Pb 含量降至 0.049%，Zn 含量降至 0.028%。

通过上述试验，实现尾渣 Pb、Zn 含量均低至 0.05% 以下，尾渣中 Cu 含量最低达到 0.28%，对渣中 Cu 进行物相分析。

根据取样规则，尾渣样品主要来自底部渣，物相分析时，对 2、5 炉次尾渣进行物相分析，结果见表 15-19。

表 15-19　第 2、5 炉次试验产物渣中 Cu 的物相分析（质量分数）　　　（%）

炉次	铜氧化物	铜硫化物	金属铜	其他铜	总铜
2	0.002	0.122	0.006	0.15	0.28
5	0.005	0.25	0.06	0.095	0.41

通过尾渣 Cu 物相分析可知，尾渣含铜降至 0.28%，约有 43.57% 的 Cu 以硫化物状态存在，未能沉降进入熔池底部铜锍；第 5 炉次尾渣含铜降至 0.41%，约有 60.09% Cu 以硫化物状态存在，未能沉降进入熔池底部铜锍。

第 5 炉次尾渣铜硫化物中 Cu 质量分数较第 2 炉次尾渣铜硫化物中 Cu 大 0.128 个百分点，同时渣含铜质量差 0.13 个百分点，两个数值非常接近。因此，降低渣含铜的关键是促进渣中铜硫化物沉降。

15.3.5　扩大试验

利用 120kW 电炉进行 CR 技术处理铜熔炼渣 300kg 级试验，试验步骤与小型试验相似，先将铜熔炼渣熔化，再缓慢加入还原剂等添加剂，采用布袋收尘器收集烟尘。本试验未加入熔炼烟尘进行处理。试验装置示意图如图 15-13 所示。

试验过程中对每炉次原渣、终渣、铜锍、烟尘中主要金属进行多元素分析，在控制温度、添加剂配比、保温时间等工艺操作参数的条件下，进行多炉试验，部分试验结果如下：

（1）炉次 1 获得结果见表 15-20。由表 15-20 可知，本炉次尾渣中含量为 Cu 0.32%、Pb 0.05%、Zn 0.086%、Sb 0.003%、As 0.006%、Ag 13.76g/t、Au<0.1g/t；回收率分别为 Cu 94.53%、Pb 95.05%、Zn 97.72%、Sb 99.69%。

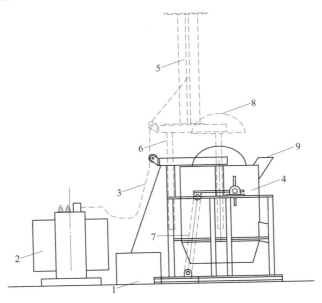

图 15-13　120kW 试验电炉示意图

1—液压站；2—变压器；3—水冷电缆；4—炉体；5—升降支架；
6—炉盖升降台；7—炉体倾转支撑；8—炉盖；9—加料流槽

表 15-20　炉次 1 试验结果 （%）

产 物	Cu	Fe	Pb	Sb	Zn	As
原渣	4.27	40.91	0.91	0.88	3.55	0.45
终渣	0.32	39.37	0.05	0.003	0.086	0.006
铜锍	23.54	48.44	2.63	6.86	0.26	
烟尘	0.85	4.07	10.88	1.93	44.09	

　　获得的铜锍如图 15-14 所示，对铜锍进行元素面扫描分析如图 15-15 所示。铜锍中 S 主要分布与 Cu 相似，但部分 Cu 分布集中区域 S 含量很低，说明此区域为金属 Cu；部分 Fe 与 S、Cu 分布一致，但在 Fe 集中分布的位置，S、Cu 含量很低，为金属 Fe，且金属 Fe 主要集中于铜锍相周围；Au、Ag、Sb 集中分布位置相似，S、Cu 含量很低。Zn 含量高的区域 S 含量也高，说明铜锍中 Zn 主要以硫化物状态存在，也有少量 Zn 弥散分布在铜锍相中。

　　（2）炉次 2 获得结果见表 15-21。由表 15-21 可知，本炉次终渣中含量为 Cu 0.36%、Pb 0.039%、Zn 0.34%、Sb 0.0057%、As 0.005%；回收率分别为 Cu 92.98%、Pb 97.49%、Zn 94.55%、Sb 99.42%。

图 15-14　炉次 1 产出铜锍

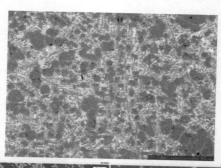

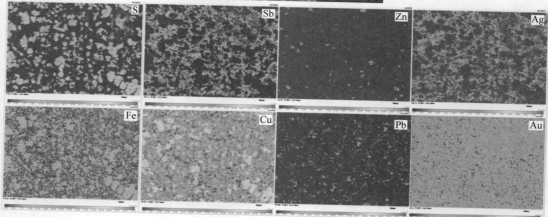

图 15-15　炉次 1 铜锍元素面扫描分析

表 15-21　炉次 2 实验结果 　　　　　　　　　　（%）

产物	Cu	Fe	Pb	Sb	Zn	As
原渣	4. 31	40. 30	1. 4	0. 88	3. 62	0. 44
终渣	0. 36	41. 77	0. 039	0. 0057	0. 11	0. 005
铜锍	33. 76	42. 38	2. 21	7. 50	0. 22	
烟尘	0. 86	2. 02	11. 38	2. 39	47. 45	

（3）炉次 3 获得结果见表 15-22。由表 15-22 可知，本炉次尾渣中含量为 Cu 0.34%、Pb 0.05%、Zn 0.08%、Sb 0.006%、As 0.0034%；回收率分别为 Cu 91.97%、Pb 96.37%、Zn 91.37%、Sb 99.43%。

表 15-22　炉次 3 试验结果

产物	Cu	Fe	Pb	Sb	Zn	As
原渣	4. 22	39. 21	1. 24	0. 94	3. 65	0. 38
终渣	0. 36	43. 37	0. 05	0. 006	0. 08	0. 0034
铜锍	32. 79	41. 20	2. 24	6. 43	0. 21	
烟尘	0. 82	3. 58	10. 59	2. 05	45. 86	

针对以上结果小结如下：

（1）CR 技术作为铜熔炼渣处理的升级替代技术，可全面回收渣中的 Cu、Zn、Pb 等有价金属，同时产出一般固废终渣，终渣中 Pb 均低于 0.1%，As 含量均低于 0.01%。

（2）控制合适的工艺条件，可促进 Zn、Pb 两种元素氧化物的深度还原挥发。

（3）铜熔炼渣中 Pb、Zn、Sb 回收率分别超过 95%、94%、99%；实现铜渣中有价金属的综合回收。

15.4　造铜炉

基于底吹熔炼作业可产出品位高、杂质含量少的铜锍，吹炼作业负荷大幅降低，为吹炼作业和精炼作业合为一体奠定了基础。

铜锍经造铜炉冶炼直接产出阳极铜，可缩短工艺流程和作业周期，改善操作环境、减少安全隐患、降低投资及运行成本。造铜工艺主要特点如下：

（1）造铜炉采用富氧（氧气浓度 40%~60%）吹炼作业，以降低惰性气体的鼓入量，减轻熔体对炉衬的冲刷，提高炉衬寿命。通过高效冷却介质和冷料平衡造铜炉内富裕热。

（2）造铜过程通过基于化学反应的 APC（先进过程控制）系统，精确控制喷入炉内的气体种类和质量，进行氧化和还原反应，顺序完成吹炼和火法精炼作业，产出合格阳极铜。

（3）通过数值仿真，优化造铜炉炉型结构和喷枪布置，实现炉渣和铜的有效分离，确保阳极铜品质。

向造铜炉中喷入水雾，在造铜炉的炉体外部设置冷却元件；在能够提供冷料的情况下，可以通过加入冷料平衡富余热，其中冷料包括废杂铜、电解残极铜和固态铜锍中的一种或多种。

造铜炉在进行氧化处理的步骤之后，得到金属铜和造铜渣，当造铜炉中的金属铜中含氧量（质量分数）低于 0.2%时，将造铜渣排出造铜炉，金属铜作为阳极铜；当造铜炉中的金属铜中含氧量（质量分数）高于 0.2%时，将造铜渣排出造铜炉后，向造铜炉中通入还原剂以对金属铜中的铜氧化物杂质进行还原反应，进而得到阳极铜。

由于造铜炉的生产实践经验有限。目前生产中存在炉子过热、喷枪寿命短、炉体冲刷严重、炉子寿命偏短等问题，以某铜冶炼厂底吹吹炼炉为例进行了仿真模拟。

应用 CFD 方法可以真实揭示炉内流场、温度场和浓度场分布情况，目前已大量应用于有色冶金和钢铁冶金等过程，为了解工业炉内部不可见的状况提供了强有力的理论基础，由于目前关于造铜炉的工业试验很少，因此有必要依据多相流理论对造铜炉内流动现象进行分析。

15.4.1　造铜炉仿真前处理

仿真模拟的前处理过程主要包括物理建模、网格划分，分别介绍如下。

建立的造铜炉物理模型如图 15-16 所示，炉内尺寸 $\phi3.3m \times 18.6m$，底部分布有 10 支喷枪，与实际底吹炉尺寸比例为 1：1。

之后对该物理模型进行网格划分，得到高质量六面体结构化网格，网格划分结果如图 15-17 和图 15-18 所示，网格质量分布如图 15-19 所示，网格参数列于表 15-23，网格数量和质量均能满足计算精度的要求。

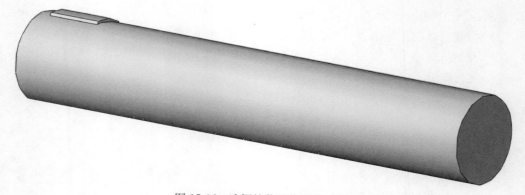

图 15-16　造铜炉物理模型示意图

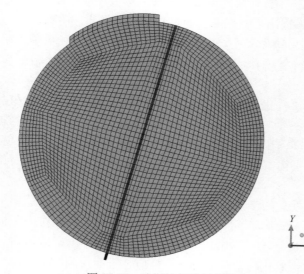

图 15-17　造铜炉侧壁网格分布

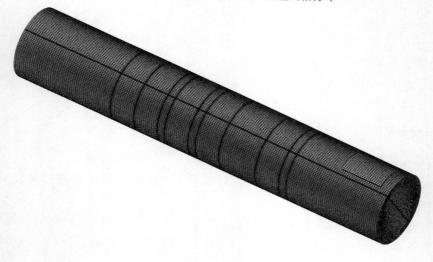

图 15-18　造铜炉全局网格分布

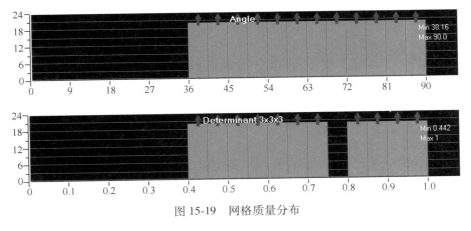

图 15-19 网格质量分布

表 15-23 造铜炉网格参数

项 目	参 数
网格类型	六面体网格
网格质量（行列式）	>0.4
网格数量	约 770000
喷枪数量	10

15.4.2 工艺参数的选取

通过冶金计算得到造铜炉造渣期和还原期的工艺参数，两阶段有很大不同，因此将造铜炉分为两个阶段进行模拟仿真，各阶段仿真采用的工艺参数列于表 15-24。

表 15-24 造渣期和还原期仿真参数

物相名称	密度 /kg·m^{-3}	动力黏度 /kg·(m·s)$^{-1}$	熔体高度 （造渣期）/mm	熔体高度 （还原期）/mm	供气量 /m^3·h^{-1}
富氧空气	1.29	1.7894×10^{-5}	—	—	20980（造渣期） 658（还原期）
铜	7753	0.0035	1100	1200	—
冰铜	5389	0.004	200	—	—
渣	3500	0.9	200	200	—

15.4.3 计算结果分析

15.4.3.1 造渣期

图 15-20 所示为在造渣期某一时刻熔体交界面的变化，不同熔体以颜色区分，由下至上分别为粗铜、白冰铜、吹炼渣和烟气层，由模拟结果可以观察到炉内熔体流动状态及在炉内的分布规律，可以看到在实际过程中不易直接观察到的现象：沉降区熔体流动平缓，喷枪附近熔体搅拌剧烈。

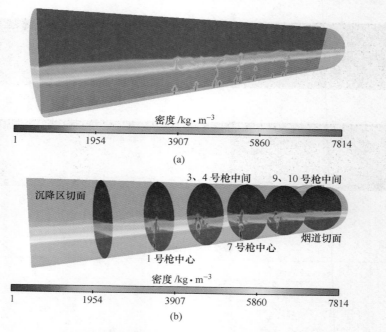

图 15-20 造渣期某一时刻熔体分布示意图
(a) 喷枪横向切面;(b) 喷枪纵向切面

图 15-21 所示为粗铜、白冰铜、吹炼渣和气相体积分数为 0.1(假设喷溅最小浓度)的等值面在某一时刻的变化规律,并定性分析了造铜炉在造渣期的喷溅规律。从图 15-21 可以看到,熔池具有较强的搅拌强度,促进气-液反应的进行,同时通过精准控制气量防止熔池过氧化。由熔体喷溅分析可以得到造铜炉在造渣期的喷溅机理:底部喷枪喷入的气体首先和粗铜接触,带动粗铜剧烈搅拌,粗铜上升过程中卷入白冰铜和吹炼渣造成炉内熔体的喷溅,在实际中可优化各层高度来避免喷溅。

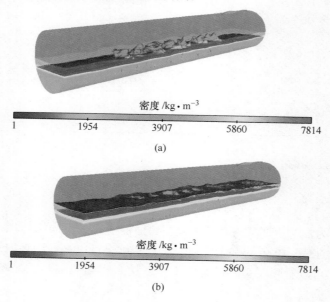

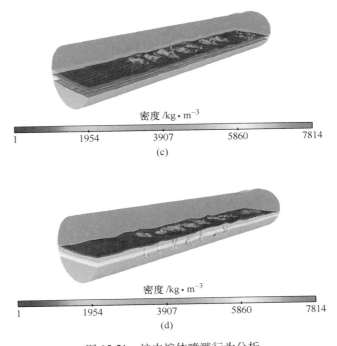

密度/kg·m⁻³

图 15-21 炉内熔体喷溅行为分析

（a）粗铜喷溅行为；（b）吹炼渣喷溅行为；（c）白冰铜喷溅行为；（d）气相搅动

对炉内流体的速度场进行了分析，由于炉内主要是低速流动区，因此速度显示范围为 0~2m/s，结果如图 15-22 所示。由底部高速喷枪射入气体冲击高温熔体，首先接触粗铜和

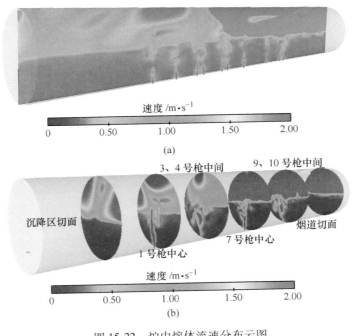

图 15-22 炉内熔体流速分布云图

（a）喷枪横向切面；（b）喷枪纵向切面

白冰铜，发生气-液反应，底部氧枪的喷吹行为使炉体内自下而上分为了三个区域：
（1）熔体沉降区，熔体流速缓慢，渣铜分离；（2）气-液反应区，熔体搅动强烈，剧烈发
生反应；（3）烟气流出区，生成的烟气通过烟道口负压排出。观察炉内熔体速度场的分布
可以更明确各相的流动规律，提供优化炉型的依据，熔体高速流动区主要集中于烟道口和
喷枪入口处，此处流体流动剧烈，利于烟气的逸出和气液反应，其他部分流体流动相对缓
和，有利于粗铜和吹炼渣的沉降分离。可以针对不同炉型尺寸分析炉内各流动区域的大
小，并和实际结果相结合，找出最优的炉型设计尺寸。

15.4.3.2　还原期

图 15-23 所示为在还原期某一时刻熔体交界面的变化，不同熔体以颜色区分，由下至
上分别为精炼铜、精炼渣和烟气层，由模拟结果可以观察到炉内熔体流动状态及在炉内的
分布规律，可以看到在实际过程中不易直接观测到的现象：由于还原期供气量较造渣期
少，因此沉降区和两支喷枪之间的熔体流动较为平缓，喷枪接触的熔体有一定的搅拌强
度，但相对于造渣期小了很多。

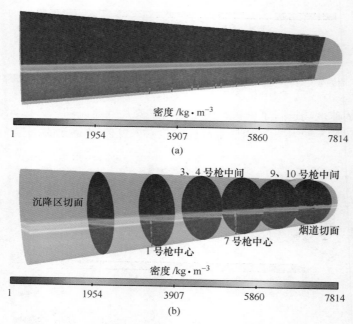

图 15-23　还原期某一时刻熔体分布示意图
（a）喷枪横向切面；（b）喷枪纵向切面

图 15-24 所示为精炼铜和精炼渣相体积分数为 0.1（假设喷溅最小浓度）的等值面在
不同时刻的变化规律，定性分析了造铜炉还原期的喷溅规律。从图 15-24 分析可以得到造
铜炉在还原期的喷溅机理：底部喷枪喷入的气体首先和精炼铜接触，带动精炼铜搅拌，精
炼铜上升过程中卷入精炼渣造成炉内熔体的喷溅，但在实际生产中由于还原期熔体搅拌不
是很强烈，因此一般不会发生熔体喷溅。

对炉内流体的速度场进行了分析，由于炉内主要是低速流动区，因此速度显示范围为

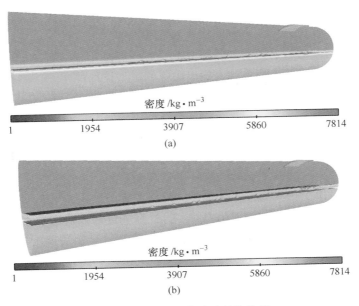

图 15-24 炉内熔体喷溅行为分析

（a）精炼铜喷溅行为；（b）精炼渣喷溅行为

0~2m/s，结果如图 15-25 所示，与造渣期类似，底部喷枪喷入的气体冲击高温熔体，首先接触铜，发生气-液还原反应，同样地底部氧枪的喷吹行为使炉体自下而上分为了三个区域：（1）熔体沉降区，熔体流速缓慢，渣铜分离；（2）气-液反应区，熔体搅动强烈，剧烈发生反应；（3）烟气流出区，生成的烟气通过烟道口负压排出。

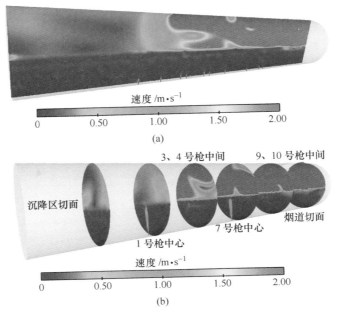

图 15-25 炉内熔体流速分布云图

（a）喷枪横向切面；（b）喷枪纵向切面

　　炉内熔体速度场的分布可以更明确各相的流动规律,熔体高速流动区主要集中于烟道口和喷枪入口处,此处流体有一定的流动,利于烟气的逸出和气-液反应,其他部分流体流动相对缓和,有利于精炼铜和精炼渣的沉降分离。可以针对不同炉型尺寸分析炉内各流动区域的大小,并和实际结果相结合,找出最优的炉型设计尺寸。

15.4.4　小结

　　造铜炉的仿真依据底吹原理、工程经验、冶金计算及设计图纸等原始数据,建立造铜炉1∶1几何模型,采用冶金计算得到的工艺参数进行仿真计算,并对结果进行分析,得到一些在生产现场或实验室高温试验无法获得的基础数据,如炉内熔体浓度场、速度场及喷溅行为分析,显示出了仿真的巨大优势,并得出了如下结论:

　　仿真结果再一次证明了造铜炉工艺上的可行性和先进性。造铜炉主要分为两个冶炼阶段:造渣期和还原期,由于两个阶段在喷吹气量上的差异(造渣期大于还原期),造成了炉内熔体流动状态的不同,由速度云图可以明显看到造渣期的搅拌强度较还原期大,造渣期可能会发生熔体喷溅,而还原期不易发生熔体喷溅,因此,在实际生产过程中应密切关注造铜炉在造渣期的操作,选择合适的操作制度(冶炼强度、加料速率、供气速率及熔池高度等参数),以优化造渣期操作,精准操作使铜锍转变为粗铜,从而防止熔池过氧化带来的喷溅。

参 考 文 献

[1] 李思勇. 铜冶炼渣包冷却制度的建立 [J]. 有色金属 (冶炼部分), 2017 (11): 42~45.
[2] 孙中义. 铜渣选矿的工艺及实践 [J]. 山西冶金, 2015 (4): 100~102.
[3] 彭容秋. 铜冶金 [M]. 长沙: 中南大学出版社, 2004.
[4] 郭汉杰. 冶金物理化学教程 [M]. 北京: 冶金工业出版社, 2007.
[5] 朱祖泽, 贺家齐. 现代铜冶金学 [M]. 北京: 科学出版社, 2003: 2~10.

16 底吹炉处理二次铜资源的研究

16.1 概述

二次铜资源是再生铜的原料，其来源于社会的生产、流通、消费等各个领域，是一项类别多、成分复杂的铜原料，根据其品位可以分为低品位杂铜、中品位杂铜和高品位杂铜，《再生铜冶炼厂工艺设计规范》（GB 51030—2014）将含铜小于 40% 称为低品位杂铜，含铜 40%~90% 称为中品位杂铜，含铜大于 90% 称为高品位杂铜。

根据杂铜品位不同的回收方法，主要有湿法和火法两种。火法处理可分为直接利用和间接利用。直接利用是将高质量的废铜直接熔铸成精铜或铜合金；间接利用是通过冶炼除去废杂铜中的杂质后将其铸成阳极板，再经过电解得到阴极铜，间接利用分为一段法、两段法和三段法[1]。

高品位杂铜通常采用一段法回收，即将原料直接加入精炼炉内，经熔化、氧化和还原等火法精炼后铸成阳极板。近年来，我国在高品位废杂铜处理等方面取得了一定成效，相继出现了一批先进技术和装备，如倾动式阳极炉、精炼摇炉（倾动式阳极炉类）、处理固态物料的回转式阳极炉、NGL 炉（回转式阳极炉类）等，不仅应用于大型废杂铜冶炼项目中，而且采用自动化控制技术。

中低品位的二次铜资源处理一般采用两段法或三段法，是将废杂铜先进行熔化并吹炼成粗铜，粗铜再在精炼炉精炼成阳极板。比较先进的中低品位杂铜冶炼技术主要集中在欧美和日本，目前有生产实践的主要是卡尔多技术和顶吹炉技术。我国中低品位废杂铜处理技术相对落后，以鼓风炉和卡尔多炉技术为主，目前已经建成投产的卡尔多炉有 3 套，主要用于处理中品位杂铜（含铜 60%~80%），顶吹技术主要用于处理低品位的电子垃圾，国内有 2 套。

氧气底吹炼铜技术是我国自主研发的炼铜技术，因其具有原料适应能力强、炉型简单、操作方便、灵活、生产效率高、炉子水冷元件少、能耗低、流程短、投资省等特点，虽然起步较晚，但发展很快。氧气底吹炼铜技术的开发者——中国恩菲也一直致力于底吹炉处理二次铜资源的工艺技术研究，开发了处理高品位杂铜和低品位含铜固废的底吹炉。本章主要介绍底吹炉处理高品位杂铜和中低品位含铜资源的工艺技术研究，分析探讨底吹炉处理二次铜资源的优势。

16.2 底吹炉工艺处理二次铜资源的可行性

底吹炉是一种可转动的冶金炉，其主要特点是在炉底设置喷枪，物料从炉顶加入，冶炼过程所需要的氧气和燃料（煤粉、天然气等）等介质通过喷枪喷入高温熔池中。

杂铜冶炼过程由于原料中没有硫等元素与氧气反应放热，通过燃料燃烧放热实现物料熔化。一般，冶金炉处理杂铜，燃料从熔池上部气相燃烧，依靠辐射和对流传热，热效率相对较低；即顶吹工艺和氧气顶吹旋转转炉（卡尔多炉）工艺，由于喷枪吹入渣层，也存在部分燃料在炉膛燃烧放热的情况。

底吹炉的燃料是从底吹炉底部与氧气共同鼓入熔池，称为"浸没燃烧"，燃料在熔池内完全燃烧，将热量释放在熔池中，促进熔池的强烈搅拌，为反应提供了良好的动力学条件，烟气从熔体逸出后基本没有气相的二次燃烧，热利用率高，这为底吹炉工艺处理杂铜化料创造了条件。

底吹炉开炉熔化底料时有两种方式，一种是采用炉体两端的烧嘴燃烧化料，另一种是采用化料枪浸入式化料，后者比前者的化料速度快 1 倍以上。根据此实践结果，预测底吹炉处理杂铜的化料时间可缩短一半左右，将大大提高杂铜冶炼的效率。

中低品位铜资源冶炼的特点是先将物料中的 Cu、Ni、Pb、Sn 等有价金属和少量 Fe 熔化还原进入合金相，大部分 Fe 和 SiO_2 造渣排出，再进行合金相氧化操作，其中的 Ni、Pb、Sn 和 Fe 氧化造渣，产出粗铜再进一步精炼，氧化渣经还原综合回收其中的有价金属。底吹炉喷枪既可以喷入氧气和燃料形成还原气氛（不完全燃烧），又可以直接喷入氧气和燃料形成氧化性气氛（完全燃烧），还可以只喷入氧气直接氧化（氧化时燃料通道鼓入适量氮气），这为冶炼过程的各种工艺控制创造了所需的各种条件。

16.3　底吹炉处理二次铜资源工艺技术研究

16.3.1　底吹炉处理中低品位铜资源工艺技术研究

中低品位二次铜资源，原料来源比较复杂，主要包括：电子工业产生的电子废料、含铜烟尘、炉渣和铜泥、报废的电器零件和复杂的含铜废料等[2]。处理原料不同，所采用的冶炼工艺也会存在差别。以下为某公司的底吹炉处理中低品位废杂铜项目的工艺设计。

16.3.1.1　处理物料及处理规模

该项目规模为年产 20 万吨阴极铜，所处理的物料包括中低品位废杂铜和外购粗铜。中低品位废杂铜主要有杂铜合金、电镀泥渣、氧化铜矿、线路板、海绵铜等，用底吹炉处理；外购粗铜用阳极精炼炉处理。中低品位废杂铜的处理量为 257360t/a，平均成分见表 16-1。

表 16-1　中低品位废杂铜平均成分　　　　　　　　　　　　　　（%）

成分	Cu	Fe	S	Pb	Zn	As	Sn	Ni	SiO_2	有机物
含量	49.5	10.8	0.72	1.8	6.7	0.43	4.5	1.1	7.94	2.02

16.3.1.2　工艺流程

图 16-1 所示为该项目工艺流程。采用一台底吹炉，分还原熔炼和氧化熔炼两个操作阶段进行。还原阶段：中低品位废杂铜物料破碎后，与块煤、熔剂等物料配料后加入底吹

炉，进行还原熔炼将锌挥发进入烟尘，铜等其他有价金属还原进入生铜；氧化阶段：含铜较高的中品位废杂铜物料破碎后，与块煤、熔剂等物料进行配料后加入到底吹炉，与还原熔炼产出的生铜一起进行氧化熔炼，将铅、锡等金属氧化进入炉渣，铜及金银等保留在粗铜中。

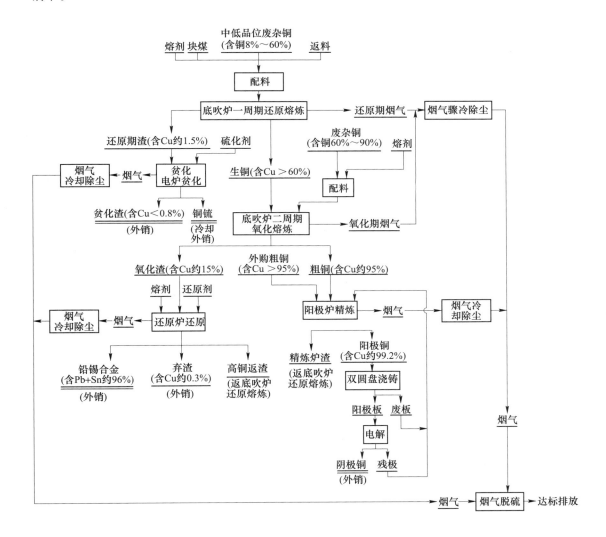

图 16-1 工艺流程图

还原期渣经流槽流入贫化电炉进行贫化，贫化电炉产出铜锍和贫化渣，铜锍冷却破碎后外销，贫化渣冷却外销。还原期产出的生铜不排放，留在炉内进入氧化熔炼期；氧化期产出的氧化渣冷却破碎后经还原炉还原，还原炉炉渣冷却后外销，高铜渣返熔炼，铅锡合金外销；氧化期产出的粗铜经回转式阳极精炼炉精炼；精炼产出的阳极板送电解精炼，精炼渣冷却破碎后返熔炼。

底吹炉还原期和氧化期烟气均经余热锅炉回收余热后骤冷降温，以防止有毒物质二噁英的生成，骤冷降温后的烟气采用具有催化转化类滤料的特殊布袋收尘器收尘，收尘后烟气送烟气脱硫系统；还原炉烟气经余热锅炉回收余热后送布袋收尘器收尘，然后送烟气脱硫系统；精炼烟气经换热器换热后，送布袋收尘器收尘，然后送烟气脱硫系统。电炉烟气冷却后送收尘系统收尘，然后送烟气脱硫系统。布袋收尘器收集的烟尘中 Pb、Zn、As 等元素含量较高，白烟尘经一段预浸、二段酸浸、脱铜、蒸发结晶硫酸锌、还原沉砷等操作工序处理，其中的有价金属分别以海绵铜、七水硫酸锌、三氧化二砷、铅渣的形式回收利用。

16.3.1.3　底吹炉规格及结构

底吹炉规格 $\phi 5.2m \times 20m$，为卧式圆筒回转炉，主要由炉体、氧枪和烧嘴三部分构成，其结构示意如图 16-2 所示。

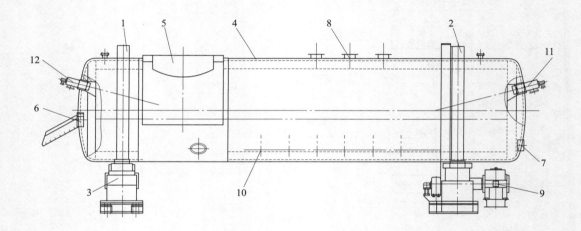

图 16-2　底吹炉结构示意图

1—滚圈；2—齿圈；3—托辊；4—炉壳；5—出烟口；6—放渣口；7—粗铜排放口；
8—加料口；9—驱动系统；10—氧煤枪；11—主氧燃烧嘴；12—辅氧燃烧嘴

炉体包括炉壳、传动装置、托轮装置、齿圈、滚圈、加料口、出烟口、放出口及砖体等部件。炉壳两端采用封头形式，结构紧凑；炉顶设有加料孔；圆筒形的炉体通过两个滚圈支承在两组托轮上，炉体通过传动装置，拨动固定在滚圈上的大齿圈，可以做 360°转动。

氧枪是底吹熔炼炉至关重要的部件，其基本结构为多层套管形式。内管通煤粉和载气，中间通氧气，用于补热和提供反应用氧气；外管通氮气，用以冷却保护氧枪。

烧嘴分为主氧燃烧嘴和辅氧燃烧嘴，烧嘴用氧气燃烧煤粉，以补充部分反应所需热量。

16.3.1.4　底吹炉主要操作参数和工艺指标

中低品位杂铜底吹炉周期作业，每天生产 1.5 炉，其主要操作参数和技术经济指标见表 16-2。

表 16-2 中低品位杂铜底吹炉主要操作参数和工艺指标

序号	指标名称		数值	备注
1	底吹熔炼炉尺寸/m×m		φ5.2×20	1 台
2	每炉操作时间/h		16	
	其中：还原操作/h		10.3	
	氧化操作/h		2.7	
	氧化期结束放渣和粗铜/h		3	
3	还原熔炼期	熔剂率/%	6.47	
		燃料率/%	11.02	
		烟尘率/%	8.5	
		喷枪送氧量/m³·h⁻¹	4435.03	氧浓度99.6%
4	氧化熔炼期	熔剂率/%	1.26	
		燃料率/%	2.93	
		烟尘率/%	5	
		喷枪送氧量/m³·h⁻¹	4552.14	氧浓度99.6%

16.3.2 底吹炉处理高品位废杂铜工艺技术研究

16.3.2.1 炉体规格和结构

图 16-3 所示为高品位杂铜底吹熔炼炉结构示意图，规格为 φ5.2m×15.5m，阳极铜产能为 400 吨/炉。该杂铜底吹炉最初是为湖南某项目开发，经多次设计优化，结构形式更为合理。喷枪设在杂铜底吹炉底侧部，采用天然气做燃料和还原剂，不同操作周期鼓入不同的气体，达到加热化料、氧化、还原的目的。在炉体端部设有燃烧器，采用纯氧燃烧，在底吹炉初始加料、熔池面较低的情况下，可通过燃烧器加热，同时可通过调整燃烧器燃料量，调节喷枪送气量，保证各周期喷枪气量不出现较大波动，控制熔池搅拌动能。炉体底部设有透气砖，可通入氮气搅动熔池，加速传质传热，提高化料速度。该杂铜底吹炉设有两个加料口，配置加料机将大块物料直接加入炉内，两个加料口可保证物料分散加入炉内，防止炉内堆料，影响化料速度。出烟口设在端头，与沉尘室连接，烟气经除尘冷却后送脱硫处理。

16.3.2.2 操作周期及工艺描述

每炉作业时间为 24h，分为加料熔化期、氧化期、还原期和保温浇铸期，各周期作业时间见表 16-3。

表 16-3 高品位杂铜底吹炉作业周期 （h）

作业周期	加料熔化期	氧化期	还原期	保温浇铸期
作业时间	13	2.5	3.5	5

加料熔化期，利用喷枪和烧嘴补热化料，喷枪为主，烧嘴为辅；通过喷枪按比例鼓入

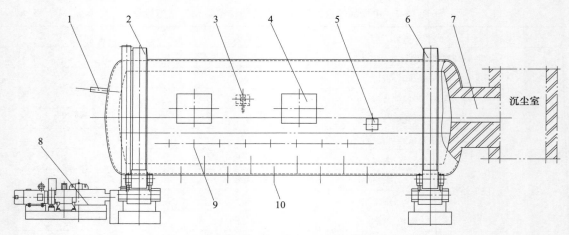

图 16-3　高品位杂铜底吹熔炼炉结构示意图
1—燃烧器；2—齿圈；3—放铜口；4—加料口；5—排渣口；6—滚圈；
7—出烟口；8—传动装置；9—喷枪；10—透气砖

天然气和氧气，采用纯氧燃烧。氧化期喷枪内鼓入压缩空气，氧化除杂；若氧化期热不足，可通过烧嘴补热。还原期鼓入天然气和氮气，天然气主要用于还原和在炉膛内燃烧，燃烧需氧从烧嘴鼓入。保温浇铸期，喷枪转出液面，喷枪内鼓入天然气和氧气，天然气适当过量，维持炉膛内弱还原性气氛，防止铜液在浇铸过程中氧化。高品位杂铜底吹炉不设氧化还原喷枪，在整个操作过程中，炉内气氛靠喷枪鼓入不同气体控制，同时调整烧嘴的送气量，以保证喷枪各周期送风量不出现较大波动。

16.3.2.3　主要操作参数和工艺指标

400t 杂铜底吹炉主要参数和工艺指标见表 16-4。

表 16-4　高品位杂铜底吹炉主要操作参数和工艺指标

序号	指标名称	数据	备　注
1	杂铜底吹炉规格/m×m	$\phi 5.2 \times 15.5$	
2	每炉产能/t	400	
3	每炉操作周期/h	24	
4	入炉平均品位/%	90	
5	阳极铜品位/%	≥99.1	
6	天然气（生产阳极铜）单耗/$m^3 \cdot t^{-1}$	67.8	
7	氧气（生产阳极铜）单耗/$m^3 \cdot t^{-1}$	136.3	氧气燃烧

16.4　底吹炉处理废杂铜的优势分析

16.4.1　底吹炉处理中低品位废杂铜优势分析

中低品位废杂铜原料复杂，难处理，其冶炼难点主要表现在：

（1）能耗高。废杂铜原料基本是固体冷料，原料中没有硫等可燃物，反应过程不能自热，因此燃料消耗多。

（2）冶炼过程复杂。在废杂铜火法处理过程中需添加不同的熔剂来除去杂质，如添加石英除 Fe、Pb、Ni 等，添加石灰石和 Na_2CO_3 除砷、锑，用焦炭脱锌、锡等[3]。

（3）烟气需要进行特殊处理。废杂铜中挥发物质较多，冶炼过程中有大量的可挥发物进入烟气，如 Pb、Zn 和未燃尽的有机物等，控制不当会导致炉子出口、烟道和余热回收系统黏结严重[4]。同时，烟气处理需避免二噁英的产生和卤族元素的腐蚀。

（4）综合回收要求高。中低品位废杂铜所含杂质多，但大多数为有价金属，综合回收可获取更高的经济效益。

鉴于中低品位废杂铜处理特点，要求中低品位废杂铜的处理设备要有较强的原料、燃料适应能力和除杂能力，并且节能环保。底吹炉处理中低品位废杂铜在这些方面有其独特的优势，主要表现在以下几个方面：

（1）原料适应性强。底吹炉可以处理粉料和块料，并允许原料成分有一定的波动范围。中低品位废杂铜种类繁杂，物料形态差别也较大，有粉状、块状、片状等。底吹炉对入炉物料粒度要求比较宽泛，一般粒度小于 50mm 的物料均可直接入炉，无需进行特殊处理。

（2）燃料适应性强。表 16-5 所列为不同冶炼工艺可使用的燃料种类。

表 16-5　不同冶炼工艺可使用的燃料种类

工艺/燃料	重油	柴油	天然气	煤粉	块煤
底吹工艺	√	√	√	√	√
顶吹工艺（艾萨）	×	√	√	√	√
顶吹工艺（奥斯麦特）	×	√	√	√	√

注："√"表示"是"，"×"表示"否"。

从表 16-5 可以看出，底吹炉可使用块煤、粉煤、柴油、重油、天然气等燃料，燃料适应性强，实际生产过程中一般需添加块煤补热，仅在烤炉或保温时才使用其他燃料；顶吹工艺主要以原料配入块煤补热，辅以喷枪喷入其他燃料补热。

某工程项目设计时，正常补热所需燃料均采用煤，且底吹喷枪为燃煤喷枪，使用纯氧燃烧，补热快，且热利用率高。

废杂铜原料基本是固体冷料，需要外供热，若可以使用价格低廉的燃料，这对项目经济效益有较大影响，值得在实践中探索。

（3）除杂能力强。底吹熔炼，由于氧气从炉子底部鼓入，对熔池形成较强的搅动作用，传质传热条件好，对杂质元素有较强的脱除能力。熔池熔炼，喷枪对熔池搅动力见式（16-1）：

$$P_m = 0.74QT\ln(1 + \rho_m Z/p) \tag{16-1}$$

式中，P_m 为搅动能量，W；Q 为喷入气体的流量，m^3/s；T 为熔体温度，K；ρ_m 为熔体密度，g/cm^3；p 为大气压力，×101.3kPa；Z 为风口浸没深度（熔池面到喷枪出口的距离），cm。

设大气压力为标准大气压，熔体平均密度为 $5000kg/m^3$，反应所需氧气量为 $1m^3/s$，

则 P_m 的值与冶炼富氧浓度、操作温度 T 和风口浸没深度 Z 相关，各参数取值见表 16-6。

表 16-6　参数取值

指　标	富氧浓度/%	T/K	Z/cm
底吹熔炼	73	1423~1453	140~150
顶吹熔炼	60	1473~1523	20~30

根据公式计算顶吹熔炼搅动能量为 1248~1707W，而底吹炉熔炼搅动能量 2983~3153W，远远大于顶吹熔池熔炼。

对于中低品位废杂铜，其特点是成分复杂，多数属于铜基合金，含有铁、铅、锌、砷、锑、铋、镍等多种金属元素，有些表面还夹杂着汞、铬、镉以及用于阻燃剂的卤族元素，如氟、氯、溴等，能否有效去除杂质，是衡量杂铜冶炼工艺好坏的一个重要标准，从这一点看，底吹炉处理中低品位废杂铜具有明显优势。

（4）热损失少，能耗低。与顶吹熔炼工艺处理杂铜相比，底吹炉工艺熔炼热损失少，热利用率高，主要因为：

1）气散热少。烟气带出的热与烟气量和烟气温度有关，而烟气量则与操作富氧浓度密切相关。底吹炉处理中低品位废杂铜，喷枪和烧嘴均使用氧气燃烧煤粉，而顶吹炉处理杂铜喷枪采用氧气浓度较小的富氧空气，同等规模处理情况下，底吹炉工艺产生的烟气量小。

底吹炉工艺处理中低品位杂铜没有燃料在气相中二次燃烧；而顶吹工艺加入的块煤存在熔体表面燃烧和部分还原产生 CO 在炉膛上部燃烧，所以底吹炉工艺烟气温度低于顶吹工艺。因此，底吹炉工艺烟气带出的热量小。

2）炉体散热少。底吹炉工艺较顶吹工艺炉体散热少，主要是因为底吹炉水冷原件少，除加料口、排放口和出烟口设有水套，炉体上无其他水冷元件，而顶吹炉采用外壳喷水冷却或熔池区设水套。

16.4.2　底吹炉处理高品位废杂铜优势分析

高品位杂铜处理，其难点之一就是化料，如何提高化料速度、提高燃料利用率、降低燃料消耗是高品位杂铜处理工艺技术研究一个重要方向，炉体结构、熔池搅动、补热方式等对化料均有影响。表 16-7 所列为几种高品位杂铜处理设备比较。

表 16-7　高品位杂铜处理设备比较

项　目	反射炉	倾动炉	NGL 炉	底吹炉
是否有透气砖	×	√	√	√
是否可倾转	×	√	√	√
是否采用纯氧燃烧	√	√	√	√
补热方式	烧嘴	烧嘴	烧嘴	烧嘴+喷枪
水冷部件	多	多	少	少
加热面积	大	大	小	大

注："√"表示"是"，"×"表示"否"。

中国恩菲开发的高品位杂铜底吹炉配有喷枪、纯氧燃烧烧嘴和透气砖。喷枪为主要补热设施，烧嘴为辅。氧气和燃料直接鼓入熔池，为"浸没燃烧"，热利用率高，同时加强熔池搅动，增大传热面积，提高化料速度。

高品位杂铜处理的另外一个研究重点是除杂，除杂能力强可提高原料适应性，扩大原料处理范围，提高企业的竞争力。表 16-7 所列的几种高品位杂铜处理设备，除底吹炉外，其余炉体氧化除杂均是通过氧化还原喷枪鼓入压缩空气实现。根据实际生产经验，单支氧化还原喷枪的送气量为 $400 \sim 600 m^3/h$，原料品位低，杂质含量高，需氧气量大，这需要多设氧化还原喷枪或延长氧化时间。

以处理 95% 的杂铜原料并氧化到阳极铜品位为 99.1% 为例，不同高品位杂铜处理设备估算所需氧化时间见表 16-8，假设杂质 40% 在加料熔化期去除。

表 16-8　高品位杂铜处理设备氧化时间比较

项　目	反射炉	倾动炉	回转式阳极炉	底吹炉
处理能力/t	200	350	350	400
喷枪数量/支	2	4	4	6
鼓风量/m³	4285	7500	7500	8571
氧化时间/h	4~6	3~5	3~5	2~4

表 16-8 中氧化时间估算未考虑熔池搅动的影响，实际生产由于倾动炉、回转式阳极炉有透气砖搅动，其氧化时间略短。杂铜底吹炉，配有透气砖，且喷枪即为氧化还原枪，氧气直接与熔体接触，杂质更易氧化去除，其原料适应性更强。

16.5　总结

传统的低品位二次含铜物料的熔炼通常采用鼓风炉熔炼—转炉吹炼—阳极炉精炼的三段法，流程长、能耗高，环境污染严重。

采用阳极炉熔炼低品位废杂铜，需要反复氧化还原，能耗高、生产周期长、耐火材料损耗大，经济上不合理。另外，由于低品位废铜含有大量有机物，在熔炼过程中产生含持久性有机污染物，环保问题难以解决。

引进卡尔多炉或奥斯麦特炉工艺，不但设备价格昂贵，运行成本高，而且需要支付高昂的专利费和技术服务费，再生铜企业难以承受。

在具有完全自有知识产权的富氧底吹熔炼或双侧吹熔炼的基础上，进一步研究论证，并对炉型等进行改进和完善，研发出适合我国国情的低品位废杂铜熔炼的新炉型，是低品位废杂铜火法冶炼的发展趋势和方向。

底吹炉熔炼由于其炉体结构简单、热利用率高和除杂能力强等优点，在处理高品位杂铜和中低品位废杂铜等杂质含量高的原料方面优势明显，相信在未来的一段时间底吹炉处理杂铜工艺将会得到广泛的推广和应用。

参 考 文 献

[1] 北京有色冶金设计研究总院. 重有色金属冶炼设计手册：铜镍卷 [M]. 北京：冶金工业出版社，1996.

[2] 王金祥. 低品位废杂铜再生综合利用技术研究 [J]. 资源再生，2012 (9)：54~56.

[3] 华宏全，王冲，杨坤彬. 废杂铜回收利用浅析 [J]. 中国资源综合利用，2011，29 (11)：20~23.

[4] 肖红新，岳伟，唐维学，等. 废杂铜的再生及其环境污染与防治 [J]. 再生资源与循环经济，2013，6 (7)：29~32.